김민복의 전기·전자시리즈 ①

자동차 기초전기전자

김 민 복 ● 著

자동차문화의 자존심
골든-벨

책을 펴내며

사람이 전기를 에너지로 이용하기 시작한 것은 불과 100년 안팎이지만 그동안 전기 기술의 발전은 사회 문화마저 급속히 변화시켜 고도 산업 사회로 진입하게 하였다. 이러한 전기 기술의 발전은 기계적인 요소와 결합하여 인간이 하기 어려운 일들을 대신하는 로봇 기술의 등장으로 메커트로닉스라는 신조어를 만들어 내기도 하였다.

앞으로도 이 전기 기술은 발전 효용성에 비추어 볼 때 미래의 에너지 기술뿐만 아니라 고도 사회 진입으로 정보화 사회에 필수적인 기술이라 아니 할 수 없다.

전기 기술의 시대적 효용성에도 불구하고 기술을 배우는 학생이나 산업 현장의 기술인들은 아직도 전기에 대한 어려움을 호소하는 것을 필자는 그들 가까이에서 접해 왔다. 이러한 시점에 전기, 전자의 기초를 필요로 하는 분은 물론 자동차 실무를 공부하는 분들에게 현장 실무에 도움이 될 수 있도록 그들 입장에서서 평소 생각해 오던 것을 정리하여 집필하게 되었다.

이 책의 특징은 전기를 어려워하는 분들에게 복잡한 수식을 피하고 원리와 개념 중심으로 정리하여 누구나 쉽게 이해 할 수 있게 하였다.

특히 전기에 꼭 필요한 내용이나 평소 궁금했던 부분 들을 직류 전기부터 전자 제어 장치에 이르기까지 독자 여러분이 찾아보기 쉽게 총 294 항목으로 정리하여 놓았다. 직류 전기를 이해하고 실무에 사용할 수 있도록 테스터의 활용 방법을 다루었고 자기의 성질, 코일, 콘덴서의 기능 등을 이해하고 전기 장치에 사용되는 모터, 발전기, 변압기의 원리를 이해하도록 하여 응용력을 키우도록 노력하였다. 또한 자동차 센서의 개념과 전자 제어장치를 이해하도록 마이크로컴퓨터의 구성과 원리를 다루어 실무에 도움이 되도록 하였다.

　필자는 자동차 전기, 전자 계통의 오랜 경험을 통해 실무에서 느낀 점과 기술인 들이 가장 필요로 하는 것을 독자 중심에 서서 문항 식으로 쉽게 접근할 수 있도록 집필하려고 노력하였지만, 독자의 눈에는 부족한 점이 많이 있으리라 생각된다. 저를 아끼는 기술인과 독자 여러분의 많은 관심과 조언을 부탁드리며 앞으로도 독자 중심에 서서 기술인이 좋아하는 책을 집필하도록 노력하겠다.

　끝으로 이 책이 탄생하기까지 필요성을 공감하고 많은 조언과 격려로 협조 해주신 골든벨 출판사의 김길현 대표님과 편집부 여러분께 깊은 감사를 드린다.

지은이

차 례

제1장

전기의 근원

1. 전기의 본질 ······················ 11
2. 정전기란 ························· 12
3. 정전기를 전기에너지로 사용할 수
   없는 이유 ······················ 13
4. 낙뢰는 전기로 사용할 수 없을까 ········· 14
5. 전기를 만드는 장치 ················ 14
6. 직류와 교류는 다르다 ·············· 15
7. 가정용 전기에 교류를 사용하는 이유 ····· 16
8. 자주 사용하는 전기의 단위들 ·········· 17
9. 보조 단위 ······················ 17
10. 회로의 심벌 ···················· 18

제2장

기전력을 만드는 장치

11. 나도 전지를 만들 수 있다 ··········· 21
12. 화학작용에 의한 전지 ·············· 22
13. 밀폐의 원리(MF 배터리) ············ 22
14. 배터리의 수명 ··················· 23
15. 연료전지 ······················· 24
16. 전자유도작용에 의해 만들어진 전기 ······ 24
17. 올터네이터도 전자 유도 현상을 이용 ····· 25
18. 펄스 제너레이터도 작은 발전기다 ······· 26

제3장

전류, 전압, 저항, 전력

19. 전하는 전자의 덩어리 ·············· 27

20. 전류란? ························ 27
21. 전압이란? ······················ 28
22. 도체와 부도체 ··················· 29
23. 도체도 하나의 저항체다 ············· 30
24. 온도가 상승하면 저항은 커진다 ········· 30
25. 금속의 저항률 ··················· 31
26. 저항체로 사용하는 물질 ············· 32
27. 전력이란 ······················ 32
28. 전자와 전류의 방향은 서로 반대 ········ 33

제4장

옴의 법칙 이해

29. 이곳에 전기의 모든 지식이 숨어 있다 ···· 35
30. 전위와 전위차 ··················· 36
31. 이것이 옴의 법칙이다(1) ············ 37
32. 이것이 옴의 법칙이다(2) ············ 38
33. 옴의 법칙 연습 ·················· 39
34. 전기 부하 ······················ 39
35. 모든 것에는 정격이 있다 ············ 40

제5장

직병렬 회로

36. 직렬회로와 병렬회로 ··············· 43
37. 직렬 회로의 의미(1) ··············· 44
38. 직렬 회로의 의미(2) ··············· 45
39. 소스(Source) 전원이란? ············ 46
40. 직렬 저항 구하기 ················· 46
41. 병렬 회로의 의미(1) ··············· 48

42. 병렬 회로의 의미(2) ·············· 48
43. 한 콘센트에 여러 개의 부하는 위험 ····· 49
44. 병렬 저항 구하기 ·············· 50
45. 전지의 합성전압과 용량 ············ 51
46. 직병렬 회로 ·············· 52
47. 직병렬 회로 이해하기 ············ 53

제6장

전압강하

48. 어스란? ·············· 55
49. 전류는 높은 데서 낮은 데로 흐른다 ····· 56
50. 전류 흐르는 곳에 전압 강하도 있다 ····· 58
51. 배터리 자신도 전압 강하가 일어난다 ···· 58
52. 회로가 단선되면 항상 등전위 ········· 59
53. 가변 저항이란? ·············· 61
54. 구조를 알면 점검 포인트가 보인다 ····· 61
55. TPS도 전압 강하를 이용한다 ········· 62
56. 단선과 단락 확인 ·············· 63
57. 전압 강하의 활용(1) ············ 64
58. 전압 강하의 활용(2) ············ 65

제7장

멀티테스터 사용법

59. 멀티 테스터의 종류 ············ 67
60. 아날로그식과 디지털식의 특징 ······· 68
61. 멀티 테스터의 명칭 ············ 68
62. 측정할 수 있는 항목 ············ 69
63. 전압의 측정 ·············· 69
64. 직류 전압 측정 ·············· 70
65. 테스터 봉의 사용법 ············ 71
66. 아날로그식 테스터의 전압 측정 원리 ···· 72
57. 넓은 범위의 전압 측정이 가능하다 ····· 73
68. 디지털식 테스터의 전압 측정 원리 ····· 73

69. 디지털식은 전류 소모가 적다 ········· 74
70. 미터의 눈금 ·············· 75
71. 미터의 눈금 읽기(1) ············ 76
72. 미터의 눈금 읽기(2) ············ 77

제8장

직류 전압 측정

73. AC와 DC 절환 ·············· 79
74. 전압 측정 연습 ·············· 80
75. 전류와 전압의 관계 ············ 81
76. 전지로 엔진 시동이 가능할까 ········· 82
77. 전지는 용량이 작다 ············ 83
78. 방전된 배터리도 12V이다 ·········· 84
79. 배터리의 양부 판정 ············ 85
80. 전압이 저하하는 확인 시험 ········· 85
81. 전자 회로에는 디지털 테스터가 유리 ····· 87

제9장

저항 측정

82. 저항 측정의 원리 ·············· 91
83. 저항과 미터의 동작 관계 ·········· 92
84. 영점 조정 ·············· 93
85. 저항 조정 ·············· 95
86. 저항 측정시 주의 사항 ············ 96
87. 컬러 코드와 색이 나타내는 숫자 ········· 97

제10장

전압 강하 측정

88. 전압 강하의 측정 ·············· 99
89. 전압이 강하하는 이유 ············ 101
90. 접속부의 전압 강하는 접촉 불량 ········ 101
91. 접촉 불량 개소 판정 ············ 103

92. 단선 개소의 고장 탐구 ·················· 104
93. 단선 개소 점검 ·························· 105
94. 어스 불량 점검 ·························· 107
95. 고장 탐구 순서 ·························· 108
96. 전압 측정 정리 ·························· 109

제11장
직류 전류 측정

97. 직류 전류 측정 방법 ·················· 111
98. 전류 측정시 주의 사항 ··············· 112
99. 전류 값을 모를 때 측정 순서 ········· 114
100. 직렬 회로의 전류 측정 ··············· 114
101. 병렬 회로의 전류 측정 ··············· 116
102. 전류 측정에 의한 고장 탐구 ········· 117
103. 누설 전류 측정시 참고 사항 ········· 119

제12장
AC (교류)

104. 교류 지식은 왜 필요한가 ············· 121
105. 교류 전기는 어떻게 만들어지나 ······· 122
106. 교류의 파형 ·························· 124
107. 위상이란? ···························· 125
108. 순시값과 최대값 ······················ 126
109. 평균값과 실효값 ······················ 127
110. 교류 회로가 갖고 있는 성질 ········· 128
111. 교류 전력 ···························· 130
112. 임피던스 ···························· 130

제13장
교류 전압 측정

113. 교류 전압의 측정 ···················· 133
114. 시그널 제너레이터의 전압 측정 ········ 134
115. 회로 내의 전압 값은 단품과 다르다 ··· 135
116. 측정에도 옴의 법칙을 이용 ··········· 136

제14장
테스터의 활용

117. 퓨즈와 램프의 점검 ·················· 139
118. 램프의 저항은 다르다 ················ 140
119. 릴레이의 단품 점검 ·················· 140
120. 코일보다 접점 문제가 더 많다 ········ 142
121. 고압코드는 길이에 따라 저항이 다르다 142
122. 수온 센서는 저항이다 ················ 143
123. 수온 센서의 점검 ···················· 144
124. 글로 플러그 점검 ···················· 145
125. 스톱램프 스위치 점검 ················ 146
126. 점화 코일의 점검 ···················· 147

제15장
자 기

127. 자기란 ······························ 149
128. 자석 이야기 ·························· 150
129. 자력선의 성질 ························ 151
130. 자기는 어떻게 발생되나 ·············· 152
131. 지구는 하나의 거대한 자석이다 ········ 152
132. 리드 스위치 ·························· 153
133. 자석을 이용한 센서 ·················· 154
134. 자기 변태 현상이란 ·················· 154
135. 자기 변태 현상을 이용한 센서 ········ 155
136. 전류가 흐르면 자력선이 생긴다 ······· 155
137. 코일에서 발생되는 자력선 ············ 156
138. 전자석을 이용한 스위치 ·············· 158
139. 릴레이는 왜 사용하나 ················ 159
140. 전압 코일과 전류 코일 ··············· 160
141. 릴레이의 활용 ························ 161

142. 잔류 자기 ····················· 161

169. 점화 파형을 보는 목적 ····················· 197

제16장

전동기

143. 자계 중에 놓인 전선 ················· 163
144. 모터의 원리 ················· 164
145. 간단한 모터를 만들어 보자 ················· 166
146. 전류계의 원리도 모터의 원리 ········· 167
147. 모터의 회전 속도 ················· 168
148. 모터의 종류 ················· 168
149. 모터는 하나의 발전기이다 ············· 170
150. 시동 모터의 구조 ················· 171
151. 마그네틱 스위치의 코일 역할 ········· 172
152. 시동 모터의 내부 회로 작동 ········· 173
153. 마그네틱 스위치 점검 방법 ············· 175
154. 시동 모터의 점검 방법 ············· 176
155. 모터는 전력 손실이 많다 ············· 178

제17장

전자 유도

156. 전기는 어떻게 만들어지나 ············· 181
157. 전자 유도 현상 ················· 182
158. 이것이 렌츠의 법칙이다 ············· 184
159. 올터네이터의 구조 ················· 185
160. 올터네이터는 3상 교류 발전기이다 ··· 186
161. 올터네이터는 Y결선이 유리하다 ········ 187
162. 올터네이터의 점검 ················· 188
163. 상호 유도 작용이란 ················· 190
164. 고압 발생 원리 ················· 191
165. 자기 유도 현상 ················· 193
166. 점화 코일 ················· 193
167. 점화 장치 회로 ················· 195
168. 점화 장치 점검 방법 ················· 196

제18장

코일과 콘덴서

170. 코일이 갖는 저항 ················· 199
171. 코일도 에너지를 축적한다 ············· 200
172. 코일의 특성 ················· 201
173. 코일의 이용 ················· 203
174. 정전 용량 ················· 204
175. 콘덴서에 전기가 충전되는 이유 ········ 205
176. 콘덴서의 충·방전 전류 ············· 205
177. 콘덴서의 용량 ················· 207
178. 콘덴서의 특성 ················· 208
179. 콘덴서가 갖는 저항 ················· 210
180. 콘덴서를 이용한 잡음 방지 회로 ········ 211
181. RC 직렬 회로 ················· 212
182. 시정수 ················· 213
183. 공진 회로 ················· 215

제19장

반도체 소자

184. 반도체란 무엇인가 ················· 217
185. 반도체의 분류법 ················· 218
186. N형, P형 반도체 ················· 219
187. 반도체의 접합 ················· 221
188. PN접합 다이오드 ················· 222
189. 다이오드 ················· 223
190. 다이오드의 이용 ················· 224
191. PN접합 트랜지스터 ················· 226
192. 트랜지스터의 전류 증폭률 ············· 227
193. 트랜지스터 ················· 228
194. 트랜지스터를 활용하는 이유 ········· 230
195. 트랜지스터의 활용 ················· 231

제20장

그 밖의 반도체 소자

196. 에너지대와 공핍층 ·········· 233
197. 제너 다이오드 ·········· 234
198. 제너 다이오드 활용 ·········· 235
199. 가변 용량 다이오드 ·········· 236
200. SCR ·········· 238
201. FET ·········· 239
202. FET의 종류 ·········· 241
203. FET활용 ·········· 242
204. LED ·········· 243
205. LED의 활용 ·········· 244
206. 포토 다이오드 ·········· 245
207. 포토 다이오드의 활용 ·········· 247
208. 옵토 일렉트로닉스 ·········· 248
209. 광도전 셀 ·········· 249
210. 태양 전지 ·········· 250

제21장

단품 점검

211. 다이오드의 저항값 측정 ·········· 253
212. 다이오드의 저항값 측정 결과 ·········· 254
213. 올터네이터의 다이오드 점검 ·········· 255
214. 로터 코일의 단선 점검 ·········· 256
215. 트랜지스터의 식별 ·········· 257
216. 트랜지스터의 도통에 의한 양부 판정 · 258
217. 트랜지스터의 전류 증폭 작용 ·········· 258
218. 트랜지스터의 양부 판정 ·········· 259
219. 컴퓨터 내 TR의 고장 ·········· 260
220. 컴퓨터 내의 다이오드 점검 ·········· 261
221. 콘덴서의 작동 ·········· 261
222. 콘덴서의 점검 ·········· 262
223. 디스트리뷰터의 콘덴서 점검 ·········· 263

제22장

다이오드 회로

224. 정류 회로 ·········· 265
225. 단상 반파 정류 회로 ·········· 266
226. 단상 전파 정류 회로 ·········· 267
227. 단상 전파 브리지 정류 회로 ·········· 269
228. 리플율(ripple factor)이란 ·········· 271
229. Y결선과 △결선 ·········· 273
230. 선간 전압이배가 되는 이유 ·········· 274
231. 3상 전파 정류 ·········· 275
232. 올터네이터의 출력 전류 ·········· 277
233. 배전압 정류 회로 ·········· 278
234. 교류 전압계 ·········· 279
235. 클램프 회로 ·········· 280

제23장

트랜지스터 회로

236. 스위칭 작용 ·········· 281
237. 트랜지스터를 사용하는 이유 ·········· 282
238. 자동 등화 회로 ·········· 284
239. 빛에 의해 구동하는 솔레노이드 코일 · 284
240. 올터네이터의 전압 레귤레이터 회로 ·· 285
241. 충전 회로 ·········· 286
242. 점화 회로 ·········· 287
243. 키 홀 조명등 회로 ·········· 288
244. 듀티비에 의한 조명 회로 ·········· 289
245. 달링턴 트랜지스터 ·········· 290
246. 트랜지스터의 출력 특성 ·········· 291
247. 트랜지스터의 동작 영역 ·········· 291
248. 증폭 작용 ·········· 293
249. 바이어스란 ·········· 295
250. 베이스 접지 증폭 회로 ·········· 296
251. 컬렉터 접지 증폭 회로 ·········· 296

제24장

연산 증폭기

252. 직류 증폭 회로 ·················· 299
253. 차동 증폭기 ·················· 299
254. OP AMP란 ·················· 300
255. OP AMP의 단자 ·················· 301
256. OP AMP의 기본 동작 ·················· 302
257. 부궤환이란 ·················· 304
258. 반전 증폭 회로 ·················· 305
259. 비 반전 증폭 회로 ·················· 306
260. 콤퍼레이터란 ·················· 307
261. 크랭크 각 센서의 회로 ·················· 308
262. 가산 회로 ·················· 309
263. 감산 회로 ·················· 309
264. 데시벨의 단위 ·················· 310

제25장

디지털 회로

265. 마이크로 일렉트로닉스 ·················· 313
266. 코 드 ·················· 314
267. 논리 회로란 ·················· 315
268. 논리 소자 ·················· 315
269. 논리 AND 게이트 ·················· 316
270. 논리 OR 게이트 ·················· 317
271. 논리 NOT 게이트 ·················· 317
272. 논리 NAND와 NOR 게이트 ·················· 318
273. 페리티 비트 ·················· 318
274. 아스키 코드 ·················· 319
275. 디지털 IC ·················· 320
276. MOS의 구조 ·················· 321
277. CMOS 회로 ·················· 322
278. 5V 전원을 사용하는 이유 ·················· 322
279. 문지방 전압이란 ·················· 323

280. 스위칭 타임 ·················· 324
281. 플립 플롭이란 ·················· 324
282. RS 플립-플롭 ·················· 325
283. 동기식 제어 ·················· 326
284. JK 플립-플롭 ·················· 327
285. 카운터 회로 ·················· 327

제26장

마이크로컴퓨터

286. 마이크로컴퓨터 ·················· 329
287. 마이크로컴퓨터의 구조 ·················· 330
288. 기억 소자 ·················· 332
289. 마이크로컴퓨터의 입출력 신호 ·················· 333
290. 마이크로컴퓨터의 회로 구성 ·················· 335
291. 인터페이스 회로 ·················· 336
292. 마이크로컴퓨터의 언어 ·················· 337
293. OBD-Ⅱ ·················· 337
294. 컴퓨터의 통신 방식 ·················· 338

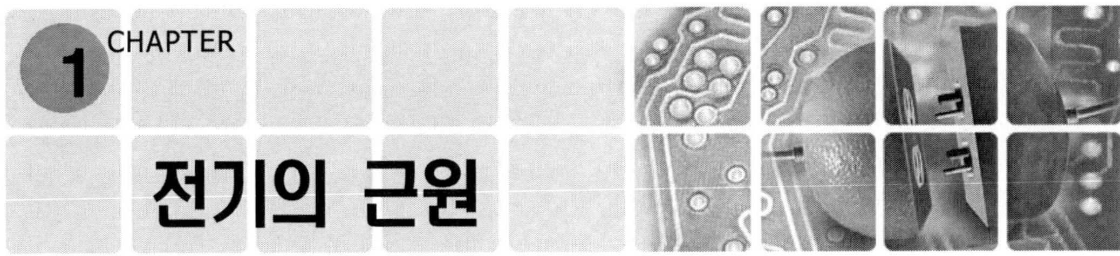

전기의 근원

'전기'하면 대부분의 사람들은 가정에서 사용하는 형광등이나 발전소의 송전탑, 휴대폰 배터리 등을 떠올리는 것이 보통이다. 전기에 대해 관심을 갖고 있다 하더라도 전기의 근원에 대해 정확히 아는 이는 그리 흔치 않은 게 현실이다.

먼저 전기의 근원을 알기 위해 물질의 최소 단위인 분자와 원자의 구조를 이해하지 않으면 안된다. 그림과 같이 원자의 구조는 중앙의 원자핵 속에 양자와 중성자가 있으며 원자핵 주위에 전자가 힘의 균형(balance)을 유지하며 자전과 공전을 하는 모습이 일반적이다. 이때 외부로부터 어떤 에너지(열, 빛)를 받으면 전자는 쉽게 궤도 이탈을 해 자유 전자가 된다.

이처럼 전자가 외부의 작은 반응에도 쉽게 궤도를 벗어나는 것은 전자의 질량이 양자의 질량보다 약 1,840배 가볍기 때문이다.

▽ 원자의 구조

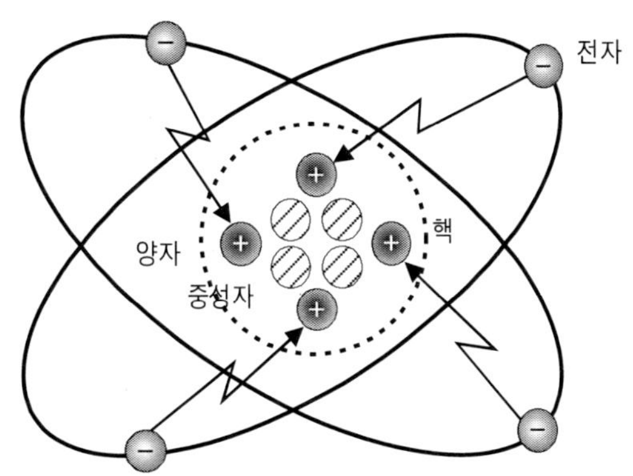

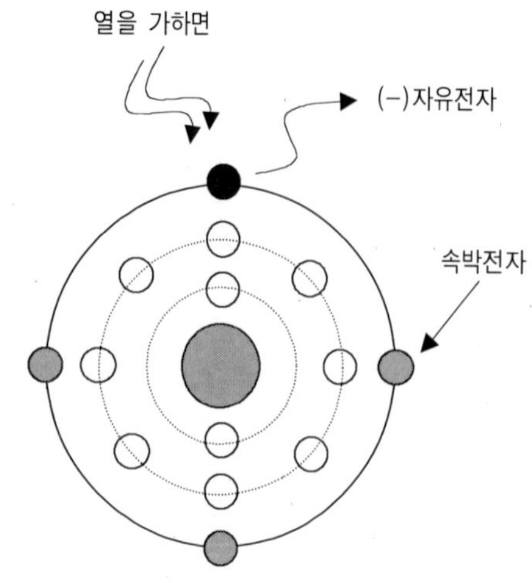

이때 열에너지에 의해 전자가 이탈하는 것을 열전자 방출이라고 하고 빛 에너지에 의해 전자가 이탈하는 것을 **광전자 방출**이라고 한다. 광전자 방출의 대표적인 예는 바로 태양열 전지를 들 수 있다.

한편 전자의 이탈로 힘의 균형이 깨져 불안정 상태로 놓이는 원자는 ＋전기(양전하)를 띠며 원래 상태로 돌아가기 위해 전기적으로 외부에서 에너지를 흡인하려고 부단하게 힘을 미치게 된다.

▶ **원자량** : 하나의 원자 질량을 말할 때는 일반적으로 원자핵의 질량을 말한다. 모든 원소 종류의 원자 질량은 일정하여 보통 원자의 질량은 양성자와 중성자의 합으로 나타낸다.

▶ **원자 번호** : 원자량을 가벼운 순서대로 나열해 놓은 것이 원자 번호이다.

02 정전기란

유리나 플라스틱 같이 전류가 흐르지 못하는 물질을 절연체(혹은 부도체)라고 하는데 이 절연체를 천이나 다른 물체에 문질러 머리카락이나 종잇조각에 갖다 대면 달라붙는 현상을 종종 볼 수 있다. 이는 절연체가 마찰에 의해 전기를 띠게 되는 현상으로 보통 대전(帶電)되었다고 한다. 이 같은 대전 현상은 원자 주위에 돌고 있던 전자가 마찰열

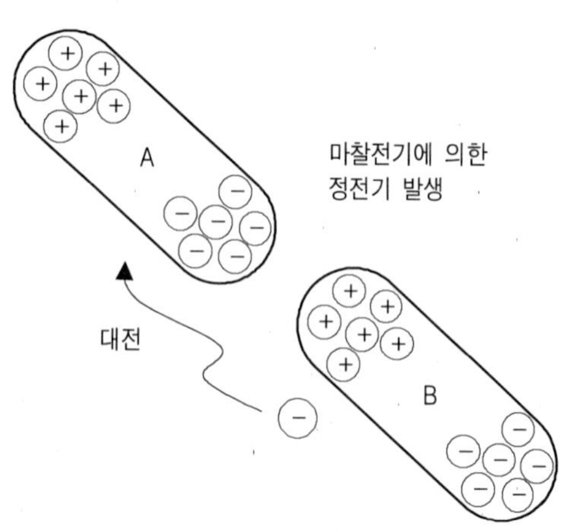

에 의해 이탈하여 생기는 현상으로. 이와 같은 현상의 전기를 우리는 **정전기** 또는 **마찰 전기**라고 한다.

자동차의 경우는 주행중 공기와 차체 간의 마찰에 의해 대전되는데 이때 발생하는 정전기는 수천 볼트에서 수만 볼트에 이를 정도로 전압이 상당히 높은 편이다. 차체에 대전되어 있던 정전기는 타이어와 노면이 절연되어 있어 흐르지 못하고 있다가 사람의 신체와 접촉하면 신체를 통해 방전하게 되는 것이다. 정전기는 철이나 동과 같이 금속에서도 발생하지만 금속 원자 간에는 전자의 이동이 워낙 쉬워서 절연체와 같이 대전이 그다지 크지는 않다.

03 정전기를 전기에너지로 사용할 수 없는 이유

▽ 전기를 만드는 건전기

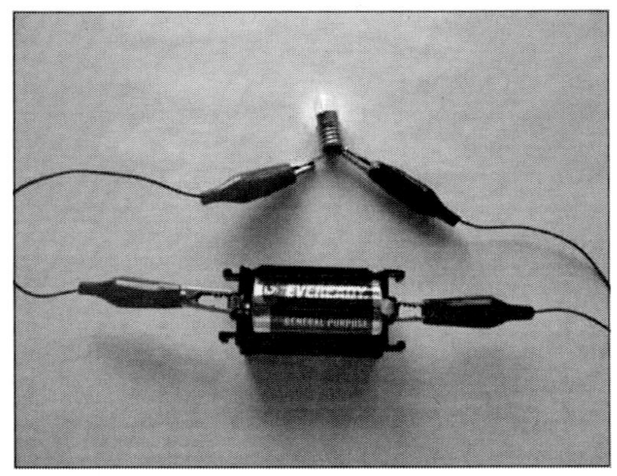

정전기는 그 자체로서 상당히 높은 전압을 갖고 있지만 이를 실제 전기 에너지로 사용할 수는 없다. 그 이유는 정전기의 경우 무수히 많은 전자가 마찰열에 의해 원자 궤도를 이탈하면서 발생하지만 +전기(양전하)를 만나면 일시에 방전되어 버리기 때문이며 이와 같은 정전기는 전하량이 매우 적어 전기로 사용할 수 없는 것이다. 따라서 정전기를 전기 에너지로 사용하려면 전자가 순식간에 방전되지 않는 것은 물론 전자를 연속적으로 만들어내는 장치가 필요하다.

04 낙뢰는 전기로 사용할 수 없을까

여름철에 자주 발생하는 낙뢰는 한마디로 정전기 덩어리라고 할 수 있다. 낙뢰를 만드는 구름은 적란운으로 태양광을 강하게 받아 지표의 공기가 더워지면 공기 중의 수증기가 상승하게 된다. 이때 상승하는 수증기와 공기가 마찰을 일으키면서 전기를 만들게 된다. 이렇게 만들어진 전하량이 점차 증가하면 지

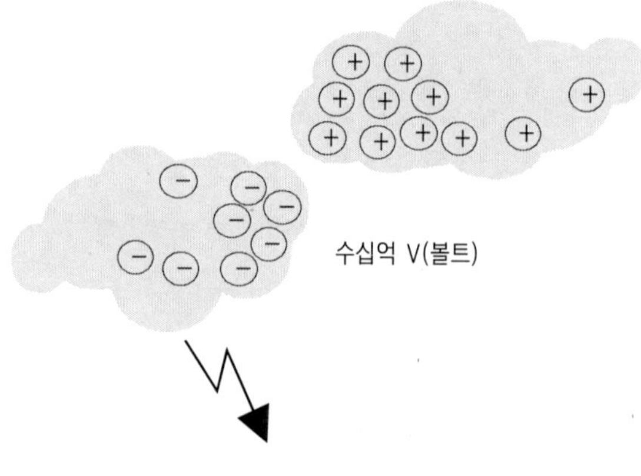

표면과 적란운 사이의 공기층 절연이 파괴되어 방전하게 되는데 약 $50\mu s$ 이하의 아주 짧은 시간 내에 방전하게 된다. 이것이 바로 낙뢰로 전압은 수억 볼트에서 수십억 볼트에 달하며 방전시 천둥을 동반하기도 한다.

낙뢰는 매우 높은 전압이 매우 짧은 시간 내에 방전되는 것이어서 전기로 사용하려면 수십억 볼트를 저장할 수 있는 대용량 콘덴서와 높은 전압을 견딜 수 있는 절연체가 필요해 현재는 연구 단계에만 그치고 있는 실정이다.

05 전기를 만드는 장치

앞서 설명했듯이 정전기는 전하량이 적고 일시에 방전을 하기 때문에 전기 에너지로 사용할 수 없다. 이처럼 짧은 시간 내 발생하는 전하(전자의 집합체)량을 연속적으로 만들어 전기 에너지로 만드는 장치가 필요하다. 이것이 바로 화학 작용을 이용한 배터리와 전자 유도 작용을 이용한 발전기. 태양광을 이용한 태양 전지 등이 있다.

▽ 화학작용을 이용한 배터리

▽ 유도작용을 이용한 발전기

06 직류와 교류는 다르다

직류는 배터리. 건전지와 같이 전류가 항상 동일한 방향으로 연속해서 흐르는 것으로 보통 DC(Direct Current)로 부른다. 이와 달리 교류는 가정용 전기처럼 전류의 방향과 전압의 크기가 시간에 따라 변화한다 해서 AC(Alternating Current)라고 한다.

▽ 여러 가지 전지들

▽ 교류 콘센트(가정용)

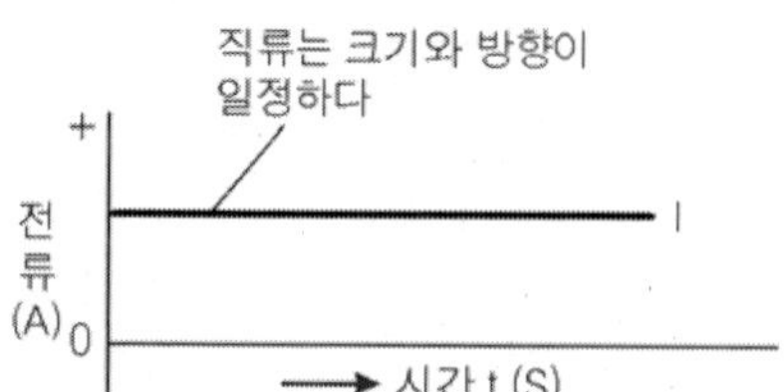

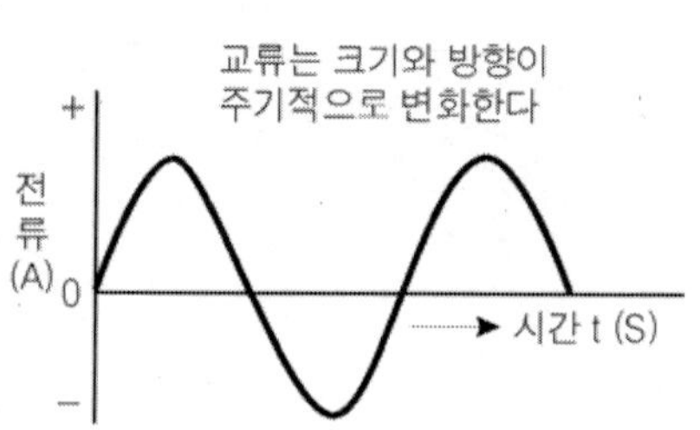

07 가정용 전기에 교류를 사용하는 이유

발전소에서 변전소까지 전기를 보낼 때는 보통 수십만 볼트로 송전하는데 이것을 다시 각 가정으로 보낼 때는 그에 맞는 전압으로 변압해야 한다. 이때 교류(AC) 방식은 전압을 바꾸기가 쉬워 변압기를 사용하면 쉽게 전압을 높이거나 낮출 수 있다. 따라서 대량의 전기로 각 가정에 보내기 위해서는 변압이 쉬운 교류 방식이 적합하고 전기 에너지 효율도 높일 수 있다. 반면 직류는 전압을 올리거나 내리는 변압이 직류(DC) 그 자체만으로는 어려워 교류로 바꾸는 절차를 거쳐야 한다. 또 교류로 바꿀 때 컨버터(converter)가 따로 필요하고 교류로 전환된 전압은 다시 변압기를 통해 승압 및 감압을 하는 번거로움이 있다.

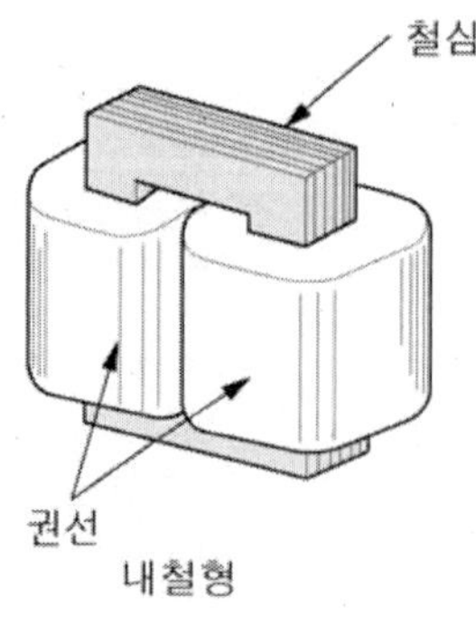

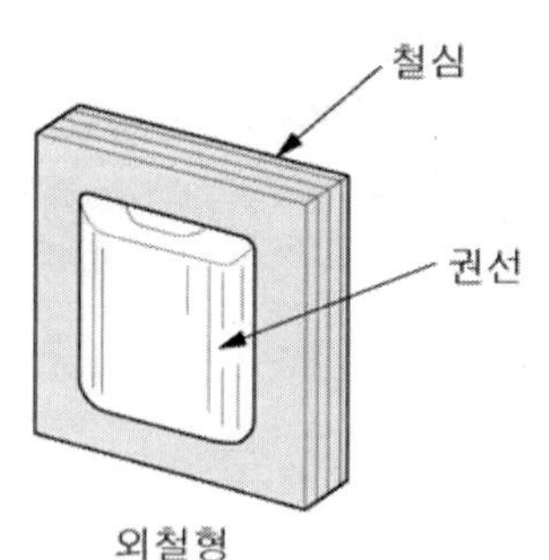

08 자주 사용하는 전기의 단위들

No	명 칭	구 분	단 위	읽 기	쓰 기	비 고
1	전압	E	(V)	볼트	volt	
2	전류	I	(A)	암페어	ampere	
3	전하량	Q	(C)	쿨롬	coulomb	입자의 그룹
4	전력	P	(W)	와트	watt	일량
5	저항	R	(Ω)	옴	OHM	
6	코일	L	(H)	헨리	henry	코일의 값
7	콘덴서	C	(F)	파라드	farad	용량값
8	음압	α	(dB)	데시벨	decibel	
9	주파수	f	(Hz)	헬쯔	hertz	
10	시간	t	(Sec)	섹크	second	

09 보조 단위

No	보조단위	승 수	읽 기	비 고
1	T	10	테라	
2	G	10^9	기가	
3	M	10^6	메가	
4	K	10^3	키로	자주 사용하는 보조단위
5	m	10^{-3}	미리	자주 사용하는 보조단위
6	μ	10^{-6}	마이크로	
7	n	10^{-9}	나노	
8	p	10^{-2}	파코	

공학에서는 단위 외에도 보조 단위를 함께 사용하는 경우가 많은데 이는 계산해야
할 수나 양이 매우 크거나 작은 등 그 범위가 너무나 넓기 때문이다. 가령 컴퓨터의

보조 메모리 용량이 8기가 바이트(G byte)라고 한다면 그 바이트(byte)의 크기는 8×1000.000.000 즉 80억 바이트라는 의미여서 이를 간단히 줄여 쓰기 위해서 바이트라는 단위와 함께 기가(G)라는 보조 단위를 쓰는 것이다.

10 회로의 심벌

■ 전자 회로에 사용되는 심벌

부품명	기호	도면기호	부품명	기호	도면기호
저항	R		퓨즈	F	
콘덴서	C		전구	L	
전해 콘덴서	C		AC 플러그	AC	
바리콘	VC		전지	BATT	
볼륨	VR		전압계 / 전류계	V / A	

부품명	기호	도면기호	부품명	기호	도면기호
코일	L		다이오드	D	
트랜스	T		발광 다이오드	LED	
스피커	SP		트랜지스터	TR	
스위치	SW		집적회로 DIP IC	IC	

　전기 회로를 그릴 때 여러 가지 부품이나 기능을 심벌로 표시하는데 전기 회로와 친숙해지기 위해서는 이런 심벌들을 미리 알아두는 게 필요하다. 심벌을 쉽게 기억하기 위해서는 자주 그려보는 것도 좋지만 각 심벌들이 갖고 있는 기능을 상기하면서 그리면 훨씬 오래 기억할 수 있다.

기전력을 만드는 장치

11 나도 전지를 만들 수 있다

10원짜리 동전과 1원짜리 알루미늄 동전 두 개만 있으면 전지를 만들 수 있다. 그림과 같이 10원짜리 동전과 1원짜리 동전 사이에 소금물을 적신 휴지를 겹쳐 넣고 디지털 멀티 테스터의 선택 스위치를 전압 레인지에 맞추어 전압을 측정하면 아주 낮은 전압이 측정되는 것을 확인 할 수 있다. 소금물의 화학 반응에 의해 전기가 발생하는 것이다. 그러나 이 전지에서 흐를 수 있는 전류의 양은 약 1.4(mA) 정도로 아주 적어 전지를 직렬로 10개 정도 연결해야 겨우 LED(발광다이오드) 한 개 정도 점등할 수 있을 정도다.

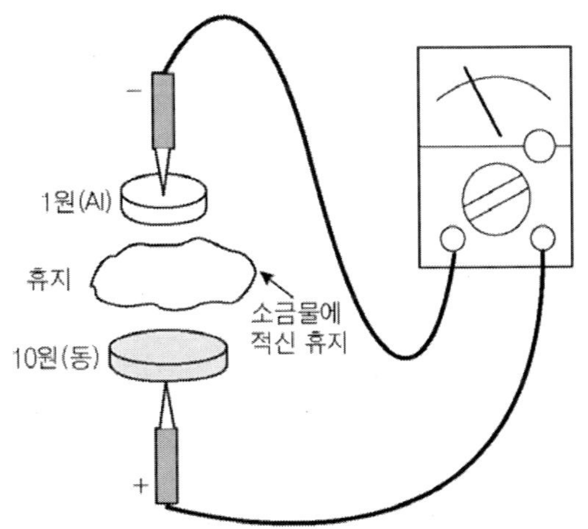

12 화학작용에 의한 전지

위 11항에서 소금물의 화학 반응에 의해 전기가 발생하는 것을 알 수 있었는데 이때 만들어진 전압은 테스터 봉의 적색과 흑색을 바꾸지 않는 한 그 극성이 변하지 않는다. 따라서 이때 전지에서 발생된 전압은 DC(직류)임을 알 수 있다.

소금물이 녹으면 나트륨(Na^+)이온과 염소(Cl) 이온으로 분해되는데 이 상태를 **전리**라 하고 이온화됐다고 한다. 또 이처럼 소금물이 녹아 전리되어 전류가 잘 흐를 수 있게 된 액체를 **전해액**이라고 한다.

배터리의 전해액은 전리하여 이온화된 덩어리로 그대로 있지 않고 계속해서 원래대로 돌아가려고 이온화를 반복하게 되어 결국은 전류가 연속해서 흐를 수 있는 기전력을 얻게 되는 것이다.

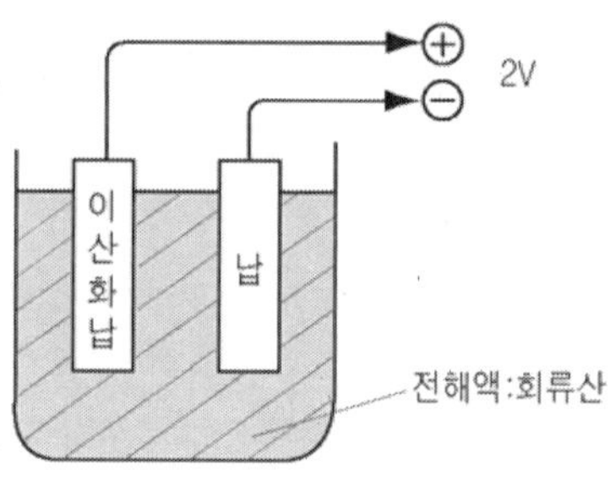

13 밀폐의 원리(MF 배터리)

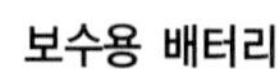
▼ 보수용 배터리

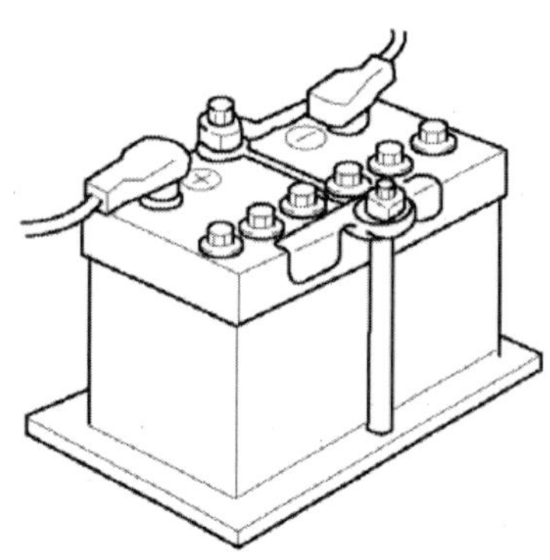

자동차용 MF(Maintenance Free)배터리는 전해액을 보충할 필요가 없어 흔히 무보수용 배터리(MF 배터리)로 불린다. MF 배터리의 원리는 양극판(PbO_2)과 음극판(Pb)에 사용하는 활물질의 양에 변화를 주는 것으로 종래의 납축전지는 충전 중 전기 분해로 물, 산소 및 수소 가스로 분리되면서 가스로 인한 전해액이 감소되는데 반해 MF배터리의 경우 격자모양의 납-

칼슘 합금계를 활물질로 만들어 양극에서 발생되는 산소 가스를 음극에서 흡수하도록 해 전해액의 감소를 억제하고 있다. 즉. 충전 중에 양극에서 발생하는 산소 가스와 수소 가스는 물의 주성분으로 이들 가스를 음극에서 흡수하도록 해 다시 물이 되어 전해액의 감소가 일어나지 않도록 하고 있다.

충전 중에 수소 가스가 발생하면 납 축전지에 사용되는 납-안티몬계 극판 격자는 수소 가스를 흡수할 수 없어 전해액 감소가 불가피하지만 밀폐용 MF 배터리는 전해액 감소를 억제하는 납-칼슘 합금을 사용하고 있다.

14 배터리의 수명

배터리는 사용 중 서서히 노화하여 용량이 줄기 때문에 KS(한국공업규격). JIS(일본공업규격)에서는 수명에 대한 규격을 정해놓고 있다.

배터리의 수명은 정전류의 방전과 충전을 한 사이클로 봤을 때 이것을 몇 회 반복할 때 용량이 50%까지 저하되는지 측정하여 그 사이클 수를 수명으로 규정하고 있다. 따라서 실제 자동차에서 배터리 교환 주기를 몇 년으로 정해 수명을 결정하기란 대단히 어려운 문제로 보통 시동 중 전류 소모가 가장 많은 시동 전류의 약 4,000회 시동 횟수(크랭킹 횟수)로 수명을 산출하는 경우도 있다.

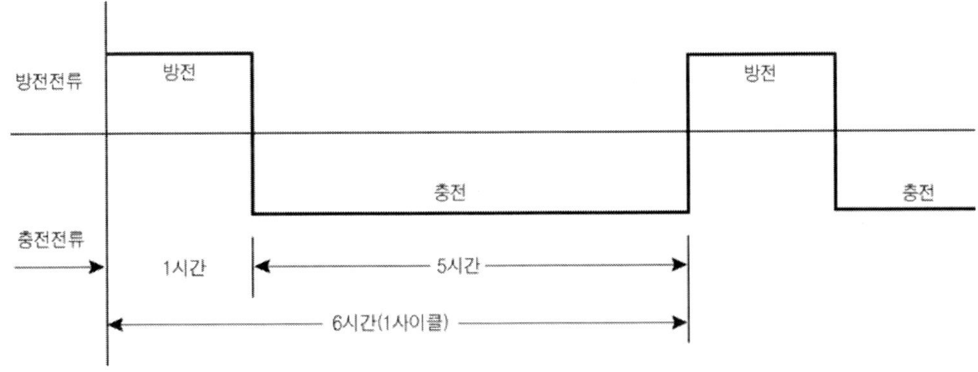

15 연료전지

전해질을 용해한 물에 양극과 음극을 넣어 전류를 흘리면 양극에는 산소가. 음극에는 수소가 발생한다는 것은 상식이다. 화석 연료의 대체 에너지로 최근 연구되고 있는 무공해 연료 전지도 화학 작용을 이용한 전지로 물의 전기 분해 과정을 역으로 이용한 것이다. 즉. 전해질을 사이에 두고 한쪽 전극에는 수소를. 다른 쪽 전극에는 산소를 넣으면 화학 반응에 의해 물이 발생하고 이때 동시에 전기를 발생하는 것을 이용한 것이다.

연료 전지에 필요한 산소와 수소 중 산소는 공기 중에서 얼마든지 얻을 수 있지만 수소는 천연 자원으로는 존재하지 않기 때문에 수소를 포함하고 있는 석유나 천연 가스를 사용해 다시 수소로 변환시켜 사용해야 한다. 따라서 연료 전지를 사용하려면 실제로는 발전소와 같은 수소 생산 장치가 별도로 필요하다.

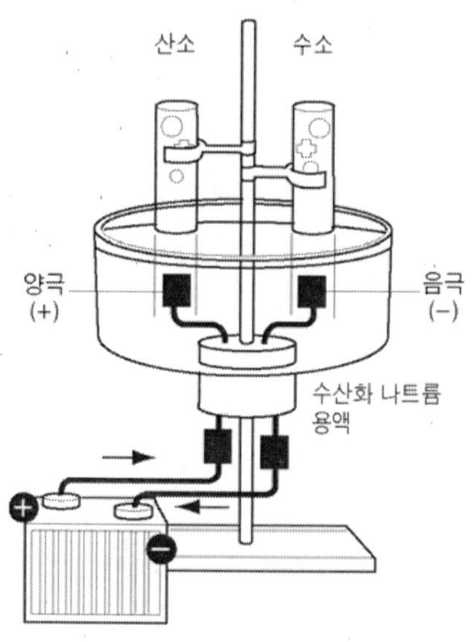

16 전자유도작용에 의해 만들어진 전기

전자 유도 작용에 의해 전기가 만들어지는 것은 간단한 실험을 통해 알 수 있다. 그림과 같이 스크류에 코일을 충분히 감고 막대자석을 스크류의 머리 부분에 가까이

했다. 멀리 했다 하면 전압이 발생한다. 이때 가까이 했을 때와 멀리 했을 때 테스터의 지침이 서로 반대로 움직이는 것을 알 수 있는데 결국 자석의 방향에 따라 발전하는 전압의 극성이 반대로 변화하고 있다는 것은 교류(AC)가 발생되고 있다는 것을 의미한다. 이와 같은 방법에 의해 코일에 전기가 유도되는 것을 **전자 유도 현상**이라고 한다.

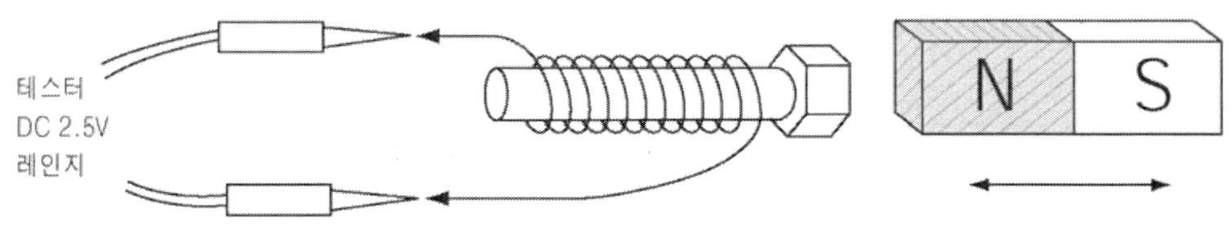

17 올터네이터도 전자 유도 현상을 이용

자동차에 사용되는 올터네이터는 막대자석 대신 전자석(코어에 코일을 감고 전류를 홀리면 전자석이 됨)을 만들어 막대자석이 좌. 우로 움직이는 대신 엔진의 크랭크 축 힘을 빌려 올터네이터의 회전자를 회전 운동시켜 교류 전기를 만들고 있다. 즉 크랭크 축의 회전력을 올터네이터의 풀리에 벨트를 걸어 로터 코일(올터네이터의 회전 코일)을 회전시켜 발전 전류를 얻는 것이다.

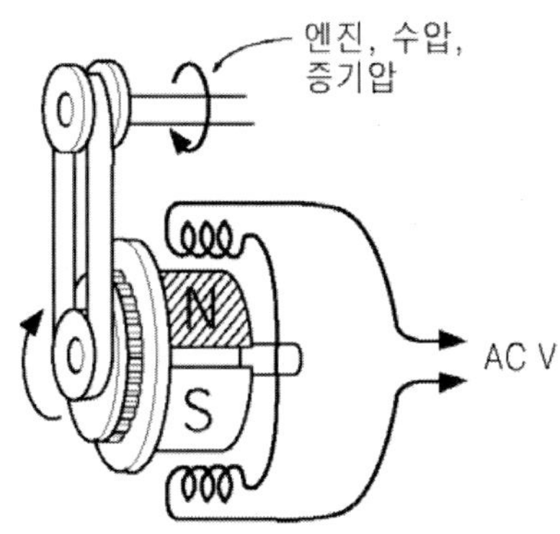

18 펄스 제너레이터도 작은 발전기다

전자 제어 오토 미션에 사용되는 펄스 제너레이터도 전자 유도 현상을 이용한 센서로서 펄스 제너레이터 내부에는 코어에 코일을 수천 회선 감아 놓고 영구 자석을 삽입해 놓았다. 코어의 끝부분은 내부 자석에 의해 자화(자석화)되어 있어 오토 미션의 트랜스퍼 기어나 드리븐 기어의 톱니가 회전함에 따라 전자 유도 작용에 의해 코일 양단에 그림과 같이 교류(AC)전압이 발생하게 된다. 이렇게 발생된 교류 신호는 전자 제어 ECU(컴퓨터)에 의해 계수하도록 프로그램되어 있어 자동차의 속도에 따라 ECU가 자동으로 변속 신호를 보내게 된다. 그러나 펄스 제너레이터는 기전력이 매우 낮기 때문에 전기의 동력원으로 사용하기 위해서는 코일의 권선수와 용량이 큰 것을 사용해야 한다.

▽ 교류의 사이클

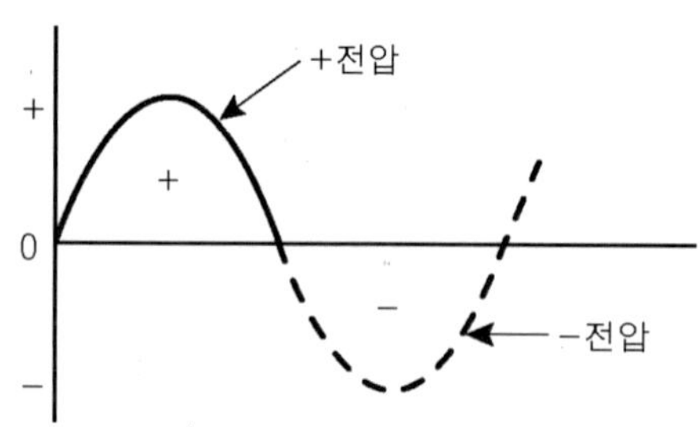

▼ 펄스 제너레이터(A/T용)

3 전류, 전압, 저항, 전력

19 전하는 전자의 덩어리

전자는 그 질량이 $9.107 \times 1/10^{31}$ (kg)으로 상당히 적을 뿐 아니라 전자를 갖는 전기량도 매우 적어 전기로서 일의 양을 표시하거나 측정하기는 현실적으로 불가능하다. 따라서 전기 공학에서는 1C(쿨롬)이라는 전기량을 표현해서 사용하고 있는데 1C(쿨롬)는 6.24×10^{18}개의 전자 수를 가지고 있는 전자의 덩어리라고 생각하면 틀리지 않다.

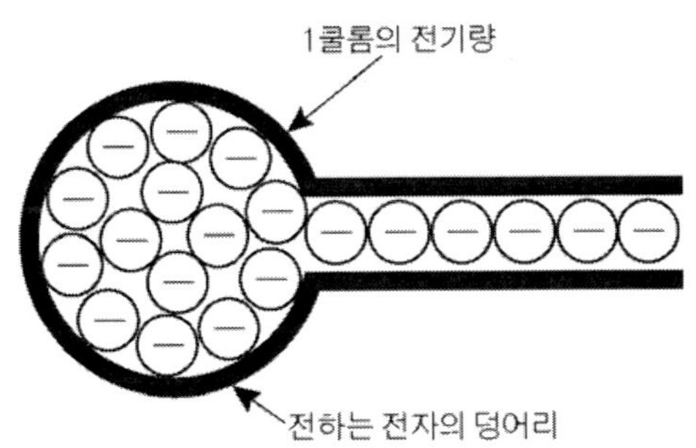

20 전류란?

수도관에 흐르는 물의 양을 측정하려면 어떻게 해야 할까? 먼저, 수도관의 내측 지름을 측정하여 단면적을 구한 후 1초 동안에 흐르는 양을 계산하면 쉽게 구할 수 있을 것으로 생각된다. 마찬가지로 전류도 1초 동안 1C(쿨롬)의 전하량이 이동한 양을 1A(암페어)로 정하고 있어 전자가 이동한 양을 전류로 표현한다. 즉 전류는 전자의 흐름인 것이다. 지름이 큰 수도관에서 많은 물을 보낼 수 있듯이 전기에서도 지름이 큰 전선을 통해 많은 전류를 흘려보낼 수 있다. 일상의 경우 발전소에서 송전하는 송전탑의 전선은 흐르는 전류의 양이 매우 크기 때문에 대용량의 전선을 사용하고 있으며 가정에서 사용하는 일반 전선은 소 용량의 전선을 사용하는 것이 이 같은 이치다.

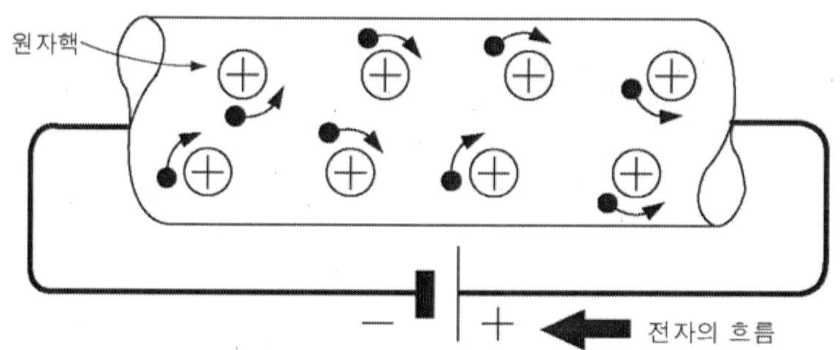

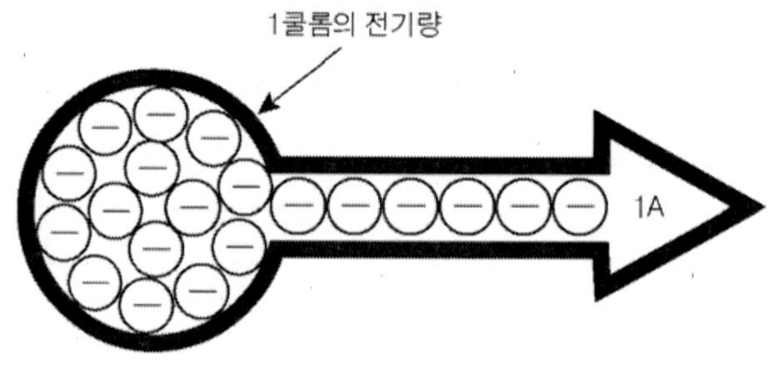

1A : 1초동안 1C의 전기량이 이동

21 전압이란?

전압을 학술적으로 표현하면 1C(쿨롬)의 전하량이 이동하여 1J(줄)의 일이 요구되는 힘을 **전압**이라고 한다. 이는 1C의 전하량이 원자 궤도를 이탈하면 남아있는 원자들은 원래대로 돌아가려고 이탈한 전자를 흡입하려는 힘을 발휘하는데 이때 이탈한 전자와의 거리가 크면 클수록 흡입하여 원래대로 돌아가려는 힘이 더 많이 필요하게 된다. 이 때 두 점간의 힘의 차이를 **전위차** 또는 **전압**이라고 한다.

즉 1C의 전하량이 원래대로 돌아가려는 힘이 전압인 것이다. 좀 더 쉽게 설명하면 전선에 전하(전자의 덩어리)가 이동하는 양을 전류로. 전하가 이동할 때 필요한 힘을 전압으로 이해하면 좋다.

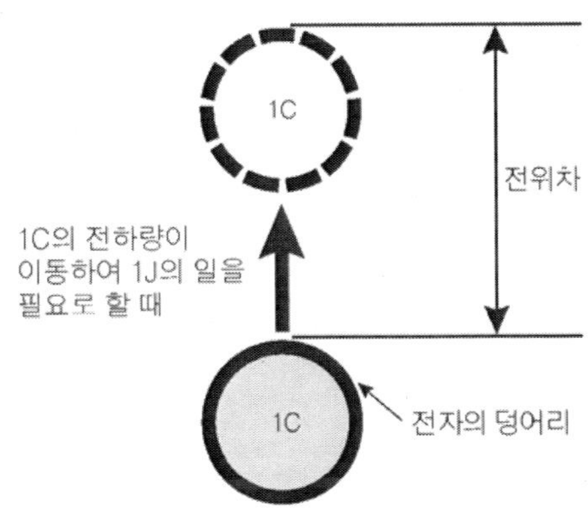

22 도체와 부도체

여러 가지 물체 중에서 자유 전자의 양에 따라 전압을 가하면 쉽게 전자가 이동하는 물질과 전압을 가해도 전자가 이동할 수 없는 것이 있다. 이 같은 성격을 저항률로 표현해서 구분하고 있다. 물체의 원자에 자유 전자가 많아 전류가 잘 흐를 수 있는 것을 도체라고 하고 구속 전자가 많아 자유 전자가 적은 것을 **부도체**라고 한다. 금속과 같이 전류가 잘 흐르는 물체를 **도체**라고 하고 유리나 플라스틱과 같이 전류가 잘 흐르지 않는 것을 부도체라고 하는 것이 그 예다.

▼ 물체의 저항율

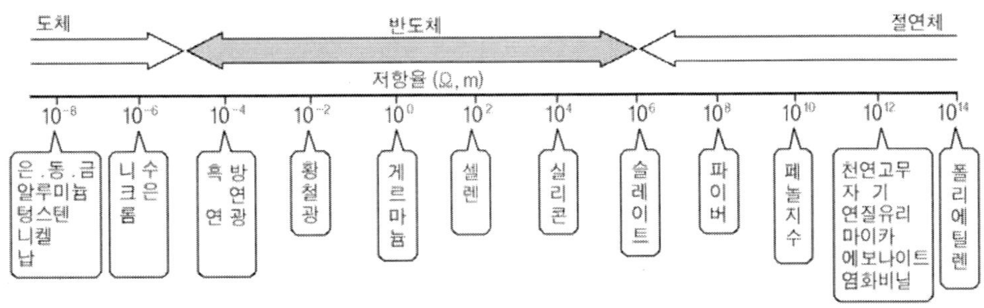

또 물체의 저항률이 도체와 부도체 사이의 중간쯤 되는 것을 반도체라고 하는데 반도체는 전기 저항률 뿐 아니라 전류를 흘릴 때 독특한 전기적 특성이 있어 전자 회로의 능동 소자 재료로 많이 사용하고 있다.

23 도체도 하나의 저항체다

각각의 물체 마다 원자가 갖는 전자의 수가 달라서 물체에 전압을 걸어 자유 전자를 이동시키면 자유 전자의 이동량도 달라지는데 이때 이동하는 양을 **전기 저항** 혹은 줄여서 **저항**이라고 한다. 모든 물질은 저항을 갖고 있으며 이것을 나타내기 위해 가로. 세로. 높이가 1cm인 단위 면적을 기준으로 물질의 저항 값을 나타내고 있는데 이것을 물체의 고유 저항으로 부른다.

▽ **물질의 고유저항**

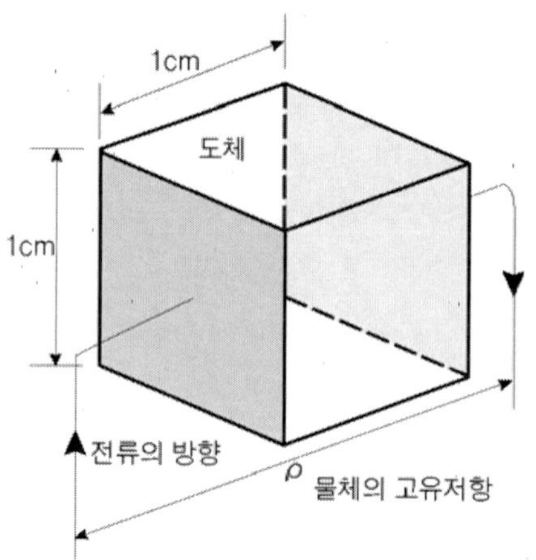

24 온도가 상승하면 저항은 커진다

전압에 의해 자유 전자가 물질 내를 이동할 때는 전자와 전자가 부딪히며 이동하게 되는데 이때 전자가 서로 부딪히면서 열에너지로 바뀐다. 이 같은 현상을 전기의 발열 작용이라고 하고 이 열을 줄열이라고 하기도 한다. 이때 생긴 열은 전자의 운동을 활발하게 해 전자와 전자의 충돌이 더욱 커져 전자의 이동을 방해하게 된다. 온도가 상승하면 금속의 경우 저항이 증가하는 이유가 이 때문이다.

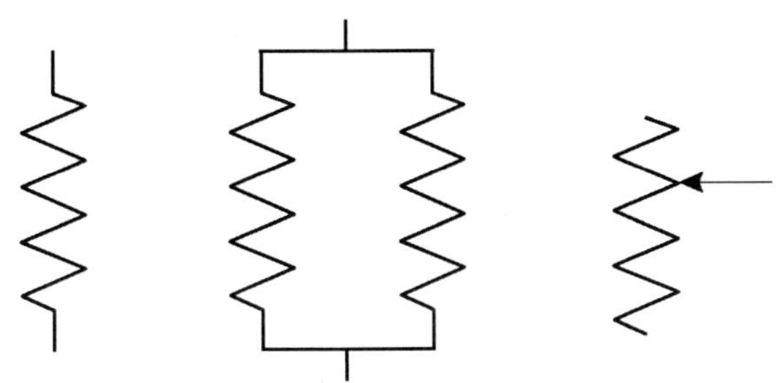

25 금속의 저항률

■ 금속의 저항율(단위 : $\mu\,\Omega.cm$)   섭씨 20℃일 때

물 체	저항률	물 체	저항률
은	1.62	철	10
동	1.69	백금	10.5
연동	1.72	주석	11.4
청동	2~6	양은	17~41
금	2.4	납	21.9
알루미늄	2.62	망간	34~100
황동	5~7	콘스탄탄	27~51
로지움	5.1	주철	57~114
텅스텐	5.48	수은	95.8
아연	6.1	나트륨	100~110

위의 표에서 동을 기준으로 볼 때 알루미늄은 약 1.5배가 높고. 철은 약 6배나 저항률이 높은 것을 알 수 있다.

26 저항체로 사용하는 물질

전기 회로에서 일반적으로 사용하는 저항체의 재질은 용도에 따라 여러 가지로 구분되는데 전열기에 사용되는 저항체는 니켈-크롬 합금이나 세라믹 합금 등을 사용하거나 위의 사진과 같이 시멘트를 소재로 한 시멘트 저항. 망간 소재를 보빈에 감아 만든 권선 저항. 탄소를 소재로 한 카본 저항 및 카본 필름 저항 등이 있다.

▽ **시멘트 저항**

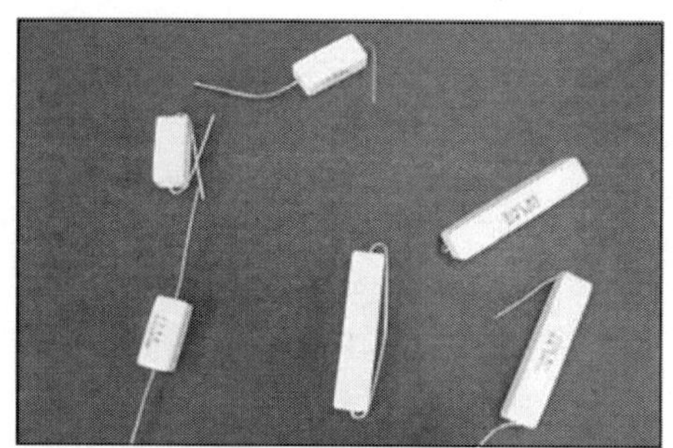

▼ **권선 저항**

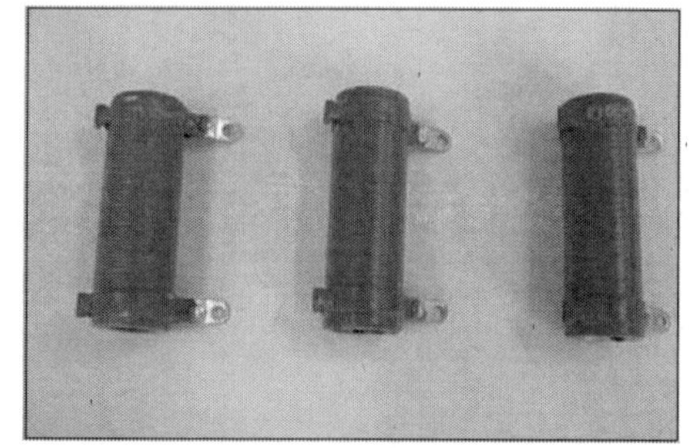

27 전력이란

1kg의 물체를 1m 들어 올렸을 때의 일을 1kg·m으로 나타내듯 전기에서도 1C(쿨롬)의 전기량을 1V(볼트)의 전압까지 운반하는 데 1J(줄)의 일이 요구된다. 1V(볼트)의 전압으로 1A(암페어)의 전류를 흘렸을 때 1초 동안 1J의 일을 하는 것이다.

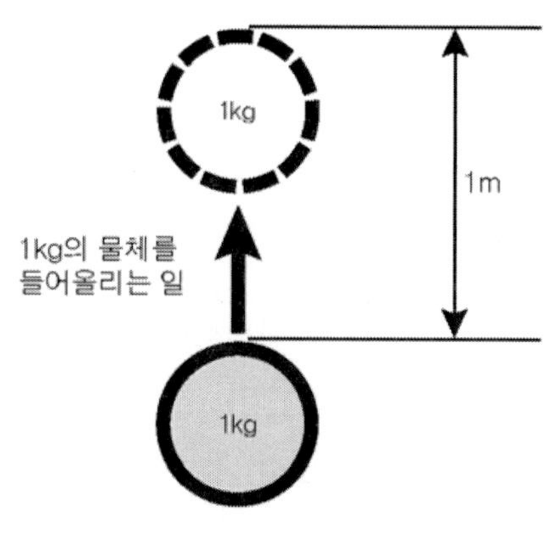

1N·m(뉴턴미터)의 일을 한다는 말이다. 따라서 전력이란 1초 동안 1J의 일을 한다는 단위 표시이며 이것을 W(와트)로 표시한다.

▶ 질량의 단위는 킬로그램(kg) 외에 우주에서 통용되는 뉴턴(N) 단위가 있는데 이것은 지구의 중력에 의한 것으로 정의하기 어려워 생략하기로 하고 일반적으로 1kg=9.8N, 1N=0.012kg 이다. 따라서 1N의 힘으로 물체 1m를 이동할 때 1N·m으로 나타내며 1N은 1J과 같고, 1W는 1초 동안 수행한 일의 양을 나타내므로 1W=1J/s와 같다.

28 전자와 전류의 방향은 서로 반대

전류는 +(플러스)에서 −(마이너스)로 흐르는데 전자는 (−)에서 (+)로 이동한다. 이는 실험에 의해 입증된 사실로서 발명의 왕 에디슨이 전극을 갖고 있는 진공관을 통해 전자의 이동이 (−)에서 (+)로 이동한다는 사실을 발견했다.

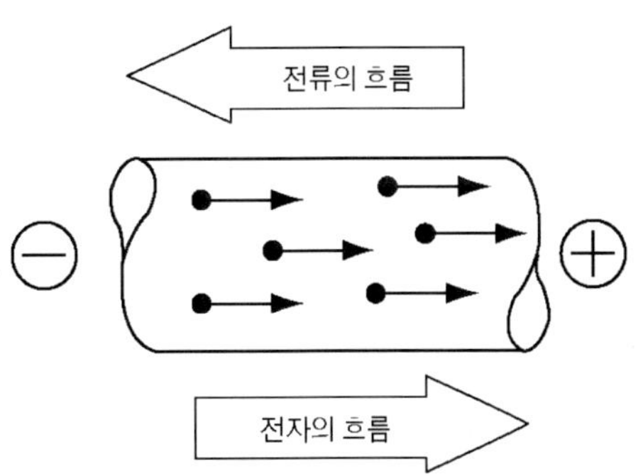

그림과 같이 2극 진공관의 필라멘트에 전류를 흘려 가열시킨 후 플레이트(양극판)에 양극 전압을 공급하면 플레이트 방향으로 전류계의 지침이 움직이는 것을 알 수 있는데 이를 통해 가열된 필라멘트에 무엇인가 음전기를 갖고 있는 입자가 있다는 사실을 알게 된 것이다. 이 같은 발견은 당시만 해도 대단한 것이어서 전 세계 학자들이 경악할 정도의 과학적 내용을 입증한 것으로 이후 실험관을 이용하여 한쪽 방향으로만 전류가 흐르게 하는 정류용 진공관. 신호 전압을 증폭하는 다극관을 만들어 상용화하는 계기가 됐다.

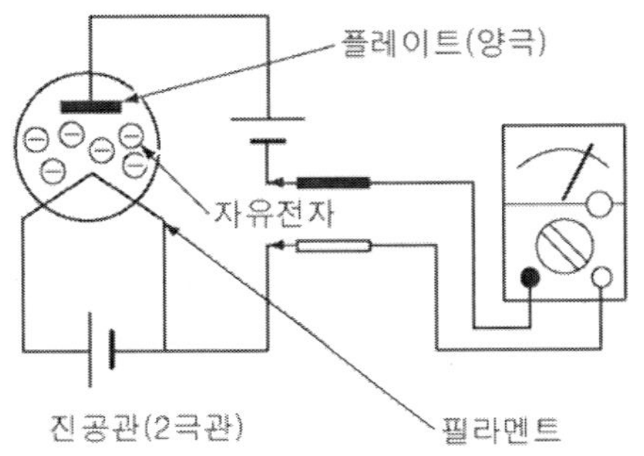

이같이 전자는 (−)에서 (+)로 이동하고 양자는 (+)에서 (−)로 이동하게 되는데 전기를 처음 접하는 이들에게는 혼동을 초래할 수 있어 전자는 (−)에서 (+)로. 전류는 (+)에서 (−)로 이동한다는 것만 기억해 두면 전기 회로를 해석하는 데는 크게 문제 되지 않는다.

자동차의 차체는 일반적으로 배터리의 (−)터미널과 연결해 어스로 사용하고 있지만 전자는 (−)에서 (+)로 이동하는 문제 때문에 유럽의 일부 자동차는 차체를 배터리의 (+)터미널과 연결하여 (−) 즉 전자가 차체로 이동하도록 한 것도 있다.

▶ 진공관은 에디슨에 의해 최초 발견되어 상용화된 것으로 전자 기술 발전에 크게 기여했다. 이 진공관은 전극이 2개인 2극관인 경우 지금의 다이오드 기능을 하는 부품이며 전극이 3개인 3극관은 지금의 TR(트랜지스터)에 해당하는 것으로 정류와 증폭을 할 수 있는 능동 소자로 부피가 크고 전력 소모가 크다는 단점 때문에 지금은 특수 전자 장치의 일부에만 사용하고 있는 부품이다.

▽ **진공관과 TR의 표시**

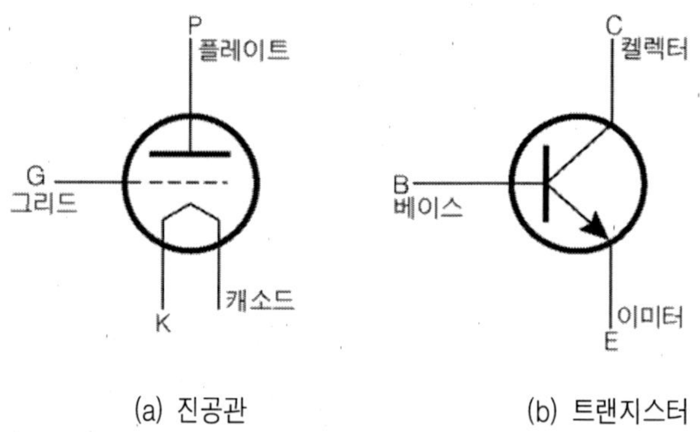

옴의 법칙 이해

29 이곳에 전기의 모든 지식이 숨어 있다

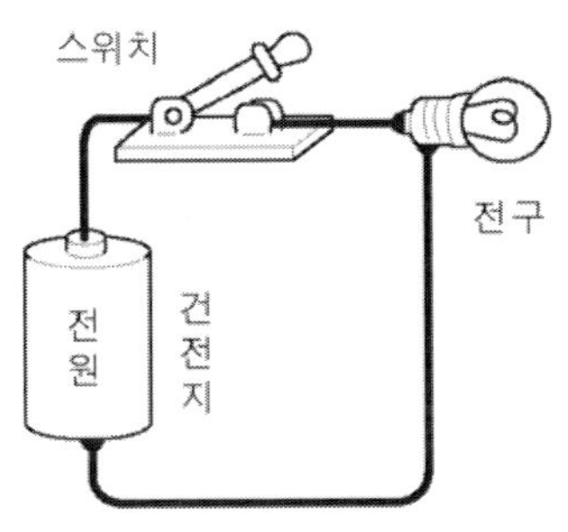

학창 시절 필자는 그림과 같이 아주 간단한 전기 회로에 전기의 모든 비밀이 숨어 있다는 사실을 알지 못했다. 다른 학생들처럼 옴의 법칙을 암기하고 키르히호프의 법칙을 이용해 문제를 풀고 회로를 해석하는 걸로 만족하고 전기는 당연히 그렇게 배워야 하는 줄로만 알았다. 그러나 필자는 오랜 경험을 통해 사물을 이해하고 사고하는 것이 많이 달라지면서 아무리 간단한 회로라도 그 속에는 무수히 많은 전기의 지식이 숨어 있는 것을 알게 되었다.

그림과 같은 회로에 스위치를 연결(ON)시키면 전구가 점등된다는 것은 초등학생도 다 아는 사실이지만 우리는 생각을 조금 달리 하여 의문점을 하나하나 풀어가는 방식으로 생각해보기로 하자. 첫째. 전구는 왜 점등되는 것일까. 전구에 전류가 흐르기 때문이다. 둘째. 전구에 전류가 흐르면 왜 전구의 필라멘트에 불이 켜지는 것일까. 필라멘트는 하나의 저항체다. 도체에 전류를 흘리면 자유 전자가 이동하면서 전자와 전자 사이의 충돌 작용에 의해 전류가 흘러 도체에 발열을 하는 것이다. 셋째. 이 같은 회로에서 스위치를 연결(ON)시키면 왜 전류가 흐르는 것일까. 이것을 전위차 때문이다. 즉 전류가 흐른다는 것은 전위차(전압)가 있기 때문이다. 넷째. 전위차란 무엇인가. 두 점의 전위가 다른 것을 말한다. 다섯째. 전구의 밝기는 무엇에 의해 결정되는가. 전구의 규격과 전지의 기전력에 의해 밝기가 변화한다.

이런 방법으로 한 가지씩 차근차근 생각해보면 이 같이 간단한 회로에도 무수히 많은 의문점들이 숨어 있는 것을 알 수 있게 된다. 따라서 이 같은 의문점들을 하나하나 풀어나가며 접근해 가면 나도 모르는 사이에 전기에 흥미를 갖게 될 뿐 아니라 전기에 대한 전문 지식을 습득할 수 있게 된다.

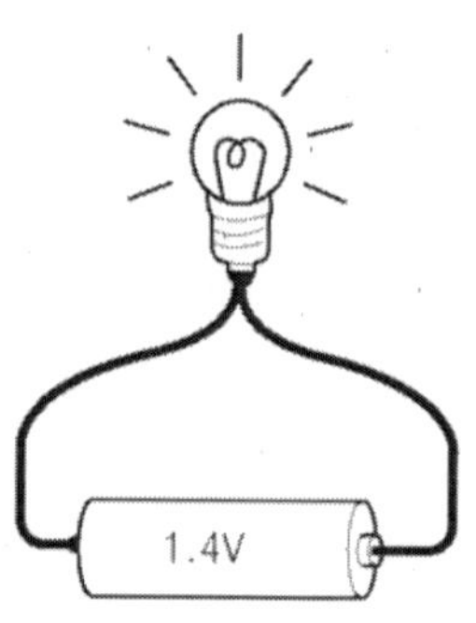

30 전위와 전위차

그림과 같이 b탱크로 물이 흐르는 것은 b탱크보다 a탱크의 수위가 높기 때문으로 a탱크와 b탱크의 수위차가 있음을 알 수 있다. 수위차가 있으면 물이 흐르려는 압력이 발생하는데 이것을 **수압(수위차)**라고 한다. 전기에서도 물과 마찬가지로 전류가 흐른다는 것은 두 점간 전위차 때문이다. 즉 전위차(전압)가 있다는 것은 전류를 흘릴 수 있는 힘 즉. 전압이 있다는 것을 의미한다.

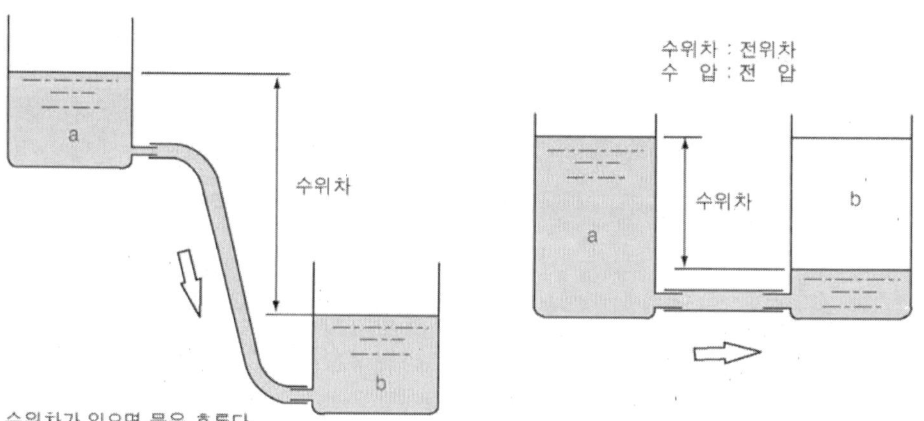

31 이것이 옴의 법칙이다(1)

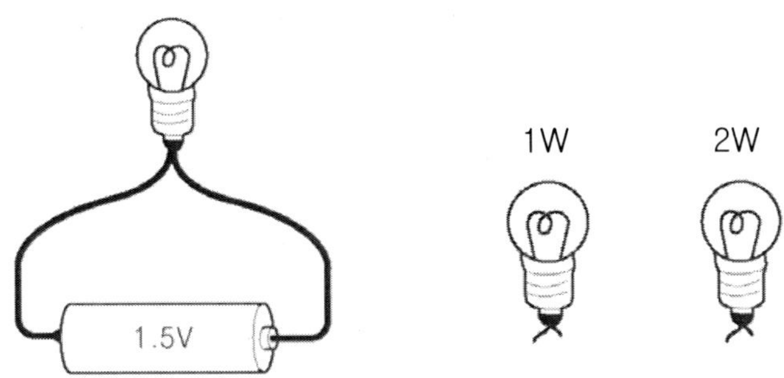

그림과 같은 회로에서 전구의 밝기를 밝게 하려면 어떻게 하면 좋을까?

첫째. 동일 규격에 절전형 전구를 사용하는 방법이 있고 둘째. 전구의 정격 용량을 높이는 방법을 생각해 볼 수 있다. 그 다음으로는 전지의 전압을 높이는 방법을 생각해 볼 수 있다. 첫 번째 방법은 전구의 밝기로 만 생각하면 전력 소모가 적은 방법으로 기술적인 면에서는 가장 높은 점수를 받을 수 있지만 여기서 주어진 조건이 전구가 동일 형식의 종류를 사용해야 한다고 가정하면 두 번째와 세 번째 방법을 생각해 볼 수 있다. 또 두 번째 방법의 경우 전구의 규격을 1W에서 2W로 바꾸었다고 가정할 경우 이는 부하의 용량이 변했다는 것을 의미하는데 이것은 부하의 저항이 낮아졌다는 것을 뜻한다. 즉 부하의 저항이 낮아졌다는 것은 부하에 전류가 많이 흐를 수 있다는 것으로 부하에 전류가 많이 흐른다는 것은 전기로서 일을 많이 한다는 말이기도 하다. 세 번째 방법처럼 전지 2개를 직렬로 연결해서 전압을 상승시키는 것은 전압 즉 전위차가 상승했다는 것으로 전류를 힘차게 홀려보낼 수 있는 힘이 있다는 것을 뜻한다. 전압이 오른 만큼 전류가 증가해서 흐르는 힘이 커지면 전기로서 일을 많이 한다는 의미이기도 하다. 결국 전구의 저항이 낮으면 낮을수록. 전지의 전압이 높으면 높을수록 전류는 많이 흐른다는 것을 입증하는 것으로 이는 우리가 흔히 얘기하는 옴의 법칙이다.

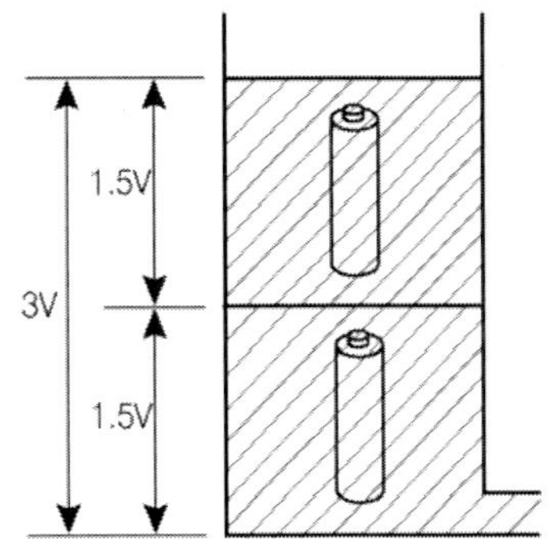

32 이것이 옴의 법칙이다(2)

독일의 물리학자 시몬스 옴(1787~1854)이 학문적으로 큰 업적을 남길 수 있던 배경은 바로 그의 가난이었다. 그는 집에서 실험을 하던 중 돈이 없어 전선을 구하지 못하자 집에 있던 금속판을 잘라 실험하다가 금속판의 길이와 폭에 따라 전류가 변화한다는 사실을 알게 됐던 것이다. 이 사소한 사건이 훗날 옴의 법칙을 발표하게 된 중요한 계기였다고 한다.

그러면 위의 [31]번 내용을 다시 한번 정리해 보자. 전류를 나타내는 기호 I와 전압 E. 저항 R을 감안했을 때 전류(I)는 저항(R)이 적어지면 전류는 증가하고 전압이 증가하면 증가한다는 것을 수식으로 표현하면 아래식과 같이 나타낼 수 있다.

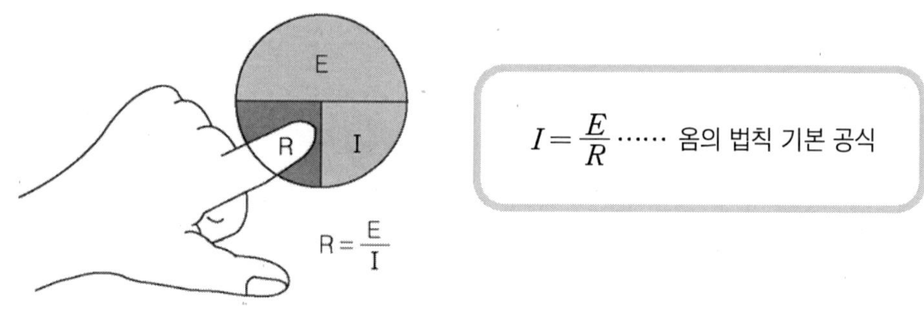

$$I = \frac{E}{R} \cdots\cdots \text{옴의 법칙 기본 공식}$$

$$R = \frac{E}{I}$$

또. 옴의 기본 공식을 변형하면 아래와 같다.

$$E = I \times R \cdots\cdots\cdots\cdots \text{변형공식 ①}$$

$$R = \frac{E}{I} \cdots\cdots\cdots\cdots \text{변형공식 ②}$$

옴의 법칙은 공식을 암기하는 것도 중요하지만 공식이 가지는 의미를 이해하는 것이 무엇보다 중요하다. 이는 전기를 배우는 사람에게는 첫 단추를 끼우는 것과도 같은 것이어서 반드시 이해해야 키르히호프 법칙과 같은 다음 단계를 이해할 수 있기 때문이다. 옴의 법칙을 쉽게 이해하는 방법은 전구 회로에서 어떻게 하면 전구의 밝기를 높일 수 있을까 생각해보고 전류를 증가시키려면 전압을 높이는 것이 좋은지, 저항을 낮추는 것이 좋은지를 머릿속에 그려가며 기억하는 것이다.

33 옴의 법칙 연습

그림(a)와 같이 회로의의 전구 저항이 3Ω이라면 이때 전구에 흐르는 전류는 얼마나 될까?

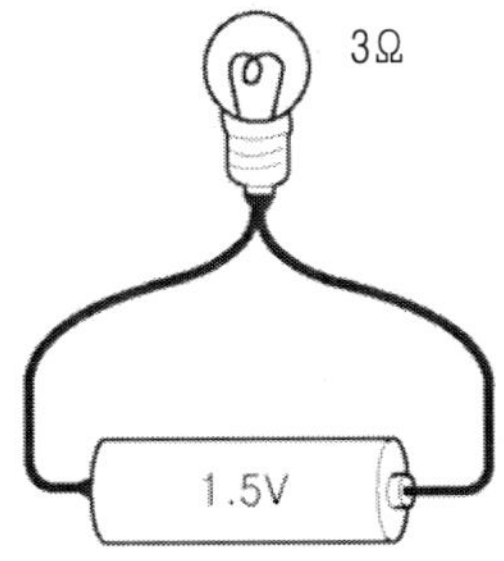

$I = \dfrac{E}{R}$ 이므로

$I = \dfrac{1.5V}{3Ω} = 0.5A$

즉, 1.5V 전압에 의해 3Ω의 전구에 흐르는 전류는 옴의 법칙을 적용하면 0.5A가 된다.

그림 (b)와 같은 회로에서 전구에 흐르는 전류가 0.3A가 흐른다면 전구의 저항은 얼마나 될까?

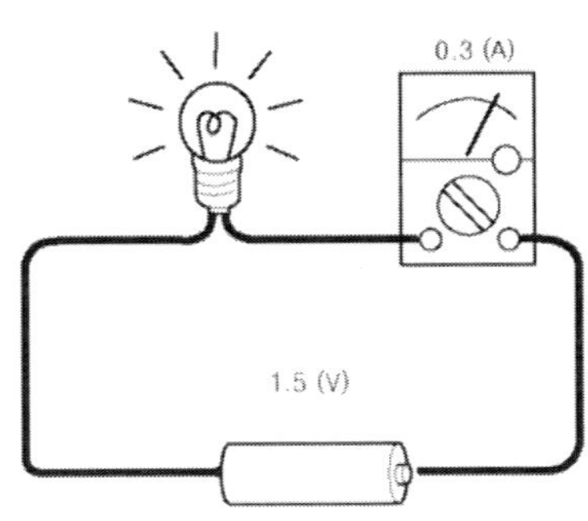

$R = \dfrac{E}{I}$ 이므로

$R = \dfrac{1.5V}{0.3A} = 5Ω$

1.5V에 의해 0.3A가 흐른 전구의 저항은 옴의 법칙을 적용해 보면 5Ω이 되는 것이다.

34 전기 부하

전기와 관련한 내용 중에는 전기 부하라는 말이 많이 나오는데 학술적 의미로는 전원을 공급하는 배터리, 전류의 통로인 전선, 부하인 램프, 모터, 코일, 저항, 기타 장치 등을 모두 전기 부하라고 한다. 그러나 일반적으로는 전원을 공급하는 배터리나 발전기, 전류가 흐르는 전선을 제외한 모든 것을 전기 부하라 하는데 회로에 따라 그 대상이 달라질 수 있다.

예를 들면 모터만 있는 회로에서 전기 부하는 당연히 모터가 되겠지만 시동 모터와 전구가 있는 회로에서는 시동 모터 및 전구가 전기 부하가 된다. 이 같이 전기 부하는 전원에 의해 부하가 갖는 저항 분만큼 전류가 흘러 전기로서 일을 하는 것(전력 소모가 일어나는 것) 모두를 의미한다.

▽ 백업전구

▼ 시동 모터

35 모든 것에는 정격이 있다

▽ 퓨즈(글라스트브형)

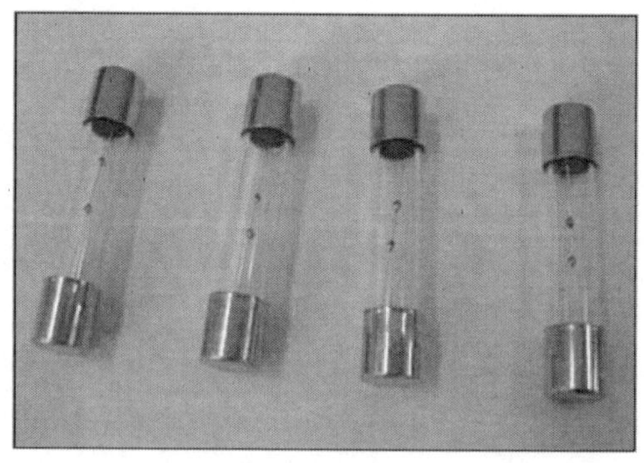

모든 전기 부품이나 제품에는 규정된 정격이 있어서 규정 이상을 사용하면 부품 및 제품이 손상은 물론 사람들에게도 치명적인 손상을 입힐 가능성이 있어 주의해야 한다.

앞의 [31]. [32]번 항에서 옴의 법칙을 설명하기 위해 전구의 밝기를 높이려면 전구의 저항을 낮추어야 한다고 설명한 바 있는데 실무에서는 전구의 규정 용량을 사용해야 한다는 것을 기억하자.

예를 들어 그림과 같은 회로에서 전구의 정격 전압이 3V용을 사용했다고 가정했을 때 전구를 더욱 밝게 하기 위해 전압을 6V로 높였다고 하면 전구의 수명이 그리 오래 가지 못할 게 자명하다.

▼ 전구의 정격용량

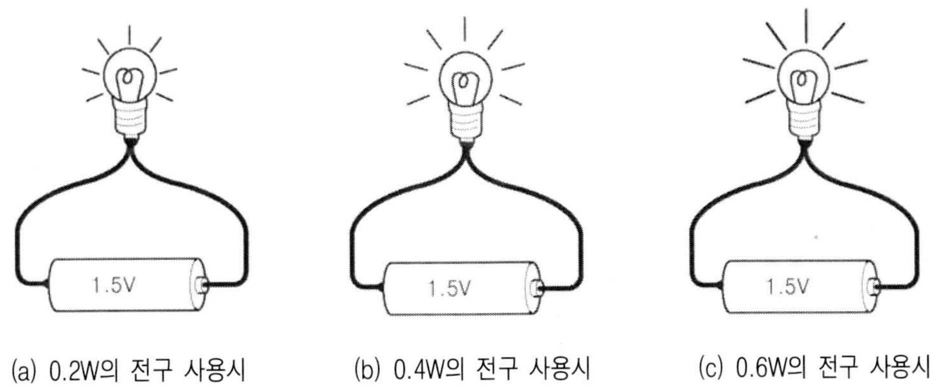

(a) 0.2W의 전구 사용시   (b) 0.4W의 전구 사용시   (c) 0.6W의 전구 사용시

정격 전압이 3V라는 것은 전구의 필라멘트가 견딜 수 있는 안정적 전압으로 그 이상 사용하면 전구의 정상 수명을 보증할 수 없다는 것을 의미한다. 이것은 전구가 갖고 있는 내압 때문으로 마치 철제의 수도관을 사용해야 하는 곳에 얇은 비닐 재 수도관을 쓰면 수압을 견디지 못하고 터져 버리는 것과 같은 이치다. 또 전구에는 전기로서 일을 할 수 있는 능력을 W 단위로 표시하고 있는데 이는 전구가 소모할 수 있는 전기량을 나타냄으로써 과부하를 막고 용도에 맞는 전구를 사용토록 하기 위한 것이다.

예제의 회로는 아주 낮은 전압을 예로 들었으나 실제 가정용 전기와 같이 220V의 경우 그 이상으로 전압이 상승되면 전개되는 상황이 아주 달라진다. 가정용 전기의 경우 전구의 정격 용량은 물론 전선의 정격 용량이나 스위치의 접점 용량까지도 고려하지 않으면 안 된다. 전기 회로에 사용되는 부품이나 제품은 규정된 용량을 무시하고 사용하거나 전원에 맞지 않는 부하를 사용하게 되면 과전압 또는 과전류에 의해 전기 회로의 손상은 물론 치명적인 감전 사고나 화재로도 이어질 수 있기 때문에 규정된 용량을 사용한다는 것은 대단히 중요하다.

모든 전기 회로에 사용되는 부품 및 제품에는 정격 전압. 정격 전류. 정격 용량 등이 있다. 전기에서 정격 용량이라 함은 정격 전압에 의해 전류가 안정적으로 흘러 전기가 제 능력을 다할 수 있게 하는 것으로 보통 정격 전압. 정격 전류. 정격 용량을 통칭해 그 부품이 전기로서 담을 수 있는 능력을 나타낸다. 이처럼 아무리 간단한 회로라 할지라도 그 속에서는 전기의 모든 것을 고찰 할 수 있다.

직병렬 회로

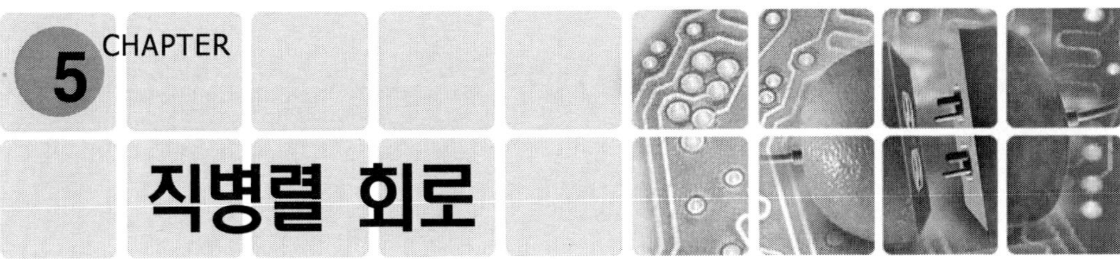

36 직렬회로와 병렬회로

▼ 직렬연결

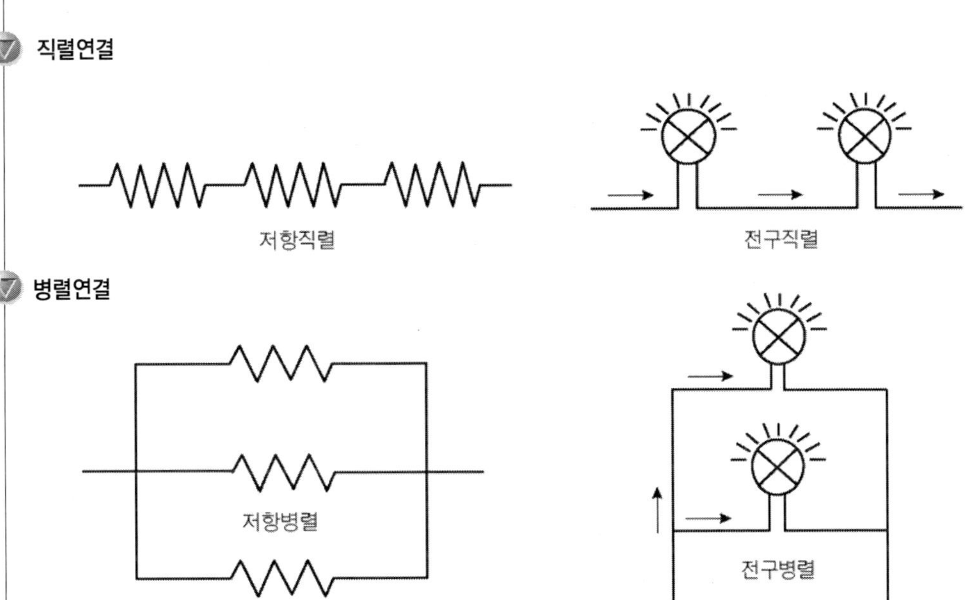

▼ 병렬연결

그림과 같이 저항 또는 전구를 직선상으로 연결하는 방식을 **직렬연결**이라고 하고 저항 또는 전구를 나란히 연결하는 방식을 **병렬연결**이라 한다. 또 이 같은 연결이 하나의 회로 상에 이뤄졌을 때 연결 방식에 따라 **직렬 회로** 또는 **병렬 회로**라고 부른다.

37 직렬 회로의 의미(1)

그림 (a)의 12V. 18W의 전구 1개를 그림 (b) 와 같이 전구 2개로 직렬 연결하여 전류를 흘렸을 경우 전구 1개의 밝기가 낮아지는 이유는 무엇일까? 전구의 밝기가 어두워졌다는 것은 전기로서 일을 그 만큼 못하고 있다는 증거인 셈이다. 즉. 같은 전구 2개가 직렬 연결된 회로에서는 저항이 2배 증가하여 저항 증가분만큼 전류가 감소해 결국 18W 전구 한 개의 밝기는 어두워지게 되는 것이다.

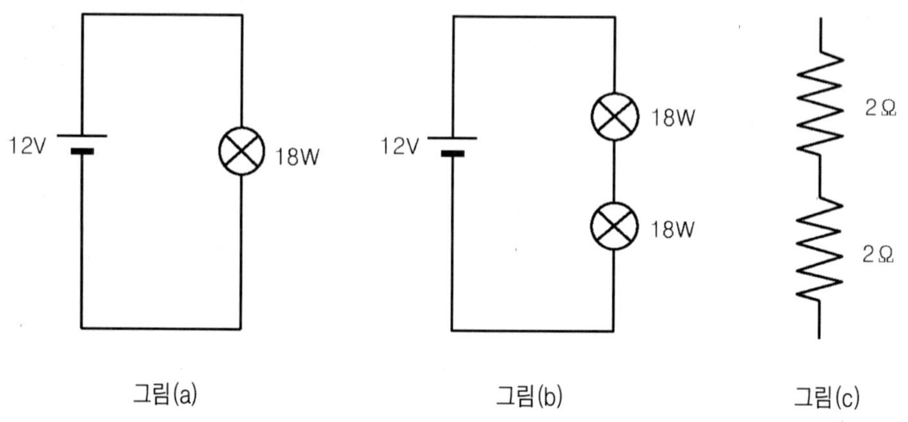

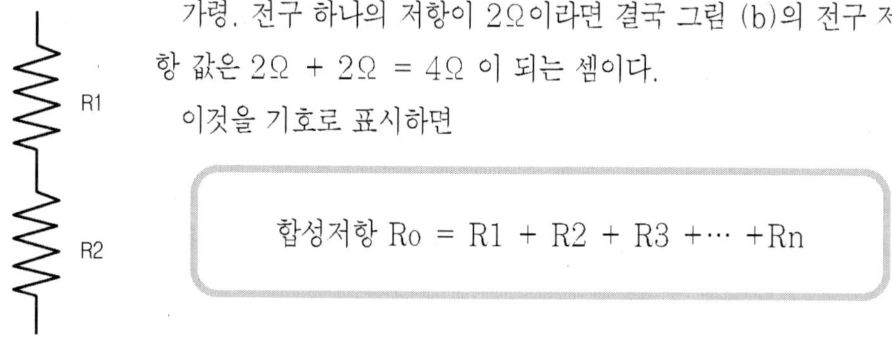

가령. 전구 하나의 저항이 2Ω이라면 결국 그림 (b)의 전구 저항 값은 2Ω + 2Ω = 4Ω 이 되는 셈이다.
이것을 기호로 표시하면

$$\text{합성저항 } R_0 = R1 + R2 + R3 + \cdots + Rn$$

직렬로 연결된 회로의 합성 저항은 그 합으로 나타내며 회로에 흐르는 전류는 옴의 법칙에 의해 합성 저항 분만큼 전류가 감소하여 흐르게 된다.

38 직렬 회로의 의미(2)

그림 (a)와 같이 전구의 저항이 각각 2Ω. 4Ω이고 전구의 정격 전력은 8W. 16W 씩이라면 이 2개의 전구 중 밝기가 더 높은 것은 어느 것일까?

단순하게 생각하면 2Ω 짜리 전구가 더 밝다고 생각할 수 있겠지만 실제로는 4Ω 짜리 전구가 더 밝다. 옴의 법칙만 가지고 본다면 2Ω 짜리가 저항이 적으니까 그만 큼 전류가 많이 흘러 전기로서 일을 많이 해 더 밝다고 생각할 수 있지만 직렬 회로에 서는 전구 2개의 합성 저항 분만큼만 전류가 흐르고 이 전류는 일정하다. 또한 전구 양단간에는 전압이 강하되는 현상이 일어나는데 이 때문에 직렬 회로에서는 저항이 큰 쪽이 전력 손실이 많다. 전기 이론을 처음 접하는 이들은 얼른 이해가 가지 않을 수도 있을 것이다(제 6장 전압 강하 참조).

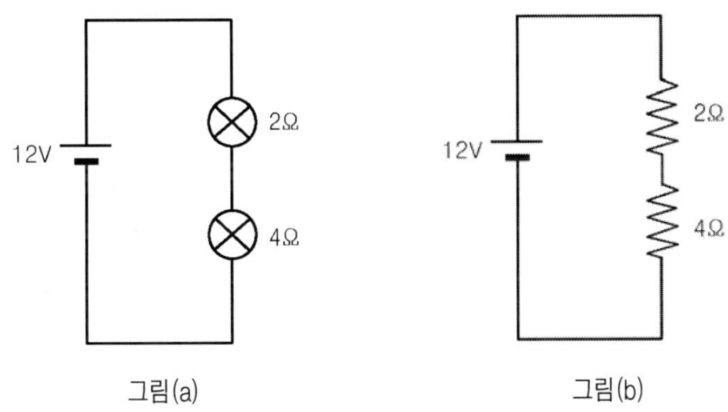

그림(a)   그림(b)

직렬 회로가 갖는 의미를 다시 한번 정리해 보면

● 직렬 회로의 합성 저항은 증가한다(직렬 저항의 합으로 나타낸다.).
● 직렬 회로의 증가된 저항 분만큼 전류는 감소하여 흐른다.
● 직렬 저항의 소모 전력은 저항이 큰 쪽이 많다.

39   소스(Source) 전원이란?

전기에서 소스(Source)란 전기 에너지를 공급하는 근원을 말한다. 컴퓨터를 예로 들면 전원을 공급하는 AC 전원이 교류 소스 전원이 되고 RAM(임시 기억 장치)에 저장 데이터를 유지하기 위해 공급되는 리튬 전지가 직류 소스 전원이 되는 셈이다. 소스 전원 중 전류원이란 전원이 공급할 수 있는 전류의 근원을 말하는데 자동차 배터리를 예로 들면 배터리가 부하(전장품)에 연결되어 전류를 흐르도록 하는 전류원을 소스 전류라 한다. 이 같은 소스 전원의 기호는 아래의 그림과 같이 표시한다. 참고로 전류원은 회로를 해석할 때 유용하다.

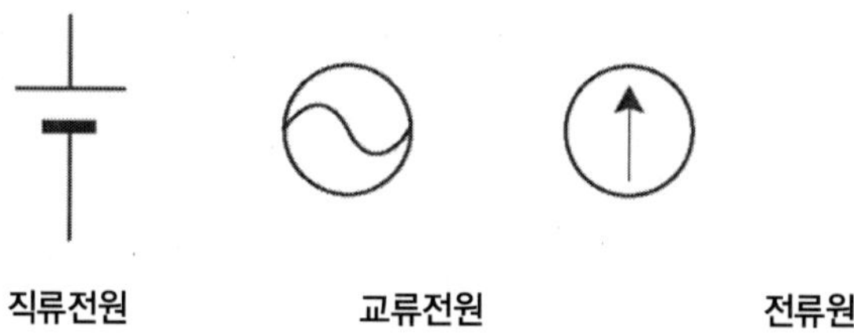

40   직렬 저항 구하기

● 그림 (a)의 합성 저항은?

3Ω   9Ω

그림a

$$12Ω = 3Ω + 9Ω$$

● 그림 (b)의 합성 저항은?

10Ω   100Ω   10Ω

그림b

$$120Ω = 10Ω + 100Ω + 10Ω$$

● 그림 (c)의 합성 저항은?

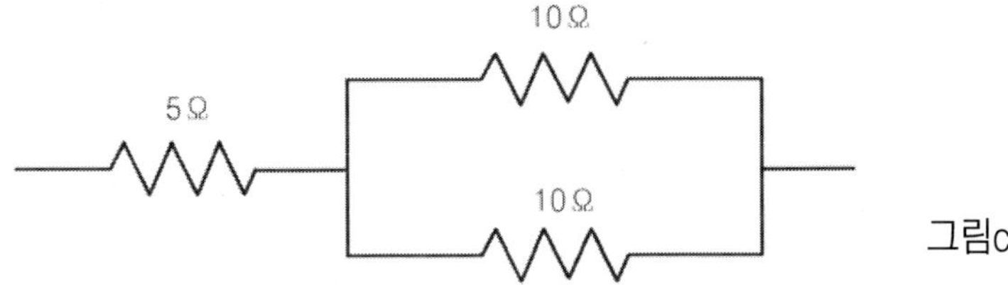

그림c

    그림과 같은 회로는 5Ω 저항 1개가 병렬로 연결된 10Ω 2개와 직렬 연결된 형태를 나타내고 있는데 이와 같은 연결을 **직병렬 연결**이라 한다. 직병렬 저항의 합성 저항은 먼저 병렬의 합성 저항을 구하고 난 후 그 구한 값과 나머지 직렬 연결된 5Ω의 저항 값과 더하여 구한다.

● 그림 (d)와 같이 전지 2개를 직렬로 연결하면 전압은 어떻게 될까?

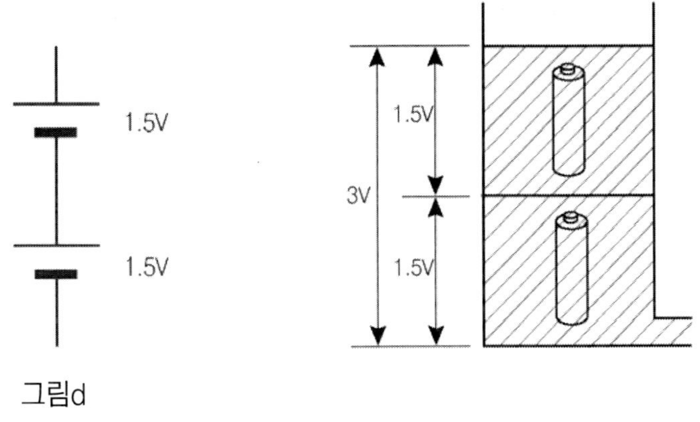

그림d

    1.5V짜리 전지 2개의 (+) 극성 전극과 (−) 극성의 전극을 연결하여 전압을 측정하면 전압은 3V가 된다. 이것은 마치 그림 (c)와 같이 물탱크의 수위가 2배 증가하면 수압은 2배로 증가하는 것과 같다. 따라서 전지의 합성 전압은 3V가 되는 것이다.

41 병렬 회로의 의미(1)

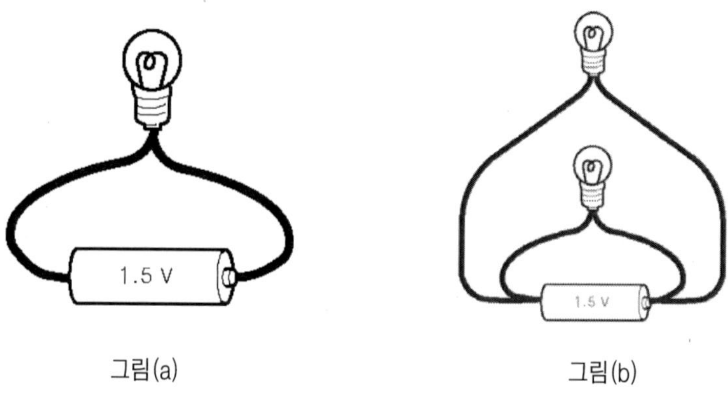

그림(a)　　　　　　　　　　　　그림(b)

　그림 (b)와 같이 2W 전구 2개를 병렬 연결했을 때 전구의 각각의 밝기는 그림 (a)의 전구 밝기와 동일하다. 즉 그림 (b)의 경우는 그림 (a) 보다 전력 소모가 2배 많다는 얘기다. 다시 말해 그림 (b) 가 그림 (a)보다 전류가 2배 많이 흐른다. 이는 그림 (a)의 전구의 저항 값 보다 그림 (b)의 저항 값이 2분의1로 감소한다는 것을 뜻한다. 따라서 저항을 병렬로 연결하면 합성 저항 값은 감소한다. 만일 저항을 무한히 병렬로 연결하면 어떻게 될까? 이처럼 무한히 연결된 회로는 존재하지 않겠지만 만약 있다면 저항 값은 0Ω이 될 것이다. 저항이 전혀 존재하지 않는 도체가 된다는 말이다. 도체에도 이러한 양질의 도체는 초전도체를 제외하고는 현실적으로 존재하지 않는다. 결론은 저항을 병렬로 연결하면 병렬 연결한 저항 분만큼 저항은 감소한다는 것을 기억해 두자는 것이다.

42 병렬 회로의 의미(2)

　오른쪽 그림에서 두 개의 전구 중 어느 것이 더 밝을까?

　동일 전원이 공급되어 있는 병렬 회로에서는 5W의 전구보다 10W의 전구가 더 밝다. 왜냐하면 12V의 전압이 5W와 10W 전구에 공급되고 있는데 10W의

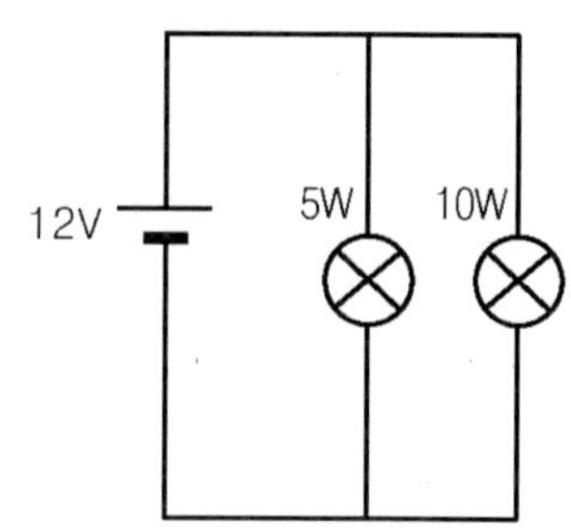

저항 값이 5W의 저항 값보다 낮기 때문이다.

저항이 적다는 것은 옴의 법칙에 의해 전류가 그만큼 더 많이 흐른다는 것을 의미하는 것으로 그만큼 전기로서 일을 더 많이 하기 때문이다.

병렬연결이 갖는 의미에 대해 정리하면 다음과 같다.

- 병렬 회로의 합성 저항은 감소한다(병렬 연결된 저항 중에 가장 낮은 저항 값보다 감소한다.).
- 병렬 회로의 감소된 저항 분만큼 전류는 증가하여 흐른다.
- 병렬 저항의 소모 전력은 저항이 적은 쪽이 크다.

43 한 콘센트에 여러 개의 부하는 위험

전기 콘센트에 여러 개의 전기 장치를 연결하여 사용하면 화재의 위험이 있다. 이것은 공급 전원에 부하(전기 장치)가 병렬 연결되기 때문인데 앞서 설명한대로 병렬 연결하면 합성 저항 감소 분만큼 전류가 증가하여 흐르게 된다. 전류가 증가하면 허용 전류 이상이 전선에 흐를 수 있는데 특히 전열기 같이 전력 소모가 많은 기구는 한 콘센트에 같이 사용해서는 안 된다.

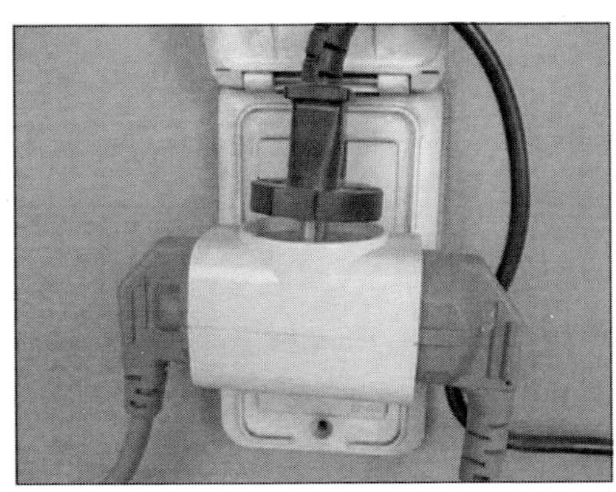

44 병렬 저항 구하기

그림 (a)와 같이 저항이 2개 병렬로 연결된 회로를 살펴볼 때 저항 측으로 흘러 들어가는 전류(I)는 다음과 같이 나타낼 수 있다.

$I = I_1 + I_2$ 의 합으로 나타난다.

즉, $I_1 = \dfrac{E}{R_1}$, $I_2 = \dfrac{E}{R_2}$

$I = E\left(\dfrac{1}{R_1} + \dfrac{1}{R_2}\right)$ 로 $I = \dfrac{E}{R}$ 의 옴의 법

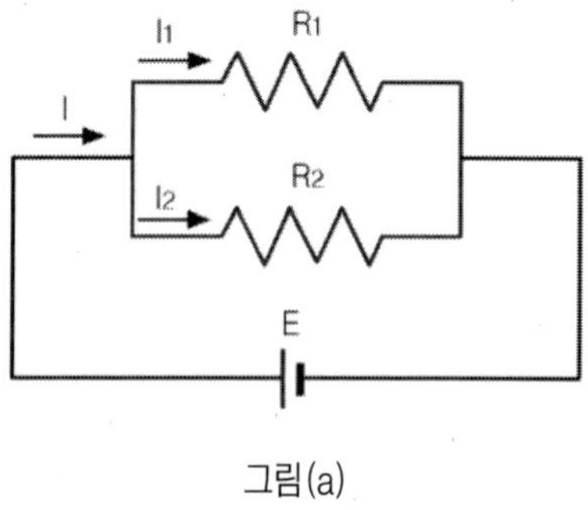

그림(a)

칙 기본 식에 대입하면 합성 저항 R 성분은 $\dfrac{1}{R} = \left(\dfrac{1}{R_1} + \dfrac{1}{R_2}\right)$ 로 표시할 수 있다.

따라서 합성 저항 R은 $\dfrac{1}{R} = \left(\dfrac{1}{R_1} + \dfrac{1}{R_2} + \cdots\cdots \dfrac{1}{R_n}\right)$ 로 나타낸다.

1) 위 식에 의거해 그림 (b)의 합성 저항을 구해 보자. 그림 (b)의 합성 저항 R은

$$\dfrac{1}{R} = \left(\dfrac{1}{10} + \dfrac{1}{10}\right) = \left(\dfrac{2}{10}\right)$$

$R = 5\Omega$ 이 된다.

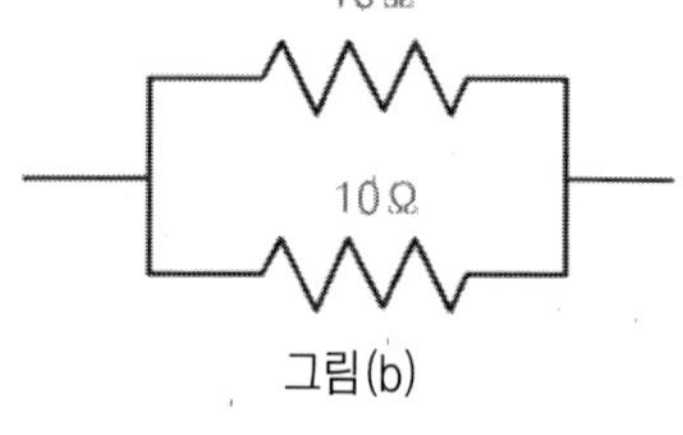

그림(b)

2) 위 식에 의거, 그림 (c)의 합성 저항을 구해 보자. 그림 (c)의 합성 저항 R은

$$\dfrac{1}{R} = \left(\dfrac{1}{9} + \dfrac{1}{9} + \dfrac{1}{9}\right) = \left(\dfrac{3}{9}\right)$$

$R = 3\Omega$ 이 된다.

그림 (d)와 같은 연결 방식을 직병렬 연결 방식 이라고 하는데 이 같은 연결 방식의 합 성저항은 먼저 병렬연결 저항 분부터 값을 구하고 구해진 저항 값을 직렬 연 결된 저항과 합산해서 구한다.

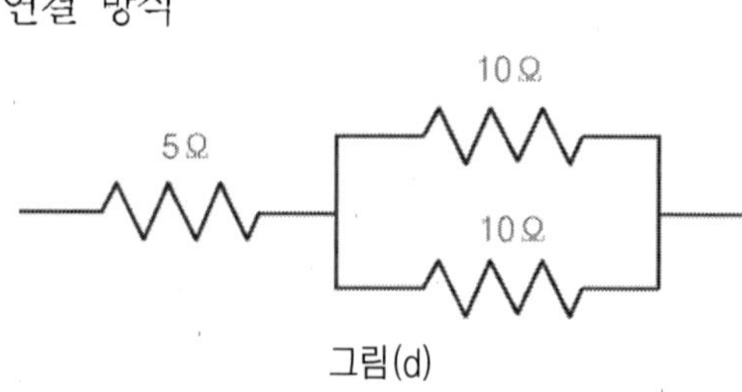

그림(c)

그림(d)

45 전지의 합성전압과 용량

그림 (a)와 같이 전지를 직렬로 연결하면 전지의 합성 전압이 $3V(1.5\,V+1.5\,V)$ 가 되는 것은 그림 (b)와 같이 물탱크 속의 물의 양이 2배로 증가하여 수위 차가 2배로 상승하는 것과 같다는 것을 앞서 설명한 바 있다.

여기서 우리는 전지 1개가 갖고 있는 전류량에 대해 생각해 보자. 만일 전지 1개가 갖고 있는 용량을 1Ah라고 하면 이 전지는 1A를 1시간 동안 사용할 수 있는 용량을 말한다. 그림 (a)에서 각 각의 전지가 갖고 있는 용량이 1Ah라고 가정할 때 전지 2개를 직렬 연결하여 1A를 일정하게 사용하고 있다면 이 직렬 연결된 전지는 얼마나 사용할 수 있을까. 결론부터 말하자면 전지를 직렬 연결해 전압이 3V로 상승해도 용량은 전지 1개의 용량 값인 1Ah로 바뀌지는 않는다.

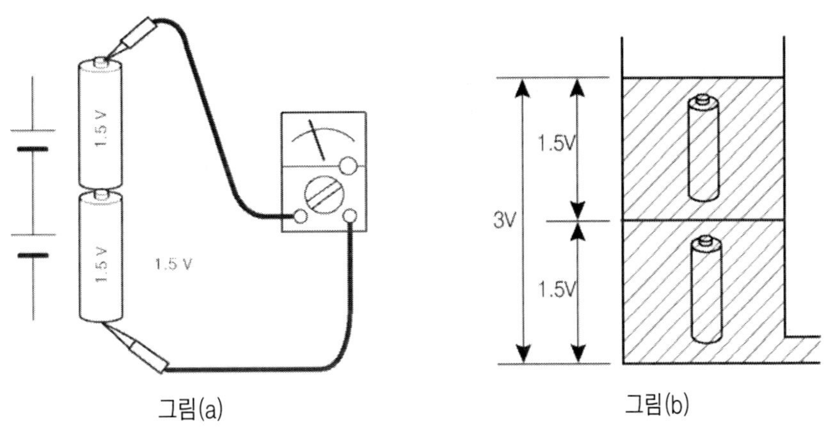

그림(a)　　　　　　그림(b)

이것은 그림 (b)와 같이 수압은 2배로 상승하지만 물의 양이 변하지 않는 이유가 수압이 2배로 증가한 만큼 밖에서 배출되는 양이 2배로 증가함을 의미하는 것과 같은 것이다.

즉, 전지를 직렬 접속하면 합성 용량의 전압은 배로 증가하지만 전류량(사용 용량)은 변하지 않는다.

이번에는 전지를 그림 (c)와 같이 연결해보자. 이 때 전지의 전압은 1개일 때와 같이 1.5V가 된다. 이는 그림 (d)에서 물의 수위는 변하지 않지만 물의 양은 2배로 증가함과 같은 것이다.

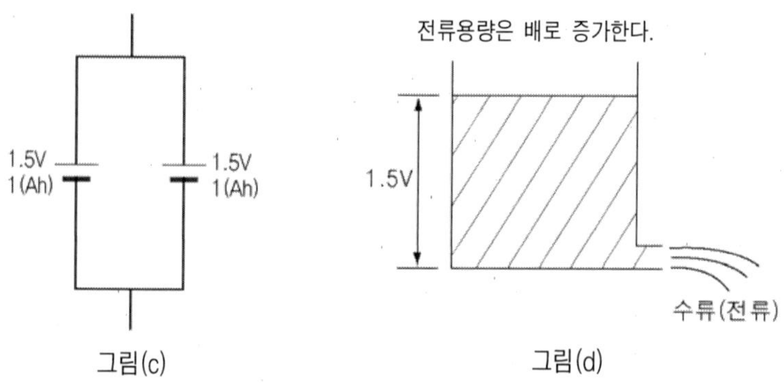

> 즉, 전지 2개를 병렬 접속하면 합성 전압은 변하지 않지만 전류량(사용 용량)은 2배로 증가한다.

따라서 실제 현장에서는 배터리의 직렬연결은 전압을 증가시켜 일의 량(동력)을 크게 하기 위해 자주 사용하고, 배터리를 장기간 사용하기 위해는 병렬 연결해서 많이 쓴다.

45 직병렬 회로

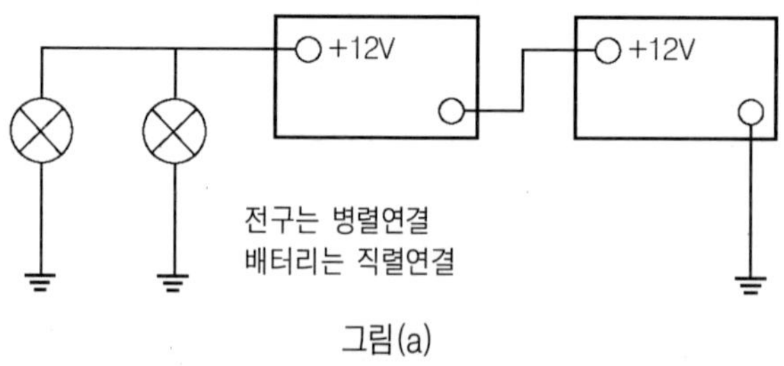

그림 (a)와 같이 전구 2개는 병렬로 연결되어 있고 12V 배터리 2개는 직렬로 연결되어 있다고 가정할 때 부하의 정격은 어떻게 써야할까? 12V 배터리 2개를 직렬

로 연결하면 전압은 24V로 증가하게 되어 사용하는 전구도 24V용 전구를 사용해야 한다. 만일. 배터리를 직렬로 연결하고 전구를 12V용으로 사용했다고 하면 밝기는 높아지겠지만 수명은 아주 짧아지게 될 것이다.

이번에는 그림 (b)와 같은 직병렬 회로의 합성 저항을 구해보자. 먼저 2개의 병렬 연결된 전지의 저항 값을 구한 뒤 나머지 10Ω의 직렬 연결된 전지의 저항 값을 합해 합성 저항을 구할 수 있다.

$$R = 10 + 1\left(\frac{1}{10} + \frac{1}{10}\right)$$
$$= 10 + 5 = 15\,\Omega$$

그림(b)

46 직병렬 회로 이해하기

● 그림 (a), (b), (c), (d)의 회로에서 전구 하나의 밝기가 가장 밝은 것은 어느 것일까?

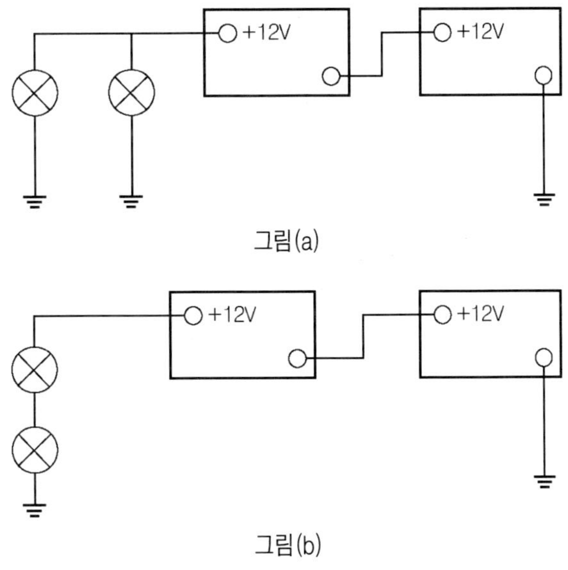

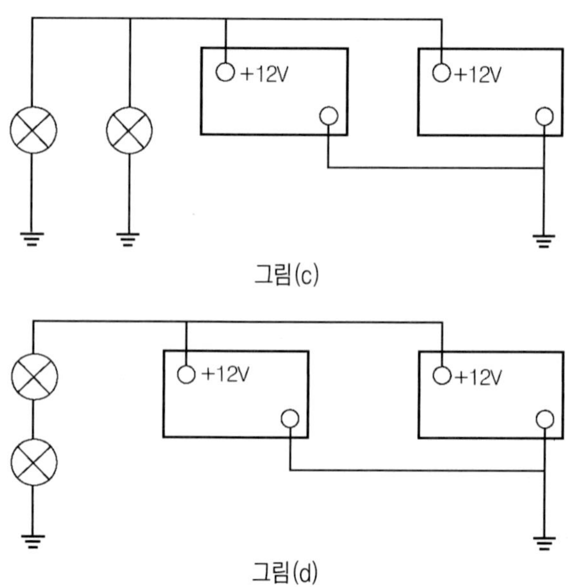

그림(c)

그림(d)

먼저 그림 (a), (b)는 12V 배터리 2개가 직렬로 연결돼 있어서 배터리의 합성 전압은 24V가 되지만 그림 (c), (d)는 병렬 연결되어 있어서 배터리의 합성 전압은 12V가 된다. 따라서 합성 전압이 낮은 그림 (c)와 (d)를 제외하면 그림 (a), (b)중에서 전구 하나의 밝기가 가장 밝은 것을 찾는다면 옴의 법칙에 의해 합성 저항 값이 적은 전구가 병렬 연결된 그림 (a)가 가장 밝은 것을 알 수 있다.

그림 (b)처럼 전구가 직렬 연결되어 있는 것은 저항이 직렬로 연결되어 있는 것과 같아 2개의 전구에 흐르는 전류는 전구 1개분만큼 감소하여 흐르게 되어 전구의 밝기는 그림 (a)보다 어둡다.

● **반대로 그림 (a), (b), (c), (d)의 회로에서 전구 하나의 밝기가 가장 어두운 것은 어느 것일까?**

12V 배터리가 직렬 연결되어 합성 전압이 24V인 그림 (a), (b)를 제외하면 그림 (c), (d) 중에서 찾을 수 있는데 전구 1개가 가장 어두운 것은 그림 (d)가 된다. 그림 (d)의 경우 전구가 직렬로 연결돼서 전류가 전구의 저항 증가분만큼 감소하여 흐르게 되어 전구 1개의 밝기는 결국 가장 어두워지는 것이다. 이와 같이 부하의 저항이 증가하면 증가분만큼 전류는 감소하여 흐르게 되고 공급 전압이 증가하면 증가분만큼 흐르는 전류는 증가하게 돼 전기로서 일을 그 만큼 많이 할 수 있다는 것을 알 수 있다.

전압강하

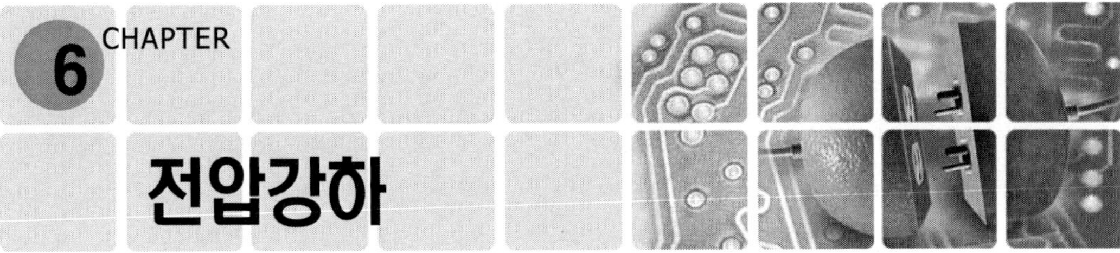

48 어스란?

어스(EARTH)의 본래 뜻은 지구를 의미하지만 전기에서 어스라고 표현한 이유는 지구의 전위(電位)가 물리적으로 제로에 가깝기 때문에 낙뢰를 피하기 위해 사용하는 피뢰침의 접지를 땅에 묻는 것도 바로 이 때문이다. 어스라는 것은 폐회로에서 전위(電位)가 0V인 것을 어스(접지)라 한다.

그라운드(GROUND)라는 표현을 쓰는 경우도 있지만 이는 지구 혹은 접지를 의미하는 넓은 의미의 어스(EARTH)에 비해 장치나 구성품의 접지를 의미하는 좁은 의미를 나타낼 때 사용된다. 자동차를 예로 들면 차체 자체를 어스라고 한다면 실내의 각종 전자 장치들을 그라운드라고 표현할 수 있는 것과 같다.

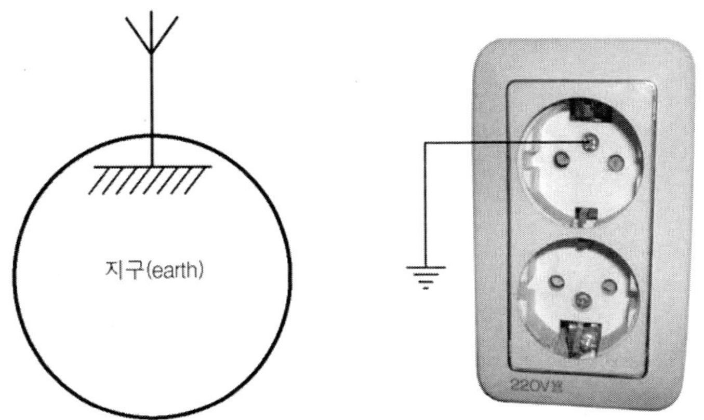

어스는 전선이나 각종 기기 등의 절연이 나빠지면 화재나 감전 사고를 일으킬 수 있을 뿐만 아니라 각종 전자 장비의 오작동을 야기할 수 있기 때문에 어스를 통해 그

위험을 줄일 수 있다. 사고가 발생했을 경우 어스(접지)를 통해 누설 전류를 흘려보내거나 장비에 직접 연결해 대지와 장비 사이의 전위차를 줄여 사고를 경감시키는데도 중요한 역할을 한다. 어스는 또 정전 유도에 의한 변위. 예컨대 교류인 경우 시간에 따라 전위가 변화하는데 따른 라디오 잡음이나 계기의 오차. 전장품 혹은 기타 전자 장비의 장해가 일어날 때 정전 차폐 등과 함께 이 같은 현상을 없앨 수도 있어 전기에서는 빼놓을 수 없는 중요한 부분을 차지하고 있다.

어스는 대지 간에 전기적으로 접속을 하는 것이어서 시간이 흐르면 어스의 저항이 점점 커지거나 어스의 단선 혹은 접지 불량으로 그 효과가 떨어질 수 있어 접지 저항을 항상 주의 깊게 점검해야 하는데 자동차에서 전장품의 접지 저항을 점검하는 것도 이 때문이다.

> 어스(EARTH)는 폐회로에서 전위(電位)가 0V인 기준 전위점을 말하며 접지라고도 부른다.

49 전류는 높은 데서 낮은 데로 흐른다

전압 강하에 대해 설명하기 전에 먼저 그림 (a)의 회로에 흐르는 전류 값을 구해보자. 먼저 그림 (a)의 합성저항을 구하면 합성저항=2Ω+4Ω+6Ω=12Ω이다. 여기서 그림 (a)의 흐르는 전류를 구하기 위해 그림 (b)와 같이 변환할 수 있다.

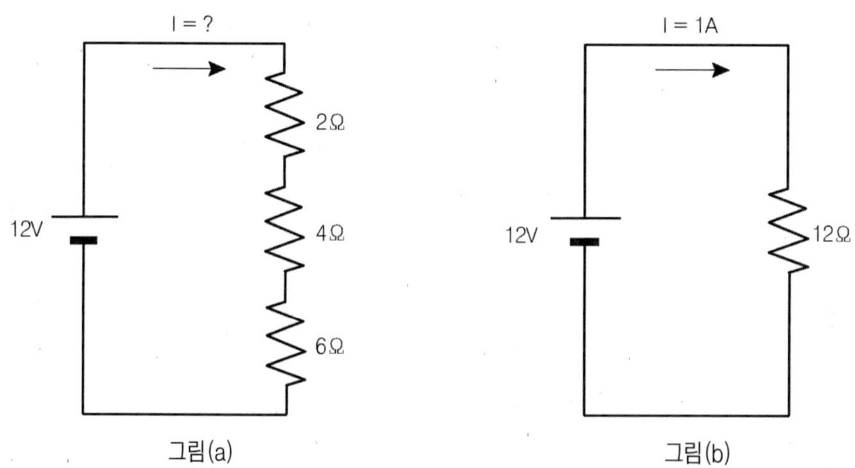

그림 (b)회로의 흐르는 전류는 옴의 법칙을 적용하면 $I = \dfrac{E}{R} = \dfrac{12(V)}{12(\Omega)} = 1A$ 가 흐른다.

그러면 이번에는 그림 (c)회로에서 각각 E1, E2, E3의 전압을 구해보면 옴의 법칙에서 전압(E) = 전류(I) × 저항(R)이므로 저항 양단에 걸리는 전압들은

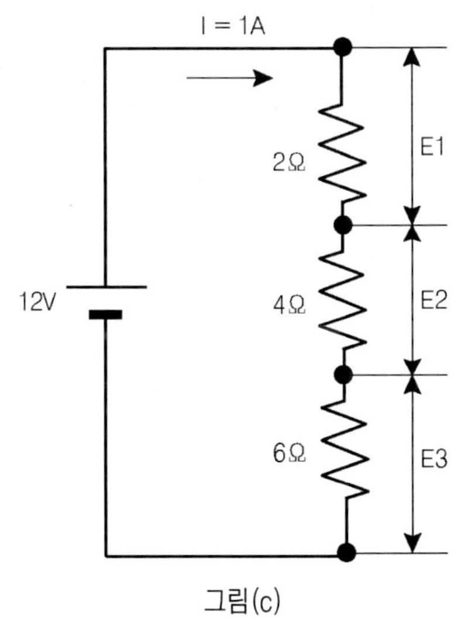

그림(c)

E1 = 1A × 2Ω = 2V

E2 = 1A × 4Ω = 4V

E3 = 1A × 6Ω = 6V

따라서 배터리 전압은 E1 + E2 + E3 = 12V가 된다. 따라서 a점의 전위는 12V이고 b점의 전위는 10V, c점은 6V로 구하는 공식은 다음과 같다.

a점 전위 = V1 + V2 + V3 = 12V,

b점 전위 = V2 + V3 = 10V,

c점의 전위 = V3 = 6V이고

d점 전위 = 0V가 된다.

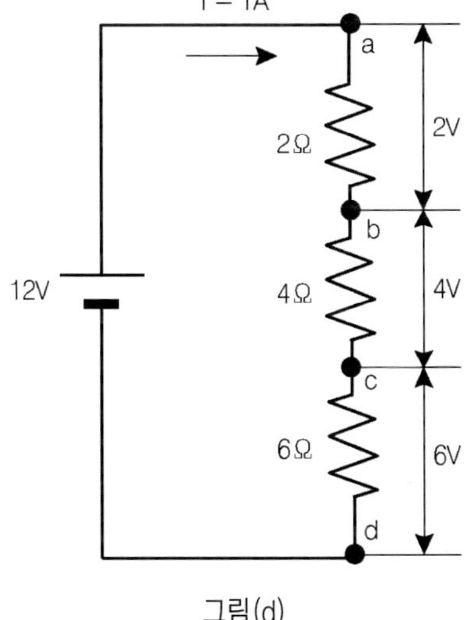

그림(d)

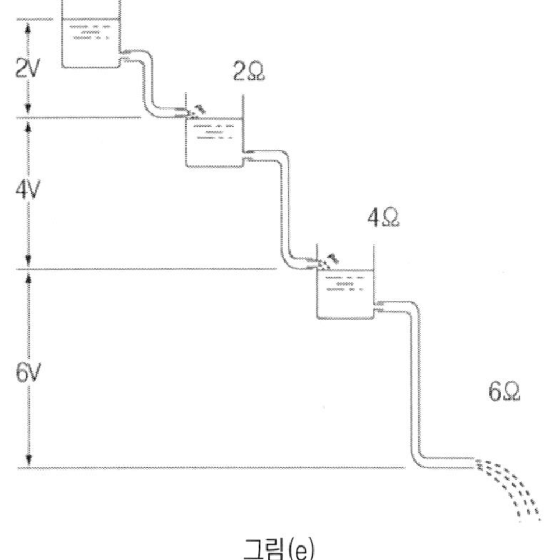

그림(e)

즉 전류가 흐른다는 것은 b점 전위 보다 a점의 전위가, c점의 전위 보다 b점의 전위가, d점의 전위 보다 c점의 전위가 높기 때문으로 결국 전류는 전위차가 있어야만 전류가 높은 데서 낮은 곳으로 물 흐르듯 흐를 수 있게 된다.

50 전류 흐르는 곳에 전압 강하도 있다

49항의 그림 (d)에서 a점의 전위가 12V이고 b점의 전위는 10V이므로 양 점 사이에 2V만큼 전압이 강하되었다고 한다. 마찬가지로 b점의 전위가 10V이고 c점의 전위는 6V이므로 4V만큼 전압 강하되었으며 c점의 전위가 6V이고 d점의 전위가 0V이므로 6V만큼 전압강하가 되었다고 말할 수 있다. 저항 양단에 전류가 흐른다는 것은 저항 양단에 반드시 전위차(전압)가 있기 때문이며 이는 전류가 흐르는 회로의 저항 양단에는 반드시 전압강하가 일어난다는 말과 같은 것이다.

> 전류가 흐른다는 것은 두 전위 간 전위차가 있다는 것을 말하며 전류가 흐르는 저항 양단에는 반드시 전압 강하가 일어난다.

51 배터리 자신도 전압 강하가 일어난다

회로에 전류가 흐르는 것은 두 점간 전위차가 있기 때문이며 이는 두 점간 저항이 존재한다고 이미 설명한 바 있다. 두 점간 전위차 즉 전압 강하는 회로에 존재하는 모든 저항에 존재한다는 의미와 같다. 전지나 배터리에서도 예외가 아니어서 전지나 배터리 내부에도 전압 강하는 존재한다.

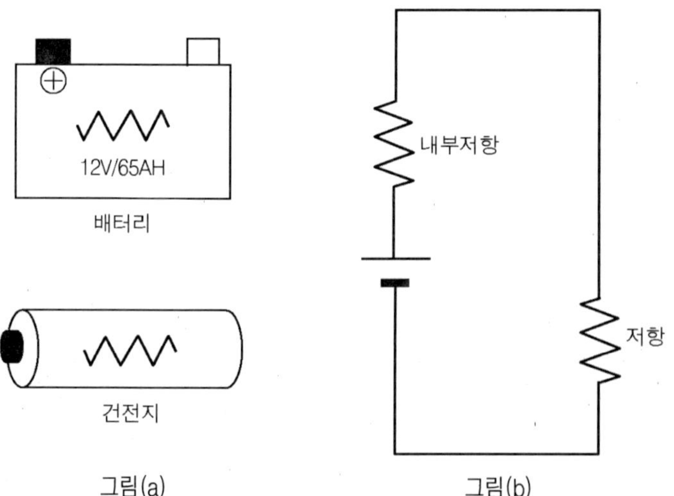

그림(a)   그림(b)

이는 전지나 배터리 자체의 내부 저항에 기인하는 것으로 전지나 배터리 소모가 많을수록 내부 저항은 커지게 된다. 우리가 일상생활에서 자주 쓰는 전자 제품 중 전지 2개를 직렬 연결하여 작동시킬 때 전지 하나는 새 것이고 다른 하나는 이미 사용한 것을 사용 할 경우 똑같은 상태의 전지 2개를 사용하는 것보다 전지 소모가 훨씬 빨라지는 것이 이 때문이다.

52 회로가 단선되면 항상 등전위

그림 (a)회로에서 ×부위가 단선되었다고 가정하자. 이때 저항 a와 b, b와 c, c와 d , a와 e, b와 e, c와 e 사이 각각의 전압을 측정하면 a와 b 사이는 0V, a와 e는 12V, b와 c는 0V, b와 e 12V, c와 d 0V, c와 e는 12V이다. 물의 압력을 알아내기 위해 물을 받는 밑쪽에서 측정을 하듯 전류가 흐르지 않는 회로의 전압을 측정하기 위해서는 전압계와 폐회로가 구성돼야 한다.

따라서 a, b사이, b, c사이, c, d사이의 전압은 0V가 된다. 전선이 단선되면 전류가 흐르지 않고 전압은 일정하게 되는데 전류가 흐르지 않는다는 것은 그림 (b)와 같이 물이 흐르지 않는 것과 같은데 물이 흐르지 않는 곳의 수압은 일정하다. 전류가 흐르지 않는 회로도 마찬가지여서 a, e사이와 b, e사이, c, e 사이 각각의 전압이 동일하게 12V가 된다. 즉 등 전위가 되었다는 것은 전위차가 없다는 것을 뜻하며 결국 이는 전류가 흐르

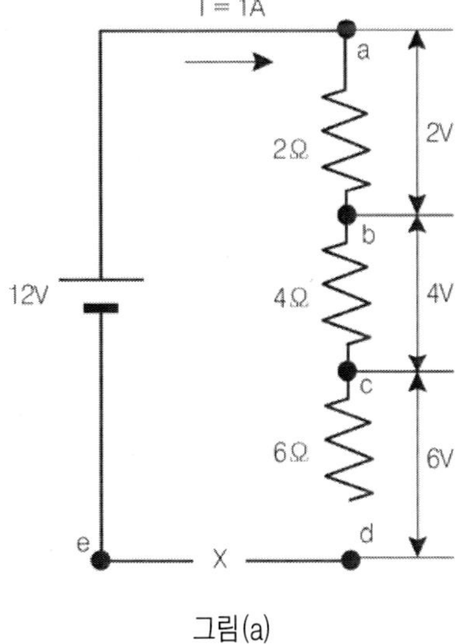

그림(a)

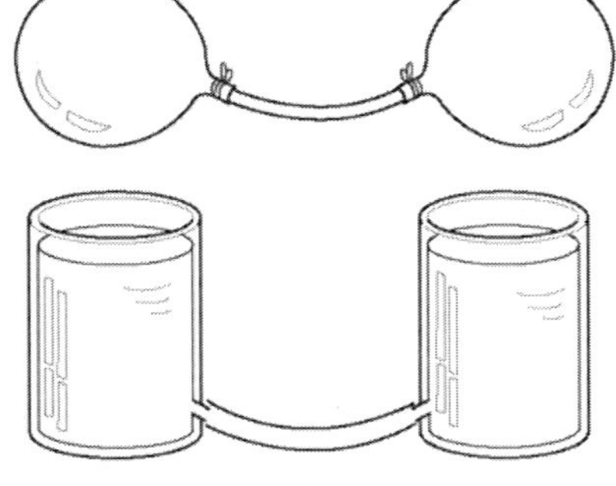

압력이 서로 같으면 물은 이동하지 않는다.

그림(b)

지 않는 회로를 의미한다.

회로에 전류가 흐르는 것은 두 점간 전위차가 있기 때문이며 전류가 흐르는 저항 (부하) 양단에는 반드시 전압 강하가 일어난다. 즉 저항에 의해 소비된 전위의 강하 분을 전압 강하라고 하는 것이다.

- 회로에 흐르는 전류의 양은 저항(부하)의 값에 의해 결정된다. 단, 전압 변동이 없는 경우에 한해서다.
- 회로에 전류가 흐른다는 것은 두 점간 전위차가 있기 때문이다.
- 등전위인 경우 두 점간 전위차가 없다는 것은 회로의 단선(OPEN)을 의미한다.
- 전류가 흐르는 저항(부하) 양단에는 반드시 전압 강하가 발생한다.

지금까지의 옴의 법칙을 이용하여 회로의 저항 양단에 전위차가 어떻게 결정되는지를 알아보았다. 이는 실무에 대단히 중요하고 현업에서 기초가 되는 것이므로 반드시 이해해야 할 부분이다. 잘 이해가 되지 않는다면 반복 학습과 함께 간단한 회로로 실습을 해보는 것도 좋은 방법이다.

또 전압을 측정하는 것은 그 목적에 따라 방법이 달라질 수 있는데 회로의 정격 전압은 물론 회로의 단선. 단락까지 확인해야 할 경우가 많기 때문에 전압에 대해서는 필히 이해하고 넘어가야 한다.

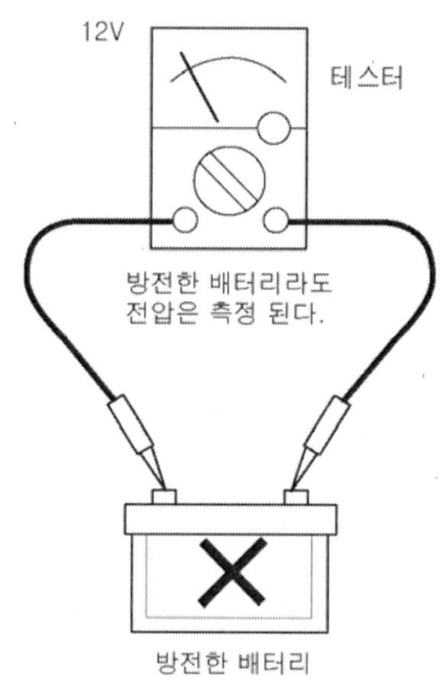

가령 전선의 단선이나 단락을 점검할 때 멀티 테스터를 이용해 도통 테스트를 이용하는 것이 가장 일반적이나 전원이 연결된 상태에서는 전압 측정을 이용해 점검해야 하기 때문에 전압에 대한 지식이 현장에서는 무엇보다 중요하다.

53 가변 저항이란?

　가변 저항은 오디오 장치의 소리 크기를 조절하는 부품으로 자동차에서는 각종 장치의 조절 부품이나 위치를 검출하는 센서 등의 여러 가지 용도로 활용되고 있다. 가변 저항 중 자동차용 센서로 이용되는 대표적인 것으로 TPS(Throttle Position Sensor), 연료레벨 센서, 간헐 와이퍼 속도조절 부품, 액셀러레이터의 위치감지 센서, 액티브 서스펜션의 차고검출 센서 등이 있다. 이들 센서의 회로 심벌은 그림과 같으며 동작 원리는 기본적으로 같기 때문에 TPS를 예로 들어 설명한다.

가변저항

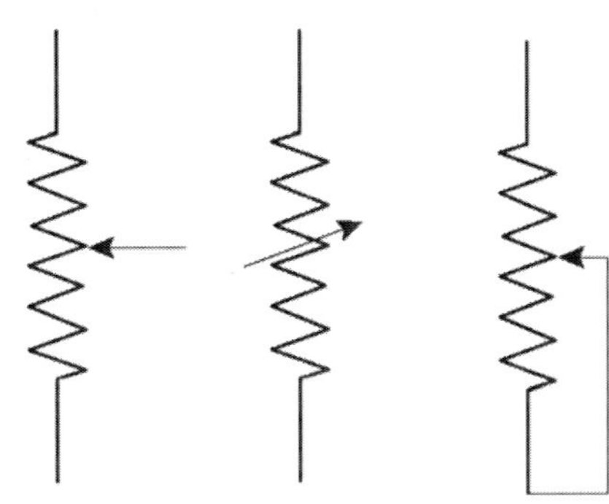

▼ 가변저항의 심볼

54 구조를 알면 점검 포인트가 보인다

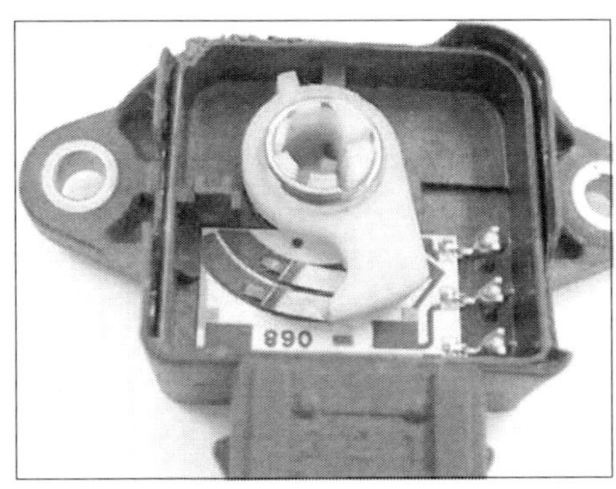

TPS 내부 구조

　TPS의 구조는 사진과 같이 내부의 절연 판(흰색 판은 세라믹 판) 위에 저항인 탄소를 고루 입혀 저항체로 사용하는 부위만 트림(레이저로 필요한 양만큼 깎아내는) 작업을 통해 필요한 저항 값을 얻고 있다. 그러나 작동 시 세라믹 판 위에 있는 탄소 피막 저항체 위를 기계적인 접점이 미끄러지며 접촉하게 되어 있어서 장기간 사용하거나 접점 표면이 거칠면 마찰로 인해 탄소 피막이 마모되거나 TPS 중심축의 편력에 의해 탄소 피막이 손상될 수 있다. 이런 경우 멀티-테스터로 저항 값을 측정해서 가변 저항 류의 양부를 판단하기가 어렵기 때문에 스코프를 이용해 가변 저항이 변동할 때 전압 파형을 관찰하는 것이 좋다.

55 TPS도 전압 강하를 이용한다

　그림은 TPS의 기본 회로를 나타낸 것으로 TPS 센서의 저항은 5kΩ을 사용했고 TPS 양단에 기준 전압(Vref)인 5V를 공급하고 있다. 이때 c에서 b간 저항 값이 1kΩ이라고 한다면 Vb는 얼마나 될까?

　먼저 옴의 법칙을 이용하여 전류 값부터 구해보자.

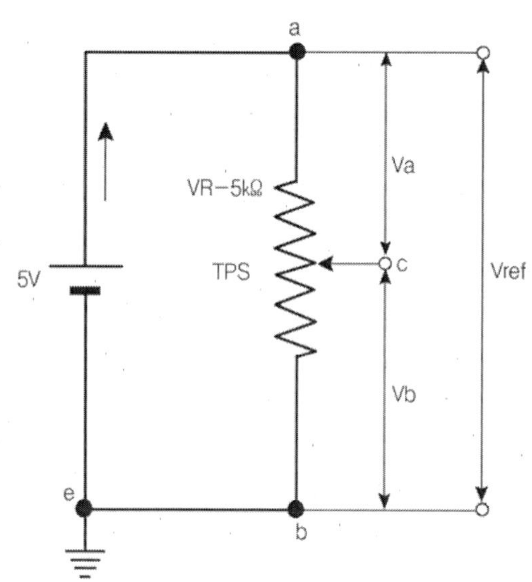

$$I = 5V / 5 \times 10^3 \; \Omega = 1mA$$
이므로
$$Vb = 1mA \times 1k\Omega = 1V$$
가 된다.

가변 저항이 5kΩ인 TPS 양단에 흐르는 전류는 1mA가 되었고 Vb 전압(c~b간 전압)은 1V가 되었다. 즉. 이 말은 c~b간 저항이 2kΩ이라면 Vb 전압은 2V가 되고 c~b간 저항이 3kΩ이라면 Vb 전압은 3V가 된다는 의미이다. 이를 통해 저항에 따라 전압 값이 변화하는 것을 알 수 있다. 공급 전압 5V가 변화하면 당연히 Vb 전압도 변화하므로 Vref 전압은 전압 변동이 일어나서는 안 되는 전압으로 이를 기준 전압이라고 하는 이유도 여기에 있다.

　Vb 전압은 TPS 개도(열리고 닫히는)에 따라 c점 중심축이 변화하므로 Vb 전압도 이 변화에 비례해 전압 강하가 된다. 이렇게 가변된 Vb 전압 값은 스로틀 개도 위치를 검출한 ECU(전자 제어 장치 컴퓨터)의 입력 신호 값이 되는 것이다. 즉 중심

축이 회전 또는 직선 운동에 의해 저항 값이 가변되고 가변된 저항 값은 기준 전압에
의해 가변 저항 출력 값이 전압 강하되면 가변 저항은 이것을 신호원으로 사용하는
것이다. 가변 저항은 그의 중심축이 변화함에 따라 중심축 전압 값이 변한다고 해서
일명 포텐션 미터(potention meter)라고 부르기도 한다.

56 단선과 단락 확인

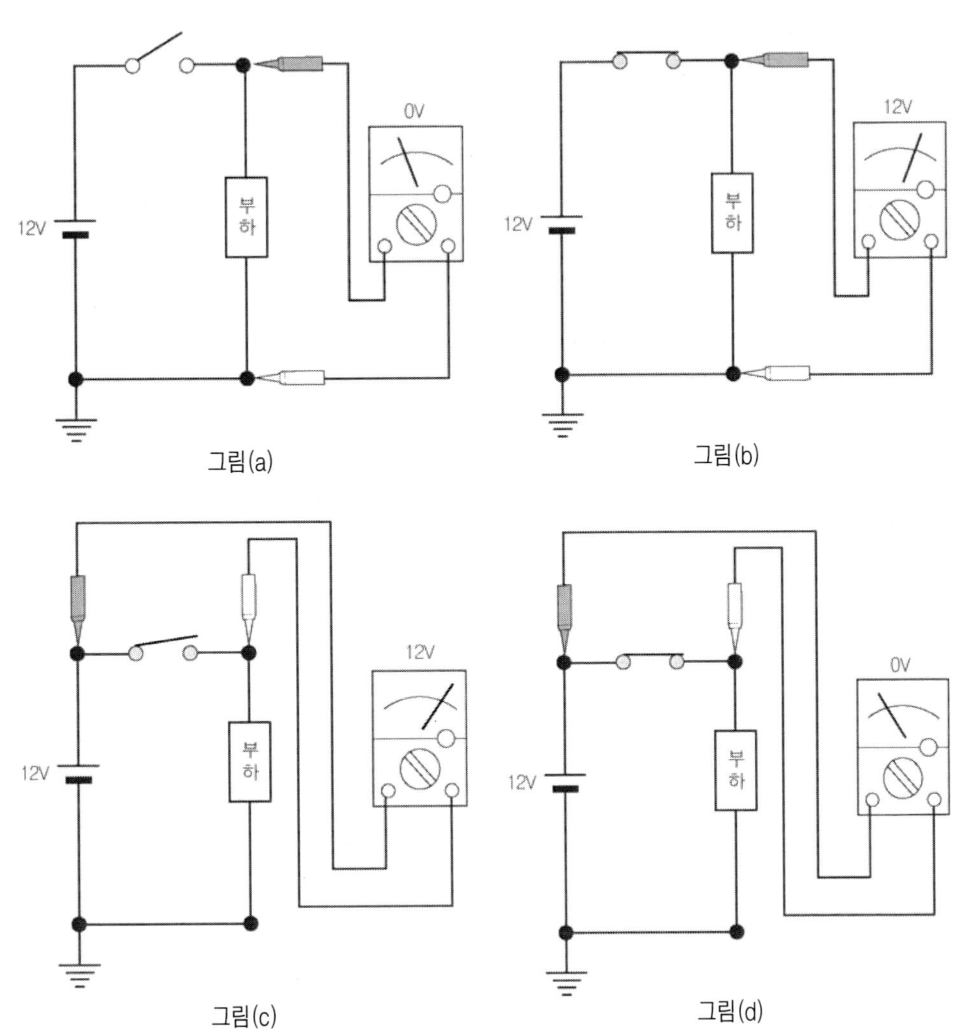

그림 (a)와 같이 스위치를 껐을(OFF) 때 부하 양단 간 전압을 측정하면 0V로 나

오지만 그림 (b)와 같이 부하 양단 간 전압을 측정하면 12V가 되는 것을 쉽게 알 수 있다. 그러나 그림 (c)와 같이 스위치를 껐을 때 스위치 양단 간 전압을 측정하면 12V가 된다. 이것은 회로가 단선되었을 때 전류는 흐르지 않지만 전위는 일정하다는 것을 의미한다. 반면 그림 (d)와 같이 스위치 양단간에 전압을 측정하면 0V가 되는 것은 스위치 양단 간 전위가 같다는 것을 의미한다.

그러나 그림 (d)의 회로에서 스위치를 켰을(ON) 때 스위치 양단간 전압이 0V 지만 전류는 A에서 B로 흐르기 때문에 엄밀히 말하면 A점의 전위가 B점의 전위보다 높다. 실제로 이 같은 회로의 전압을 직접 실험으로 확인해 보면 보통 약 0.02V의 전압이 측정되는데 이는 A점의 전위가 B점의 전위보다 높다는 것을 입증하는 셈이다.

57 전압 강하의 활용(1)

그림 회로는 전구 회로의 단선 점검을 나타낸 것으로 그림 (a)와 같이 a점의 전압이 12V라는 것은 어스에서부터 a점까지 단선 부위가 없다는 것을 의미한다. 또 b점의 전압이 12V라는 것은 전구의 필라멘트까지 연결된 전선이 단선되지 않았음을 뜻한다. d점과 c점 사이의 전압이 12V라는 것은 결국 이 회로의 단선 부위는 d점에서 c점 사이라는 말이다.

▼ 전구 회로 점검

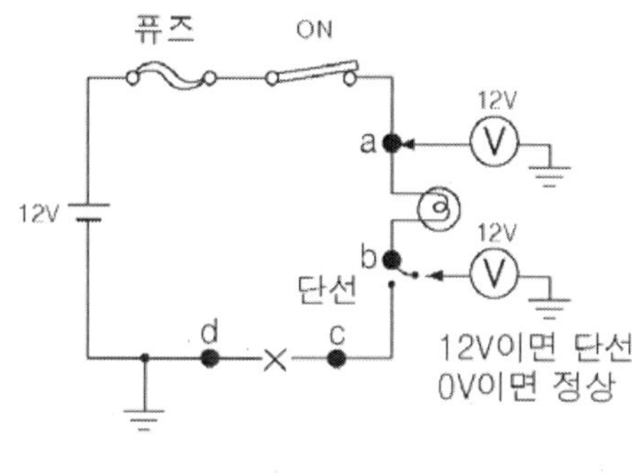

그림(a)

▼ 회로가 단선된 경우

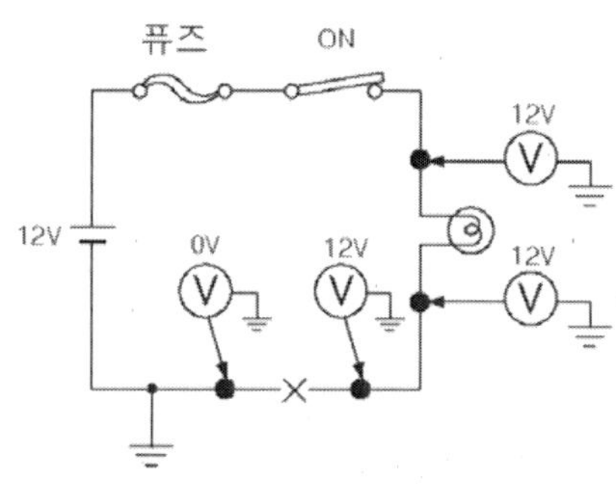

그림(b)

58 전압 강하의 활용(2)

　그림의 회로에서 각 저항 양단의 전압을 계산해 보고 실제 멀티 테스터를 사용하여 각 저항의 전압을 측정. 비교해보라. 전류가 흐르는 저항 양단에는 반드시 전압 강하가 발생하므로 이것을 이용하면 회로 상의 접촉 불량이나 회로의 단선. 단락을 쉽게 알 수 있다. 전압 강하에 의한 활용은 7장 멀티 테스터 사용법 편에서 다시 한번 다루기로 한다.

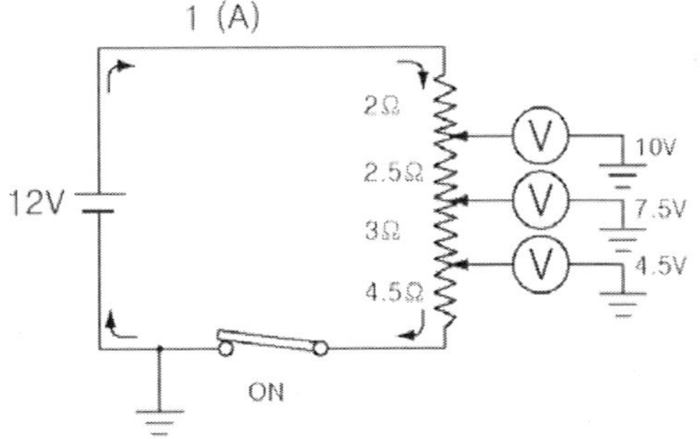

SW ON시 각 저항 양단에 전압 강하

멀티테스터 사용법

59 멀티 테스터의 종류

멀티 테스터는 구조상으로는 크게 아날로그 방식과 디지털 방식으로 구별된다. 또 사용 목적에 따라 정확도를 요구하는 경우의 고가 제품에서부터 일반적으로 사용되는 범용 저가 제품까지 있으며 최근에는 용도에 따라 주파수 및 듀티 값(duty rate), 엔진 회전수(rpm)까지 측정할 수 있는 다양한 종류의 멀티 테스터가 판매되고 있다.

▽ 아날로그와 디지털테스터

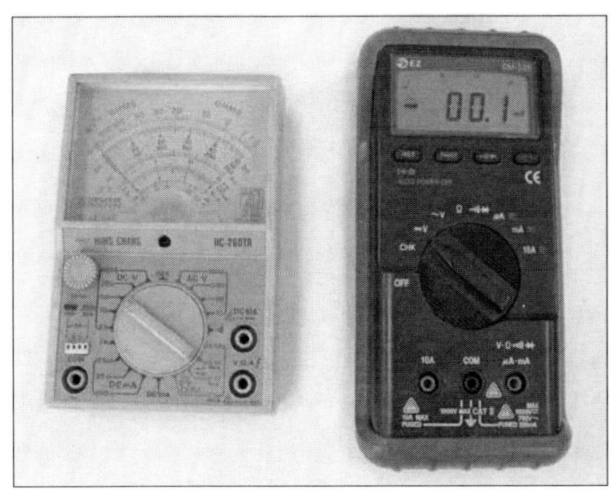

60 아날로그식과 디지털식의 특징

	장 점	단 점
아날로그식	① 측정 상태를 시각적으로 볼 수 있다. ② 측정값이 중요하지 않을 때는 지침이 움직임을 목표로 할 수 있다.	① 눈금이 많아 틀릴 수 있다. ② 저항 측정 시 선택 스위치의 위치에 따라 영점 조종을 해야 한다. ③ 테스터 봉의 극성을 주의하지 않으면 지침이 손상될 수 있다. ④ 측정 오차가 크고 충격에 약하다.
디지털식	① 수치를 그대로 읽을 수 있다. ② 저항 측정 시 영점 조정이 필요 없다. ③ 테스터 봉의 극성이 바뀌어도 상관없다. ④ 정확도가 아날로그 방식에 비교하여 10배 이상 뛰어나다.	① 표시된 수치가 움직인다. ② 표시가 안정될 때까지 시간이 지연된다. ③ 무한대 표시가 1"로 되어있어 불안하다. ④ 처음 수치를 확인할 필요가 있다.\

61 멀티 테스터의 명칭

멀티 테스터의 종류에 따라 스위치 및 측정 단자 위치가 배치와 형상에 있어 조금씩 차이가 있지만 일반적으로 표시부(눈금판)와 선택 스위치(제인지 절환 스위치), 측정 단자(테스터 봉 삽입 단자) 순으로 배치돼 있다.

▼ 아날로그 멀티 테스터

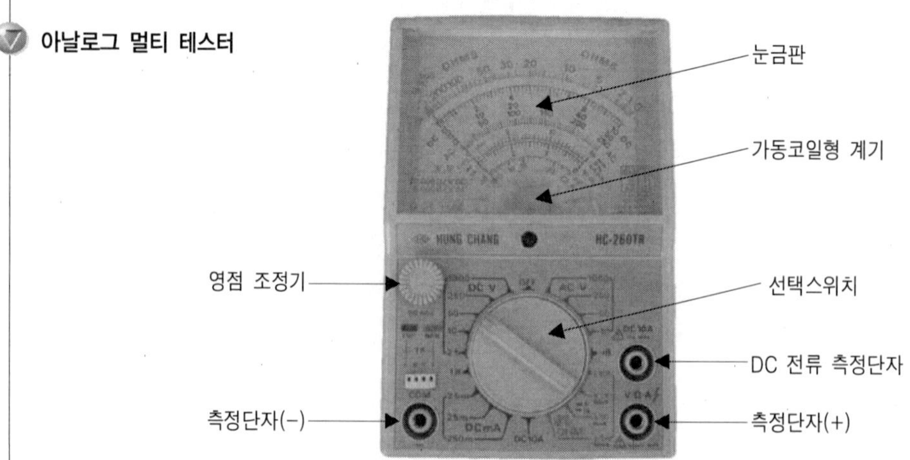

62 측정할 수 있는 항목

일반적으로 범용 멀티 테스터가 측정할 수 있는 항목은 아래와 같이 크게 4가지가 있다.

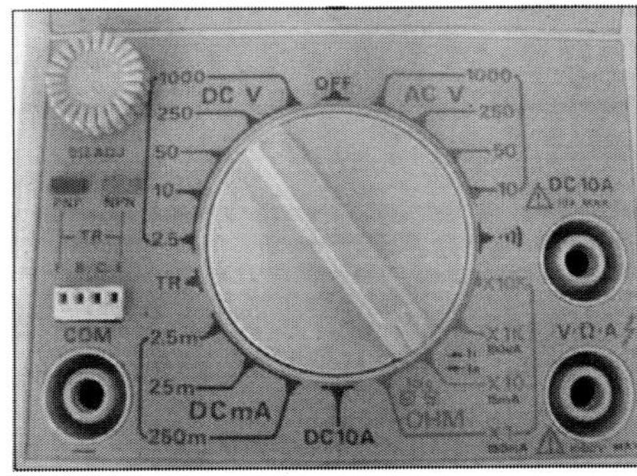

▽ 선택 스위치의 레인지

- AC V : 교류 전압
- DC V : 직류 전압
- DC A(DC mA) : 직류 전류
- Ω(Ohm) : 저항

그러나 최근에는 사용 목적과 용도에 따라 여러 가지를 측정할 수 있는 멀티 테스터들이 시중에 많이 시판되고 있고 4가지 항목 외의 다양한 기능이 추가되고 있지만 위의 예는 일반 범용 테스터의 평균적인 측정 항목을 나타낸 것이다. 자동차 분야에서도 주파수(Hz), 듀티(%), 엔진 회전수 등을 측정할 수 있는 다양한 테스터들이 선보이고 있으며 다이오드 도통 시험은 물론 TR(트랜지스터)의 hfe(전류 증폭율) 및 온도(℃) 등을 측정할 수 있는 멀티 테스터들도 시판되고 있다.

63 전압의 측정

전압을 측정하기 전에 먼저 멀티 테스터의 선택 스위치를 살펴보자. 전압 레인지는 AC V(교류 전압)와 DC V(직류 전압)로 구분되어 있는 것을 알 수 있다. AC V와 DC V는 다르기 때문에 측정하고자 하는 전압이 AC(교류)인지 DC(직류)인지를 먼저 알고 있어야 한다. 그렇지 않으면 측정하고자 하는 전압이 불안정하여 미터의 지침이 불안정하거나 측정하려는 전압값이 틀릴 수 있기 때문이다.

AC와 DC의 구분을 쉽게 할 수 있는 방법으로는 가정용 전기는 모두 AC이고 건전지나 배터리는 DC라는 것을 기억해 두는 것이다. 그러나 전기 분야에 처음 접근하는 이들에게는 자동차의 펄스 제너레이터가 AC인지 DC인지 판단하기가 그리 쉽지 않은 부분이므로 많이 사용해보는 것이 무엇보다 현장 실무에 도움이 될 것이다.

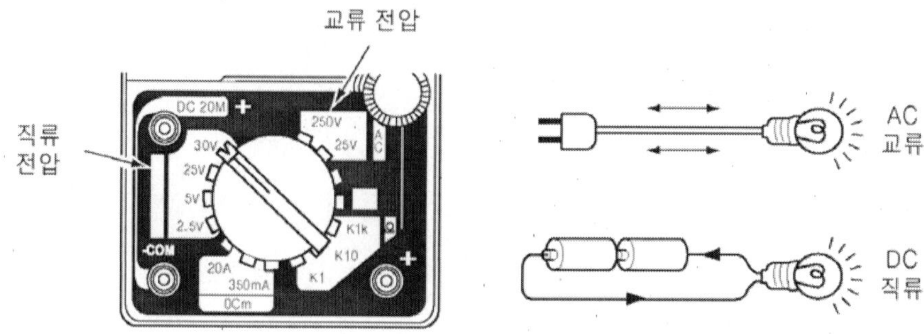

64 직류 전압 측정

전압을 측정하기 전에 사진 (a)와 같이 전구와 클립. 전지를 준비해 보자.

▼ 사진(a) 직류회로 시험

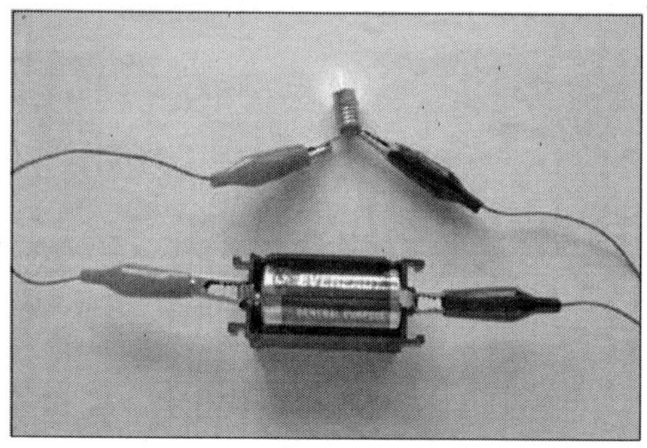

▼ 사진(b) 테스터의 레인지

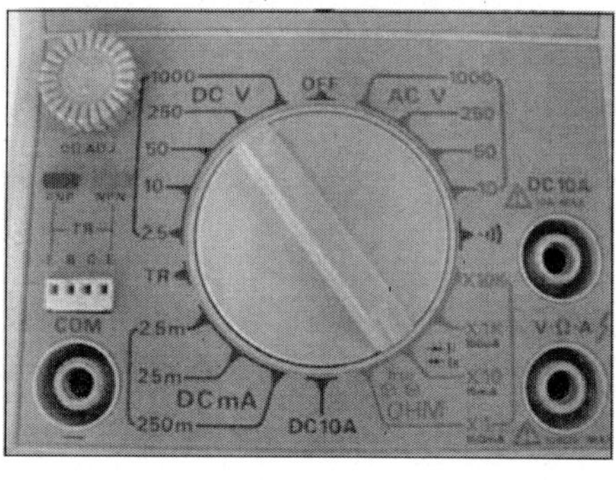

전압을 측정하기 전에 알아야 할 내용을 살펴보면

① 측정하고자 하는 전압이 AC(교류)인지 DC(직류)인지

② DC V(직류 전압)라면 각 레인지 중에 어떤 레인지가 적합한지

③ 멀티 테스터의 측정봉은 전지에 어떤 식으로 접속하는지

④ 멀티 테스터의 여러 눈금 중 어느 눈금을 읽어야 하는지

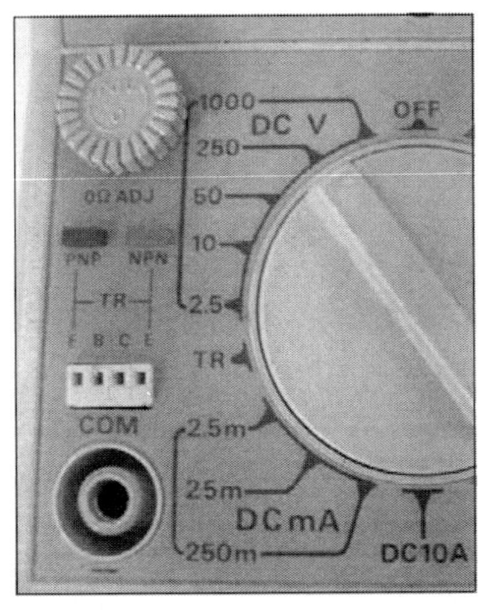

사진(c) 테스터의 직류전압레인지

측정하려는 것이 직류 전압이라고 가정할 때 멀티 테스터 선택 스위치의 DC V 레인지는 보통 사진 (c)와 같이 2.5. 10. 50. 250. 1000이라는 5개로 표시되어 있다. 이들 레인지에 표기된 숫자는 측정할 수 있는 최대의 전압치를 나타낸 것으로 그 이상은 측정할 수 가 없다. 또 적합한 레인지를 선택하기 위해서는 원하는 전압치와 가장 가까운 레인지를 선택하면 된다.

가령. 건전지 전압이 1.5V일 때 선택 스위치의 레인지는 2.5 또는 10이면 좋다는 말이다. 디지털 멀티 테스터인 경우는 전압 레이지가 한 개밖에 없어 더욱 편리하다. 측정 범위는 최대(MAX)로 표시되어 있는 전압 이하의 범위에서만 사용하면 된다. 예를 들어 MAX 500V라고 한다면 최대 500V까지 전압을 측정할 수 있다는 의미다.

65 테스터 봉의 사용법

멀티테스터의 측정봉은 적색과 흑색이 있는데 전지의 (+)단자에는 적색 봉을. (−) 단자에는 흑색 봉을 연결하면 된다. 전압이 높은 쪽(+)에 적색 봉을. 전압이 낮은 쪽 (−)에 흑색 봉을 접속하는 것이다. 또 멀티 테스터에 (+)단자가 2개인 경우가 있는데 하나는 전류 측정 전용 단자 이므로 전압을 측정할 때는 사용하지 않도록 하자.

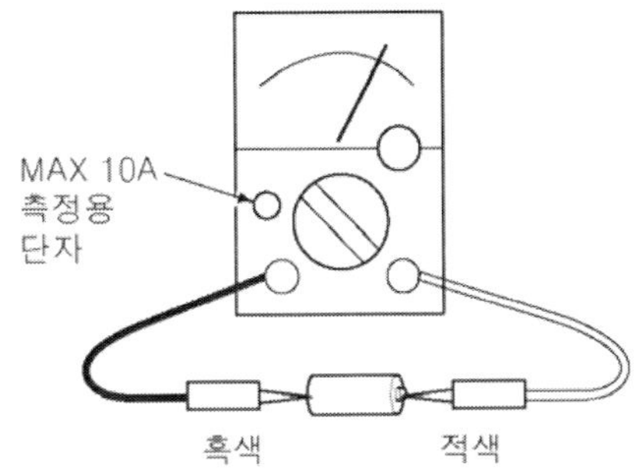

66 아날로그식 테스터의 전압 측정 원리

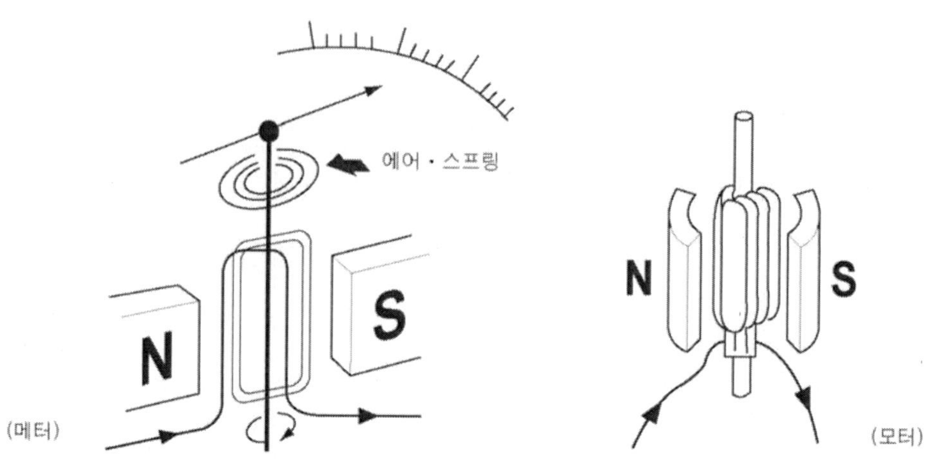

아날로그 멀티 미터의 지침이 움직이는 기본 원리는 완구용 장난감에 사용되는 소형 모터의 원리와 같다. 즉 영구 자석과 회전자에 가느다란 에나멜선을 감은 회전 코일이 있고. 지침의 한계를 제동하는 에어 스프링이 있어서 회전 코일에 흐르는 전류량에 의해 자력을 발생시킨 뒤 영구 자석과의 반반력을 일으켜 지침을 움직이도록 하는 것이다. 모터와는 달리 에어 스피링이 코일의 회전을 억압하여 그 억압하는 힘이 닿는 곳에서 지침이 정지하도록 되어 있으며 회전 코일에 흐르는 전류량만큼 에어 스프링이 지침을 억압하는 힘이 커지거나 작아져 지침의 움직임을 좌지우지하는 것이 바로 아날로그식 미터의 기본 원리이다.

멀티 테스터에 사용되는 미터의 경우 가동 코일형 계기를 사용한다. 그러나 가동 코일형 계기는 AC V를 측정할 수 없어 AC를 DC로 바꿔 측정해야 한다. 따라서 멀티 테스터 내부에는 AC를 DC로 변환하는 정류 회로가 내장되어 있다.

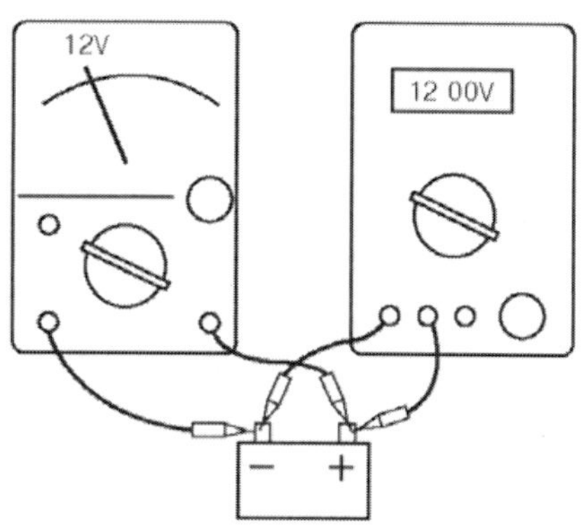

67 넓은 범위의 전압 측정이 가능하다

미터는 간단한 레인지의 전환만으로도 다양한 범위의 전압을 측정할 수 있 수 있는 것이 큰 장점이다. 그림과 같이 큰 전압을 측정하는 경우에도 미터와 직렬로 저항을 연결하여 미터에 흐르는 전류량을 제한함에 따라 2.5V. 5V. 25V. 50V뿐 아니라 1000V까지도 전압 측정을 할 수 있다. 이 같은 회로를 분압 회로라 하는데 미터의 분압저항이 전압 강하를 통해 실제 미터에 걸리는 전압을 제한하는 식이다. 이때 사용되는 저항은 미터의 종류에 따라 다르지만 측정의 정확도를 높이기 위해 정밀용 저항을 사용하고 있다.

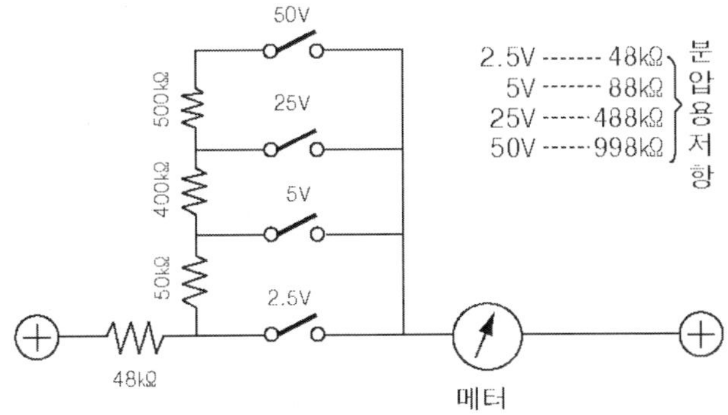

68 디지털식 테스터의 전압 측정 원리

디지털식 멀티 테스터의 전압 측정원리는 아날로그식 테스터와는 달라서 그 원리도 다소 복잡하다.

원리를 간단하게 설명하면 내부 회로의 입력단에 콘덴서와 카운트(계수)회로가 있어 측정하려는 전압이 저항을 거쳐 콘덴서에 충전되면 충전되는 전압의 상승 시간(시정수)을 내부 카운터(계수기)가 계산해 그 시간을 전압으로 산출. LCD(액정 표시기)에 아라비아 숫자로 표시하는 것이다.

충전 전압이 높으면 그만큼 콘덴서는 빨리 충전되어 콘덴서의 충전 전압 역시 빠르게 상승. 계수에 반영된다. 이처럼 복잡해 보이는 산출은 디지털 멀티 테스터 내부에 있는 마이크로 컴퓨터가 알아서 처리. 일련의 과정을 바로 LCD에 표시한다.

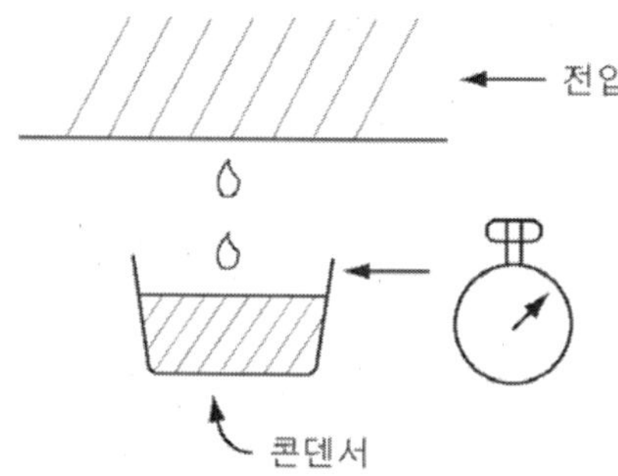

69 디지털식은 전류 소모가 적다

아날로그식 테스터는 내부 저항이 낮아 측정하고자 하는 전압이 공급되면 전류가 미량이나마 소모되지만 디지털식 테스터의 경우는 내부 저항이 매우 높아서 전압 측정 시 전류 소모는 거의 없다. 이것을 측정 오차를 결정하는 계기의 임피던스라고 하는데 임피던스가 높은 계측기일수록 측정 오차가 적고 가격 또한 비싸다.

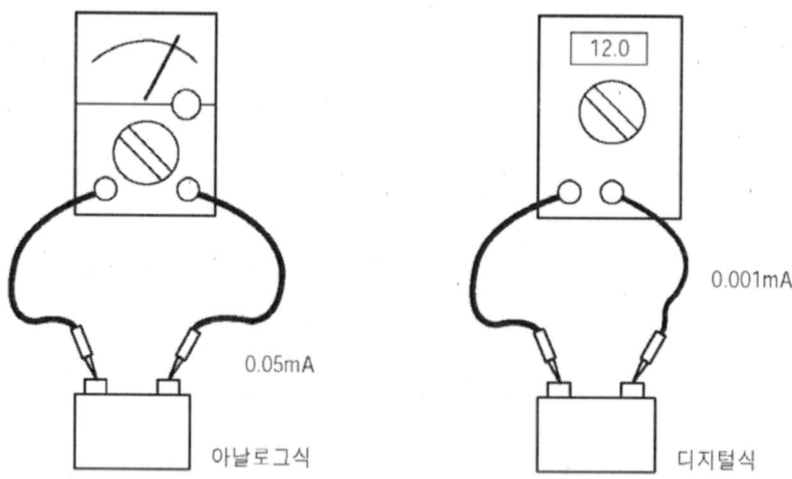

70 미터의 눈금

디지털 테스터는 편리하긴 하지만 미터에 대한 지침이 없어서 아날로그식 테스터처럼 미터의 전기적인 값을 눈으로 연속적으로 볼 수 없다는 단점이 있다. 이 때문에 아직도 일부 엔지니어들은 아날로그식을 선호하기도 한다.

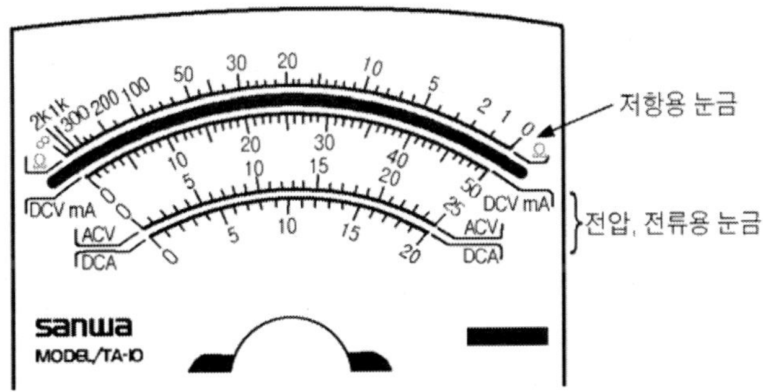

아날로그식 미터에는 여러 종류의 눈금이 함께 표시돼 있는데 그림 (a)를 예로 살펴보면 미터 맨 위에 있는 눈금은 저항 값을 읽을 수 있도록 한 것이고 그 아래는 직류 전압 값과 직류 전류를 확인할 수 있는 눈금이다. 가장 아래 눈금은 AC 전압 값과 DC A(직류 대전류. 보통 최대 10A까지 측정 가능)를 표시한 것이다. 이 외에도 엔진 회전수. 콘덴서 용량. 주파수. TR의 hfe(전류 증폭율). 음압의 세기 등 여러 가지 요소를 측정하고 읽을 수 있는 다양한 멀티 테스터가 있다.

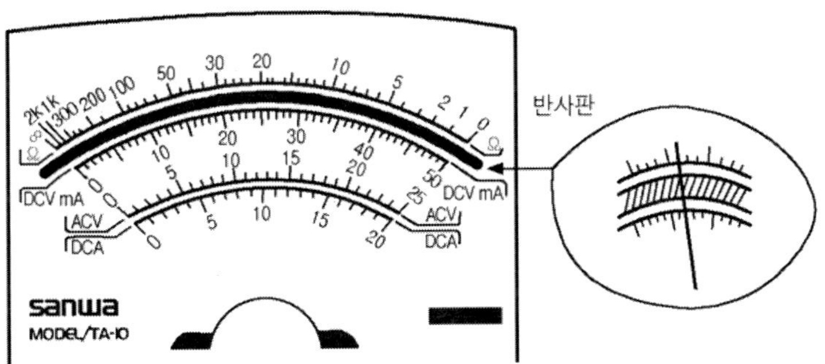

미터의 눈금에는 그림 (b)와 같이 거울 같은 반사판이 있어서 눈의 위치에 따라 사람마다 지침을 읽는 편차가 생기는 것을 방지하고 있다. 눈금을 읽는 방법은 반사판에 비춰진 지침이 완전히 겹쳐진 위치를 읽으면 눈에 의한 편차를 줄일 수 있다.

71 미터의 눈금 읽기(1)

　이번에는 미터의 눈금 읽는 방법에 대해 좀더 자세히 알아보자. 먼저 선택 스위치의 위치를 2.5에 뒀다고 가정하면 이는 2.5V까지 전압 측정을 할 수 있다는 뜻으로 미터의 지침 역시 오른쪽 눈금의 가장 끝까지 움직였을 때 2.5V가 된다는 말이다. 이때 오른쪽 끝에 있는 미터의 눈금이 50으로 되어 있어서 50을 2.5로 환산해서 읽지 않으면 안 된다는 것을 꼭 기억해야 한다.

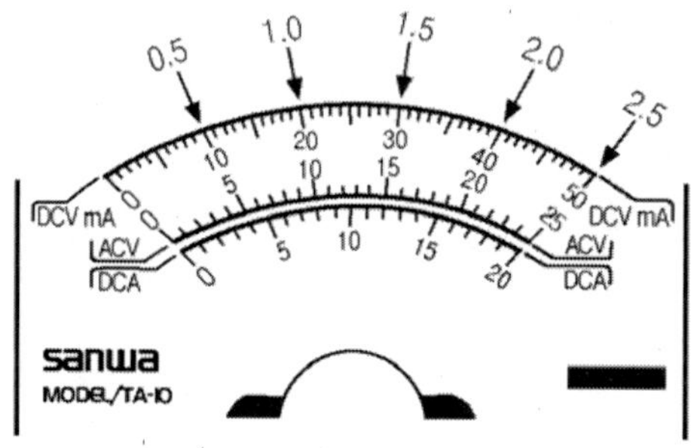

　환산을 좀더 빨리하기 위해 아래 그림의 AC V 눈금에 표기된 숫자를 참고하면 좋다. 그러나 이 경우 눈금 50을 2.5로 치환하기는 좋으나 만일 AC V 눈금을 그대로 읽으면 눈금의 폭이 좁고 간격도 넓기 때문에 정확히 측정하기는 어렵다. 따라서 눈금을 정확하게 읽기 위해서는 DC V의 눈금 50을 이용하는 것이 가장 좋다.

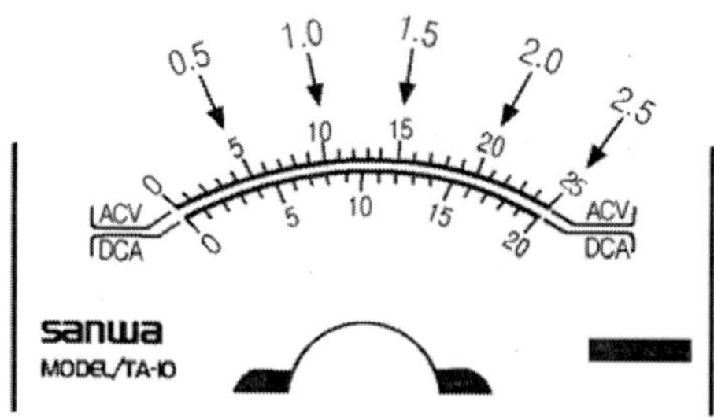

　50을 2.5로 치환하면 20분의 1이 되기 때문에 측정 눈금은 20으로 나눈 값이 되는 셈이다. 눈금을 간단히 읽는 또 다른 방법은 먼저 미터와 친숙해지는 것이고 그 다음으로 눈금 50은 5. 30은 3. 10은 1(1/10)로 한 뒤 그 값을 반으로 나눠(1/2) 읽는 것이 가장 쉬운 방법이다.

72 미터의 눈금 읽기(2)

그림 (a)와 같이 미터의 지침이 지시하는 눈금을 읽는 연습을 해보자.

멀티 테스터의 선택 스위치 위치를 2.5 레인지에 두었다고 가정하고 지침이 (1)번. (2)번. (3)번을 지시하는 경우 각각의 지시 값은 몇 V가 되는지 읽어 보자.

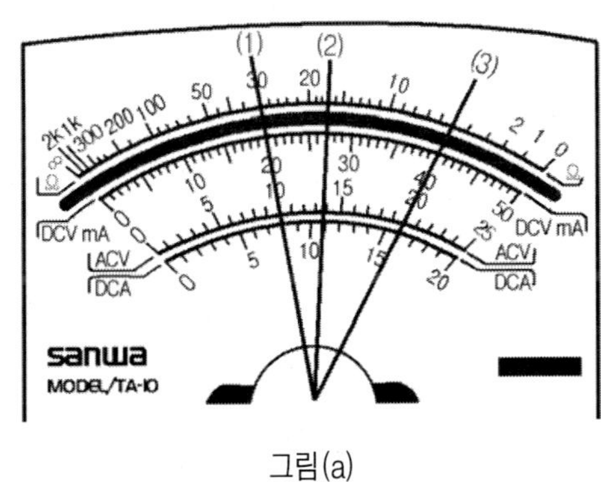

그림(a)

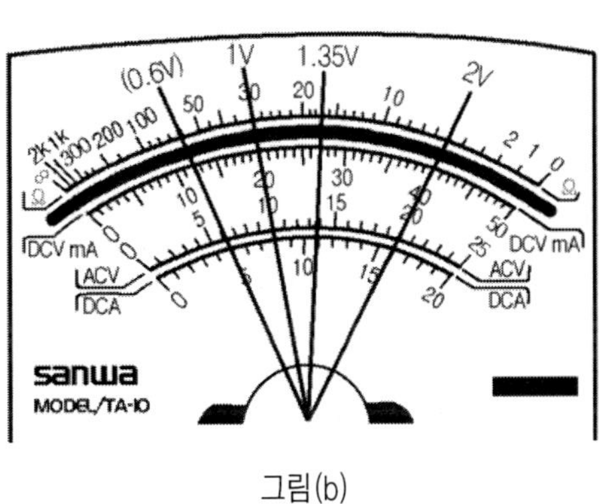

그림(b)

먼저 지침 (1)은 20을 지시하고 있으므로 1/20으로 치환하면 1V가 되고. 지침 (2)는 27을 지시하고 있으므로 1/20으로 치환하면 1.35V가 된다. 지침 (3)은 40을 가리키고 있으므로 1/20으로 치환하면 2V가 된다.

선택 스위치를 2.5에 두면 DC V 미터의 눈금은 최대 지시치가 2.5V이므로 위에서 설명한 것과 다르지 않지만 좀더 빨리 지침을 읽기 위해서는 AC V 눈금을 참고하여 읽는 게 빠르다.

지침 (1)을 예로 들면 20을 지시하고 있을 때 AC V의 최대 표기 눈금은 25로 되어 있고 DC V의 눈금 20과 맞닿는 AC V의 지시치는 10을 가리키게 되어 있어 AC V 눈금 지시치를 읽고 이를 1/10으로 나누면 된다. 이 같은 방법으로 그림 (c)와 (d)의 지시치를 읽어 보자.

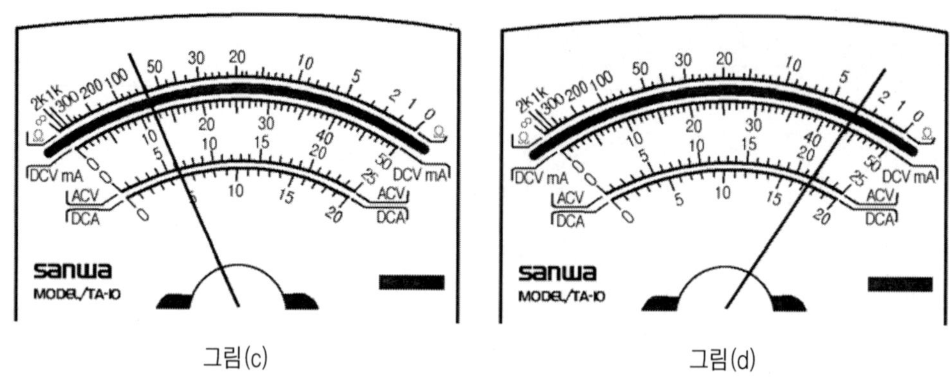

그림(c)　　　　　　　　　　　　그림(d)

　그림 (c)는 AC V 눈금으로 보면 6을 나타내고 있고 DC V 값은 0.6V 라는 것을 바로 판독할 수 있다.

　그림 (d)는 AC V의 눈금으로 21.5를 지시하고 있어 2.15V가 되는 것을 바로 판독할 수 있다. 실제 눈금을 읽는 경우는 눈이 정 위치에 있지 않으면 지침의 위치가 실제와 달라 보일 수 있으므로 눈을 눈금과 정 위치에 둔 뒤 읽어야 한다.

직류 전압 측정

73 AC와 DC 절환

   자동차의 전원 공급은 배터리와 올터네이터가 하지만 전장품에서 발생되는 전압이 AC인지 DC인지를 알지 못하면 정확한 측정을 기대할 수 없다. 예를 들면 올터네이터는 전압을 AC 발전기로 내부의 정류 회로를 거쳐 DC로 변환시킨 뒤 배터리에 공급하고 있어서 배선의 전압을 측정할 때 선택 스위치를 DC V 레인지로 절환하여 사용하면 되지만 올터네이터 외 AC를 발생하는 장치들에 대해서는 전압이 AC. 혹은 DC 인지를 미리 알고 있어야 한다.

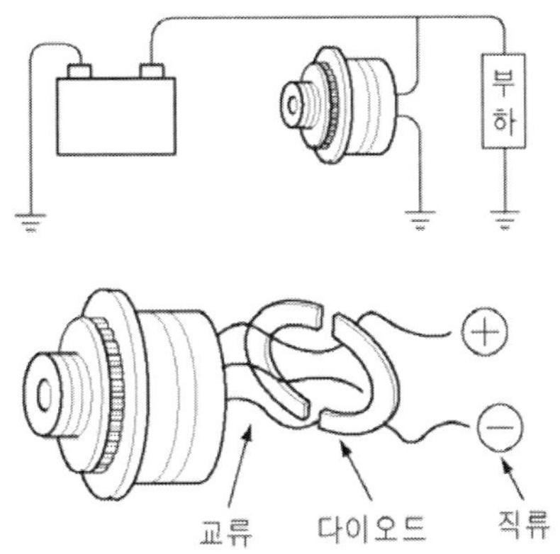

   요즘은 거의 사용되지 않는 풀 트랜지스터식 점화 장치의 시그널 제너레이터(점화 신호 발생기)는 소형 교류 발전기와 같아서 여기서 출력되는 전압을 측정하려면 디지털 멀티 테스터를 이용해 테스터의 측정 렌지를 AC V로 전환하여 측정해야 한다.

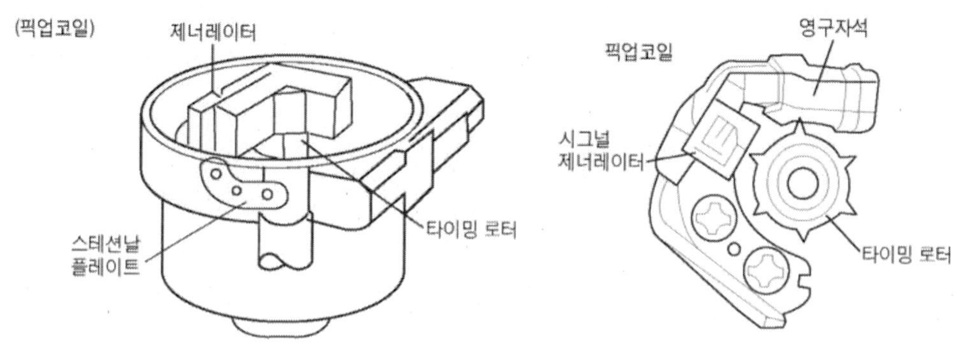

또 자동변속기의 회전수를 검출하는 PG(펄스 제너레이터)도 AC 발전기이기 때문에 AC인지. DC인지 알고 있어야 정확한 측정이 가능하다. 최근 자동차의 핵심 장치로 사용이 크게 늘고 있는 ECU(전자제어장치)의 입. 출력 신호에도 디지털 신호 전압이 많이 사용되고 있어서 측정시 주의를 요한다. 디지털 신호 전압은 테스터의 AC나 DC 레인지의 선택만으로는 측정이 불가능하므로 디지털 신호 전압을 측정하는 디지털 전용 테스터를 사용해야 한다.

74 전압 측정 연습

아래 사진과 같이 전지에 전구를 연결. 점등되고 있을 때 그림 (a)와 같이 멀티 테스터를 이용해 전압을 측정해 보자.

▼ 간단한 직류 회로 시험

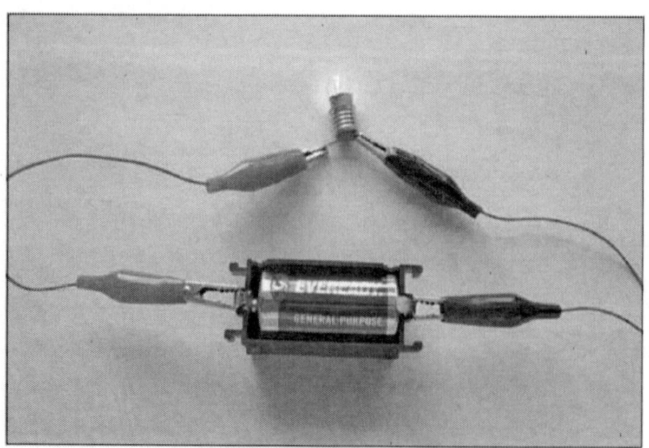

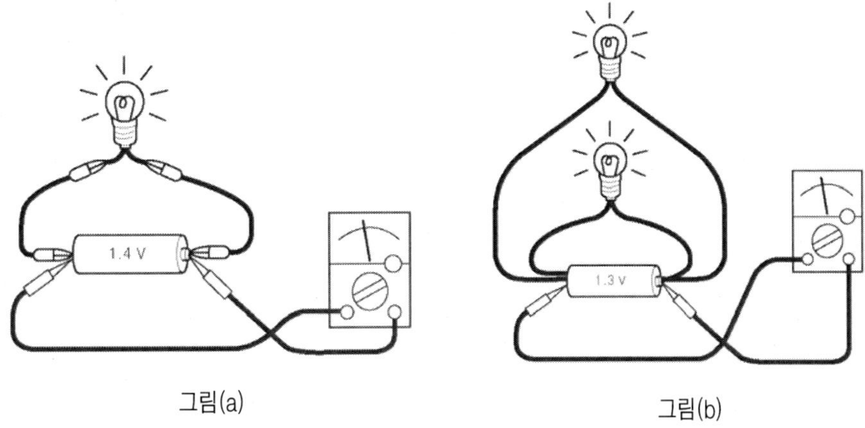

그림(a)   그림(b)

전지만 측정했을 때는 1.5V였지만 그림 (a)처럼 전구를 연결하고 측정하면 전압은 1.4V가 된다. 그 다음으로 그림 (b)와 같이 전구 2개를 병렬로 연결한 뒤 전지의 전압을 측정하면 1.3V로 내려간다. 이처럼 전류가 흐르고 있을 때 전압이 내려가는 이유는 전지의 전압이 전류를 흐르게 하는 만큼 전지의 내부 저항도 전류의 증가 분만큼 커지고 이 내부 저항이 커지면 이어서 전압 강하 역시 증가하기 때문이다.

75 전류와 전압의 관계

전지의 전압이 낮아지는 이유를 좀더 쉽게 이해하기 위해서 물의 예를 들어보려 한다. 전압은 수압. 전류는 수류라는 의미로 대신했을 때 건전지의 전압이 1.5V라면 물의 수면 높이는 1.5m로 가정할 수 있다.

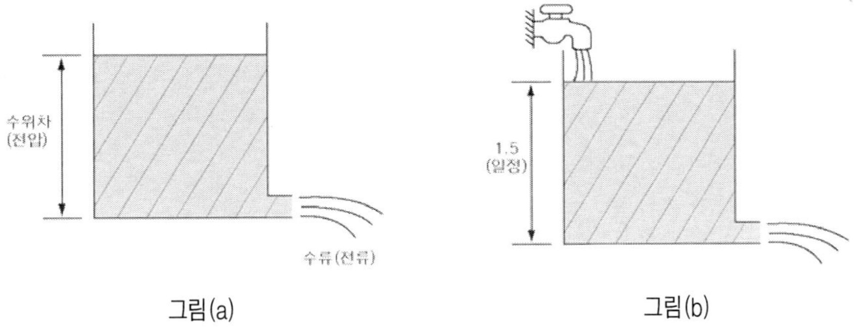

그림(a)   그림(b)

전구는 전류가 흐르는 회로인 것처럼 이를 물탱크로 비유한다면 그림 (b)에서 물이 계속 물탱크 밖으로 흐른다고 가정했을 때 물탱크에 사용되는 양 만큼 물은 점점 줄어들게 될 것이다. 이처럼 전구에서 사용되는 전류의 양이 전지의 화학 변화에 의해 흐르는 전류의 양보다 많으면 전지의 전압은 낮아지고. 내부 저항은 반대로 증가하게 돼 결국 전지의 내부 전압 강하도 커지게 되는 것이다.

76 전지로 엔진 시동이 가능할까

1.5V짜리 건전지 8개를 직렬로 연결하면 12V가 되는데 이 12V 전원을 가지고 엔진을 시동할 수 있을까? 결론은 시동이 걸리지 않는다. 시동을 걸때 필요한 전류량은 자동차의 배기량에 따라 다르지만 보통 80~200A의 전류가 쓰인다. 그런데 1.5V짜리 건전지 8개를 사용하여 12V를 만들어 직접 단락시켜도 전류는 80A가 되지 않기 때문에 12V 전지로는 엔진에 시동을 걸 수 없다.

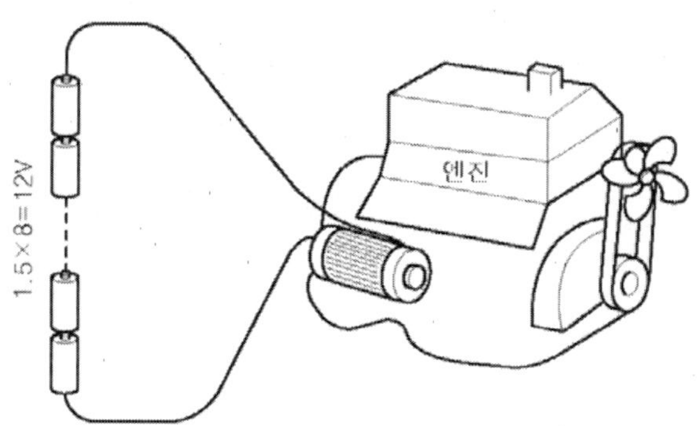

오른쪽 그림과 같이 배터리의 물탱크(용량)와 전지의 물탱크(용량)가 다른 것이다. 결국 물탱크의 수압(전압)은 같아도 물탱크에서 방출할 수 있는 전류 용량이 다르기 때문에 시동을 걸 수 없다.

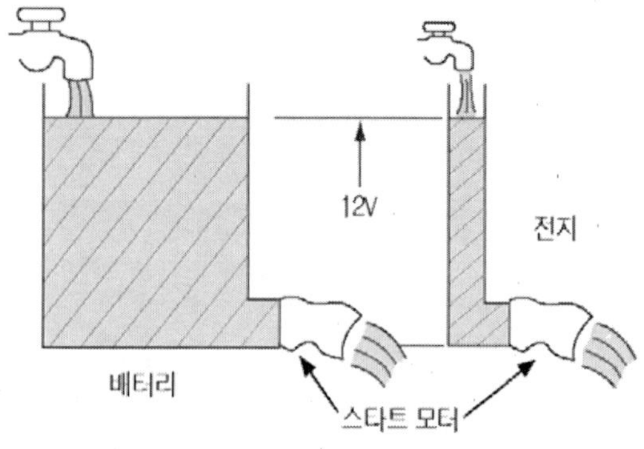

▶ 자동차 시동 시 전류는 시동 모터에 의해 전류가 가장 많이 소모되는데 승용차의 경우 시동을 걸때 시동 모터에 흐르는 전류는 약 80~120A 정도 흐른다. 시동 때 배터리의 전압이 낮아지는 이유도 이 때문이다.

77 전지는 용량이 작다

아래 그림은 전지로부터 전류를 대량으로 방출했을 때 실제로 어느 정도 전압이 떨어지는지 실험을 통해 알아보는 것이다. 1.5V 건전지 1개에서 방출할 수 있는 전류의 양이 어느 정도 되는지 실험하기 위해 먼저 전지의 전압을 그림의 (a)와 같이 측정해두고 악어 클립이나 전선을 사용하여 (b)와 같이 단락(쇼트)시켜 전지의 전압을 측정해 보자(이 실험은 실제 전지의 정격을 훨씬 넘어 사용하는 실험이므로 짧은 시간에 해야 한다.). (b)의 측정 전압은 0.2~0.3V 정도며 이때 흐르는 전류는 2A임을 확인할 수 있다.

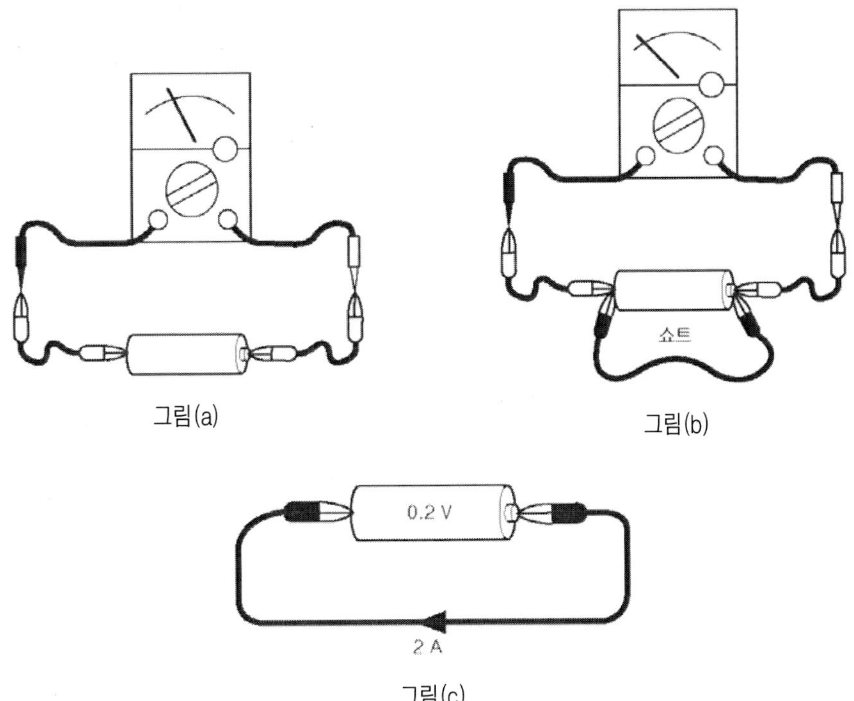

그림(a)   그림(b)

그림(c)

　　2A의 전류 흐름에도 불구하고 건전지 전압이 크게 내려가기 때문에 80~120A 정도 흐르는 시동 모터로 엔진의 시동을 걸 수 없는 것은 당연하다 하겠다. 단순히 계산상으로만 보더라도 엔진에 시동을 걸기 위해서는 건전지가 약 50개 정도가 필요하지만 실제로는 전지의 용량이 적은 것(전지 크기가 작은 것)일수록 큰 전류를 흐르게 하면 전지의 전압은 현저히 떨어지기 때문에 시동을 걸기 위해서는 이보다 훨씬 많은 전기가 필요하게 된다. 이 같은 실험은 전지와 배터리의 용량 및 특성을 비교, 이해하는데 실제 유용한 실험이라고 할 수 있다.

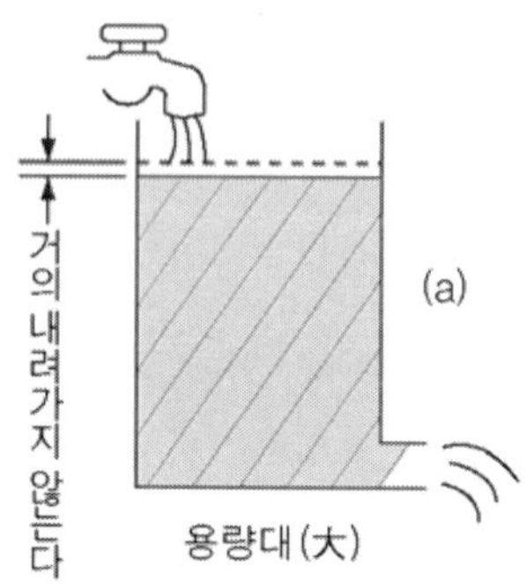

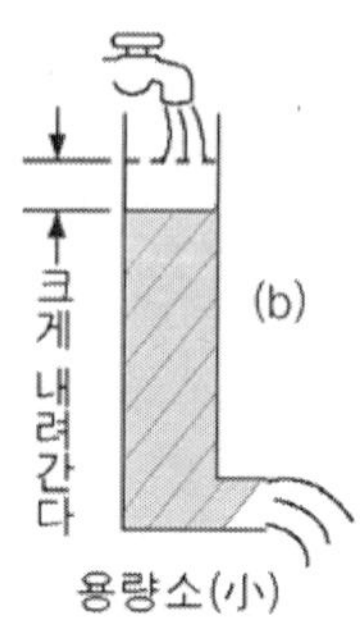

78 방전된 배터리도 12V이다

　　방전하여 용량이 저하한 배터리라도 멀티 테스터로 전압을 측정해 보면 12V 이상 측정되는 것을 알 수 있다.

　　물탱크의 예를 생각하면 수도관에서 들어오는 물이 아주 적어도 물탱크의 물을 사용하지 않는 한 물의 수압(수위 차)은 그대로인 것과 같다. 즉 외부로 전류를 방출하지 않는 이상 배터리 내부의 화학반응 속도가 늦더라도 자기를 회복하려는 화학반응 때문에 미량의 전압은 보충하고 있는 셈이어서 12V가 측정된다. 실제로 배터리가 방전되면 극판 면에 황산

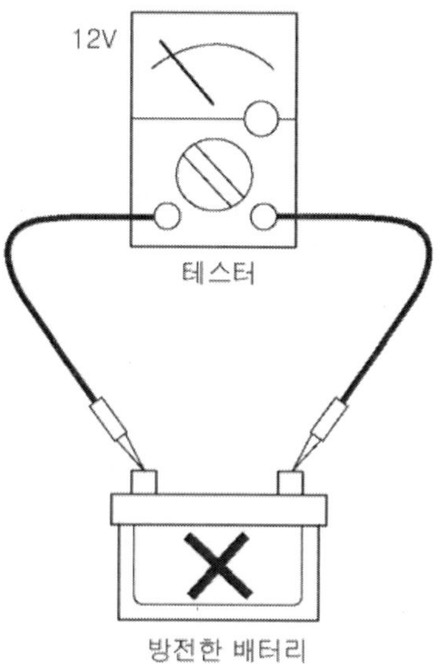

연이 축적되어 백화 현상이 생기는데 이를 **설페이션** 현상이라고 한다. 이 설페이션 현상을 줄이기 위해 넣는 감극제는 배터리의 원상회복 능력을 갖고 있어 방전되더라도 전압은 12V 이상 측정된다.

79 배터리의 양부 판정

용량이 저하한 배터리의 경우 부하 전류를 흘려봤을 때 전류량 보충을 충족시키지 못하면 전압은 현저히 떨어지게 된다. 이를 통해 배터리의 양부 판정을 할 수 있다. 예를 들어 간이 점검 방법으로 시동키를 켜서 시동 모터가 회전할 때 배터리의 전압이 10V 이하면 이 배터리는 보충 또는 교환이 필요하다. 이 같은 방법으로 전지의 양부도 판단할 수 있는데 꼬마전구를 점등했을 때 전지의 양단간 전압 강하가 0.3V 이상이면 이 전지는 수명을 다했다고 볼 수 있다.

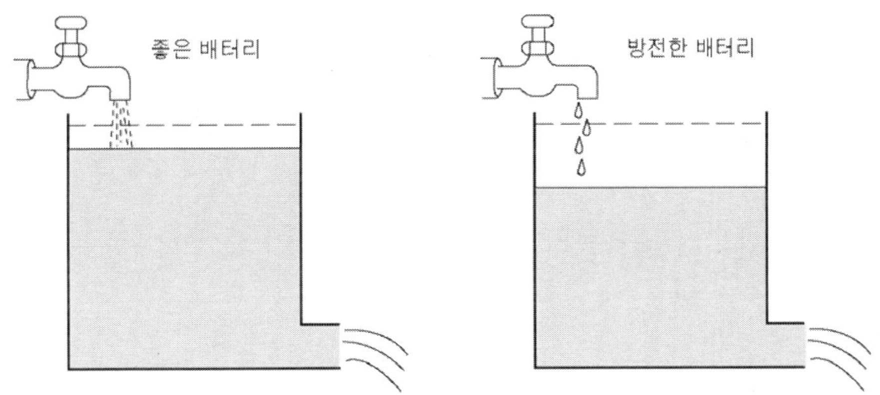

80 전압이 저하하는 확인 시험

그림 (a)와 같이 1.5V 전지에 100Ω 저항 2개를 직렬연결하고 전지의 (−)단자와 A점의 전압을 측정해 보자. 이 경우 100Ω 저항 양단의 전압은 분압되어 옴의 법칙에 의하면 0.75V가 되지만 실제 측정하면 0.75V보다 작은 값이 나온다.

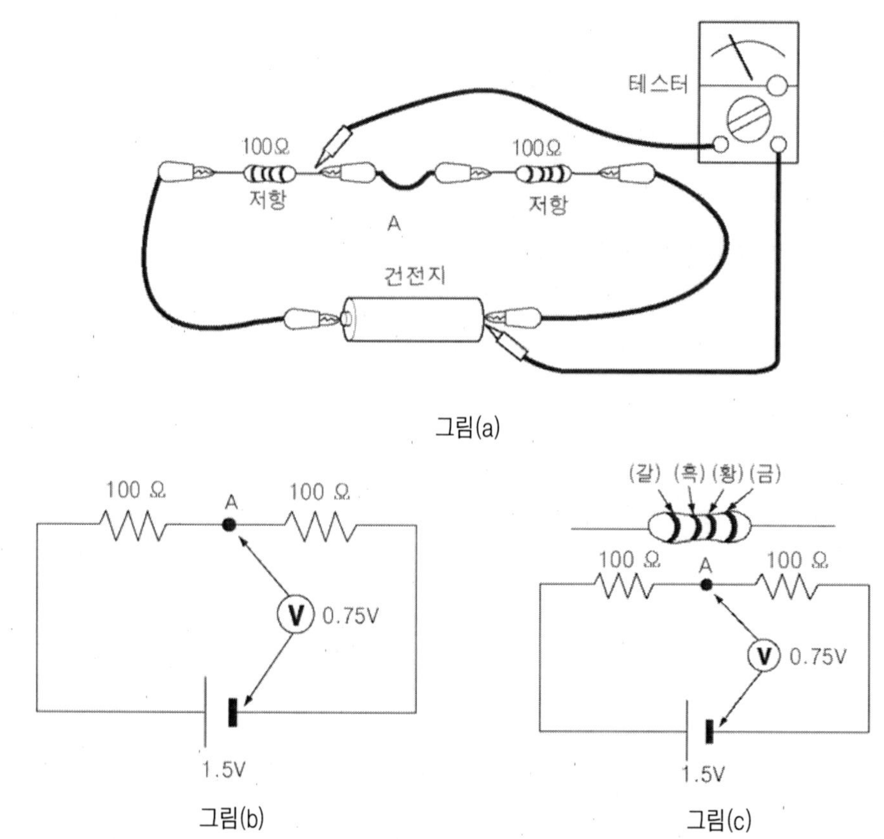

이번에는 100Ω 저항 대신 100kΩ 저항을 연결하여 A점의 전압을 디지털 테스터로 측정해보자.

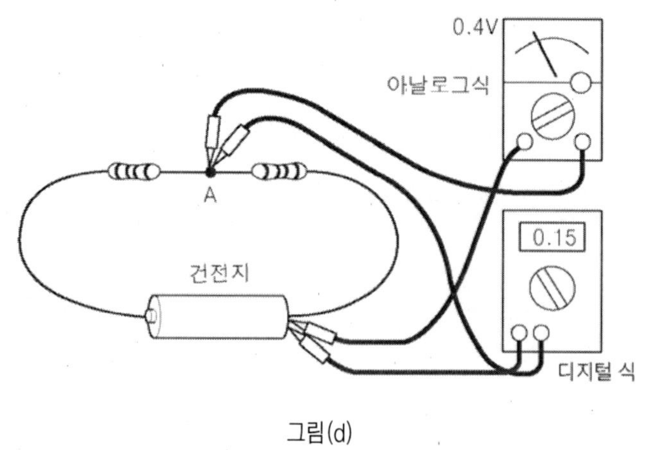

옴의 법칙에 의해 계산상으로는 0.75V 값을 얻을 수 있지만 실제 측정 시 다소 차이가 날 수 있다. 디지털 테스터를 사용해 A점의 전압을 측정하면 거의 0.75V에 가깝지만 아날로그 테스터를 사용하여 측정하면 0.75V보다 훨씬 작은 값이 측정될 것이다. 그렇다면 왜 이처럼 서로 다른 측정 결과가 나오는 걸까? 이유는 디지털과 아날로그 테스터의 전압 측정 원리가 다르기 때문이다.

아날로그 테스터는 전압을 측정할 때 100kΩ의 측정점으로 아주 적은 전류가 나눠져 아날로그 테스터의 미터부로 흘러 미터 가동 코일을 작동할 수 있을 정도가 되어야 하나 100kΩ과 같이 큰 저항이 연결된 분압된 전압은 미터부에 충분한 전류를 흘려줄 수 없어 측정 오차로 이어진다. 결국 아날로그 테스터는 지침이 움직일 수 있을 만큼 전류를 필요로 하는 반면 디지털 테스터는 콘덴서에 충전할 수 있을 정도의 전류만 흘릴 수 있으면 측정이 가능하다.

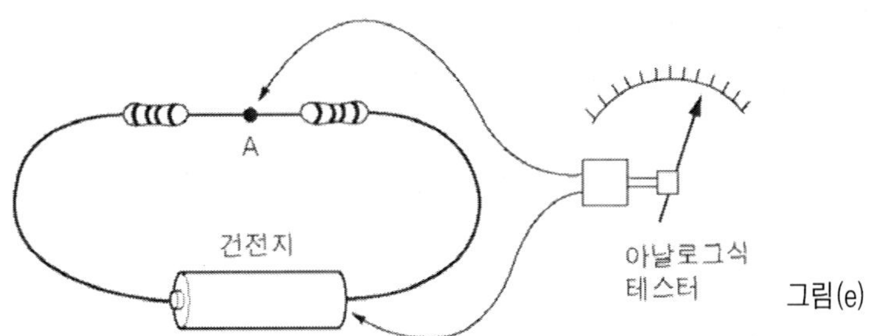

이것은 멀티 테스터의 입력 임피던스를 말하는 것으로 멀티 테스터의 입력 임피던스가 피 측정물의 저항 값보다 훨씬 커야 측정의 오차를 줄일 수 있기 때문이다. 따라서 측정값을 정확히 알 필요가 있을 때나 아주 적은 양의 전압을 측정할 때는 디지털 테스터가 유리하다.

81 전자 회로에는 디지털 테스터가 유리

앞서 설명한 바와 같이 측정 회로에 큰 전류가 흐르는 경우는 테스터에 작은 전류가 흘러도 영향을 주지 않지만 측정 회로에 전류가 대단히 작은 경우는 테스터에 흘러 들어가는 전류에 의해 측정하고자 하는 전압이 크게 떨어지기 때문에 바로 측정 오차로 이어진다.

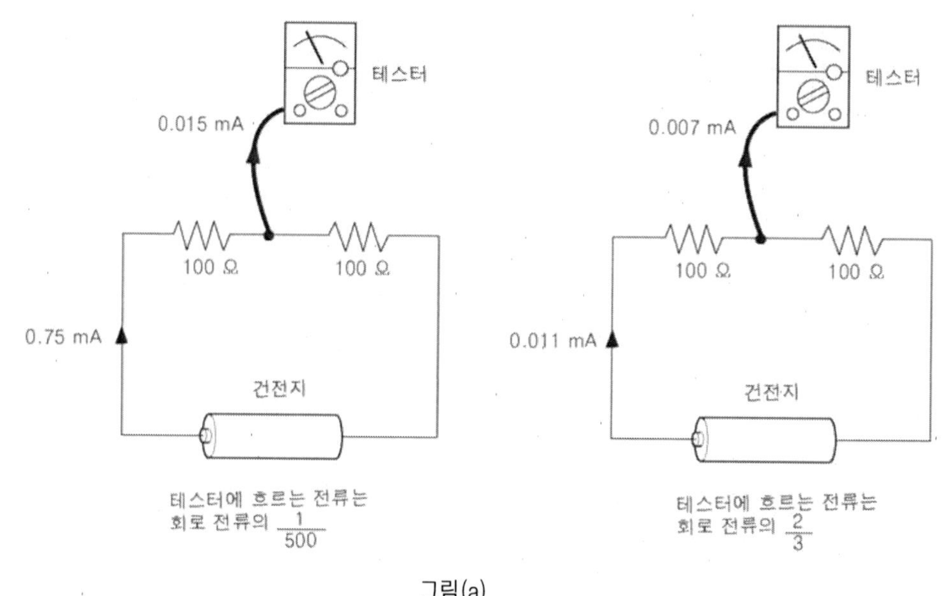

그림(a)

　자동차 전기 회로에서는 비교적 큰 전류가 흐르기 때문에 아날로그식 테스터를 사용해도 큰 문제는 없지만 최근 대부분의 자동차에 적용되고 있는 ECU나 전자 회로에서는 회로에 흐르는 전류가 극히 적기 때문에 디지털 테스터식이 보다 더 정확한 측정값을 얻는데 유리하다. 또 아날로그식 테스터라도 측정 시 전류를 미터 내부로 많이 흘려야 하는 것과 그렇지 않은 것이 있어 정확한 측정을 하기 위해서는 테스터의 내부 저항이 큰 것을 사용하는 것이 좋다. 즉 테스터 내부로 전류를 많이 흘려보내지 않는 멀티 테스터를 선택할 필요가 있다.

　그림 (b)처럼 전자 제어 엔진에 적용되는 산소 센서의 출력 전압을 확인할 때 내부 저항이 낮은 아날로그식 테스터를 사용하면 산소 센서의 내부 저항은 대단히 크기 때문에 측정이 되지 않지만 디지털식 테스터를 사용하면 쉽게 출력 전압을 확인할

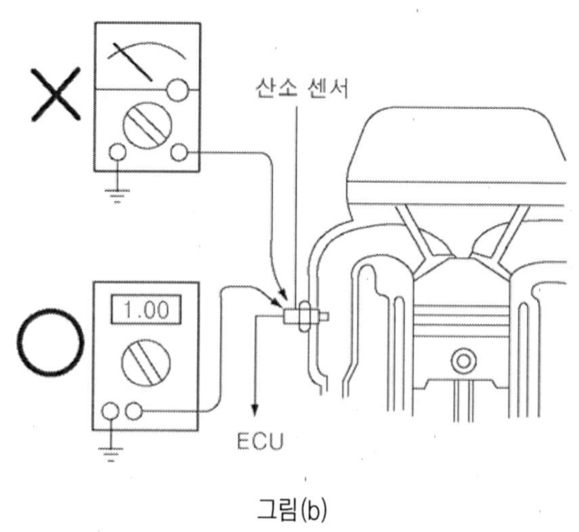

그림(b)

수 있다. 그러나 디지털 테스터라 하더라도 내부 저항이 낮은 테스터인 경우는 측정 오차가 심해 산소 센서의 정확한 측정값을 확인할 수 없기 때문에 가능한 내부 저항이 큰 멀티 테스터를 사용하는 것이 좋다. 요즘은 테스터 제조업체들이 테스터의 정확도에 대한 내부 저항(임피던스)을 계기에 표기하고 있어서 사용자가 쉽고 정확하게 측정할 수 있도록 하고 있다.

그림 (c)는 아날로그 테스터의 전압에 대한 내부 저항을 나타내고 있는데 DC 20 kΩ V라고 쓰인 것은 1V당 20kΩ의 내부 저항을 갖고 있다는 뜻이므로 2.5V 레인지에서는 2.5V × 20kΩ으로 50kΩ의 내부 저항을 가지고 있는 셈이다. 정확한 측정에 사용되는 테스터는 이 수치가 큰 테스터를 선택하면 좋다. 임피던스는 실제로 내부 저항을 말하지만 본래 의미는 AC에 대한 저항 값으로 직류에 대한 내부 저항과 혼동을 피하기 위해 내부 저항이라는 용어로 쓰고 있다. 그러나 실제 현장에서는 내부 임피던스라 표현하므로 참고하자.

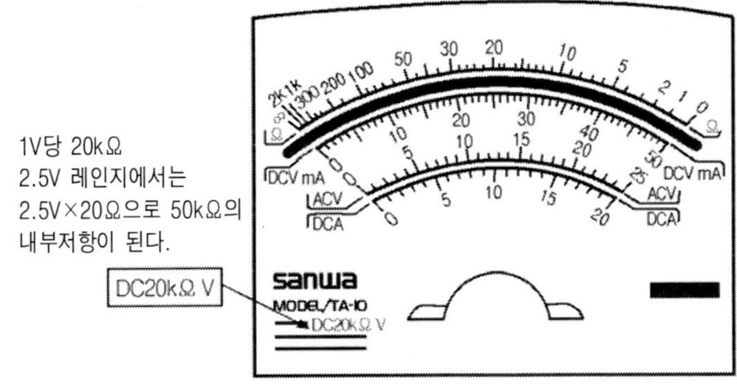

저항 측정

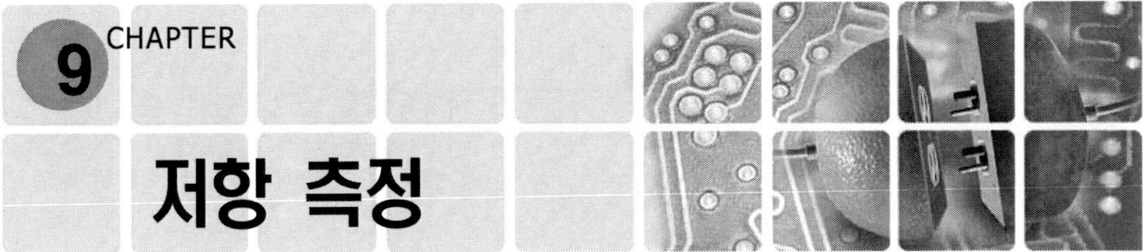

82 저항 측정의 원리

저항을 측정하기 위해서는 먼저 테스터가 어떻게 작동되는지 알아볼 필요가 있다. 전압을 측정할 때는 전압 자체가 테스터에 가해져 미터의 지침을 움직여 측정할 수 있도록 하지만 저항 측정인 경우는 저항 자체가 기전력을 갖고 있지 않기 때문에 미터의 지침을 움직일 수 없다.

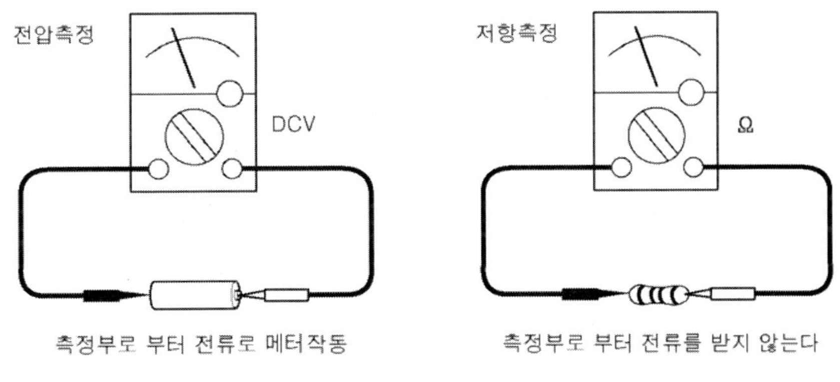

그림(a)

그래서 테스터 내부에는 그림 (b)와 같이 전지를 내장하고 있는데 테스터의 선택 스위치를 저항 레인지로 절환하면 전지로부터 테스터의 봉을 거쳐 측정하고자 하는 저항에 전류가 흐르게 된다. 결국 저항 측정은 테스터의 내부 전원을 이용해 저항에 전류를 흘려 미터의 지침을 움직이게 하는 것이다. 반면에 디지털 멀티 테스터는 테스터 내부 전지로부터 측정하고자 하는 저항에 전류를 흘려 이 저항 양단에서 발생되는 전압 강하를 측정하여 저항으로 환산하는 방식을 이용하고 있다.

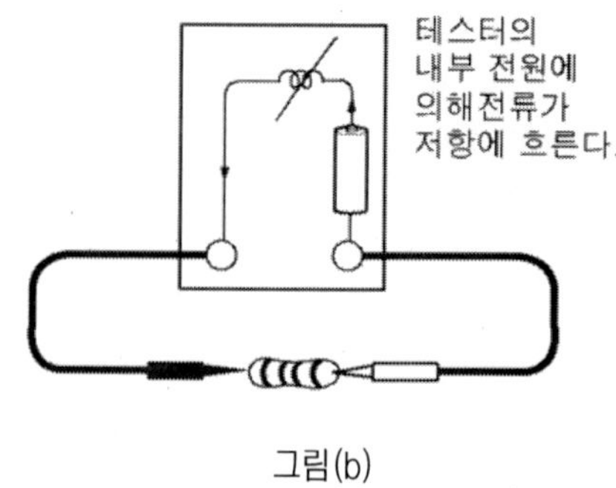

그림(b)

아날로그 테스터의 경우 저항의 크기와 미터 지침의 동작관계는 옴의 법칙을 이용한 것으로 측정 저항 값이 크면 전류는 그만큼 줄어 미터의 지침을 적게 움직이게 하고 측정 저항이 적으면 전류는 그만큼 늘어 미터의 지침을 많이 움직이게 하는 것이다. 그래서 저항이 크면 미터의 지침은 오른쪽으로 많이 움직이고. 역시 측정하려는 전압 값이 크면 그 만큼 미터의 지침은 오른쪽으로 움직이게 되는 것이다.

이러한 원리를 이용하여 저항을 측정하다 보니 저항 값이 클 경우는 미터 눈금의 정확도가 현저히 떨어져 아날로그 테스터로는 정확한 저항 측정을 하는 데는 부적합하다. 그럼에도 불구하고 많은 엔지니어들이 아날로그 테스터를 선호하는 이유는 미터의 동작이 연속성이 가지고 있어 쉽게 감응할 수 있기 때문이다.

83 저항과 미터의 동작 관계

결국 저항을 측정하는 경우는 전압과는 달라서 측정값이 큰 만큼(∞ : 무한대에 가깝다) 지침은 움직이지 않고 측정값이 작은(0Ω에 가깝다)만큼 지침은 크게 움직인다.

이렇게 움직인 지침은 그림 (b)의 눈금판을 통해 저항 값을 표시하는데 선택 스위치의 레인지 위치에 따라 ×1은 지침이 지시한 값에 곱하기 1을 한 값으로 지침이가리킨 값을 그대로 읽으면 되지만 선택 스위치의 레인지를 ×10으로 선택하면 지침이 지시한 값에 곱하기 10을 해서 읽고. 선택 스위치의 레인지를 ×1K로 선택하면 지시된 눈금판의 숫자에 kΩ을 붙여서 읽는다.

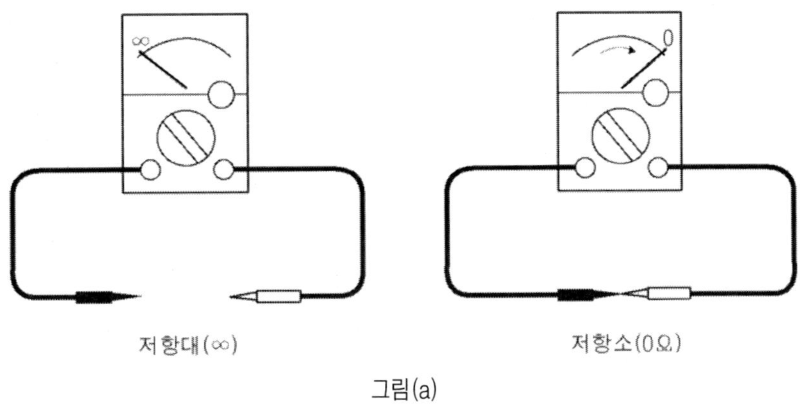

그림(a)

▼ Ω눈금 읽는 법

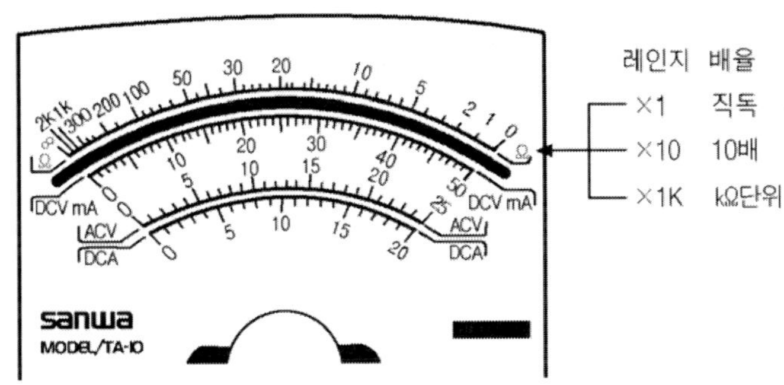

84 영점 조정

아날로그 테스터로 저항을 측정할 때는 반드시 영점 조정을 해야 하는데 그림 (a) 처럼 테스터의 흑색 봉과 적색 봉을 단락(쇼트)시켜 미터의 지침이 0Ω 위치에 오는 것을 확인하여 측정해야 저항 값이 틀려지지 않는다. 저항 측정은 테스터 내부에 있는 전지의 힘을 이용하여 측정하는 것으로 테스터의 전기 소모가 많거나 영점 조정이 안 된 상태로 저항을 측정하면 실제 저항 값과 크게 달라지기 때문에 반드시 영점 조정을 하고 나서 저항을 측정해야 한다.

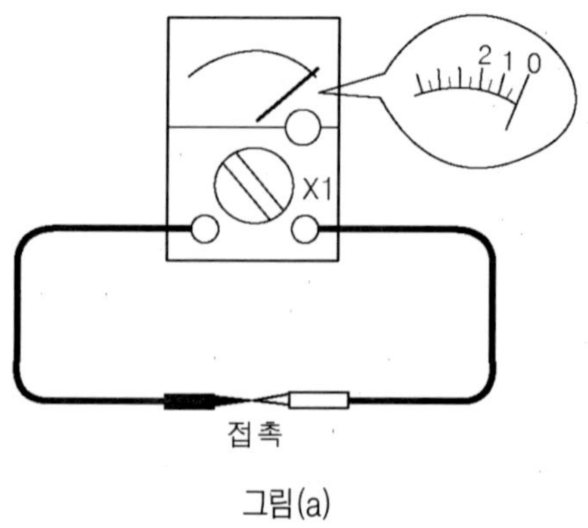

그림(a)

선택 스위치를 각 저항 레인지(×1. ×10. ×1kΩ)에 맞추고 그림 (b)와 같이 테스터의 측정 봉을 단락시켜 보면 대개 미터의 지침이 0Ω에 있지 않는 것을 확인할 수가 있는데 이것은 저항 측정시 선택 스위치를 각 레인지에 선택할 때마다 영점이 틀어지기 때문이다. 그래서 영점 조정이 필요한 것이다.

영점 조정은 그림 (b)처럼 측정 봉을 단락시켜 영점 조정 손잡이를 돌려 0Ω에 맞추면 된다. 만일 영점 조정 손잡이를 몇 번이고 돌려도 미터의 지침이 0Ω에 맞춰지지 않을 경우 테스터의 내부 전지가 모두 소모된 경우라고 생각해도 좋다. 이때는 그림 (c)와 같이 테스터의 뒤쪽 커버를 열어 전지를 교환한 후 영점 조정을 해본다. 그래야만 측정에 의한 오판과 이에 따른 실수를 가능한 한 줄일 수 있기 때문에 습관화하는 것이 꼭 필요하다.

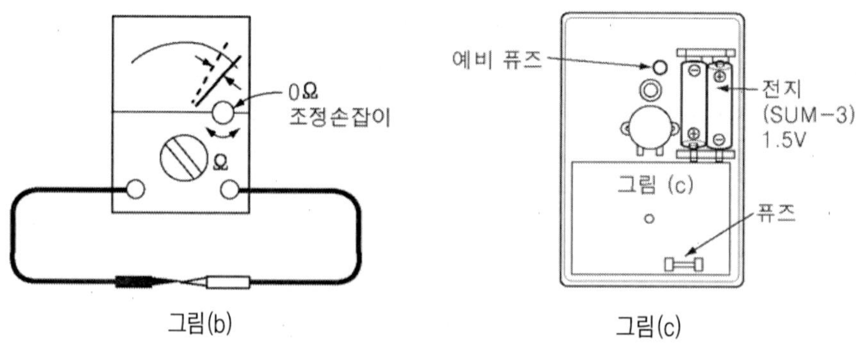

그림(b)　　　　　그림(c)

85 저항 조정

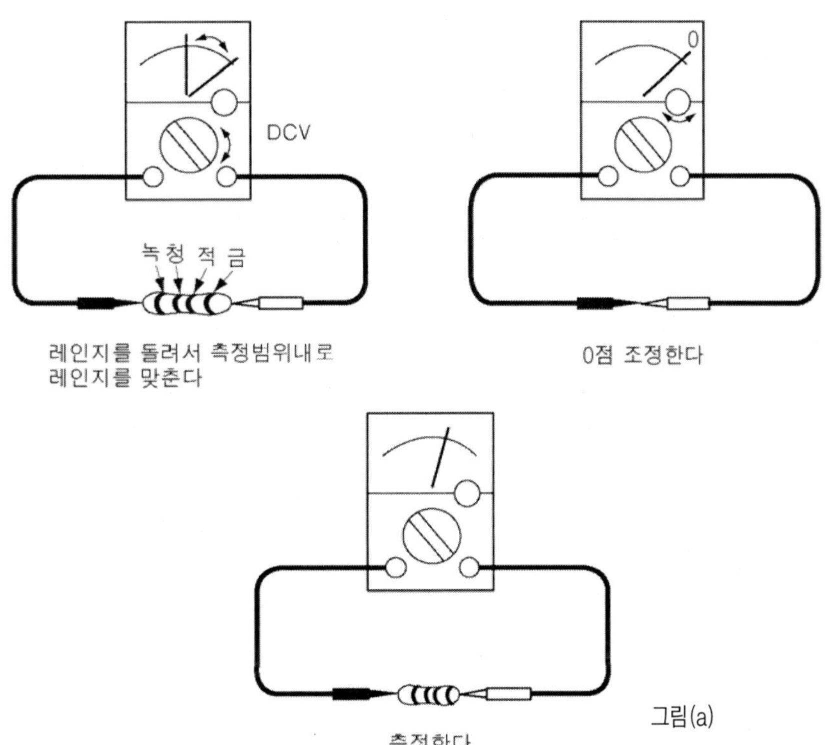

아날로그 테스터를 이용해 실제 저항을 측정해 보자.

저항을 측정할 때는 테스터의 눈금이 전압이나 전류 눈금과 달라서 균등하게 되어있지 않기 때문에 먼저 지침의 눈금이 중간에 오도록 레인지를 선택해 영점 조정을 하는 것이 좋다. 이는 단순히 저항을 측정하는 경우 레인지가 맞지 않으면 다시 조정을 하여야 하는 번거로움 때문만이 아니라 측정 오차를 줄일 수 있다는 더 큰 이유가 있기 때문이다.

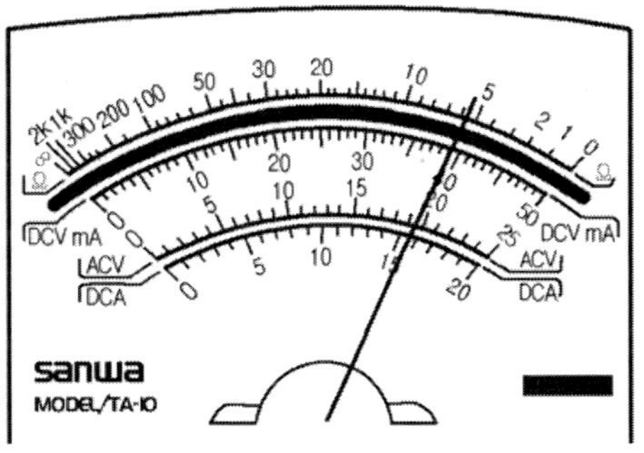

86 저항 측정시 주의 사항

그림 (a)의 솔리드 컬러의 저항 값은 1kΩ ± 5%이다. 이 저항을 테스터로 측정하여 저항 값이 1kΩ ± 5%보다 작아진다면 측정한 방법이 잘못됐다고 의심해볼 만하다.

그림 (a)와 같이 측정 봉을 두 손으로 잡으면 미터의 지침이 움직이는 것을 확인할 수 있는데 사람의 신체 저항 값만큼 측정하고자 하는 저항과 병렬 저항 값으로 측정된 결과이기 때문이다. 사람 몸의 저항 값은 개인에 따라 또 계절적 요인과 땀의 분출 정도에 따라 크게 달라지는데 대개 50kΩ~500kΩ 정도이다. 이에 따라 저항 측정 시 다음 사항을 주의해야 한다.

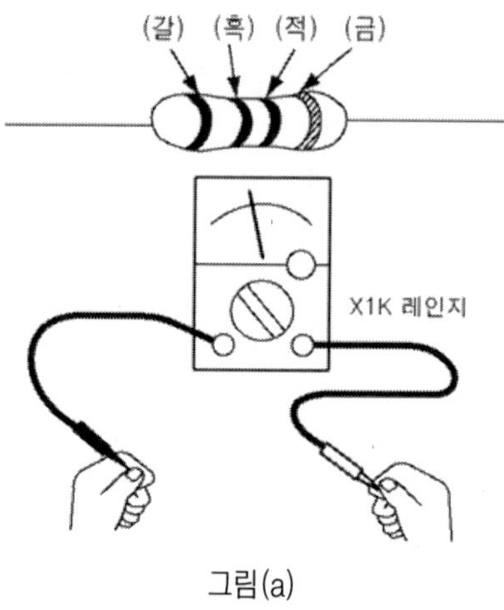

그림(a)

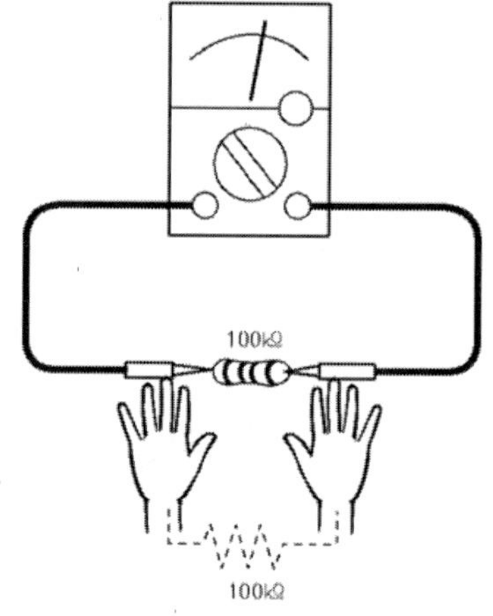

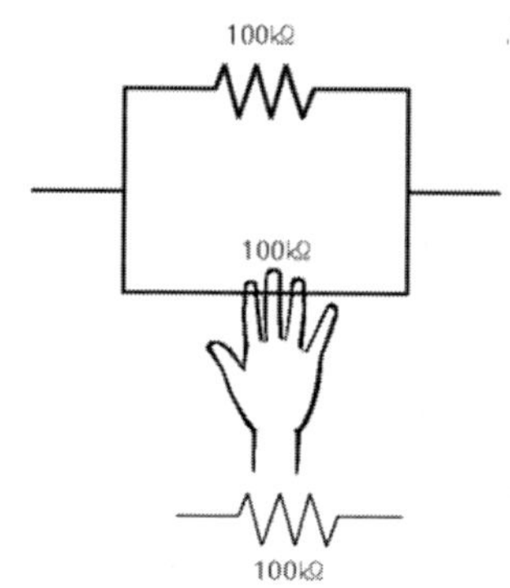

① 측정 전 영점 조정을 해야 한다.
② 측정 시 측정 봉 끝을 손으로 잡고 측정해서는 안 된다.
③ 전원이 공급되어 있는 회로의 저항을 측정해서는 안 된다.

87 컬러 코드와 색이 나타내는 숫자

저항의 컬러 코드는 색상으로 저항 값을 나타내는 일종의 숫자인 셈이다. 저항의 끝 부분에 표시된 색은 오차를 나타내며 세 번째 색깔은 승수를 나타내어 저항 값을 표시하고 있다. 그러나 최근에는 전자 제품의 소형화. 경량화 추세에 맞추어 전자 부품도 초 소형화되고 있어 과거와 같은 컬러 코드의 저항은 많이 사용하고 있지 않은 편이다. 따라서 여기서는 단순히 참고만 하자.

색	색이 표시하는 수치	색	색이 표시하는 수치	
흑	0	자	7	
갈	1	회	8	
적	2	백	9	
등	3			
황	4	금	±5%	
녹	5	은	±10%	오차
청	6	무색	±20%	

색상으로 표시한 저항 값의 예를 들면 그림 (a)와 같이 녹=5. 청=6. 적=2(10^2 를 표시함)로 결국 저항 값은 $56×10^2 = 5600 = 5.6㏀$을 나타내며 그림 (b)의 우측은 갈=1. 흑=0. 황=4(10^4 를 표시함)로 저항 값은 $10×10^4 = 100.000 = 100㏀$을 나타내는 것이다. 여기서 뒤의 네 번째 자리 금색은 ±5%의 오차 범위를 가지고 있다는 의미이다.

그림(a)

실제 여러분이 컬러 코드의 솔리드 저항을 가지고 있다면 이 같은 방법으로 저항 값을 읽고 아날로그 테스터와 디지털 테스터로 저항을 측정하여 컬러 코드에 의한 판독 값과 비교하면서 저항에 대한 측정과 판독 방법을 확실히 습득해 두면 이론과 실전과의 거리감이 많이 없어지리라 생각된다. 이렇게 판독하고 비교 측정하면 디지털 테스터와 아날로그 테스터의 특성이 자연스럽게 익혀져 여러 가지 측정 시 측정 오차 및 실수를 방지할 수도 있다.

1번째	2번째	3번째	저항치(Ω)			
녹 5	청 6	적 2	5	6	0	0
갈 1	흑 0	황 4	1	0	0000	
등 3	흑 0	갈 1	3	0	0	

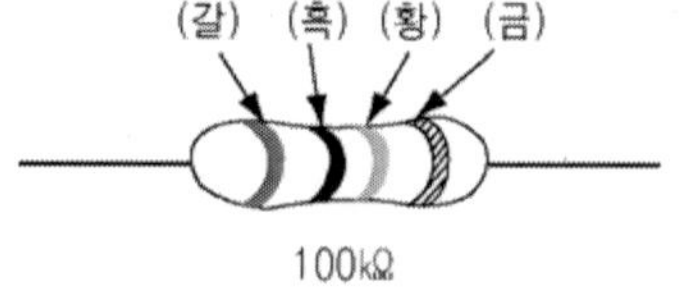

1번째	2번째	3번째	저항치(Ω)		
갈 1	흑 0	적 2	1	0	0 0

2개의 0을 붙인다.

전압 강하 측정

88 전압 강하의 측정

그림 (a) 회로에서 테스터의 흑색 봉을 전지의 (−)단자에 접속하고 A점에서 F점까지 전압을 측정해 보자.

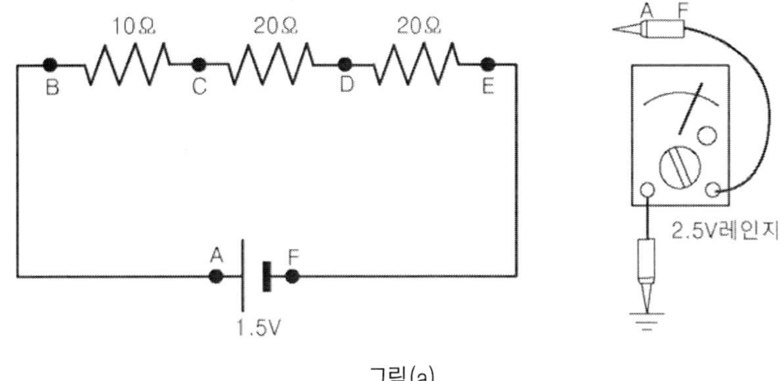

그림(a)

측정 결과 그림 (b)와 같이 A점의 전압이 1.5V, B점은 1.5V, C점은 1.2V, D점은 0.6V, E점은 0V가 측정됐다면 이 회로에 대해 어떻게 생각할까?

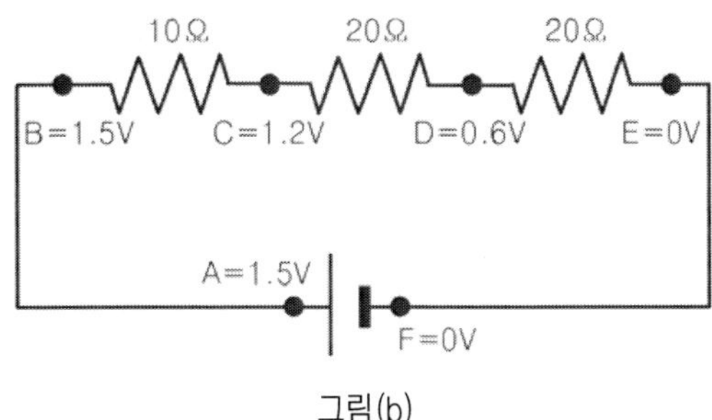

그림(b)

만일 전지의 소모가 어느 정도 진행된 경우라면 전체적으로 측정 전압 값이 낮아지지만 결과로 봐서는 전선의 전압 강하나 접속부의 전압 강하 없이 전압과 저항 관계는 상당히 양호하다고 생각할 수 있다.

B점의 전위가 A점의 전위와 같다는 것은 A점에서 B점 까지 전선에서 전압 강하가 일어나지 않고 있음을 의미한다. B점의 전위는 1.5V, C점의 전위는 1.2V라는 것은 10Ω 저항 양단에 전압이 0.3V(1.5V−1.2V) 강하되었음을 말하고 C점의 전위가 1.2V, D점의 전위가 0.6V라는 말은 20Ω 양단에 0.6V(1.2V−0.6V)전압이 강하되었다는 것이다. 또 D점의 전위가 0.6V, E점의 전위가 0V라는 것은 20Ω 저항 양단에 0.6V(0.6V−0V) 전압이 강화되었음을 뜻한다. 즉 이는 전류가 흐르는 회로에서 전선과 전선(A점에서 B점까지, E점에서 F점까지) 사이에서의 전압 강하는 0(제로)이며 저항 양단에서는 저항 값만큼 전압 강하가 발생하고 있다는 것을 말한다.

따라서 이 회로는 접속부의 전선 상에 전압 강하 없이 부하(저항)에 전원이 정상적으로 공급되고 있는 회로인 셈이다. 그러나 실제는 전선에도 저항이 존재하므로 전선 상에도 전압 강하가 발생하게 된다. 또 전류 용량이 큰 회로에 접촉 저항이 발생하면 전선 자체에 열이 발생돼 심한 경우는 접속부가 검게 타는 경우도 생길 수 있다.

▶ 일반적으로 멀티 테스터의 명칭은 회로 시험기, 테스터, 멀티 미터 등으로 다양하게 불리고 있으므로 혼동하지 말자.

지금까지는 전지의 (−)단자를 기준으로 각 점의 전압을 측정해 봤지만 그림 (c)와 같이 저항 양단간 전압을 직접 측정하여 저항 양단에 발생하는 전압 강하를 직접 알아보는 방법도 있다.

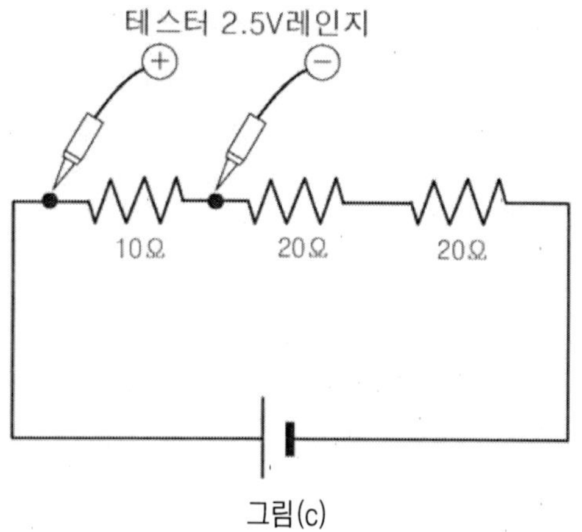

그림(c)

89 전압이 강하하는 이유

전압 강하는 전류가 흘러서 일어나는 현상으로 회로가 단선되면 전류가 흐르지 않아 전압 강하는 일어나지 않는다.

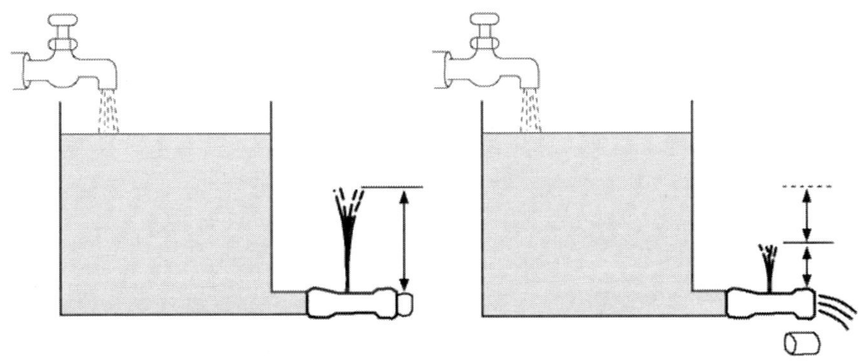

그림에서 물탱크에 물을 가득 담아두고 호스에 마개를 설치하여 호스 끝을 마개로 막아 놓았다고 하면 호스 안의 수압은 어떻게 될까? 호스를 마개로 막아 놓은 경우 물탱크의 물이 줄지 않는 한 수압은 항상 일정하다. 반대로 호스의 마개를 열어 물이 호스 끝을 통해 배출될 경우 호스 끝의 수압은 내려간다.

즉 물이 흐른다는 것은 수위 차(수압)가 있기 때문인데 물이 호스를 통해 배출되는 동안 수도에서 배출된 만큼 새로 물이 공급되지 않으면 탱크의 수위 차(수압)는 점점 작아질 수밖에 없다. 전기도 마찬가지로 전류가 흐르지 않는 곳은 전압 강하가 일어나지 않으며 전류가 흐르는 곳은 부하 양단간 전위차(전압)가 있어 부하 분만큼 전류가 소모돼 전압이 내려가고 있다는 것이다. 즉 전압 강하가 일어나는 것이다.

90 접속부의 전압 강하는 접촉 불량

전압 강하 측정은 배선의 접속 부(커넥터)와 같은 연결부의 접촉 불량을 확인할 수 있는 좋은 방법이므로 먼저 전압 강하를 이용해 전기 회로를 점검하는 방법을 그림 (a)의 간단한 회로를 통해 알아보자.

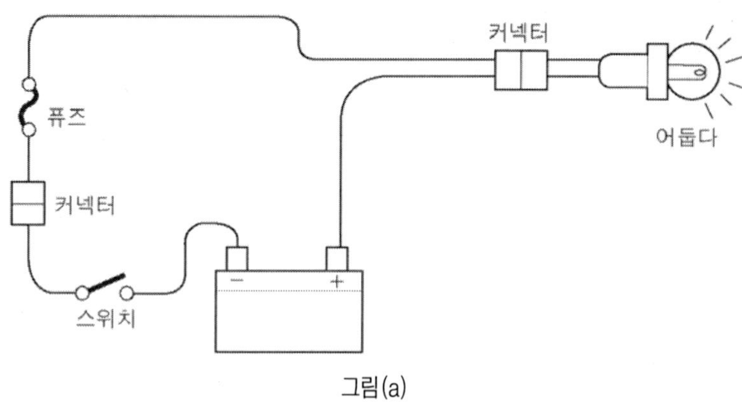

그림(a)

　그림 (a) 회로에서 배선 어딘가의 접촉 불량으로 전구의 밝기가 떨어졌다고 가정해 보자. 이때 회로의 어느 부분에서 접촉 불량이 있었는지 찾기 위해서 회로의 전압 강하를 확인하면 되는데 이를 위해서는 전류가 흐르는 회로여야 하므로 스위치를 켜고 전구 부하에 전류를 흐르도록 하는 게 우선이다.

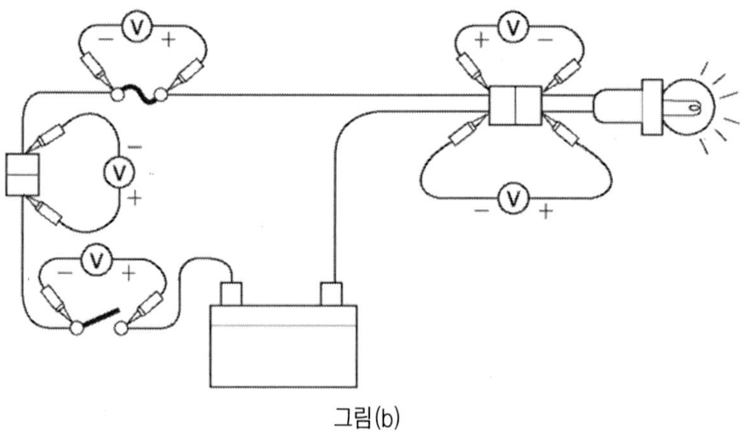

그림(b)

　그림 (b)의 회로처럼 스위치. 커넥터. 퓨즈. 전구 커넥터의 양단에 전압을 측정하면 접촉 불량이 있는 개소에는 전압이 나타나기 때문에 쉽게 찾을 수 있다. 전압 강하는 접촉 불량이 크면 클수록 전압이 나타나므로 다른 개소와 비교할 때 어느 부분인지 쉽게 알 수 있다.

91 접촉 불량 개소 판정

　접속부(커넥터) 외에도 그림 (a)와 같이 연결 배선 도중에 단선되려는 경우에도 이 부분에 발열 작용으로 인한 전압 강하가 일어나기 때문에 배선 양단간 전압을 측정하여 접촉 불량을 확인할 수 있다. 특히 전류가 많이 흐르는 시동 회로 등은 전압 강하가 크게 일어나면 시동 불량으로 이어질 수 있어서 배선 간 전압 측정을 빼놓을 수 없는 부분이다.

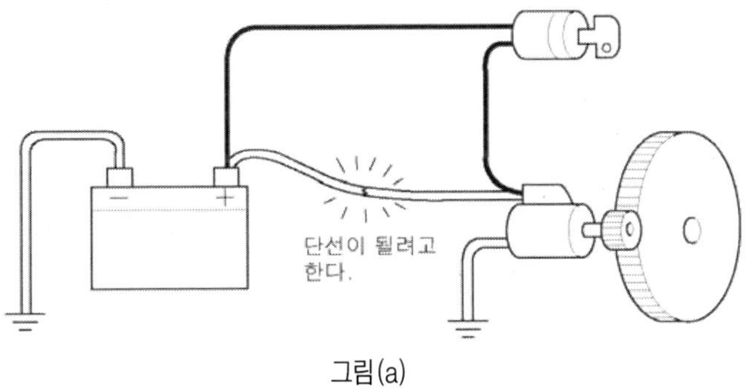

그림(a)

　실제 차량에서 배선 간 전압 측정은 접속 부(커넥터)간 거리가 길거나 엔진룸과 실내. 실내와 트렁크 같이 측정의 장벽으로 배선 간 전압 측정이 곤란한 경우 그림 (b)와 같이 자동차 차체(어스)와 측정할 접속부의 전압을 측정하는 것도 한 요령이다. 자동차 전장품 역시 그 자체(몸체)가 −단자(어스)로 된 경우가 많고 차체에 연결하여 사용되는 경우가 많기 때문에 이 경우 전장품 몸체와 자동차 차체 간 전압강하를 확인하여야 어느 개소에서 접촉 불량이 일어나고 있는지 알 수 있다.

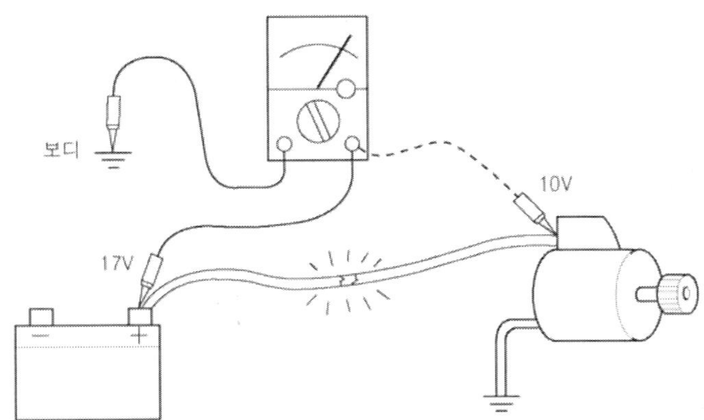

이처럼 전류가 흐르는 저항(부하) 양단에는 반드시 전압 강하가 발생하며 전압이 강하되는 양은 저항이 크면 클수록. 전류가 크면 클수록 많이 발생한다. 접속부의 전압 강하는 대개 0.2V 이하면 정상으로 본다. 이 같은 기본 식을 통해 실무에 어떻게 활용할 것인가를 여러분 각자가 연구해 보는 것도 좋은 과제가 될 것이다.

접촉 불량은 전류가 많이 흐르는 곳에서 전압 값이 크게 나타나는데 전류가 많이 흐르는 곳에서의 접촉 불량은 접촉부(커넥터)가 검게 타거나 열이 발생되어 육안이나 접촉을 통해 알아내는 경우도 많다. 그림 (c)는 배터리 단자부의 전압 강하를 확인해 보는 것으로 이 같은 단자는 육안으로는 잘 확인되지 않기 때문에 테스터를 사용해서 점검해야 한다.

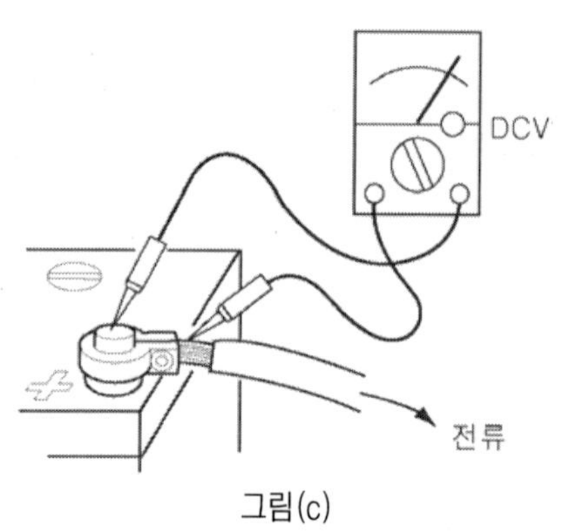

92 단선 개소의 고장 탐구

접촉 불량을 확인하기 위해 전압을 측정하는 방법을 쓰지만 회로가 단선된 경우도 같은 방법으로 확인할 수 있다. 그림 (a)의 회로에서 전지의 (−)단자가 단선된 상태로 ⓐ. ⓑ. ⓒ. ⓓ 각 점의 전압을 측정하면 전압 값은 어떻게 나타날까? 실제 전압을 측정하면 각 점의 전압은 3V가 된다. 이는 앞서 설명한 부분이지만 물이 흐르지 않는 물탱크의 수압이 항상 일정한 것과 비교하면 쉽게 이해될 것이다.

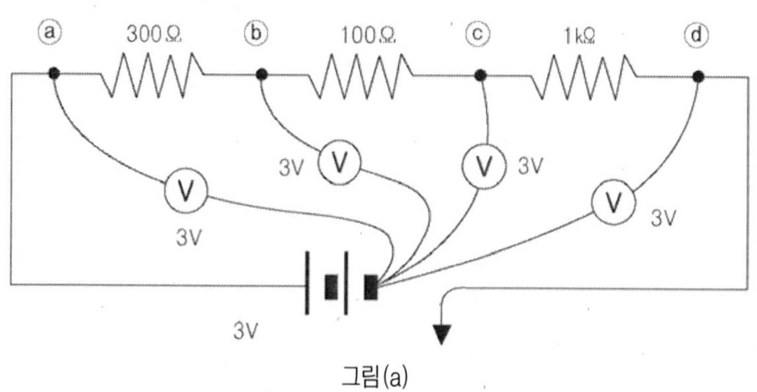

단선 부위를 확인하기 위해 그림 (b)와 같이 ⓒ점과 ⓓ점 사이를 단선시켜 놓고 각 점의 전압을 살펴보면 ⓐ점. ⓑ점. ⓒ점의 전압은 모두 3V가 되고 ⓓ점. ⓔ점은 0V가 되는 것을 알 수 있다. 이는 ⓒ점까지 3V가 측정되므로 ⓒ점과 ⓓ점 사이가 단선됐음을 의미한다.

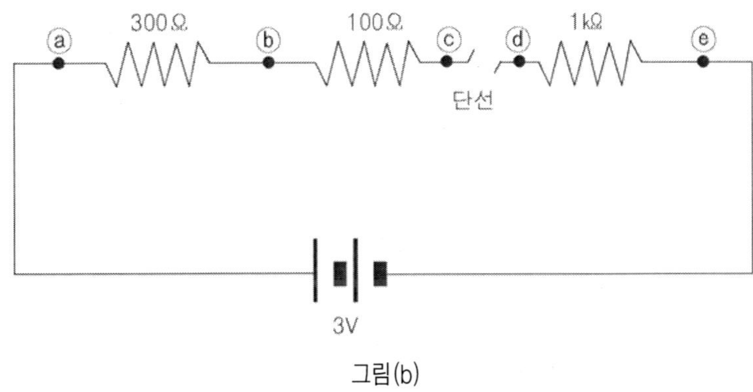

그림(b)

93 단선 개소 점검

제동등 회로(스톱 램프 회로)를 통해 단소 개소 점검 방법을 다시 한번 공부해 보자. 그림 (a)의 회로가 단선이 돼서 브레이크 페달을 밟아도 제동등(스톱램프)이 켜지지 않는다고 가정해 보면 가장 먼저 확인하는 것이 퓨즈이다.

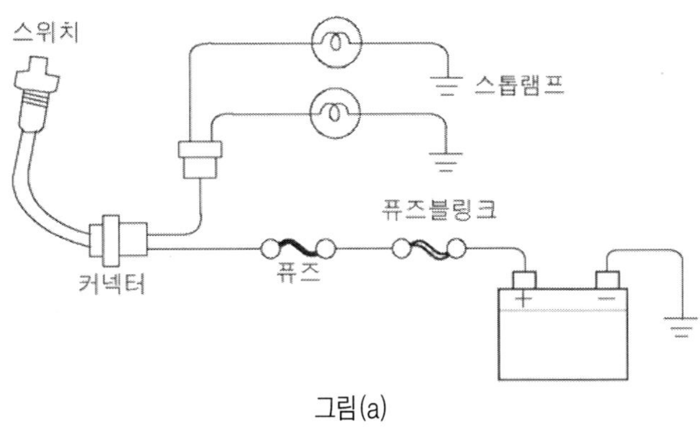

그림(a)

과전류로 인해 퓨즈가 용단됐을 때는 대개 눈으로도 확인할 수 있으나 퓨즈가 노후됐거나 차량 진동으로 단선됐을 때. 혹은 정선 박스의 커넥터가 접촉 불량일 때는 육안으로 판단하기 어렵다.

따라서 정확한 확인을 위해서는 그림 (b)처럼 테스터의 저항 레인지로 퓨즈의 단품을 도통 시험하는 것이 일반적이다. 그러나 퓨즈 단품에 이상이 있는 경우는 이 방법으로도 확인할 수 있지만 퓨즈와 퓨즈 홀더간 또는 퓨즈와 정

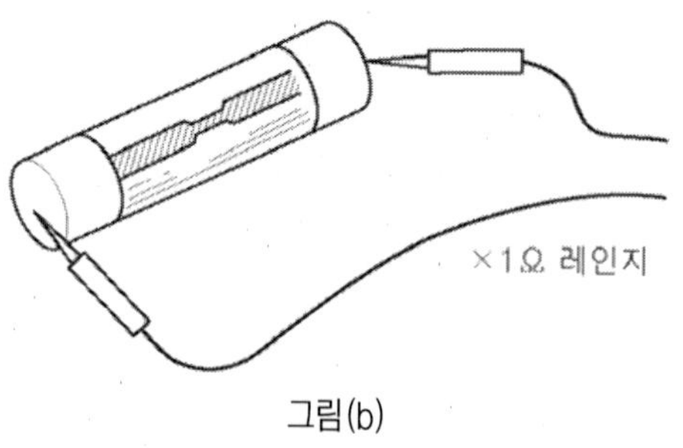

그림(b)

션 박스 커넥터간의 접촉 불량으로 제동등이 켜지지 않을 때는 저항 측정만으로는 확인이 불가능하다.

따라서 육안이나 도통 시험으로 확인이 안될 때는 회로의 전압을 측정해 보면 된다. 단선개소를 확인하기 위해 그림 (c)와 같이 ①에서 ⑩순으로 전압을 측정해 봤을 때 전압이 측정되지 않거나 전압이 낮게 측정되는 부분이 있는데 바로 그 전단에 불량 개소가 있다는 것을 말 한다. 또 커넥터의 접촉 상태를 확인하기 위해서는 그림 (d)와 같은 방법으로 전압을 측정할 수 있다.

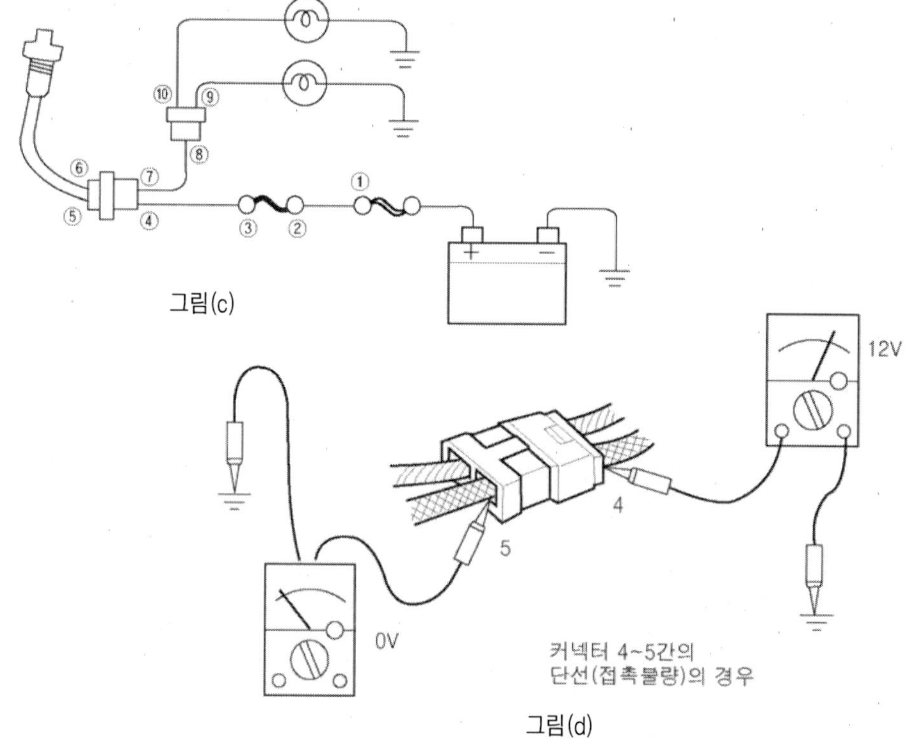

94 어스 불량 점검

어스 불량은 자동차 전기 회로에서 의외로 많이 일어나는 것으로 어스 불량 시 나타나는 현상을 잘 정리해보는 것도 중요하다. 앞서 단선 개소의 학습은 부하(전구)보다 앞쪽(+측)에 단선이 있는 경우지만 부하 뒤쪽에 단선이 있는 경우는 측정 방법이 달라진다.

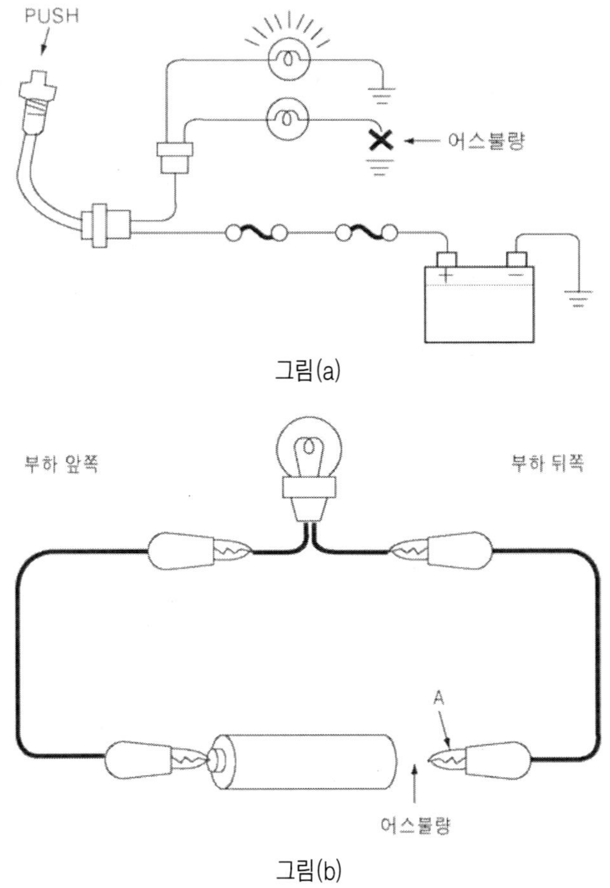

그림 (b)에서 부하(전구)의 뒤쪽 A지점을 떼고 전압을 측정해보면 A점이 단선되었는데도 전압은 부하 앞쪽과 뒤쪽 모두 동일하게 측정되기 때문에 앞서 설명한 방법으로는 단선 개소를 확인할 수 없는 것이다. 따라서 이 경우는 멀티 테스터의 적색 봉을 전지의 +측에 접속하고 테스터의 흑색 봉을 부하(전구) 앞쪽에서부터 뒤쪽으로

점검하지 않으면 안 된다. 이처럼 고장 개소를 쉽게 발견하기 위해서는 전기의 기본 지식이 무엇보다 중요하다는 것을 알 수 있는 실험이다.

그림 (c)는 어스 포인트의 점검 방법을 그림으로 나타낸 것으로 어스 상태가 좋으면 전압은 거의 0V에 가깝고 어스 상태가 나쁘면 나쁠수록 전압은 점점 증가한다는 것을 앞서 설명을 통해 충분히 이해했을 것이라 믿는다.

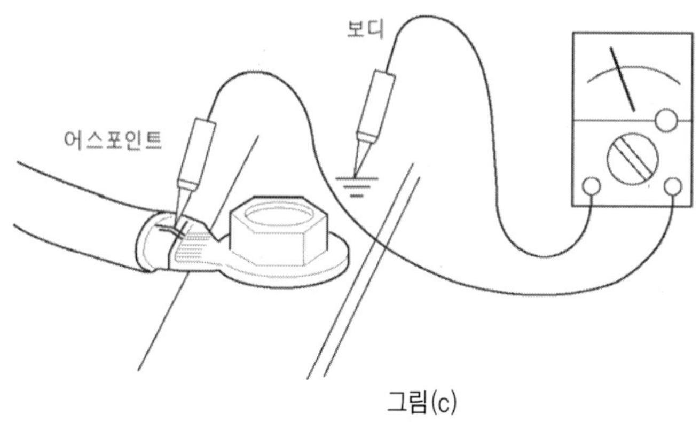

그림(c)

95 고장 탐구 순서

전기 회로의 고장 탐구 순서는 첫 번째로 회로 중 어느 부분이라도 고장이 발생할 수 있기 때문에 측정하기 쉬운 한 곳을 먼저 측정하고. 두 번째로 그 점에 전압이 있으면 전원 측 불량은 아니므로 부하 측 불량을 생각해 볼 수 있다. 마지막에 만약 전압이 측정되지 않으면 회로가 단선됐다고 생각하면 된다. 이처럼 측정이 쉬운 곳의 전압을 측정하여 고장 개소가 있다고 판단되는 범위에서 다시 한 점을 찾아 전압을 측정해 나가다 보면 앞서 설명한 내용을 통해 고장 개소의 범위를 좁혀 나갈 수 있다.

이같이 간단한 지식만 가져도 그 어떤 복잡한 자동차 전기 회로라도 전압 측정을 통해 회로의 건강 상태를 확인할 수 있는 것이 바로 전기 분야인 것이다. 따라서 현장 실무에 들어가기 전에 기초를 튼튼히 해두는 것은 중요하다는 것은 아무리 강조해도 지나치지 않다.

실제 현장에서 측정 개소가 정해졌더라도 멀티 테스터의 측정 봉이 측정 개소와 쉽게 접속할 수 없기 때문에 그림과 같이 전선 피복에 탐침할 수 있는 탐침 봉이라든가 클립을 사용해 접속부와 접속하면 측정 고장 점검 시 보다 효율적으로 측정할 수 있으므로 참고하자.

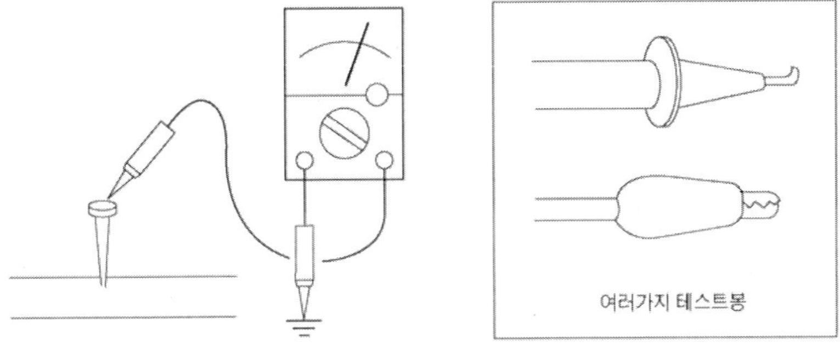

96 전압 측정 정리

지금까지 학습한 내용을 정리해보면 전류가 흐르는 저항 양단에는 반드시 전압 강하가 발생한다. 이를 이용해 배선 간 접속부(커넥터) 등의 접촉 불량을 확인할 수 있다는 것을 알 수 있었다. 즉 회로에 전류가 흐르면 저항 양단에 전압 강하가 발생되는데 그림과 같이 물탱크에서 호스를 통해 물이 배출되고 있을 때 호스 부위의 수압(전압)이 내려가는 것과 같은 이치다. 또 전류가 흐르는 회로가 단선되면 각 점의 전위는 같아진다.

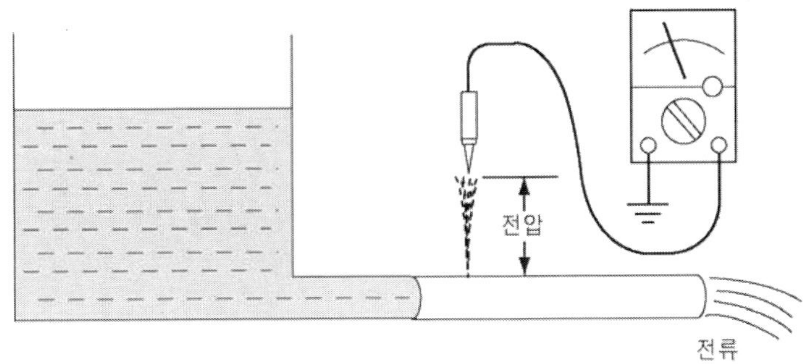

이는 물탱크의 물이 호스를 통해 밖으로 나가지 못하고 막혀있을 때 물탱크의 수압(전압)은 외부로부터 물이 공급되지 않는 한 항상 일정한 것과 같다.

이 같은 원리를 이용해 전기 회로의 단선 및 단락을 확인할 수 있었다. 전압을 측정하기 위한 목적을 2가지로 생각해볼 수 있는데 이중 하나는 부하에 공급되고 있는 정격 전압이 정상적으로 공급되고 있는지 확인하기 위한 것이고 다른 하나는 회로 고장의 원인 개소를 찾기 위한 것이다. 따라서 전압을 측정한다는 것은 회로에 공급되고 있는 전압을 통해 회로의 이상 유무를 확인할 수 있는 중요한 사항으로 전압에 대한 정확한 정립이 필요한 이유가 여기에 있다.

▶ 접속부(커넥터)의 전압 강하는 흐르는 전류량과 전선의 규격에 따라 달라지므로 정확히 규정하기는 어렵지만 필자의 경험을 토대로 했을 때 보통은
10A 이하인 부하에서는 접속부(커넥터)의 전압 강하가 0.2V 이하가 좋다.
30A 이하인 부하에서는 접속부(커넥터)의 전압 강하가 0.3V 이하가 좋다.
50A 이하인 부하에서는 접속부(커넥터)의 전압 강하가 0.5V 이하가 좋다.
이 값은 가능한 한 낮으면 낮을수록 접속부(커넥터)의 연결 상태가 양호한 것으로 위의 전압 강하 값은 현장에서 쉽게 접근할 수 있도록 정리해 놓은 것이어서 실무에 참고하기 바란다.

직류 전류 측정

97 직류 전류 측정 방법

전류 측정은 전류가 흐르는 양을 확인하기 위한 것으로 그림 (a)와 같이 물이 흐르는 통로에 미터를 통과하도록 하여야 물의 양을 확인할 수 있는 것처럼 전기에서도 회로에 흐르는 전류의 양을 확인하기 위해서 전류를 테스터를 거쳐 흐르게 해야 한다. 이때 테스터는 회로의 부하와 직렬로 접속해야 하며 전압 측정과 달리 전선 하나를 떼어 놓고 전선 양단에 측정 봉을 접속해야 한다.

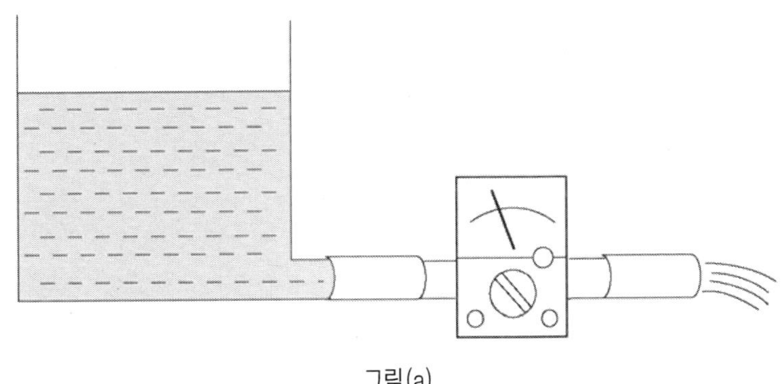

그림(a)

실제 측정에서는 전선을 떼 내는 대신 퓨즈를 떼어 놓거나 스위치를 끄고(OFF) 스위치 양단에 측정 봉을 접속해 측정하면 전선 중간을 단선시키지 않고도 측정할 수 있어 단선이 가능한 개소를 찾아 측정하는 것이 좋다.

그림 (b)와 그림 (c)처럼 전구와 전지를 연결하고 그림 (b)와 같이 테스터의 선택 스위치를 전압 레인지로 절환하여 보면 전구는 점등되지 않는다. 반면 그림 (c)와 같이 테스터의 선택 스위치를 전류 레인지로 절환하면 전구는 점등된다. 이는 전압 레인지는 테스터 내부에 저항이 존재함을 의미하며 전류 레인지는 저항이 거의 존재하지 않음을 뜻한다. 전류 측정은 전선 도중에 측정 봉을 접속하여 전류가 테스터에 흐르도록 해야 하므로 테스터 내부에 저항이 있게 되면 전류 측정은 정확히 측정할 수 없기 때문이다.

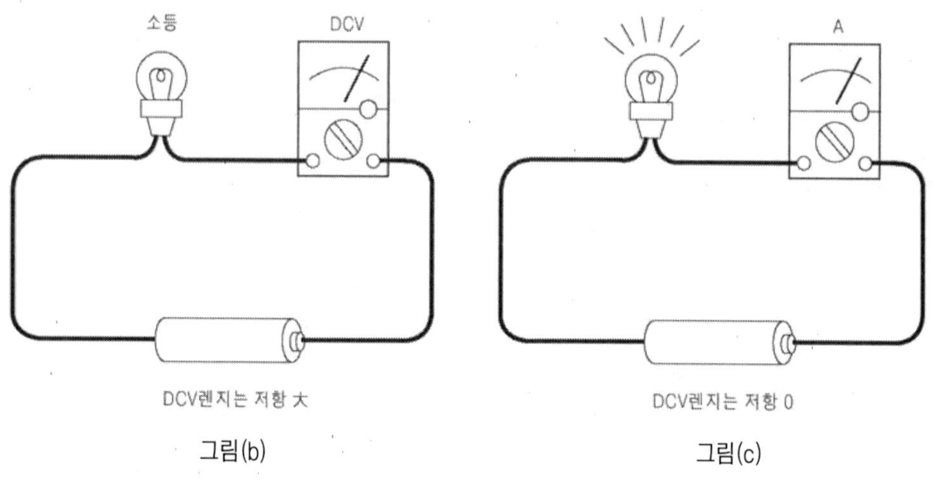

그림(b)   그림(c)

98 전류 측정시 주의 사항

1) 전류 측정시 주의 점은 전압 측정과 달리 그림 (a)처럼 부하 회로의 전선을 떼어 놓고 그 양단을 측정해야 한다.

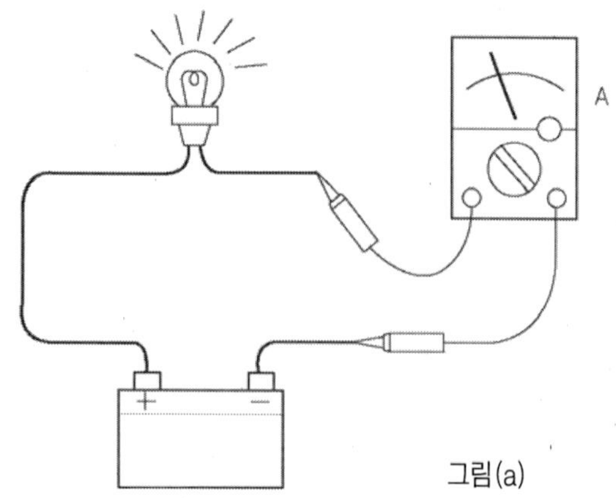

그림(a)

2) 일반적으로 테스터는 DC A(직류 전류) 측정이 최대 10A(MAX 10A)까지만 측정되므로 만일 그 이상 전류를 측정하게 되면 테스터의 내부 퓨즈가 단선되거나 손상을 입을 수 있다.

3) 테스터의 선택 스위치를 측정하고자 하는 전류 값보다 너무 작은 레인지 범위로 선택해 측정하는 경우 테스터의 내부 퓨즈가 단선되거나 손상될 수 있다. 테스터의 종류에 따라 전류 측정 시 클램프를 이용하는 테스터도 있는데 이런 테스터는 수백A까지도 측정이 가능하다. 또한 DC A 측정 시 테스터의 내부 저항은 거의 0Ω에 가까워 테스터의 선택 스위치 및 측정 봉의 위치를 전류 측정으로 선택하고 그림 (a)와 같이 전압 측정 방식으로 측정 봉을 접속하면 테스터의 내부 저항은 거의 0Ω으로 부하 저항보다 훨씬 적으므로 측정 전류는 그림 (c)와 같이 테스터 내부로 전부 흐르게 되어 순간적으로 테스터가 파손될 수 있기 때문에 주의해야 한다.

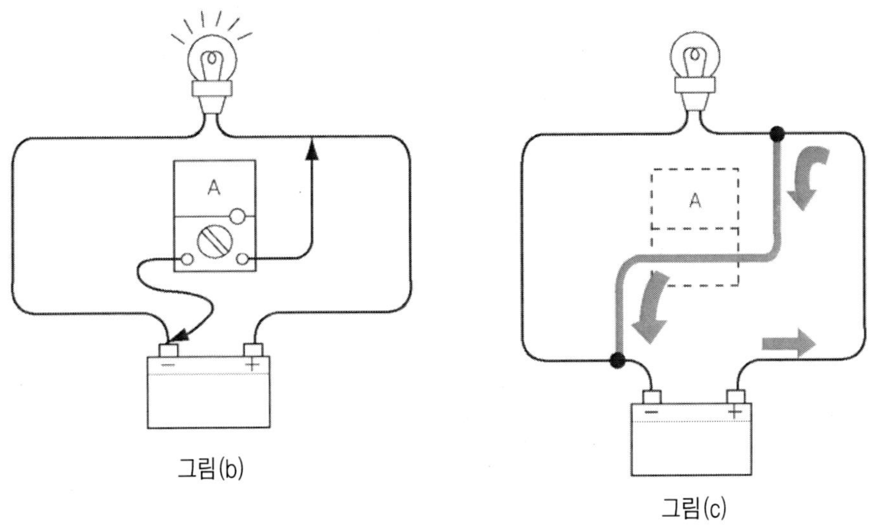

그림(b)

그림(c)

테스터의 내부에는 퓨즈나 과전류 보호용 회로가 내장된 것도 있지만 이는 임시 보호 장치이므로 주의해야 하며 측정하는 전압이 1V라도 전류는 10A까지 흘릴 수 있는 전류원이 있는 반면 전압이 100V라도 전류는 100mA 밖에 흘릴 수 없는 전류원이 있어 단순히 전압만으로 전류의 크기를 판단해서는 안 된다.

99 전류 값을 모를 때 측정 순서

측정하려는 회로의 저항 값을 알면 옴의 법칙에 의해 측정하려는 전류 값을 계산하여 테스터의 선택 스위치를 맞출 수 있지만 전류 값을 예측할 수 없을 때는 가장 먼저 선택 스위치의 레인지를 제일 큰 숫자에 맞추어 측정하는 것이 올바른 방법이다. 그 다음으로는 측정 봉을 접속하여 지침이 조금밖에 움직이지 않으면 선택 스위치의 레인지 숫자를 큰 쪽으로 위치시켜 눈금 판독이 정확히 이루어지도록 하여 눈금을 읽는다. 테스터는 종류에 따라 최대 전류 측정 레인지 대신 +측정 봉(적색 봉)을 사진 (a)에 표시된 곳에 옮겨 측정하는 것도 있다.

100 직렬 회로의 전류 측정

지금까지의 설명을 토대로 그림 (a)의 각 점의 전류를 측정해보자.

계산상 전류치는 75mA이므로 각 점의 전류가 동일하게 약 75mA 정도로 측정되면 정상이라고 볼 수 있다. 그러나 테스터에 따라서는 75mA 정도의 작은 전류를 측정할 수 없는 것도 있어서 이 때는 부하를 제거할 수 있으면 제거해서 측정하는 것이 한 방법이다.

예를 들면 그림 (a)의 회로에서 적은 전류를 측정할 수 없는 테스터일 경우 10Ω 저항 1개를 떼어 놓고 측정한 후 환산해도 된다는 것이다.

또 테스터의 레인지가 너무 작아 지침이 크게 진동을 한다면 측정하려는 전류가 선택 스위치의 레인지를 초과한 것으로 이 경우도 마찬가지로 옴의 법칙을 이용해 그림 (a)의 저항 값을 10Ω에서 100Ω으로 바꾸어 측정할 수 있다.

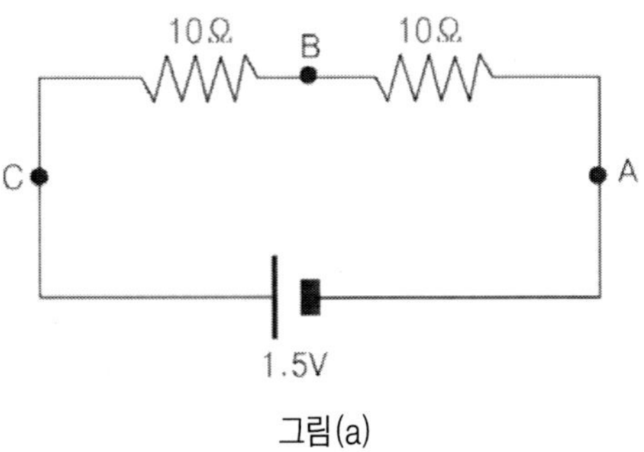

그림(a)

전류 측정 시 지침이 급속히 요동을 치는 것은 측정 방법에 문제가 있을 수 있기 때문에 테스터를 재설정해야 한다. 테스터의 전원은 전지를 사용하고 있으므로 테스터 자체의 단락만으로 미터는 파괴되지 않는다. 그러나 자동차 전기 회로에 사용되는 배터리는 대용량으로 테스터를 일시에 파괴할 수 있어 전류 측정 시에는 특히 주의가 요구된다. 또 측정 시 지침이 움직이지 않는 경우는 테스터의 내부 퓨즈가 용단되어 있는 경우가 종종 있으므로 교환하면 된다.

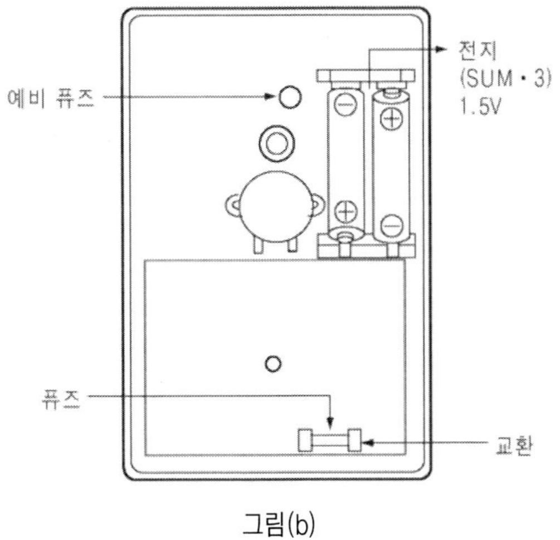

그림(b)

101 병렬 회로의 전류 측정

　그림 (a)의 회로에서 A점에서부터 F점까지 전류를 측정하여 각 점의 전류를 비교해보자. 측정 결과는 그림 (b)에 나타나 있다.

　A점의 전류와 F점의 전류가 같다는 것은 들어가는 전류량과 나오는 전류량이 같다는 뜻이고 A점의 전류량이 B점과 D점의 전류량의 합과 같다는 것은. 분기점으로 들어가는 전류량은 분기되어 흘러나오는 전류량의 합으로 나타난다는 사실을 알 수 있다. 즉 전압은 전류가 흐르면 저항 분만큼 저하하지만 전류인 경우는 도중에 별도의 전선을 통해 흐르거나 별도의 전선을 통해 흘러나오지 않는 한 전류는 증감하지 않는다는 말이다. 마치 메인 수도관에서 물이 흘러 들어가 각 가정으로 공급되는 수도관에 흐르는 물의 양의 합은 중간에 누수가 없는 한 흘러들어간 양과 사용한 양이 같은 것처럼 말이다.

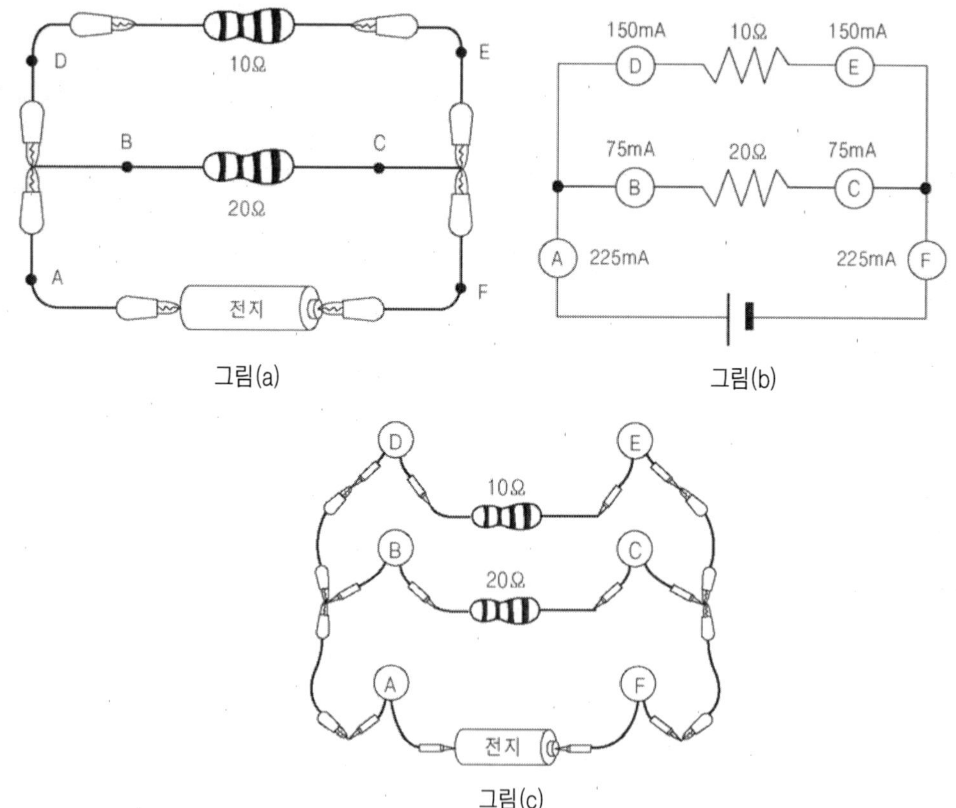

이 실험을 하던 중 전류의 측정치가 그림 (b)의 값과 같이 나오지 않을 때는 회로의 전지 소모 정도에 .따라 약간 낮아질 수 있으므로 그림 (c)의 회로를 참고해서 측정해보자. 만일 실험 중 측정값이 위의 상황과 다를 경우 측정 방법이 잘못됐을 수 있으므로 다시 한번 확인하고 진행하도록 한다.

102 전류 측정에 의한 고장 탐구

자동차를 점검하는데 있어 전류 측정은 극히 한정된 부분이 아니다. 전류 측정 시 전선을 떼어야 하는 번거로움으로 전류 측정은 잘 사용하지 않지만 회로 점검에는 반드시 필요한 것으로 적절히 사용하는 게 바람직하다.

그림 (a)는 시동 장치의 점검 예로서 시동 장치의 전류를 측정함으로써 고장 범위를 줄여나갈 수 있다. 승용차의 시동 모터에 흐르는 전류는 약 80~120A 정도로 시동 모터에 흐르는 큰 전류를 측정하려면 전류 클램프(clamp)가 있는 테스터를 사용해야 한다.

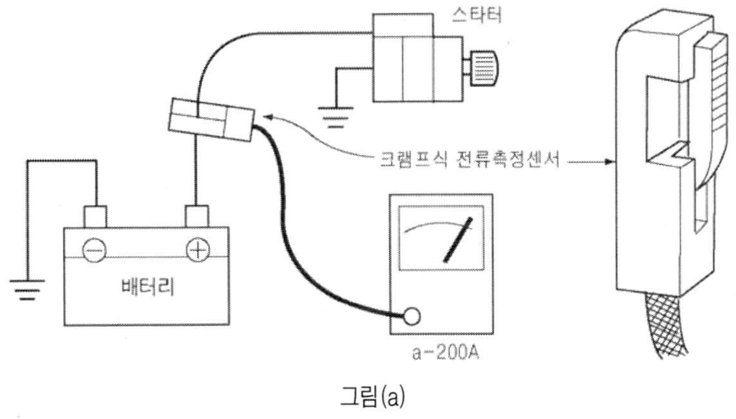

그림(a)

이 전류 클램프를 그림 (a)와 같이 배선에 끼워 놓으면 전류에 의해 발생되는 전류량 대비 자력의 세기를 클램프 내에 있는 자력 검출 센서가 검출하여 측정하는 것이다. 이렇게 측정된 전류 값이 규정치보다 적으면 배선과 배선 사이의 접속부에 접촉 불량이 있거나 또는 배터리의 방전을 예상할 수 있다. 또 측정 전류가 규정치보다 큰 경우는 시동 모터 자체에 이상이 있다고 판단할 수 있다.

이처럼 시동 장치뿐만 아니라 다른 전기 장치에도 배선 간 접촉 불량이 없는데도 불구하고 작동이 되지 않는 경우 전류 측정으로 전장품 단품상의 문제인지. 회로상의 문제인지를 분별할 수 있다.

전류 측정은 배터리가 단 시간에 방전되는 경우에도 유용하다. 배터리가 단시간에 방전되는 경우 배터리의 성능 저하나 충전 장치의 고장. 전기 회로의 누설 전류를 예상할 수 있으므로 누설 전류를 측정하는데 유용하다.

충전 장치의 고장은 엔진 회전수(rpm)를 약 800~3000rpm까지 상승시키기 때문에 이때 배터리의 양단 간 전압(약 14V)이 변화하지 않으면 정상으로 볼 수 있다. 누설 전류(암 전류) 측정은 점화 스위치를 끄고 그림 (b)와 같이 배터리의 (−)단자를 떼서 측정한다. 자동차의 경우 점화 스위치를 꺼도 디지털시계. ECU. 오디오 장치 등에 전류가 흐르고 있기 때문에 전류 값이 측정된다. 이런 전류를 우리는 **암전류**라 부르는데 암 전류는 일반적으로 승용차의 경우 35mA 이하로 규정하고 있으나 최근에는 차종에 따라 각종 첨단 전자 장치의 내장이 증가하고 있어 이 값은 차종에 따라 다소 차이가 있다.

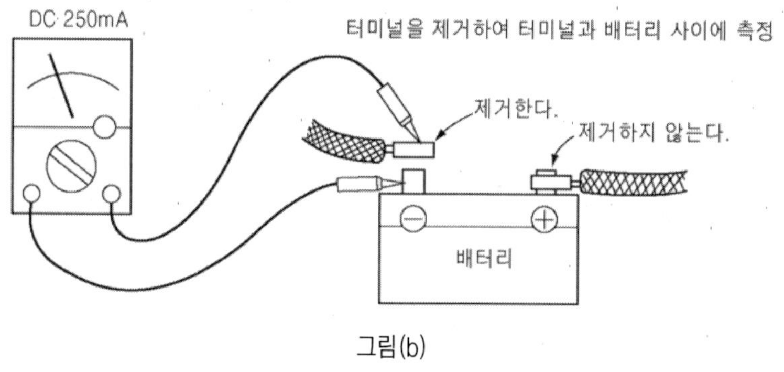

그림(b)

지금까지 전류 측정을 아날로그 테스터의 예를 들어 설명했으나 디지털식 테스터도 전류 측정 방법은 아날로그식과 같으므로 같은 방법으로 디지털 테스터를 사용해도 큰 불편은 없다. 다만 디지털식 테스터인 경우는 숫자로 표시되어 있어 읽는데 주의가 필요하다. 예를 들어 디지털 테스터의 측정값이 0.02를 표시하면 숫자 표시 그대로 0.02A를 의미하는 것인지 0.2A를 표시하는 것인지 정확히 판독해야 하는 것이다.

이는 테스터의 종류에 따라 다르기 때문인데 최대 10A로 표시된 경우 측정 숫자는 0.02지만 실제 판독 값은 0.2A로 읽어야 하는 테스터도 있다.

▽ **전류 클램프식 테스터**

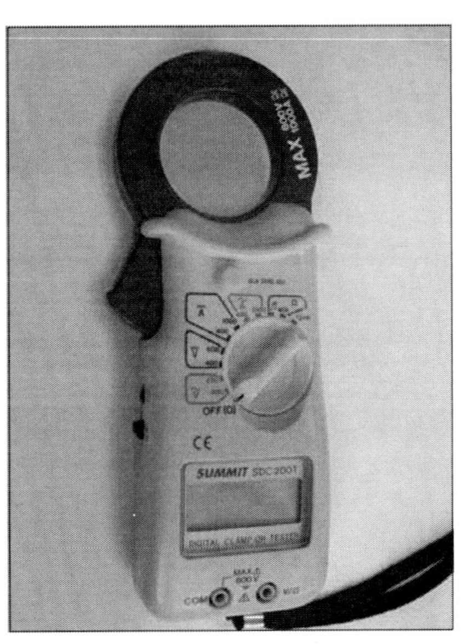

103 누설 전류 측정시 참고 사항

요즘 나오는 자동차에는 첨단 전자기술의 발달로 엔진 및 동력을 제어하는 ECU(전자 제어 장치) 및 안전성 유지를 위한 전장품 등 첨단 전자제품의 적용이 크게 증가하고 있다. 각종 주행 데이터가 기록되는 첨단 ECU에서부터 차량 도난을 막기 위해 배터리의 탈·부착만으로도 시동을 금지하는 이모빌라이져 기능 등이 그 예다.

그러나 이 같은 첨단 제품도 전원의 안정적이 공급이 없다면 제 기능을 할 수 없다. 이와 같은 장치가 있는 차량에 누설 전류(암 전류)를 측정하는 경우 아래 그림과 같은 순서로 진행하여 ECU 등에 지속적으로 전원이 공급되도록 하여 측정하는 것이 필요하다.

누설 전류의 규정 값은 승용차의 경우 35 ± 5mA면 정상이지만 소형차와 대형차의 경우 사용하는 부하에 따라 현저하게 차이가 나며, 차량에 장착하는 선호 전장품 정도에 다라서도 차이가 있으므로 측정 시 고려해야 한다.

① (-)터미널과 배터리(-)를 별도 코드로 연결한다.

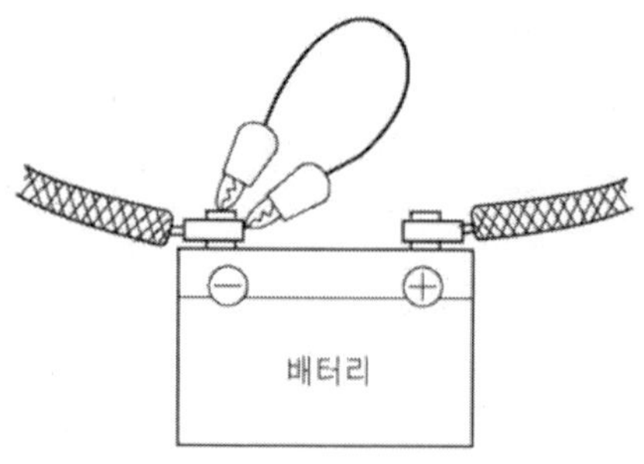

② 코드가 떨어지지 않도록 주의해서 터미널을 제거한다.

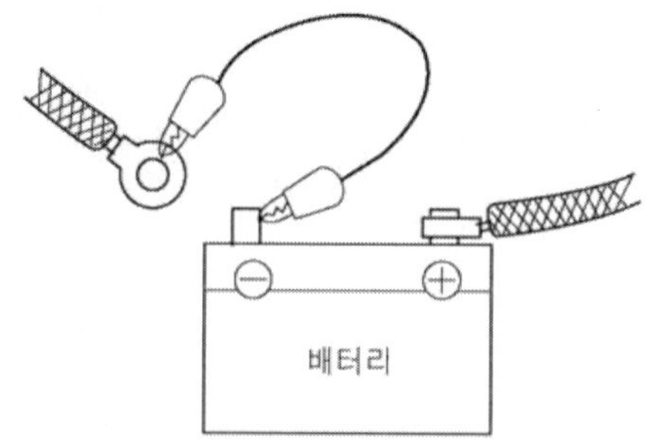

③ 테스터(DC 250mA레인지)를 접속한다.

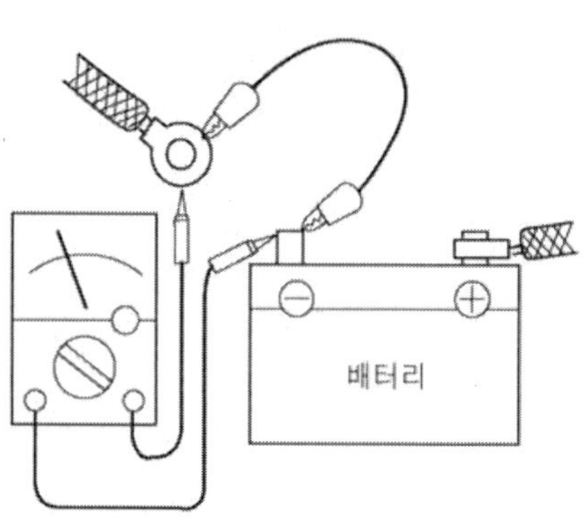

④ 테스터의 지침이 떨어지지 않도록 주의해서 코드를 제거한다.

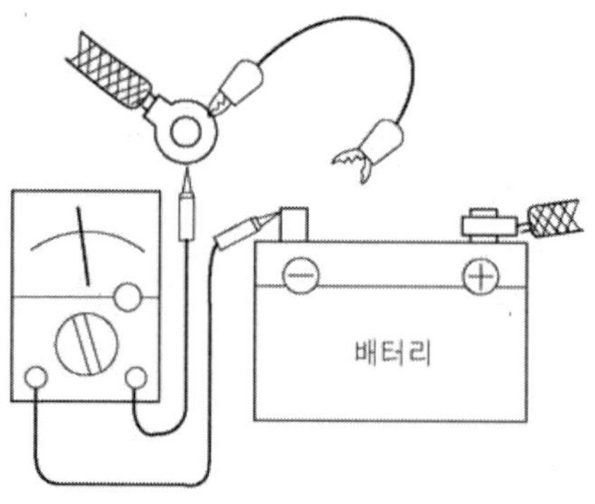

⑤ ④~①의 역순으로 한다.

AC(교류)

104 교류 지식은 왜 필요한가

배터리에서 출력되는 전류는 DC(직류)지만 자동차 올터네이터에서 출력되는 전류는 AC(교류)이다. 또 ABS(Anti lock Brake System)의 차륜 속도 센서(휠 스피드 센서)나 전자 제어 엔진 시스템의 입력 신호로 사용되는 크랭크의 각 센서(마그네틱 픽 업 방식) 등도 일종의 교류 발전기이다. 이 같은 AC전기는 회로에 공급되면 DC 전류와 달리 전류 값이 변화하므로 앞서 배운 것과 같이 쉽게 옴의 법칙을 적용할 수는 없다.

이는 그림 (a)같이 시간의 변화에 따라 전압. 전류도 함께 변하기 때문에 나타나는 현상으로 전기를 배우는 많은 이들이 어려워하는 부분이기도 하다. 이러한 시간적 변화량에 대해 가능한 한 수식은 배제하고 쉽게 이해될 수 있도록 개념적인 정리 위주로 풀어보자.

▽ 교류 사이클

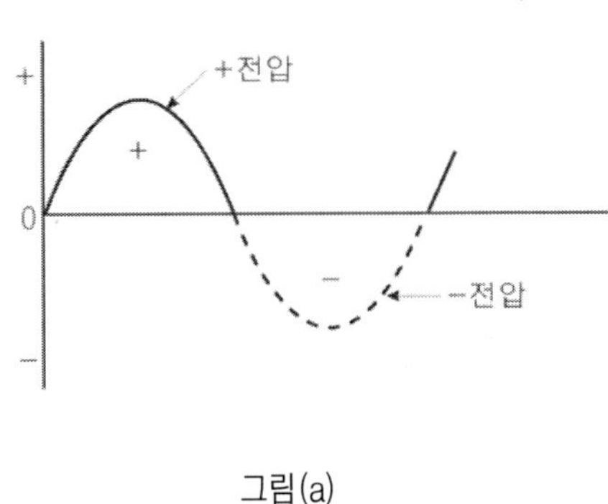

그림(a)

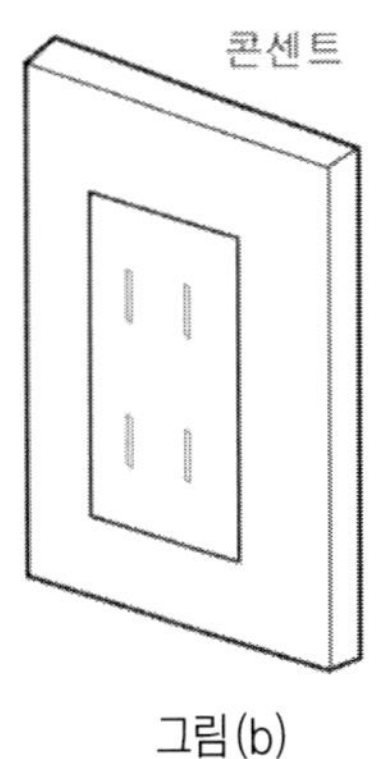

그림(b)

AC인 경우는 그림 (c)의 회로에 표시한 것처럼 전기 저항으로 작용하는 것이 전구뿐만 아니라 코일과 같은 소자도 저항으로 작용하는데 코일에 작용하는 저항 값은 DC 전류가 흘렀을 때 보다 AC 전류가 흘렀을 때 더 커지게 되는데 이 때는 교류에 의한 코일 저항 값을 리액턴스(단위는 Ω을 사용)라 하며 리액턴스는 유도성 리액턴스와 용량성 리액턴스로 구분된다. 이는 교류에 따라 저항 값이 변하는 일종의 저항 성분이다. 이러한 교류에 대한 기본적인 지식을 알고 있지 않으면 전기 회로에서 나타나는 여러 가지 현상들을 이해할 수 없다.

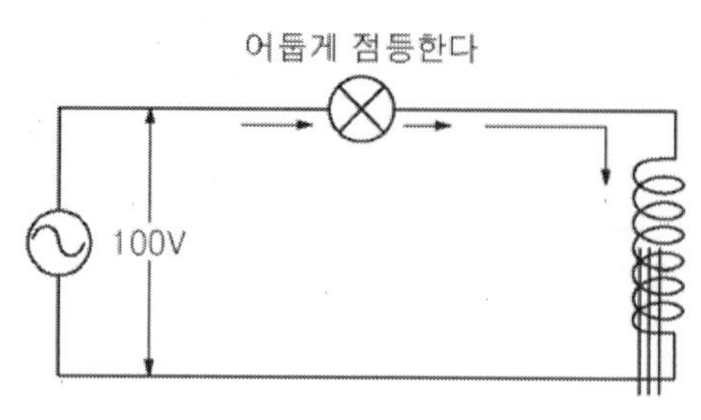

> **AC의 정의는 크기와 흐르는 방향이 일정하게 주기적으로 변화하여 흐르는 전압 혹은 전류를 말한다.**

105 교류 전기는 어떻게 만들어지나

그림 (a)와 같이 ㄷ자 모양의 철심과 막대자석. 그리고 전류계를 준비하여 ㄷ자 모양의 철심에 코일을 감고 코일 양단에 전류계를 연결한 뒤 그림과 같이 막대자석을 시계 방향으로 회전시키면 전류계의 지침이 좌. 우로 움직이는 것을 확인할 수 있다. 반대로 막대자석을 움직이지 않으면 전류계의 지침은 처음 상태에서 움직이지 않는 것을 확인할 수 있다.

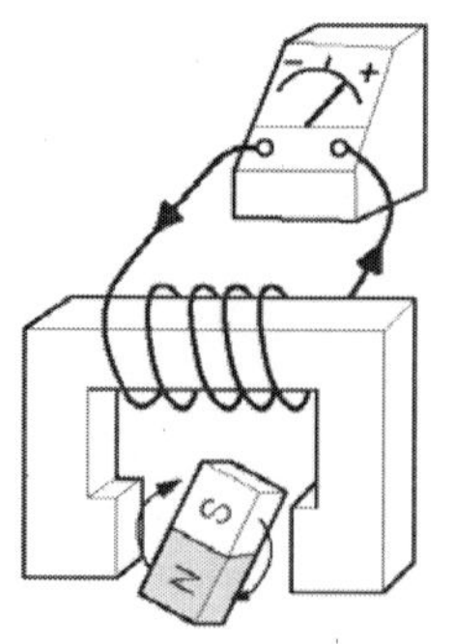
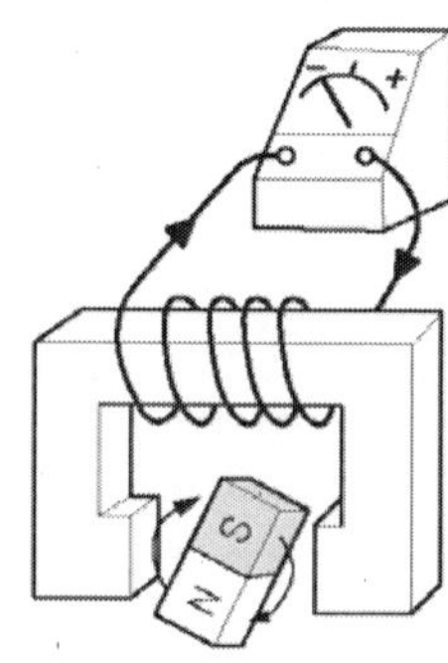

그림(a)

여기서 전류계의 지침이 움직인다는 것은 기전력이 일어난다는 것을 나타내며 지침이 좌. 우로 움직인다는 것은 AC(＋. −신호 발생)가 발생한다는 뜻이다. 이와 같이 막대자석의 회전에 의해 코일에 기전력이 일어나는 것을 전자 유도 현상이라고 하며 유도 기전력은 막대자석이 N극에서 S극으로. 또는 S극에서 N극으로 움직일 때 전류계의 지침은 좌우로 움직이므로 전자 유도 현상을 이용한 발전기는 반드시 AC 발전기임을 알 수 있다.

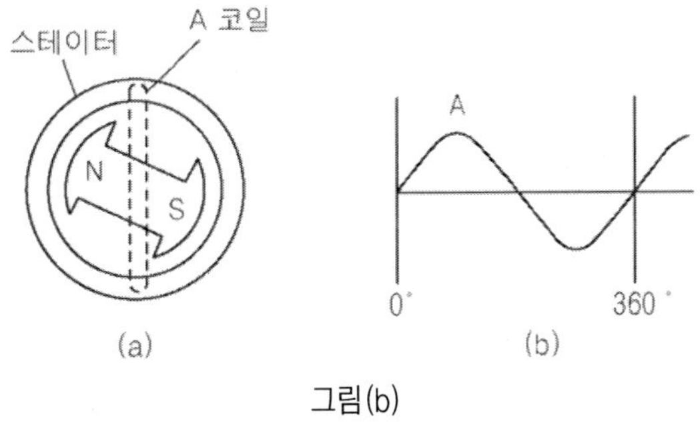

그림(b)

그림 (c)의 사인파(정현파)의 발생은 좌측 회전체를 막대자석으로 대치하고 이것을 회전했을 때 코일 양단에 발생하는 기전력은 회전체의 대칭으로 우측에 그려진 사인파가 발생하게 된다. 이 같은 발전기는 자동차에서 발전 용량이 큰 올터네이터에서부터 아주 작은 발전기인 펄스 제너레이터. 휠 스피드 센서 등이 있는데 모두 전자 유도 현상을 이용한 것들이다. 발전소의 발전기 기전력도 전자 유도 작용을 이용한 것으로 AC를 송전하는데 AC는 DC와 달리 변압기를 거치면 쉽게 전압이 승압되거나 감압돼 우리가 원하는 전압을 얻을 수 있는 것이다.

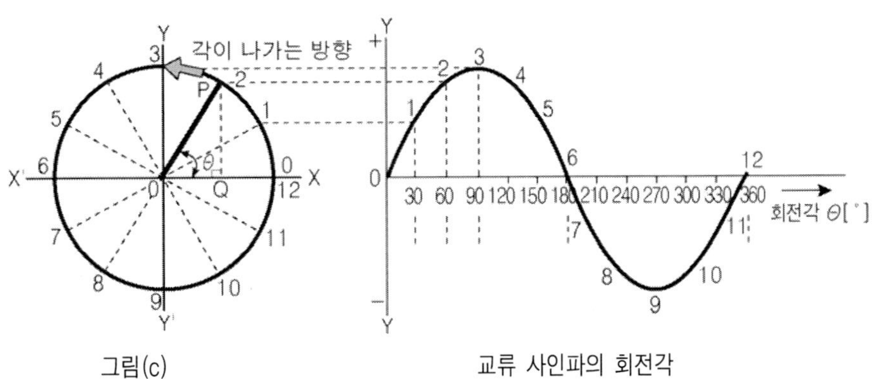

그림(c)   교류 사인파의 회전각

▶ **자기 유도 작용** : 코일 자신에게 흐르는 전류의 변화를 받아 코일 스스로의 기전력을 유도하는 것을 자기 유도 작용이라 한다.

106 교류의 파형

AC 파형은 그림 (a)와 같이 크기(진폭)가 어느 순간 제로가 되기도 하고 다시 증가하여 최대가 되는 순간 다시 감소하기 시작하여 제로가 되는 것을 반복하며 사인파(정현파) 교류를 만들게 된다. 이 사인파 교류는 발전기 구조에서 막대자석(회전자)이 1회전하면 그림 (a)와 같은 파형이 처음에서 다시 원위치로 돌아올 때까지 1주기가 만들어지며 1초 동안 이 같은 1개의 파형 변화를 **1사이클**(cycle)이라 한다. 현재는 주파수 단위를 1사이클 대신 헤르츠(hertz.Hz)를 단위로 사용하고 있어 앞으로는 Hz 단위를 사용한다.

1주기는 1Hz 동안 필요한 시간을 말하며 주파수는 그림 (b)에서와 같이 1초 동안에 발생하는 사인파의 수(주기의 수)를 나타내므로 이 그림의 주파수는 10Hz가 되는 것이다.

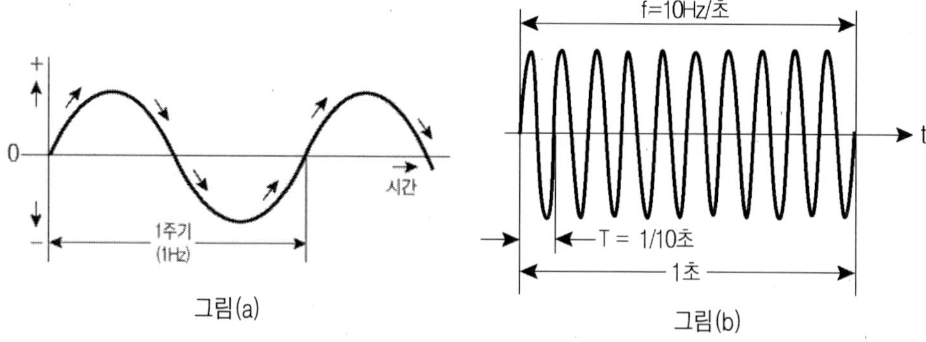

이것을 수식으로 표현하면

$$T = \frac{1}{f} \text{ (초)} \qquad f = \frac{1}{T} \text{ (Hz)}$$

여기서, T : 주기   f : 주파수

우리가 사용하고 있는 가정용 전기의 경우 상용 주파수는 60Hz로 주기 값은 위 식에 적용하면 1 / 60Hz = 0.0167초가 된다. 이는 60Hz라는 것이 1초 동안 0.0167(초)을 가진 주기가 60번 움직이는 것을 의미한다. 가정용 전기에서는 상용 주파수가 너무 높으면 송전 시 전송 손실이 일어나기도 하고 전장 회로에서 주파수가 너무 높으면 여러 가지 회로의 제약 조건이 따르게 된다.

107 위상이란?

교류(AC) 중에서 그림 (a)와 같이 출력 파형이 1개인 것은 단상 교류. 그림 (b)와 같이 출력 파형이 2개인 것은 2상 교류. 그림 (c)와 같이 출력 파형이 3개인 것은 3상 교류라고 한다. 여기서 그림 (b)의 2상 교류와 그림 (c)의 3상 교류는 각각 시간 차이를 두고 출력 파형이 발생되는 것을 볼 수 있는데 이 시간적 차이를 위상이라 부른다. 예를 들면 그림 (b)에서 A상은 B상보다 90° 앞선 위상차를 나타낸 것이며 그림 (c)에서 A상은 B상보다 120° 앞선 위상차를 나타낸 것이다.

▽ 그림(a) 단상 교류

▽ 그림(b) 2상 교류

▽ 그림(c) 3상 교류

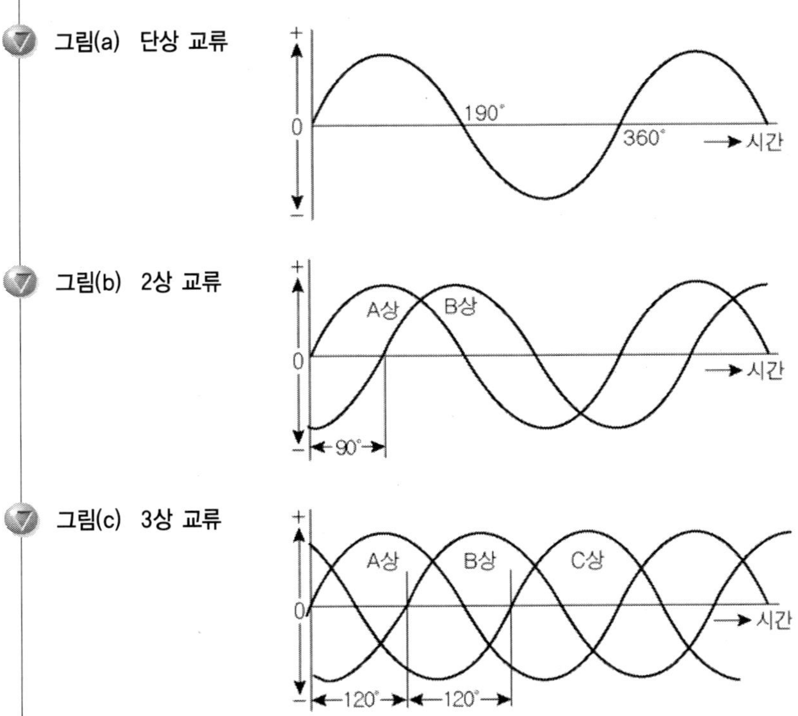

이 같은 위상이 만들어지는 것은 그림 (d)와 같이 고정자(스테터) 코일이 3개 있기 때문인데 A코일에서는 A상이. B코일에서는 B상이. C코일에서는 C상이 발생한다. 이 같은 3상 교류는 단상 교류에 비해 전기적 효율이 좋으며 교류(AC)를 직류(DC)로 쉽게 변환할 수 있다는 장점이 있기 때문에 자동차에서는 3상 교류를 사용하고 있다. 또 교류 전류의 경우 저항 회로에 흘렸을 때 위상 변화가 일어나지 않지만 코일이나 콘덴서에 흘렸을 때는 전류와 전압의 위상차가 각각 90° 정도 일어난다.

▼ **3상 교류의 파형**

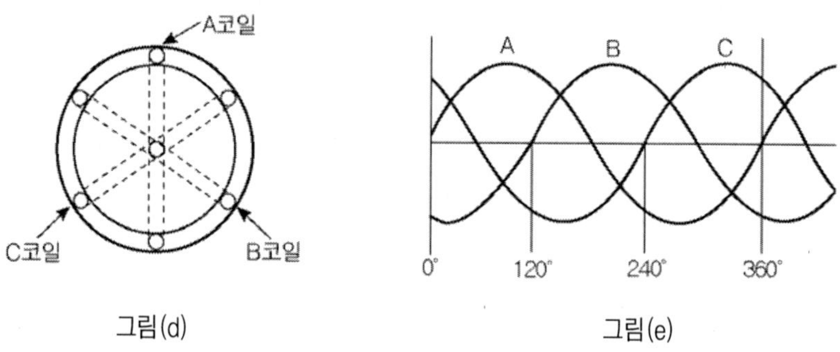

위상차가 발생되는 원인은 코일과 콘덴서가 갖고 있는 고유의 특성 때문으로 엔진 ECU의 인젝터 회로에서도 인젝터를 구동하는 출력 파형은 구형파(펄스파) 교류로 이 구형파 교류가 인젝터에 가해지면 인젝터는 바로 구동하지 않고 일정 시간 경과 후 구동하게 된다. 인젝터의 구동 지연 시간이 나타나는 것은 무효 분사 시간이라 하는데 교류 전류를 코일에 흘렸을 때 전압이 전류보다 90° 앞선 위상차를 갖고 있어 나타나는 현상이다.

108 순시값과 최대값

AC는 그림(a)와 같이 시시각각 크기와 방향이 변하는 기전력이므로 그 값을 나타낼 때도 DC와 달리 여러 가지 값으로 나타낸다. 파고의 크기가 가장 큰 값을 최대 값이라 하며 표기 방법으로는 Em(Electric Maximum)으로 표기한다. 또 파고의 크기가 +값 최대에서 −값 최대까지 표기할 때는 Epp 또는 Vpp로 표기하고 이 값을 피크 투 피크(peak to peak)값이라 한다.

교류의 기전력이 e₁. e₂. e₃과 같이 순간순간 변화하는 양을 표시할 때는 순시값으로 나타내고 있다. 그림 (a)는 사인파 교류 값으로 이것을 수식으로 표현하면 순시값 e = Em sin wt로 나타내고 있다.

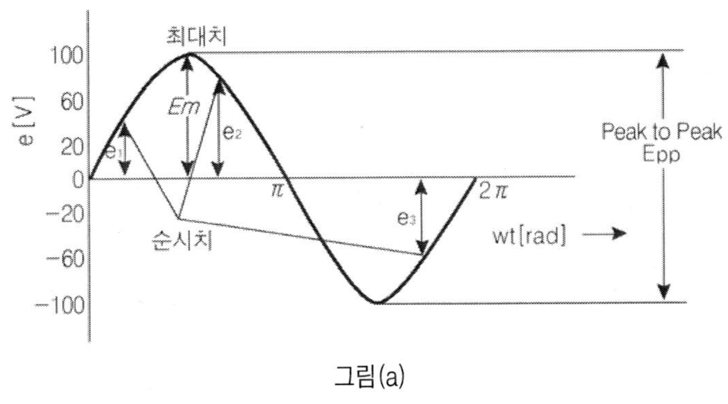

그림(a)

109 평균값과 실효값

교류의 신호는 사인파 외에도 구형파(펄스파). 톱니파 등과 같이 여러 가지 파형이 있어서 교류의 값은 최대값이나 순시 값만으로는 나타낼 수 없기 때문에 직류와 같이 일정한 크기로 변환하여 나타낼 필요가 있다. 이것은 교류의 경우 전압과 전류의 위상차 때문에 실제 부하에 소모되는 전력을 직류와 같이 계산할 수 없어 평균 전력을 구해 나타내는데 우리가 사용하는 교류의 일반적 전력 값은 평균 전력을 나타낸 것이다.

평균값   **실효값**

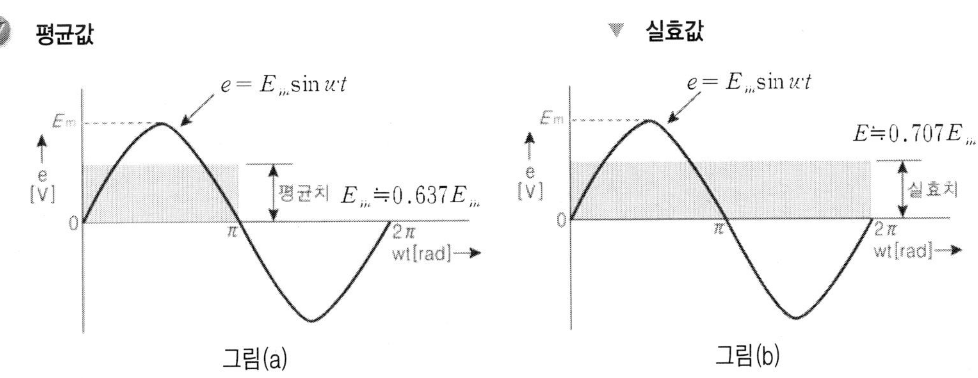

그림(a)   그림(b)

이와 같이 교류의 평균값을 구하려면 +반주기와 −반주기가 서로 대칭이기 때문에 평균하면 0이 되므로 반주기에 대해 평균한 것을 평균값으로 하고 있다. 이에 반해 실효 값이란 DC(직류)를 흘렸을 때 소모되는 전력 량을 AC(교류)를 흘렸을 때에도 똑 같이 소모되는 전력량을 가지고 전압 및 전류로 환산한 값을 말한다. 예를 들면 가정에서 사용하는 AC 100V라는 전압은 실효 값으로 DC 100V가 가해졌을 때 소모되는 전력량과 같다는 의미이다. 이와 같이 AC는 사용 목적에 따라 여러 가지 값으로 표현되고. 또 사용되고 있다.

구분	전압표기	전류표기	전압최대값	전류최대값	전압실효값	전류실효값	비고
직류	E	I	–	–	–	–	
교류	e	i	E_m	I_m	V_{rms}	I_{rms}	

※ 일반적으로 교류의 표기는 소문자로 하고. 직류의 표기는 대문자로 한다.

110 교류 회로가 갖고 있는 성질

이에 반해 DC 회로는 AC 회로와 다른 점이 있다. 예를 들면 저항만 있는 회로의 경우 교류 전압이 0에서 최대값까지 상승한 뒤 다시 0으로 감소하고. 전류도 순시 전압에 비례하여 상승해 최대값이 된 뒤 다시 감소하는 등 그림 (a)와 같이 반복적으로 등락을 거듭한다. 이에 따라 결국 어느 한 점에서 전압과 전류의 위상이 동위상이 된다.

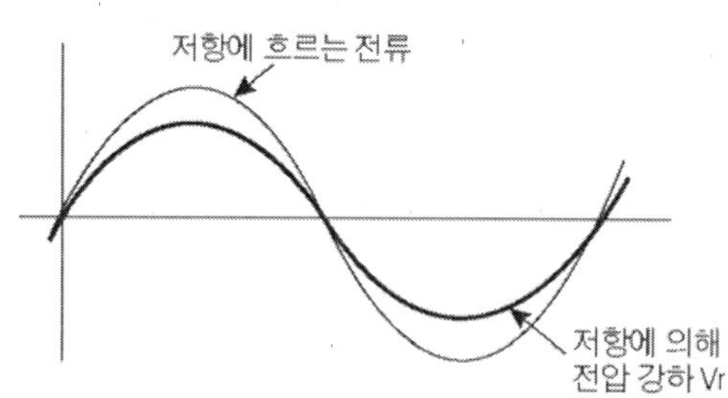

저항에 공급되는 전압과 저항에 흐르는 전류의 위상

그림(a)

　반면 교류 회로에 릴레이의 코일이나 솔레노이드 코일. 변압기 등 코일을 이용한 부하는 교류를 가할 때 흐르는 전류가 순시적으로 변하기 때문에 자속도 전류와 같이 변화를 계속한다. 따라서 자속 변화는 코일에 인덕턴스(Inductance. 자기 유도) 작용을 가져와 전류의 변화를 방해하도록 한다.

　그림 (b)와 같이 백열전구(110V용)와 코일을 많이 감은 원통 코어를 직렬로 연결하고 AC 110V를 연결하여 코일 양단에 있는 스위치를 ON시키면 백열전구는 밝게 점등되지만 그림 (c)와 같이 스위치를 OFF하면 백열전구와 코일은 직류로 연결돼 있기 때문에 전구의 밝기는 어두워진다. 이는 코일의 인덕턴스 성분이 교류에 의해 증가하기 때문이다.

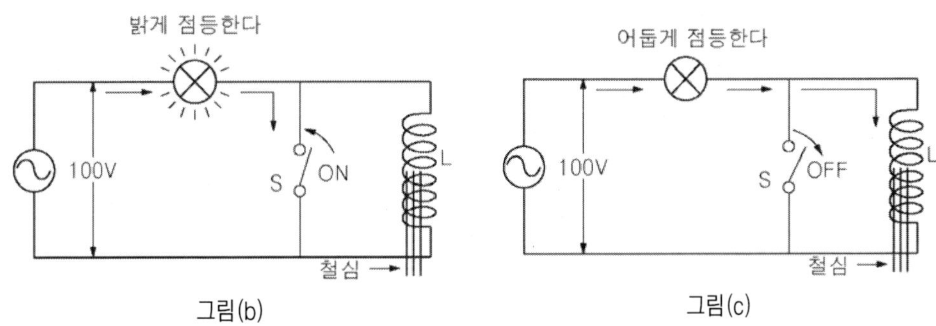

　이 상태에서 코일의 원통 코어에 철심을 삽입하면 백열전구는 더욱 어두워지는 것을 볼 수 있는데 철심이 원통 코어 안에 있으면 그만큼 인덕턴스 값이 커지기 때문이다. 만일 교류 전압 대신 직류 전압을 인가하고 스위치를 ON. OFF 시켜도 백열전구의 밝기는 거의 변화가 없다. 이 실험에서 알 수 있듯 교류 회로에서 인덕턴스 작용은 일종의 저항 성분으로 작용하고 있음을 알 수 있다.

▶ **자속** : 단위 면적당 자력선이 통과되는 것을 말한다.
▶ **인덕턴스** : 교류 회로에서 일종의 저항 성분으로 전류의 제한 작용을 하는 것으로 설명했지만 실제 코일에 전류를 흘릴 때 코일 자신이 흐르는 전류의 변화를 받아 코일 자신에 유도 기전력을 발생하게 하는데 이를 자기 유도라 하며 자기 유도 정도를 나타낸 것을 코일의 인덕턴스(Inductance)라고 한다.

111 교류 전력

   DC인 경우 전압과 전류가 일정하므로 전력은 전압 × 전류로 나타낼 수 있지만 AC는 전압과 전류가 시시각각 변하기 때문에 각 순간의 전력도 변한다. 따라서 AC 전력은 전압 값과 순시 전류 값을 곱한 값을 한 주기의 평균값으로 나타낼 수 있어 이 것을 **평균 전력** 또는 **유효 전력**이라 부른다.

   이를 식으로 표현하면 **유효 전력 = 실효 전력 값 × 역률**로 나타낸다. 여기서 역 률이라는 것은 교류 전압과 교류 전류가 위상차를 가질 때 실제 유효 전력이 되는 전 압과 전류의 크기 비율을 나타낸 것이다.

112 임피던스

   그림 (a) 회로와 같이 3Ω의 저항에 직렬로 4Ω의 코일을 직렬연결하고 교류 100V의 전압을 공급하여 각 단의 전압과 전류를 측정해 봤다. 결과는 흐르는 전류 는 20A가 측정되어 저항 양단의 전압 강하는 60V. 코일 양단의 전압 강하는 80V 로 측정되었다. 실험 결과를 공식으로 구해보면

$$V_R = I \times R = 20A \times 3\Omega = 60V$$
$$V_L = I \times R = 20A \times 4\Omega = 80V$$

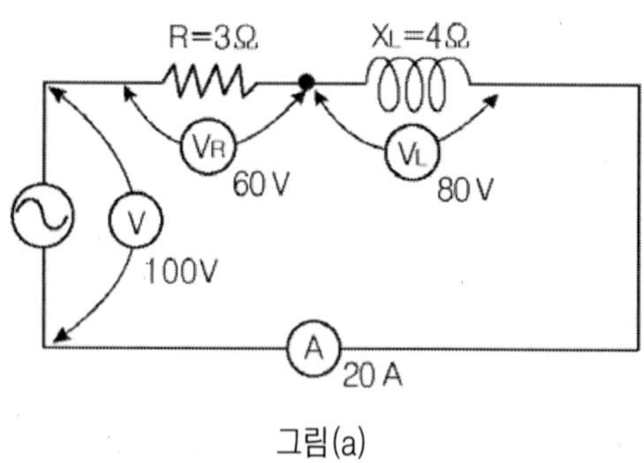

그림(a)

   그러나 여기서 한 가지 이상한 점은 전압 강하의 합이 100V가 아닌 140V라는 것 이다. 그 이유는 직류 회로로 가정할 때 저항 양단의 전압 분이 60V라면 코일 양단

의 전압 분은 40V가 되는 게 정상이지만 코일 양단이 80V가 되는 이유는 그림 (b)에 나타낸 것처럼 교류에 있어서 저항에 흐르는 전류는 전압과 동위상이지만 코일에 있어서는 흐르는 전류보다 공급된 전압 강하 값이 90° 정도 위상 면에서 앞서가기 때문이다.

따라서 교류의 저항 값을 나타낼 때는 직류 회로의 계산과 달리 교류 100V에 의해 실제로 흐르는 전류분에 대한 저항값을 생각해야 하는데 이 저항값을 **임피던스**라고 한다. 즉 교류에 대한 저항 값을 임피던스라고 하는 것이다. 그러나 임피던스는 교류에 대한 저항이기는 해도 저항에 의한 것이 아니라 코일 또는 콘덴서에 대한 저항 성분에 기인하는 것으로 저항체로 이루어진 회로에서는 서로 위상차가 존재하지 않으므로 임피던스라는 용어는 사용하지 않는다.

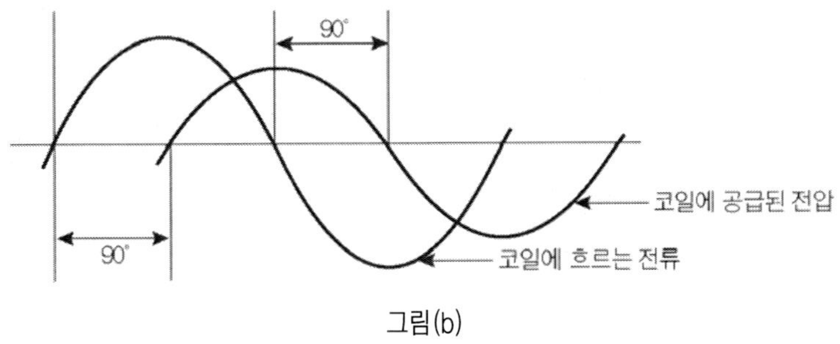

그림(b)

$$\text{임피던스} : Z = \sqrt{R^2 \times XL^2}$$

$$\text{임피던스} : Z = \sqrt{R^2 \times Xc^2}$$

여기서 XL : 유도성 리액턴스, Xc : 용량성 리액턴스)

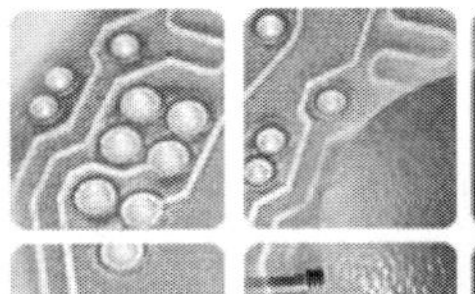

교류 전압 측정

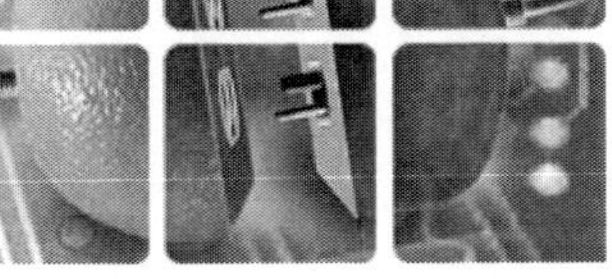

113 교류 전압의 측정

지금까지는 멀티 테스터를 사용해 DC(직류) 전압. DC 전류 측정 방법을 알아봤는데 이번에는 AC(교류) 전압 측정에 대해 살펴보자. 먼저 그림 (a)에 보이는 가정용 콘센트에서 출력되는 전압은 AC 110V와 AC 220V 두 가지뿐이므로 테스터의 선택 스위치를 사진 (a)와 같이 AC 300V나 AC 1000V 레인지에 위치시키고 측정봉을 그림 (a)와 같이 콘센트에 접속하여 측정한다.

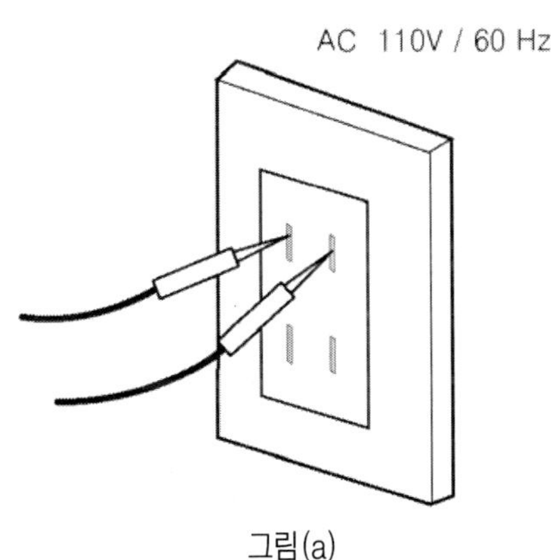

그림(a)

테스터의 선택 스위치

이때 AC는 극성이 없으므로 측정봉의 극성을 바꾸어 측정해도 지침은 변하지 않는다. 테스터의 눈금은 직류 눈금 바로 아래에 있는 교류 눈금을 DC와 동일하게 읽으면 된다. AC측정 시 주의할 점은 AC 110V의 전압은 신체 접촉 시 감전사고가 날 만큼 큰 전압이므로 측정 봉의 금속 부분이 몸과 접촉되지 않도록 해야 한다.

특히 AC는 DC와 달리 전압. 전류가 시간에 따라 변하여 순간 최고 전압이 141.1V가 되기 때문에 몸에 닿을 경우 실제 느끼는 체감 전압은 DC보다 훨씬 커 주의가 요망된다.

114 시그널 제너레이터의 전압 측정

멀티 테스터의 AC 전압 측정 원리는 DC 전압 측정 원리와 동일하나 테스터에 사용된 계기는 가동 코일형 방식이어서 여기에 맞는 DC로 공급해야 측정이 가능하다. 이에 따라 테스터 내부에는 AC를 DC로 변환하는 정류 회로가 있어 AC를 DC로 바꿔 공급한다. 그러나 측정 시 오차가 다소 크다는 단점이 있다.

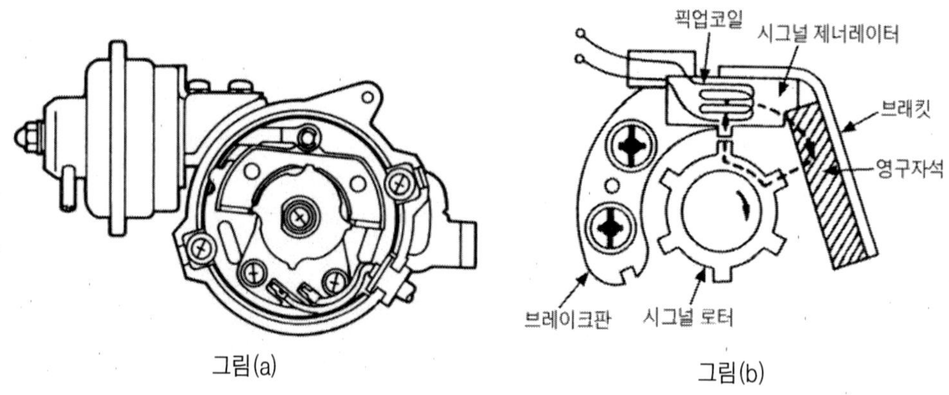

그림(a)   그림(b)

그림 (a)는 풀 트랜지스터 방식인 디스트리뷰터(배전기) 구조이고 그 내부에는 그림 (b)와 같이 시그널 제너레이터가 있어 시그널 로터가 회전하면 회전 속도에 따라 영구 자석의 자력선 픽업코일을 통해 지나가는 양이 변화한다. 즉 자력선이 강해질 때와 약해질 때 픽업 코일에서 발생하는 전압의 방향이 변하게 돼 교류 신호가 출력된다. 이 같은 소형 발전기인 시그널 제너레이터의 전압을 측정하는 방법을 알아보면 먼저. 테스터의 선택 스위치를 AC 25V에 맞추고 로터가 회전할 때 전압을 확인한다.

이때 전압이 측정되지 않으면 테스터의 선택 스위치 레인지 위치가 너무 높게 잡혔거나 시그널 제너레이터에 이상이 있는 경우다. 테스터의 지침이 경미하게 움직이는 경우는 선택 스위치의 레인지 위치를 잘못 설정했을 확률이 높고 시그널 제너레이터에 이상이 있는 경우는 점화 플러그의 불꽃이 튀지 않아 시동을 걸 수 없게 된다. 테스터의 선택 스위치 레인지를 낮춰 측정했는데도 불구. 지침이 약하게 움직이면 디지털 테스터를 사용해서 측정해 본다.

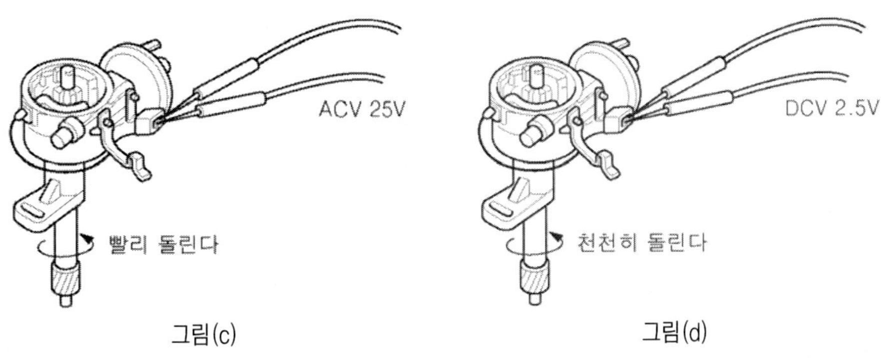

그림(c)   그림(d)

또 제너레이터(소형 발전기)는 테스터로는 AC 전압이 잘 측정되지 않는 경우가 있는데 이때 로터의 회전속도가 빨라(주파수가 높아) 멀티 테스터로는 응답 특성을 따라갈 수 없거나 내부 임피던스 문제로 측정이 되더라도 오차가 큰 것이 특징이다. 따라서 이런 곳에 사용하는 테스터는 내부 입력 임피던스가 높은 테스터를 사용해야 한다.

▽ **펄스 제너레이터**

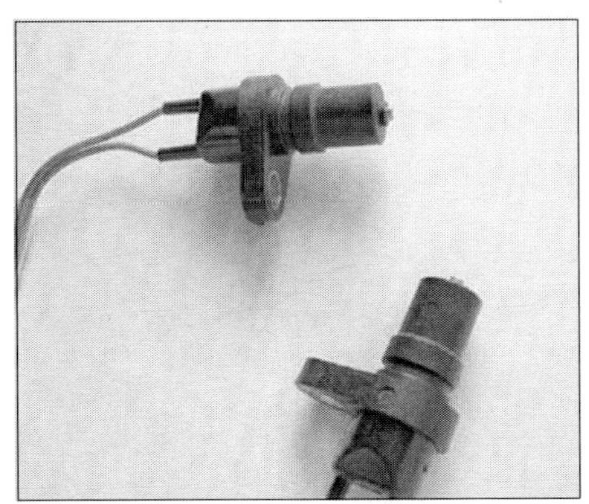

115 회로 내의 전압 값은 단품과 다르다

그림과 같은 캠 포지션 센서의 AC 전압을 측정한 결과 커넥터를 떼고 단품 상태로 측정할 때와 커넥터를 연결한 뒤 회로 내에서 측정할 때 측정값이 달라 질 수 있기 때문에 측정 수치만 가지고 판단하면 틀리기 십상이다. 이런 경우도 마찬가지로 입력 임피던스가 큰 테스터를 사용하면 좋고. 단품 측정값만 읽는 것이 안전하다.

회로 내에 커넥터가 연결된 상태로 측정하면 ECU 내부 회로 구성이나 내부 회로의 영향으로 측정값이 달라지게 돼 단순한 측정 수치만 가지고서는 오판하기 쉽기 때문이다. 또 최근에는 ECU 장착 증가로 교류 펄스 신호(디지털 신호)가 많이 사용되고 있는데 이 같은 교류 펄스 신호에 멀티 테스터를 사용하는 경우 정확한 측정은 안 되지만 신호가 출력되는지는 확인할 수 있다.

▼ **캠포지션 센서 회로**

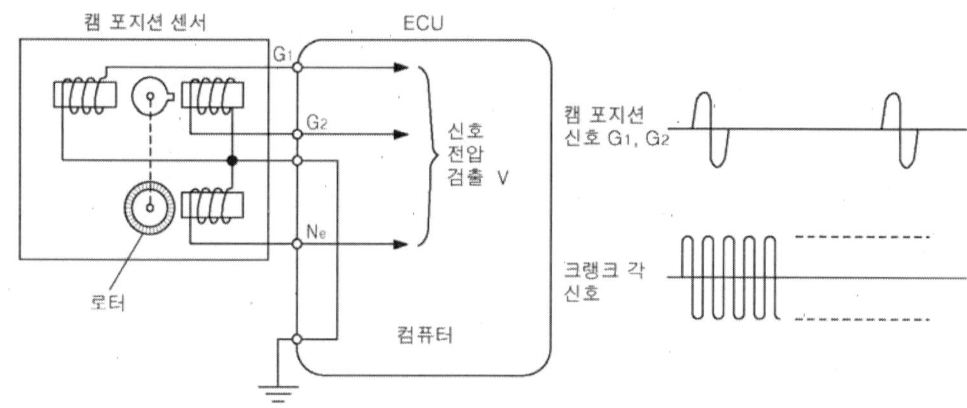

116 측정에도 옴의 법칙을 이용

옴의 법칙은 전압. 전류뿐만 아니라 회로 내의 저항 및 소비 전력을 알 수 있으면 회로에 흐르는 전류도 예측할 수 있어서 측정시 올바른 레인지를 설정할 수 있다.

$$I = \frac{V}{R} \quad\cdots\cdots\cdots\cdots\cdots\cdots\cdots \text{옴의 법칙}$$

I : 전류(A) 　　V : 전압(V)

$$P = I \times V \quad\cdots\cdots\cdots\cdots\cdots\cdots \text{전력계산식}$$

R : 저항(Ω) 　　P : 전력(W)

　　예를 들어 그림 (a)의 회로에 점화 코일 저항이 3Ω이라면 회로에 흐르는 전류는 몇 A일까?

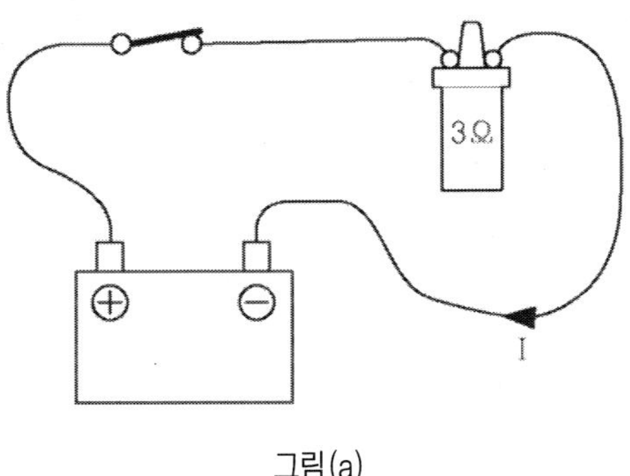

그림(a)

　　옴의 법칙을 이용해 산출해 보면 공급 전압은 12V, 코일의 저항은 3Ω이면

$$I = \frac{V}{R} = \frac{12}{3} = 4\text{A}$$ 임을 알 수 있다.

　　그림 (b)의 회로에서 전구의 소비 전력이 10W일 때 전류 값은?

$$P = I \times V \rightarrow I = \frac{P}{V}$$ 로 식을 변형

해서 계산하면 $$I = \frac{P}{V} = \frac{10}{12} = 0.83$$

A이다. (이때 P는 전력, I는 전류, V는 전압을 나타낸다.)

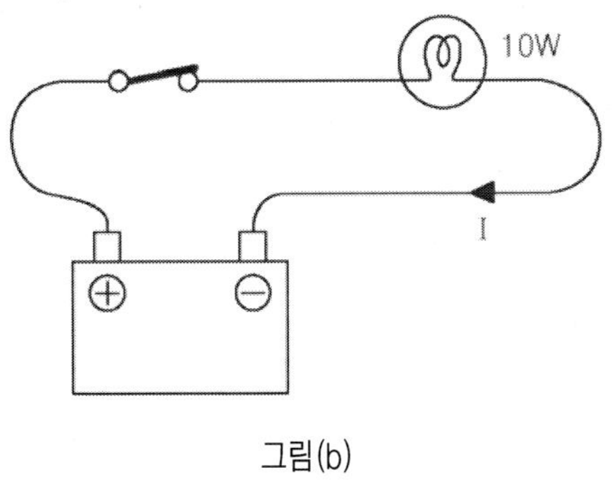

그림(b)

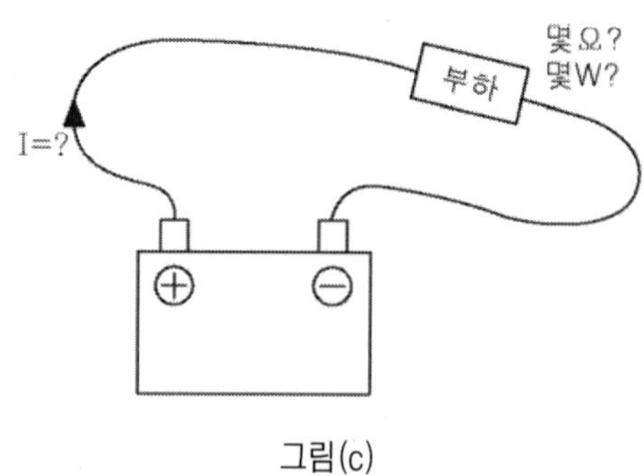

그림(c)

이와 같이 회로 내의 저항과 소비 전력을 알고 있으면 측정 전 테스터의 레인지를 결정할 수 있지만 실제로는 모르는 경우가 많기 때문에 부하마다 대략적으로 흐르는 전류의 양이나 소모 전력을 기억하고 있으면 측정 시 도움이 된다.

예를 들어 헤드라이트(전조등) 하나의 소비 전력은 55W라는 것을 알고 있으면 테스터의 레인지를 쉽게 결정할 수 있다. 또 모터류는 회전수 및 사용 부하에 따라 전류 값이 크게 변하므로 테스터의 선택 스위치 레인지는 최대로 맞추고 측정하는 것이 좋다.

테스터의 활용

117 퓨즈와 램프의 점검

램프나 퓨즈의 단선은 눈으로도 쉽게 확인할 수 있지만 때로는 눈으로도 확인이 어려울 때가 있다. 눈으로 확인이 불가능할 때는 반드시 테스터로 확인해야 하며 퓨즈나 램프의 단선여부가 애매할 때는 테스터의 선택 스위치를 저항 레인지에 맞추고 퓨즈와 램프를 그림과 같이 접속해서 확인해 보면 된다. 지침이 움직이면 정상이고. 지침이 움직이지 않으면 단선된 것이다. 이때 될 수 있으면 테스터의 선택 스위치를 ×1 Ω 레인지(낮은 저항 레인지)에 두는 것이 좋다. 또 테스터의 종류에 따라 간단히 도통 시험을 할 수 있도록 부저 기능이 있는 테스터도 있는데 소리만으로 간단히 도통을 점검하는 경우에 편리하게 쓸 수 있다.

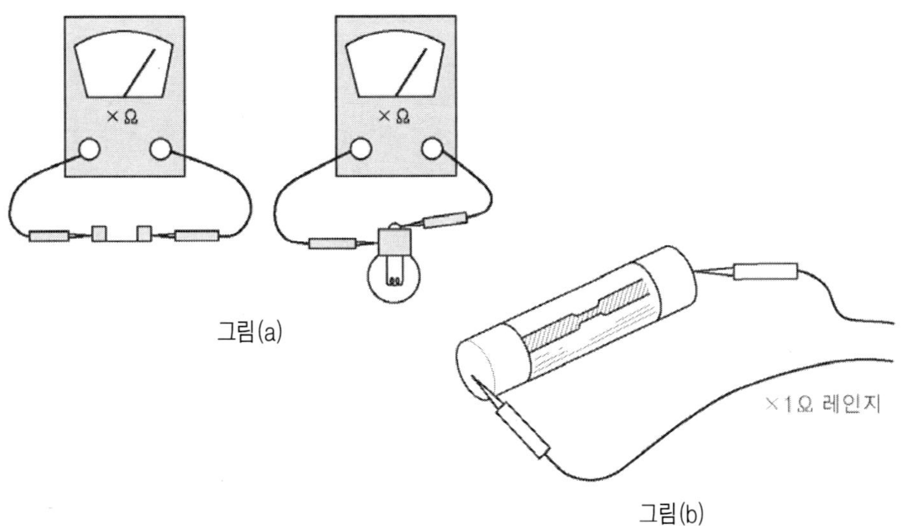

118 램프의 저항은 다르다

전구 필라멘트는 소등과 점등 시 온도 차이가 크기 때문에 램프 저항 값에서도 큰 차이를 보인다. 보통 소등 시 저항 값이 1Ω이라면 점등 시는 10Ω 정도가 되기 때문에 전구의 저항만으로 전류 값을 산출하는 것은 옳지 않다. 스위치를 켰을 때 전구가 자주 나가는 것도 전구의 저항 차가 큰 것이 주 원인이다. 전구는 점등 전에는 저항 값이 적은데 전원 스위치를 켜는 순간 전류가 급격히 증가하므로 전구의 필라멘트가 이를 견디지 못하고 단선되는 것이다.

▼ 전구의 필라멘트

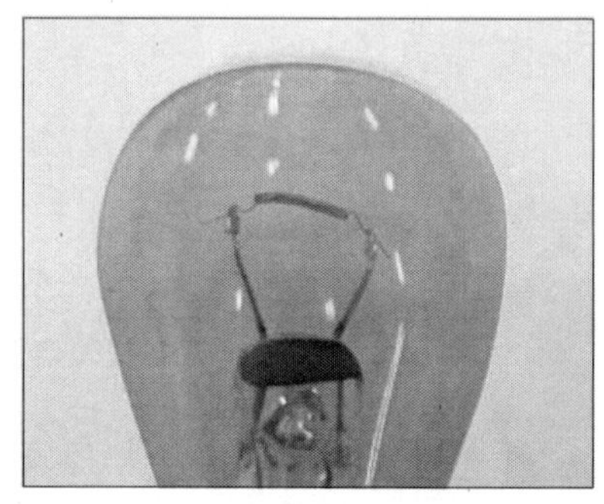

119 릴레이의 단품 점검

자동차에 사용되는 릴레이는 아주 다양해 종류별로 구별하고 있는데 단자의 수에 의해 분류하면 단자가 3개인 경우 3 핀. 단자가 4개인 경우는 4핀 릴레이라고 한다. 릴레이의 구조에 따른 분류로는 접점의 형태에 따라 접점이 열려있는 NO 접점형(상개 접점형) 또는 A 접점형 릴레이라고 하고 접점이 닫혀있는 것을 NC 접점형 혹은 B 접점형 릴레이라고 한다. 접점이 3개가 있어 전원이 공급되면 절환이 되는 T 접점형 릴레이도 있다.

이처럼 다양한 종류의 릴레이가 자동차에 사용되고 있지만 그 점검 방법은 대체로 동일하다. 릴레이의 구조는 크게 나누어 코일과 접점으로 구성되어 코일 측은 전자석을 만드는 일을 하고 접점 측은 스위치 역할을 하는 구조로 되어 있다.

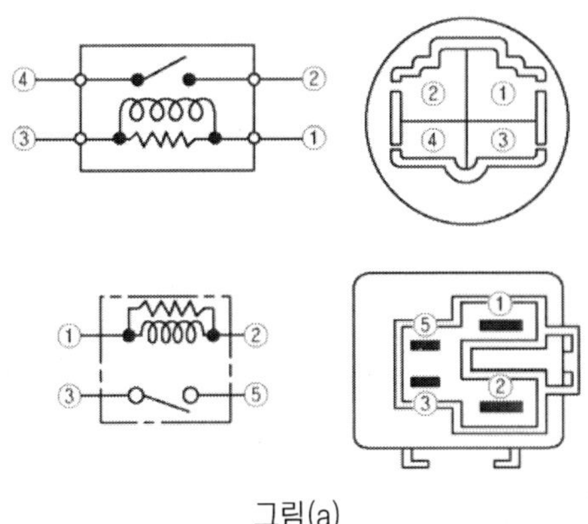

그림(a)

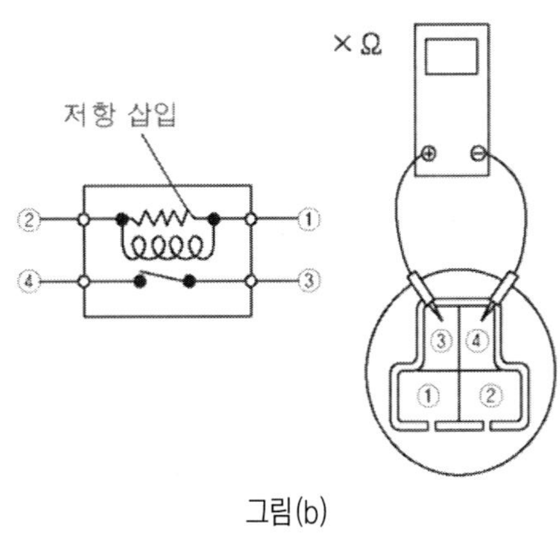

▲ 릴레이의 내부

따라서 릴레이를 점검하는 경우에도 코일측 점검과 접점측 점검을 따로 해야 한다. 때로는 코일 측만 점검하고 릴레이에 이상이 없다고 판단하는 경우가 있는데 이는 잘못된 방법이다. 먼저 코일 측부터 점검하는 방법을 살펴보면 테스터의 선택 스위치를 × 1Ω 레인지에 두고 그림 (b)의 ①번과 ②번 단자 사이의 저항을 확인한다. 대개 자동차에 사용되는 릴레이의 코일 저항 값은 약 100Ω 정도로 측정값이 정확하지 않아도 된다.

그림(b)

릴레이의 코일 저항만 점검하고 릴레이 상태를 판단하는 경우가 많은데 이는 릴레이에 대해 정확히 이해하지 못한데서 비롯된 것이라 할 수 있다. 즉 릴레이의 코일 저항을 측정하는 것은 코일 단선 유무와 코일의 내부 단락 상태를 확인하기 위한 것이지 릴레이 자체의 양부를 판단하기 위한 측정은 아니기 때문이다. 코일 양단에 저항을 삽입한 것은 코일에서 발생되는 역기전력(서지 전압)을 우회시키기 위한 것으로 코일의 저항 값보다 큰 저항을 병렬로 연결해 실제 코일 저항 값에는 크게 영향을 미치지 않는다.

또 릴레이에 저항 대신 다이오드를 사용하는 경우도 있는데 이는 저항보다 역기전력을 우회하는 특성은 좋으나 가격이 저항보다 비싸기 때문에 제조업체에서 원가 절감을 위해 저항을 많이 사용하고 있는 추세다. 또 다이오드 내장형 릴레이의 경우 릴레이 코일에 공급되는 전압 극성을 반드시 맞게 연결해야 한다. 만일 공급 전압 극성이 바뀌어 연결되는 경우 전류의 역류나 과전류를 일으켜 다른 전장 부품이 파손될 우려가 있기 때문이다.

120 코일보다 접점 문제가 더 많다

이번에는 릴레이의 접점을 점검하는 방법에 대해 알아보자.

그림과 같이 릴레이 코일 ①번과 ③번 단자에 전원을 공급하고 릴레이의 접점인 ②번과 ④번 단자에 테스터의 측정 봉을 접속하여 도통 시험을 하면 된다. 그러나 그림과 같은 방법은 그다지 좋은 방법이 아니다. 릴레이의 고장은 주로 코일 쪽보다 접점 쪽 문제가 많기 때문인데 접점의 점검은 회로가 연결된 상태에서 릴레이를 작동시켜 릴레이의 ②번 단자와 ④번 단자의 전압 강하를 확인하는 것이 제일 확실하다. 이 경우는 접점 쪽을 거쳐 부하에 전류가 흐르는 경우 행해야 한다.

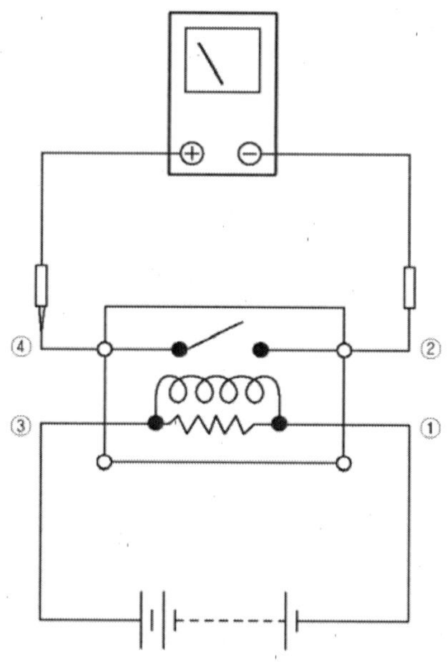

121 고압 코드는 길이에 따라 저항이 다르다

자동차의 점화 회로에 사용되는 고압 코드(고압 케이블)는 20KV 이상의 전압이 가해지기 때문에 절연 특성이 우수해야함은 물론 고압 코드를 거쳐 연소실 내에서 점화 플러그가 아아크 방전을 할 때 강한 전자파가 발생하는데 이를 억제하기 위해 고압 코드 내부를 탄소 섬유나 니크롬 저항선을 이용했다. 따라서 코압 코드 자체도 저항을 갖게 되는데 고압 코드의 저항값은 사진 (a)에 보이는 것처럼 피복 표면에

R-16이라는 표시가 있는데 이때 16이
라는 숫자는 고압 코드 1m에 16kΩ을
갖고 있다는 뜻이다. 이 수치가 측정값
의 2배를 넘어서면 고압 코드에 흐르는
전류는 약해져 점화 플러그의 불꽃이

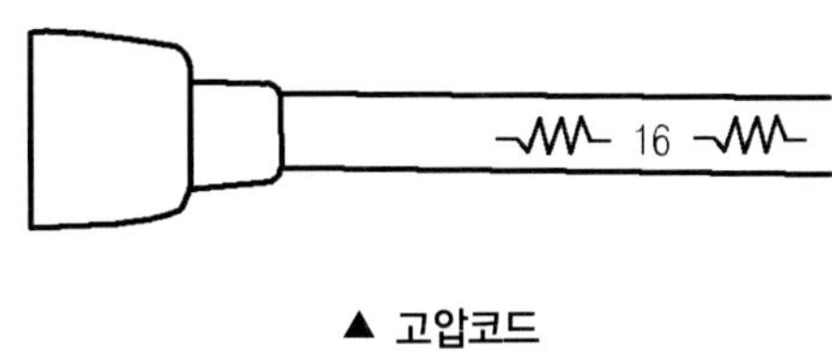
▲ 고압코드

약해지게 된다. 실제 자동차에 사용되는 고압 코드는 대개 길이가 m 미만으로 고압
코드의 길이를 측정해 저항 값을 환산해야 한다.

예를 들어 고압 코드 길이가 약 50cm이면 약 8kΩ이 되고 고압 코드가 약 25cm
정도라면 대략 4kΩ이 되는 것이다.

▼ 고압 코드의 저항 표기

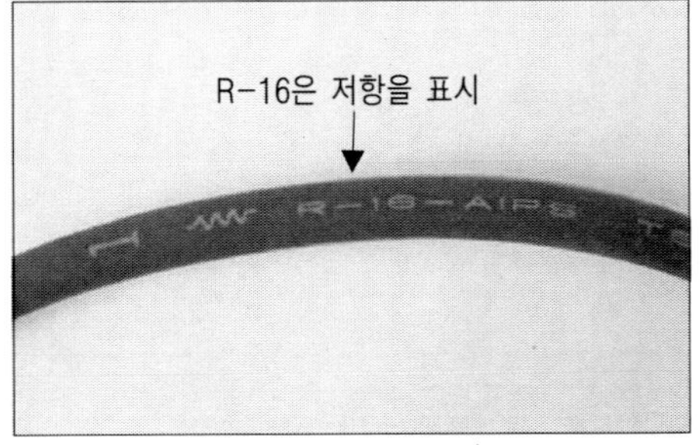

R-16 : 16kΩ / m
(R-16은 1m에 16kΩ을 의미)

122 수온 센서는 저항이다

수온 센서와 같이 온도를 감지하는 센서는
대부분 서미스터(thermistor)를 이용한 반
도체 센서다. 자동차에서는 냉각수 온도를
감지하는 수온 센서와 엔진의 흡입 공기를
감지하는 흡기온 센서. 연료 잔량을 감지하
는 연료 잔량 감지 센서. 에어컨 내기 및 외
기 온도 감지 센서 등이 모드 서미스터를 이
용한 것들이다.

▲ 수온센서

서미스터는 반도체 혼합물을 이용한 것으로 대부분 니켈(Ni), 망간(Mn), 몰리브덴(Mo), 코발트(Co), 실리콘(Si) 등에 초산염이나 탄산염을 혼합해 만들었다. 일반 금속과 달리 큰 온도 계수를 갖고 있어 온도가 상승하면 자유 전자가 증가해 저항은 오히려 줄어드는 물체다.

123 수온 센서의 점검

서미스터는 온도 증가에 따라 저항 값이 감소하는 것과 온도 증가에 따라 저항이 증가하는 2가지 유형이 있지만 자동차에서는 온도 감지 센서로 온도가 증가하면 저항이 감소하는 부특성 온도 계수를 사용하고 있다. 이와 같은 서미스터의 점검 방법은 저항 측정과 동일해 테스터의 선택 스위치를 저항 레인지에 놓고 온도에 따라 저항 변화가 있는지를 확인하면 된다.

간이 점검 방법으로 그림 (a)와 같이 서미스터의 측정 봉을 접속한 뒤 서미스터를 손으로 잡아 느낌으로 온도 변화가 있는지를 확인하면 되지만 좀 더 정확한 점검을 위해서는 그림 (c)와 같이 가열한 뒤 각 온도마다 저항 값을 측정해 메이커가 발행한 사양서(규격)와 일치하는지 확인하면 된다.

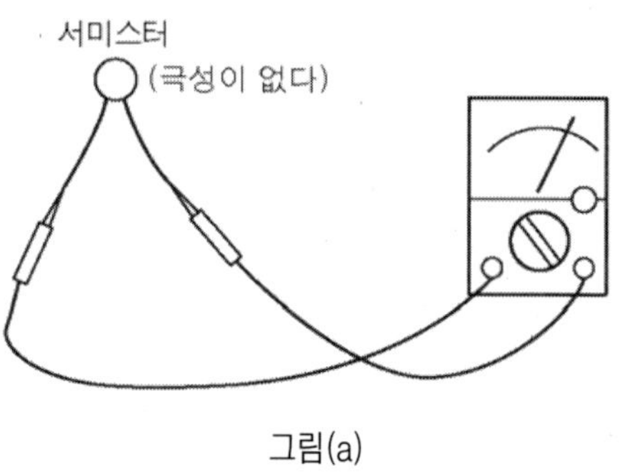

그림(a)

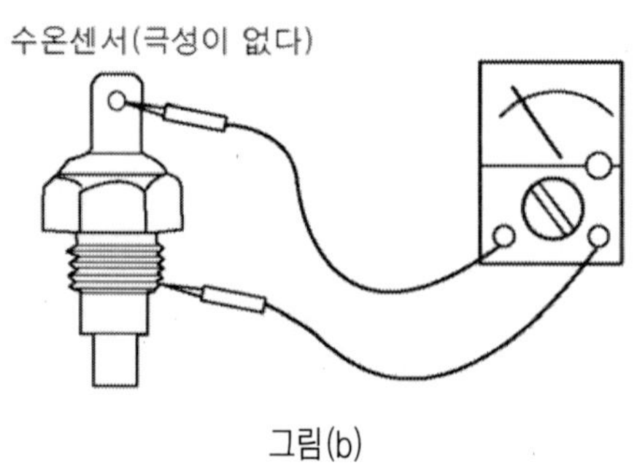

그림(b)

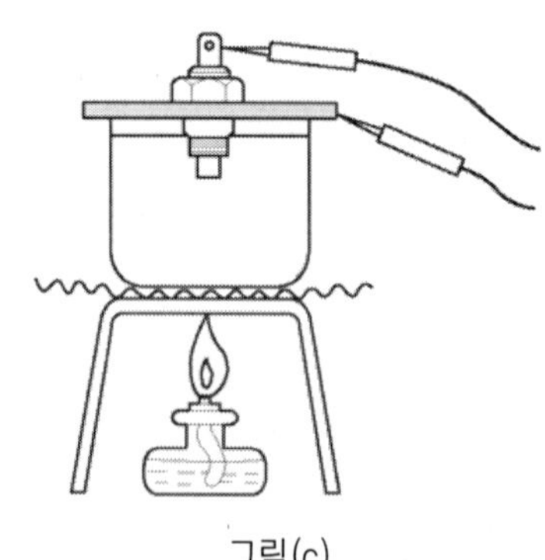

그림(c)

서미스터는 수온 센서뿐만 아니라 자동차의 온도 게이지의 입력 신호로도 사용된다. 점검 방법은 수온 센서와 동일하나 단. 점검 시 회로와 연결된 상태에서 전압 값을 꼭 확인해야 하며 저항으로만 확인하기 위한 경우에는 그림 (e)처럼 한 선을 떼어놓고 점검해야 한다는 것을 잊지 말아야 한다.

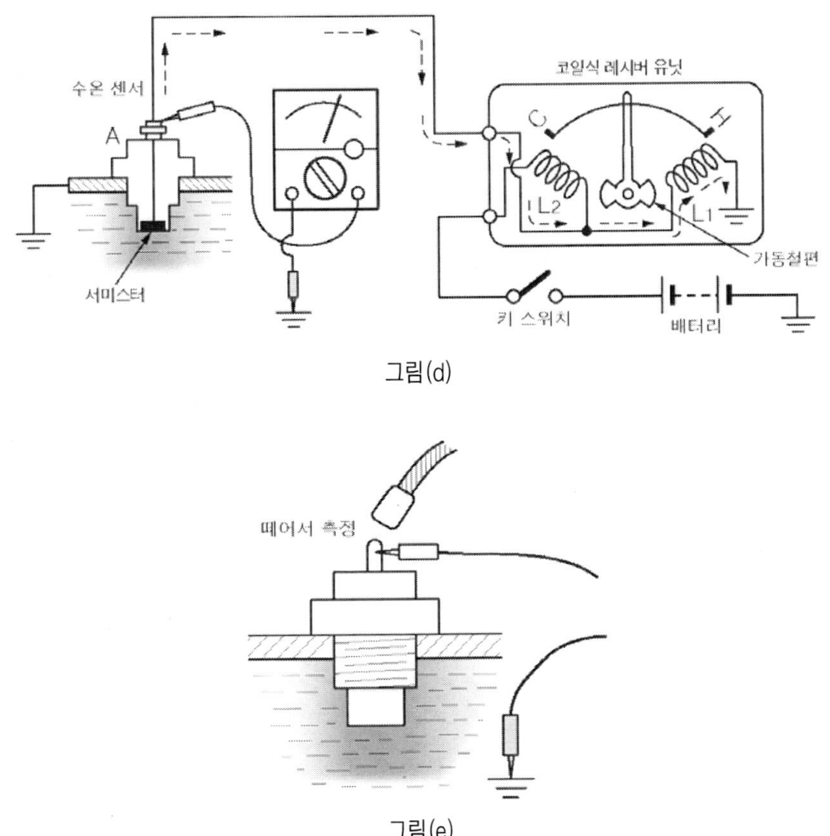

그림(d)

그림(e)

124 글로 플러그 점검

글로 플러그는 흡입 공기를 압축해 고온 고압이 된 연소실에 연료를 분사해서 착화하는 디젤 엔진의 시동성을 높이기 위해 실린더 헤드에 장착한 것으로 분사실 온도를 올려주는 일종의 시동 보조 장치 즉 히터인 셈이다. 글로 플러그는 저항 값이 아주 적어서 도통 시험만으로도 간단히 점검할 수 있는데 저항 값은 메이커마다 다소 차이가 있을 수 있지만 보통 0.1~1.0Ω 사이이다.

점검 방법은 단품일 때는 그림과 같이 테스터의 측정 봉을 글로 플러그에 접속한 후 도통이 되면 정상이고 도통이 되지 않으면 불량이다. 또 전원 공급 시간이 길면 글로 플러그의 히터가 나가는 문제가 자주 발생하므로 점검 시 고려해야 한다. 글로 플러그에 전원이 공급되는 예열 시간은 보통 2~5초 정도다.

▽ 글로플러그 점검

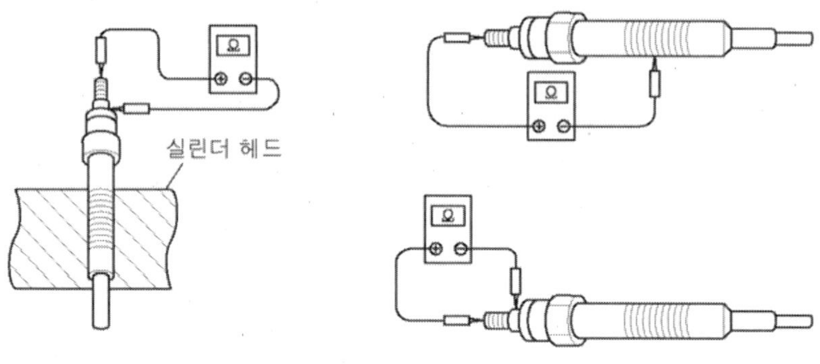

125 스톱램프 스위치 점검

스톱램프(제동등) 스위치의 점검은 테스터의 선택 스위치를 저항 레인지로 맞춰 도통 시험만 해도 간단히 끝낼 수 있다. 스톱램프 스위치에 전원이 연결돼 있지 않은 상태에서 테스터의 측정 봉을 그림과 같이 스톱램프 스위치에 접속하고 스위치를 ON 시켰을 때 지침이 0Ω이고 OFF 시에 미터의 지침이 ∝ Ω이면 정상이다.

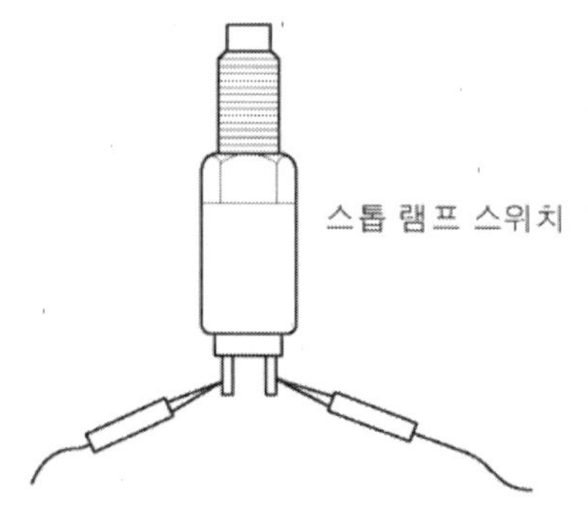

이 같은 도통 시험에 의한 점검은 스톱 램프 스위치뿐만이 아니라 기타의 다른 스위치들도 같은 방법으로 할 수 있다. 그러나 디지털 회로에 사용되는 전자 스위치는 테스터의 도통 시험만으로 점검할 수 없으므로 참고하기 바란다.

126 점화 코일의 점검

    점화 코일은 고전압을 만드는 일종의 변압기로 아래 사진과 같이 개자로형과 폐자로형 2가지가 있다. 또 점화 회로에는 점화 코일을 보호하기 위해 그림 (a)와 같이 외부 저항(ballast 저항)을 삽입한 것과 외부 저항을 삽입하지 않은 것이 있다.

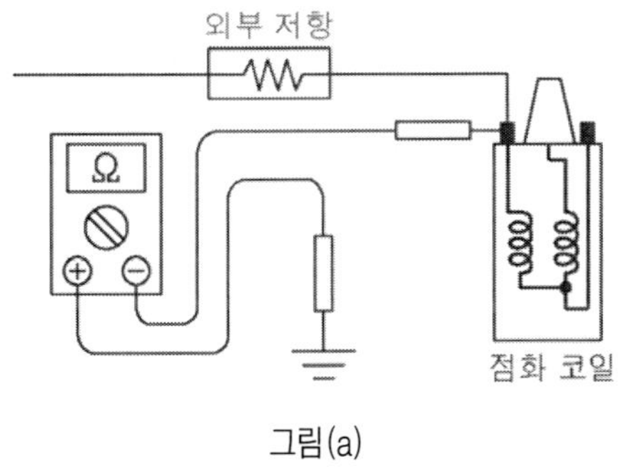

그림(a)

▼ 개자로형 점화코일   ▼ 폐자로형 점화코일

    점화 코일의 단선 및 내부 단락을 확인하기 위해 그림 (b)와 같이 코일의 저항을 점검하는데 1차코일 점검은 코일의 (+)단자와 (−)단자를 확인하면 된다. 점화 코일의 1차 측 저항은 제조 메이커마다 다소 차이는 있지만 개자로형 코일의 경우 약 3~5Ω이고 폐자로형 코일은 권선수가 적어 약 0.5Ω 정도로 적기 때문에 테스터의 측정 레인지를 ×1Ω 레인지에 맞추고 영점 조정을 한 후 측정해야 한다.

    2차 코일의 저항 점검은 테스터의 측정 봉을 코일의 (−)단자와 2차 단자에 접속해 하면 된다. 2차 측 코일의 권선 수는 1차 코일의 권선 수보다 훨씬 많아 개자로형 코일의 경우 2차 측 저항은 약 6~15㏀ 정도가 되고 폐자로형 코일의 저항은 약

8.5~12kΩ 정도가 된다.

1) 개자로형 점화 코일

- 1차코일 저항 : 약 $3 \sim 5\Omega$
- 2차코일 저항 : 약 $6 \sim 15k\Omega$

2) 폐자로형 점화 코일

- 1차코일 저항 : 약 0.5Ω
- 2차코일 저항 : 약 $8.5 \sim 12k\Omega$

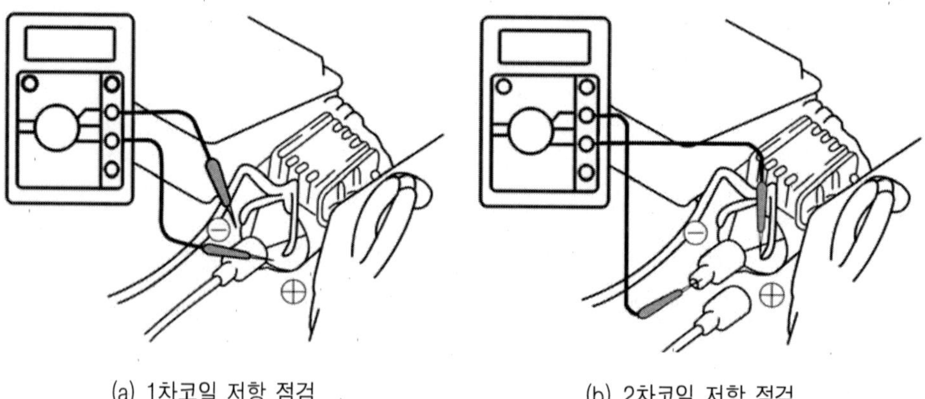

(a) 1차코일 저항 점검   (b) 2차코일 저항 점검

앞서 설명했듯 점화 코일은 저항만으로는 그 양부를 판단할 수 없기 때문에 여러 가지 시험을 하는데 그중 하나가 코일에서 발생될 수 있는 누설 전류이다. 누설 전류의 점검도 그림 (c)와 같이 저항 측정으로 점검하나 일반 테스터로는 절연 저항을 측정할 수 없다. 따라서

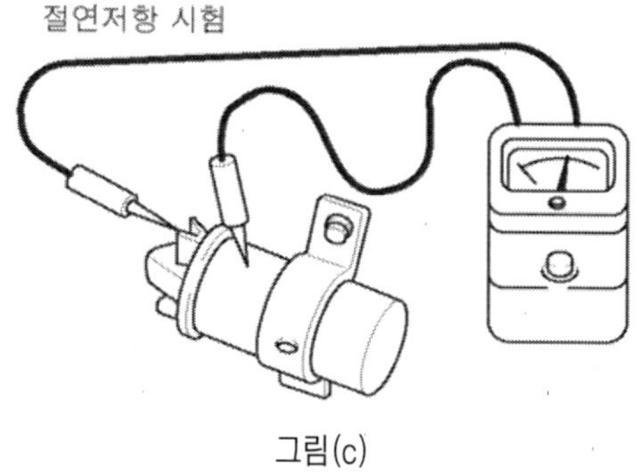

그림(c)

절연 저항을 측정할 수 있는 테스터를 사용해야 한다. 절연 저항 전용 테스터가 없는 경우라면 점화 파형으로도 누설 전류 상태를 알아볼 수 있는데 점화 파형 판독은 전기에 대한 좀더 전문적인 지식을 요구하므로 별도의 점화 파형 판독 지식을 습득해야 한다.

자 기

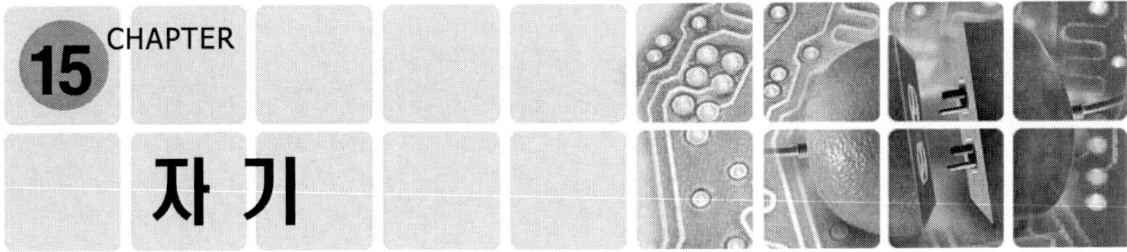

127 자기란

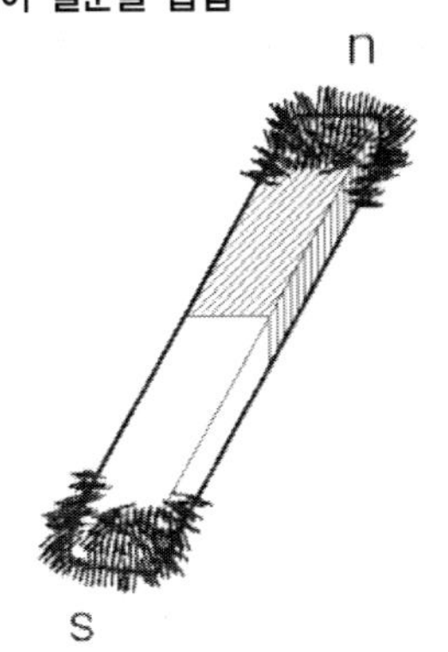

자석이 철분을 흡입

지금까지는 전기의 기초 지식에 대해 알아보았는데 이번부터는 자기(磁氣)에 대해 알아보자. 원래 전기와 자기의 근원은 물질의 최소 단위인 원자 내의 소립자 운동에 의해 발생되는 에너지원으로 상호 밀접한 관계를 가지고 있어 전기를 처음 배우는 사람이라면 누구나 한번쯤은 전기에 대해 어려움을 호소하기도 한다. 그러나 전기와 자기는 의외로 재미있는 현상들을 많이 볼 수 있어 깊이 연구해보고 싶은 분야이기도 하다.

자기를 알 수 있는 가장 기초적인 방법으로 자석에 대한 이해가 필요한데 자석을 현재 자석은 공업 분야에서 초전도용으로 사용하는 자석과 의료용으로 실용화한 단층 화상 투영 장비(MMR). 자동차용 수온 스위치. 컴퓨터용의 콤팩트디스크의 극소 분말 자석 등 수많은 용도로 사용되고 있다.

자석은 자연 상태에서 자기(magnetic force)를 갖고 있는 자철광 외에 인공적으로 만든 나침반의 자침이나 말굽자석. 막대자석. 페라이트 자석 등이 있다. 또 자석이 철편을 흡입하는 성질을 자성이라고 하며 철편을 흡입하는 힘(작용)을 바로 자기라고 하는 것이다.

128 자석 이야기

  자석을 마그네트라 부르게 된 것은 고대 그리스의 한 지방인 마그네시아에서 산출되는 자철광이라는 광물이 자연 상태에서 철편을 흡입하거나 반발하는 불가사의한 힘을 가졌다고 한데서 유래됐다.

  자성을 갖고 있는 막대자석에 철분을 뿌리면 막대자석 끝 부분에 철분이 많이 모이는 것을 볼 수 있는데 이는 자기의 세기가 그림 (b)와 같이 자극의 끝 부분에 분포되어 있기 때문이다. 자기의 세기가 가장 강한 부분을 자극이라고 하는데 자석에 있어 자극이 어디라고 명확히 구분하기란 쉽지 않아서 자기의 분포를 조사함으로서 자극을 알 수 있다.

▼ 막대자석에 의해 자화된 못의 모습　　　　　▼ 막대자석의 자기 분포

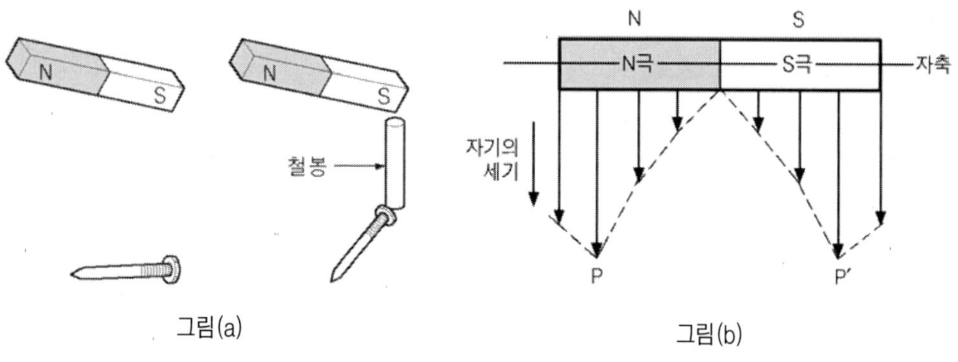

그림(a)　　　　　　　　　　　　그림(b)

  자석은 종류에 따라 분류하는데 자철광에서 채취한 천연 자석과 인공적으로 만든 인공 자석으로 나눌 수 있으며 자화에 대한 자기 유지력을 기준으로 영구 자석과 일시 자석으로 나누기도 한다. 또 자화되는 세기에 따라 강자성체와 비자성체로 구분할 수 있으며 자화되는 자극의 방향에 따라 상자성체와 반자성체로 구분된다. 상자성체인 경우 자극이 서로 반대로 되어 흡인력을 발생하지만 반자성체는 자극이 서로 같은 극으로 자화돼 반발력을 일으킨다. 상자성체의 대표적인 물질이 백금이라고 한다면 반자성체의 대표적인 물질은 구리를 들 수 있다. 그러나 이 같은 자성체는 자기의 세기가 아주 작아 일반적으로는 무시되고 있다.

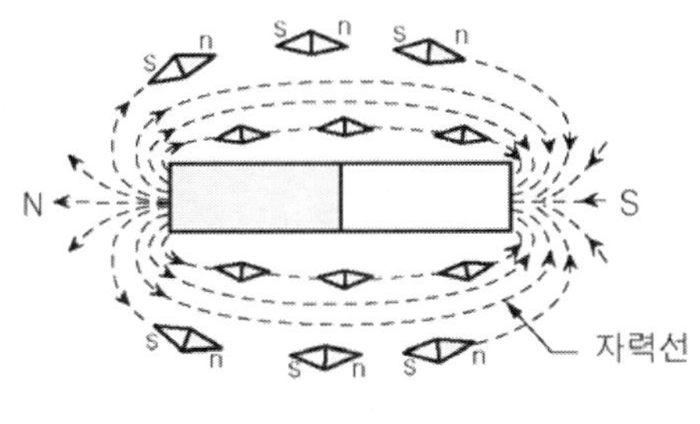

(a) 자력선과 자계

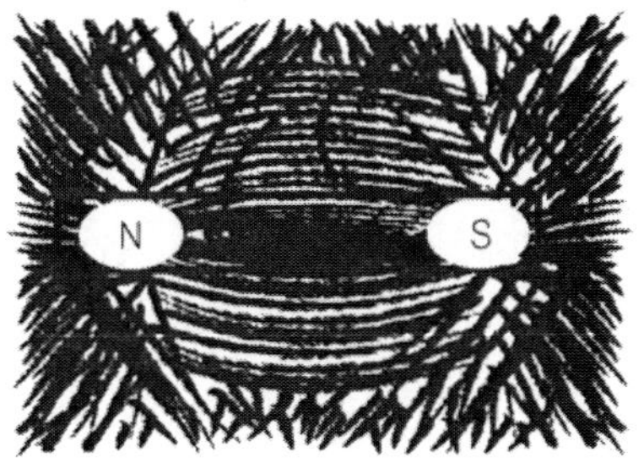

(b) 자력선의 분포

그림(c)

▶ **투자율** : 자계(자기가 미치는 공간)에 자성체를 놓으면 자계 중에 자력선이 통과하는데 이때 통과하는 양은 물질마다 달라서 자계 중 단위 면적당 자력선이 통과는 비율을 투자율이라고 한다. 강자성체의 자화가 특히 잘되는 이유는 물질의 투자율이 높기 때문이며 반면에 백금이나 동과 같이 자화가 안 되는 것은 투자율이 낮다는 것을 의미한다.

129 자력선의 성질

자력선은 자석의 자극 내(內) 자기장을 미치는 공간에서 자기가 분포되어 N극에서 S극으로 흡인력이 발생하는 것을 편의상 하나의 선으로 가정해 나타낸 것으로 원래 자석에 선이 존재하는 것은 아니다. 자력선의 구체적인 성질을 살펴보면

① 자력선은 N극에서 나와 S극으로 들어간다.

② 자극의 세기가 큰 만큼 자극에서 나오는 자력선은 많다.

③ 자력선이 밀도가 큰 만큼 자기는 강하다.

④ 자력선은 고무줄과 같이 장력을 갖고 있다.

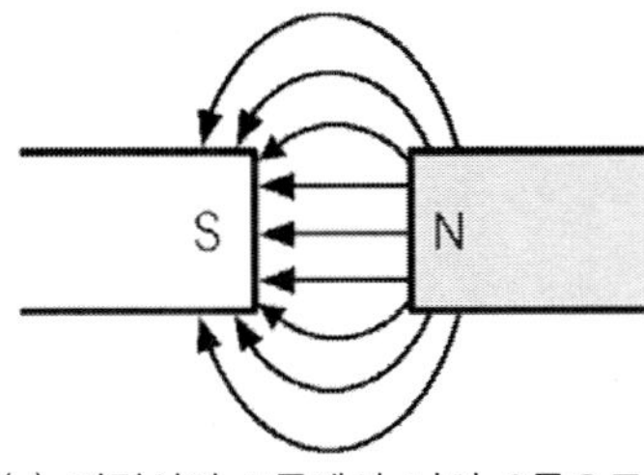

(a) 자력선이 N극에서 나와 S극으로
흡입되는 모양

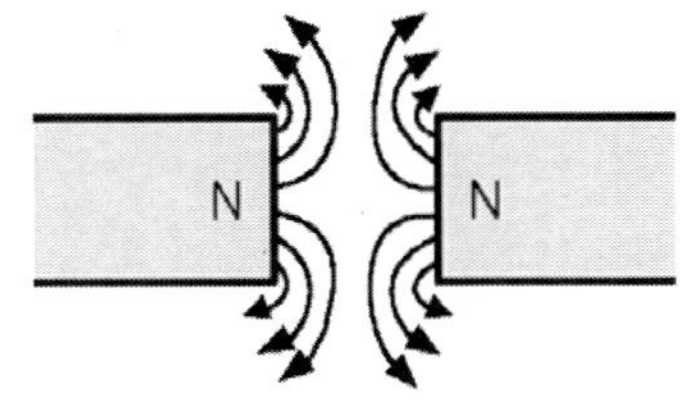

(b) 자력선이 N극에서 서로 나와
반발하는 모양

130　자기는 어떻게 발생되나

자석이 어떻게 해서 자성체를 흡인하는 힘을 갖게 되는지 궁금해 하는 사람들이 많다. 과학자들이 오랫동안 연구한 결과 자기 분자설을 발표했는데 이 이론은 철이나 니켈과 같이 자석이 되는 물질의 분자는 대단히 작은 미소 분자라는 것으로 이루어져 있으며 이 분자들이 자기를

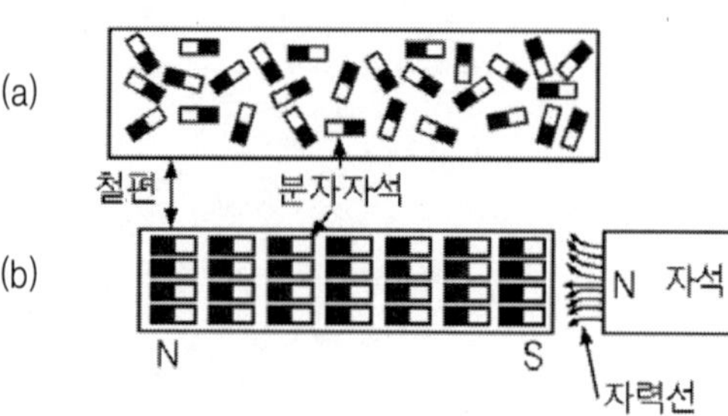

(a) 자화되지 않은 철편의 분자자석 형태
(b) 자화된 철편의 분자자석 형태

띠는 원인이라는 것이다. 물질의 최소 크기를 나타내는 분자가 아닌 미소 자석이 갖는 별도의 분자로 본 것이다. 그러나 물질의 근원은 원자이므로 원자에 대해 생각하지 않을 수 없어 현재는 전자 자석설라는 이론이 일반 학설로 통용되고 있다. 자석의 근원은 입자 운동에 기인하는 것으로 원자핵 주위를 돌고 있던 전자가 외부의 어떤 영향에 의해 고속으로 자전 운동을 하게 되면 자기가 발생한다는 이론이다.

131　지구는 하나의 거대한 자석이다

나침반은 왜 항상 남과 북을 가리키며 지침을 정지할까? 이는 우리가 살고 있는 지구가 거대한 자석이기 때문이다. 300년 전 영국의 과학자 윌리엄 길버트가 지구는 거대한 자석이라는 사실을 발견하고 입증했다. 그의 학설에 의하면 지구는 지리학상 북극 부근을 S극. 남극 부근을 N극으로 하는 거대한 자석이라는 것이다. 따라서 지구의 공간에는 그림과 같이 지자기인 수많은 자력선이 N극에서 나와 S극으로 들어가게 돼 나침반의 지침은 N극과 S극을 가리키며 정지하게 된다. 그러나 실제로 나침반에 의한 북극과 남극의 방향은 약간의 차이가 있다.

▶ **자기 유도** : 영구 자석에 철편을 놓으면 영구 자석이 가까이 있는 철편은 영구 자석과 반대의 자극이 자화되고 먼 곳에 있는 철편은 영구 자석과 동일하게 자화되는 현상을 말한다.

▶ **자기 차폐** : 전자 장비 또는 전자 계측기 등을 자계(자력선이 미치는 공간) 중에 두면 자력선의 영향을 받아 전자 장비의 잡음 및 계측기의 계측 오차 원인이 일어날 수 있기 때문에 자계로부터 영향을 받지 않도록 강자성체로 전자 장비나 계측기 등을 둘러싸는 것을 말한다. 이렇게 강자성체로 차폐하는 이유는 공기보다 강자성체의 투자율이 훨씬 높기 때문이다.

▼ **지구의 자력선**

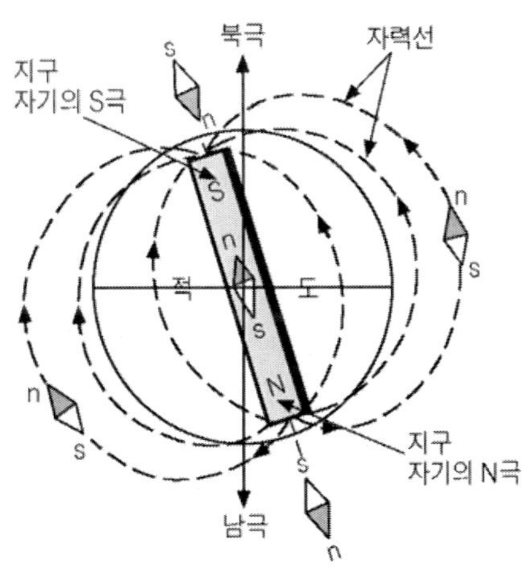

132 리드 스위치

리드 스위치는 자석이 잘 흡인되는 강자성체의 얇은 철판인 리드 2매를 그림과 같은 유리관에 넣어 만든 것으로 브레이크 오일의 양을 감지하는 센서. 자동차의 속도를 재는 차속 센서. 냉각수 온도를 감지하는 서모 스위치 등으로 널리 쓰이고 있다.

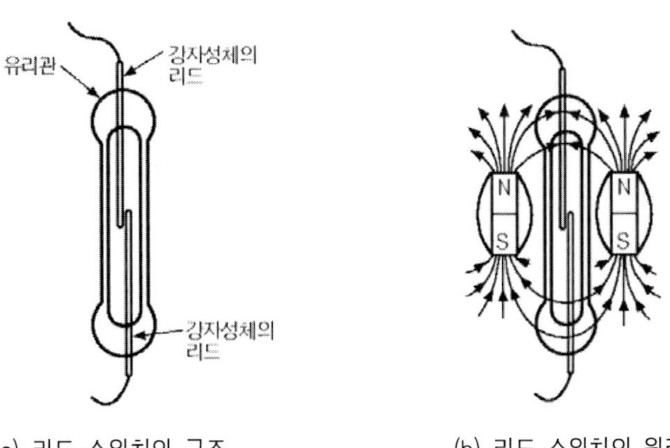

(a) 리드 스위치의 구조   (b) 리드 스위치의 원리

리드 스위치의 동작 원리는 리드 스위치 주위에 자석을 대면 자력선이 N극에서 S극으로 이동하는데 이때 리드 스위치 철편의 자화는 한 쪽 리드의 경우 N극으로, 반대쪽 리드는 S극으로 자화되어 2개의 리드가 흡인하게 되는 것이다. 반대로 자석을 멀리 하면 비자성체가 되어 리드가 갖고 있는 철편의 탄성에 의해 2개의 리드는 서로 떨어지게 된다. 즉 자석을 가까이 대면 리드는 ON 상태가 되고 자석을 멀리하면 OFF 상태가 되어 스위치 기능을 하게 되는 부품이다.

133 자석을 이용한 센서

리드 스위치 방식의 차속 센서(스피드 센서)는 차종에 따라 다르지만 보통 스피드 케이블 중간에 부착되어 회전하는 정보를 리드 스위치를 통해 전기 신호로 스피드 미터에 입력하게 되어 있다. 차속 센서의 장착 위치는 트랜스미션(변속기) 측에 부착된 방식과 스피드 미터에 부착된 방식이 있다.

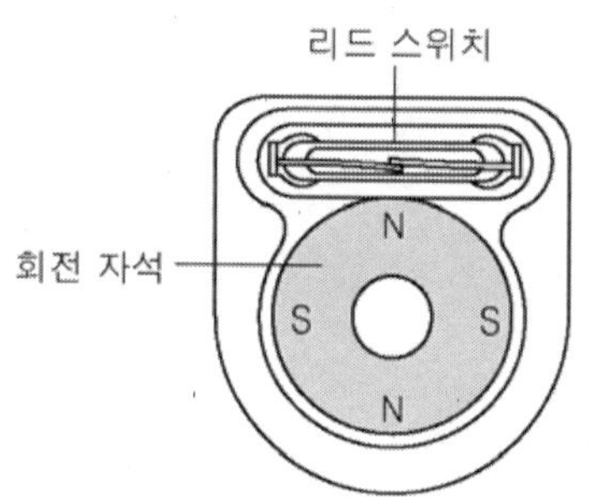

차속 센서(스피드 센서)의 구조는 그림과 같이 회전 자석에 리드 스위치를 얹어 놓은 것으로 스피드 케이블이 회전을 하면 자석도 같이 회전해 회전 자석이 N극에서 S극으로 순차적으로 돌아가면 리드 스위치는 ON, OFF를 반복하게 되는 것이다.

134 자기 변태 현상이란

강자성체인 철은 상온 시에는 자성체의 역할을 그대로 유지하지만 온도가 점점 올라가게 되면 어느 순간 갑자기 자성체의 성질을 잃어버리게 된다. 이와 같은 현상을 자기 변태 현상이라고 하는데 자성체를 잃게 되는 온도는 금속의 종류에 따라 달라서 이 온도를 자기 변태점이라고 한다. 자동차에서 자기 변태 현상을 이용한 센서로는 냉각수 온도를 감지하는 수온 스위치(서모 스위치)가 대표적이다.

135 자기 변태 현상을 이용한 센서

수온 스위치의 구조는 그림과 같이 중앙에 리드 스위치를 삽입하고 그 주위에 영구 자석과 페라이트를 넣어 밀봉한 것이다.

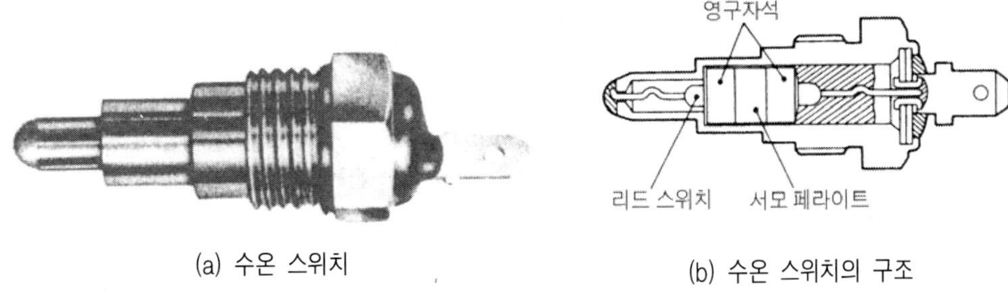

(a) 수온 스위치   (b) 수온 스위치의 구조

여기서 사용하는 페라이트는 철 산화물을 주 성분으로 하는데 산화 제2철을 압분. 소결시켜 만든 것이 페라이트이다. 이 페라이트는 강자성체이지만 일반 철보다는 자기 변태점이 낮아 낮은 온도에서도 자기 변태 현상을 일으키는 물체이다. 페라이트의 이러한 성질을 이용하여 엔진의 냉각수 온도를 감지하는 수온 스위치로 사용하고 있는데 자기 변태 온도는 약 80℃ 부근에서도 일어날 수 있으므로 수온 스위치는 이를 이용하여 냉각 팬을 작동하는 것이다.

136 전류가 흐르면 자력선이 생긴다

1820년 덴마크의 물리학자인 엘스테드는 전지를 연구하던 중 전류가 흐르는 도선 가까이에 나침반을 놓으면 자침이 움직이는 사실을 우연히 발견해 학계에 발표했다. 당시 이 보고서를 접했던 프랑스 과학자 암페아르는 한발 더 나아가 전류의 방향과 자기력선의 방향 실험을 통해 암페어의 오른 나사의 법칙을 발표하기에 이른다.

그림 (a)와 같이 한 지면 위에 철분 가루를 뿌리고 전지를 연결하여 전류를 흘리면 철분 가루가 전선 주위를 동심원상으로 정렬하는데서 이론의 근거를 찾았는데 전선 주위에 일어나는 자력선은 전선과 직각 방향으로 생기고 전선의 어떤 부위에서도 똑같은 현상이 발생되며 이 자계는 전선과 가까운 곳일수록 세기가 강해진다는 것을 발견한 것이다. 이를 토대로 전류와 자력선의 방향은 그림 (c)와 같이 나사가 삽입되는 방향으로 전류가 흐르면 자력선은 나사가 돌아가는 방향으로 생긴다는 결론을 얻었으며 이것이 오늘날 우리가 그의 이름을 따서 부르는 암페어의 오른 나사 법칙이다.

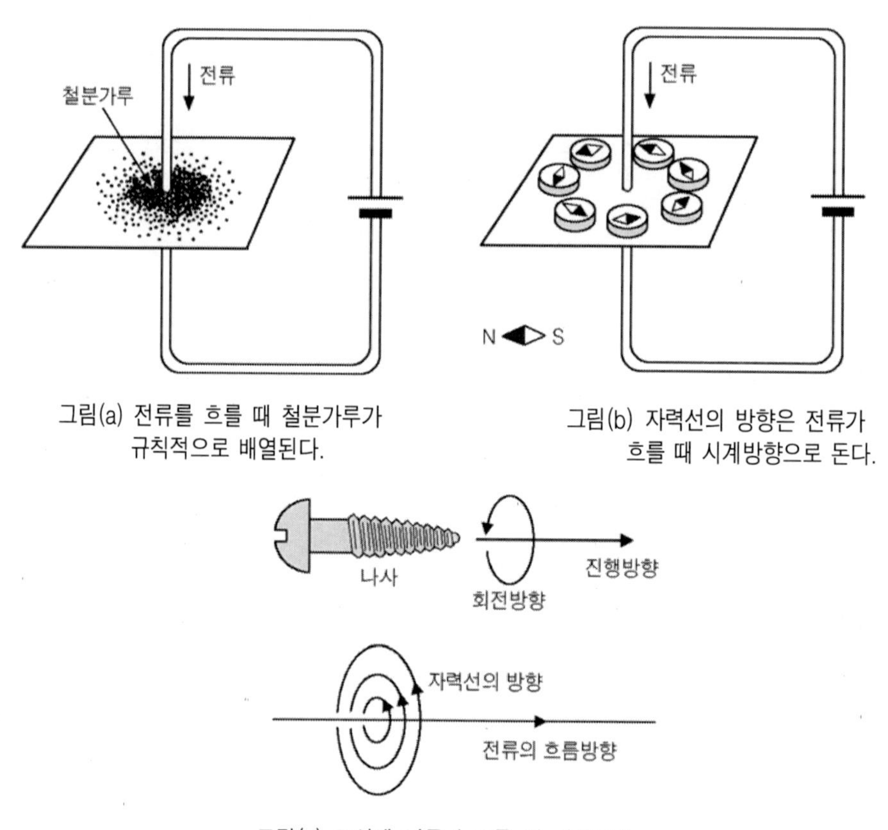

그림(a) 전류를 흐를 때 철분가루가 규칙적으로 배열된다.

그림(b) 자력선의 방향은 전류가 흐를 때 시계방향으로 돈다.

그림(c) 도선에 전류가 흐를 때 자력선의 방향은 나사의 회전방향과 같다.

137 코일에서 발생되는 자력선

코일에 전류를 흘리면 자력선은 어떻게 생길까? 그림 (a)와 같이 코일 전류를 흘리면 암페어의 오른손 법칙에 의해 코일 주위에 자력선이 생긴다는 것을 앞서 기술한 바 있다. 그림 (b)는 코일의 단면을 나타낸 것으로 코일 단면에 들어간 ⊗표시는 전류가 안으로 들어가는 방향을 나타낸 것으로 자력선의 방향은 암페어의 오른손 법칙에 의하면 시계 방향임을 볼 수 있고 ⊙표시는 전류가 안에서 밖으로 나오는 방향을 나타낸 것으로 자력선이 반시계 방향으로 도는 것을 알 수 있다. 따라서 코일 안쪽의 경우 코일에서 발생되는 자력선의 방향과 일치하므로 자력선의 밀도는 높아지고 코일 밖은 자력선의 밀도가 낮아지게 된다.

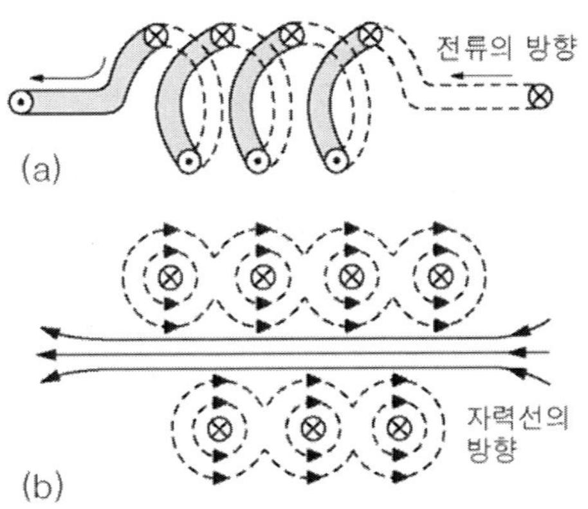

이와 같이 코일의 자력선 밀도가 높은 코일 중앙에 철심을 삽입하면 철심 또한 자화가 잘돼 강한 자성체를 만들 수 있는데 이를 이용해 만든 것이 전자석이다. 코일에 생기는 자력선의 크기는 코일을 감은 횟수(N)과 코일에 흐르는 전류량(I)에 비례하므로 자속은 다음과 같이 나타낸다.

$$\emptyset = I \times N \quad (\emptyset : \text{자속}, I : \text{전류}, N : \text{코일의 권선 수})$$

자속 : 자력선이 통과하는 수를 나타냄.

이와 같이 코일에 전류를 흘리면 코일 중심부에 강한 자계를 만들 수 있고 강한 자계를 만들기 위해 전선에 에나멜 칠을 하기도 하는데 이는 코일에 전류를 흘릴 때 전선의 표피층을 얇게 함으로써 자기력선의 투자율을 높이기 위해서다. 따라서 자력선을 강하게 하기 위해서는 전류를 많이 흘려주어야 함은 물론 코일의 권선수를 늘려야 한다. 그러나 실제에서는 코일에 전류를 많이 흘려주려면 코일의 지름(단면적)을 크게 해야 하는 문제가 있기 때문에 코일에 맞는 정격 전류를 흘려야 한다.

반면 코일의 권선수를 늘리는 것도 허용 전류 내에서 실제 코일의 자력선을 증가하기 위해서는 코일이 가늘고 또 많이 감아야만 자력선을 늘릴 수 있다. 결국 코일에 자력선이 많이 생긴다는 것은 코일의 인덕턴스(inductance)가 증가함을 의미하며 인덕턴스가 크다는 것은 코일의 권선수가 많아 자력선 수가 많이 발생한다고도 볼 수 있다.

138 전자석을 이용한 스위치

원통형상의 철심에 그림 (a)와 같이 전원을 연결하여 전류를 흘리면 코일 내측에는 암페어의 오른 나사 법칙에 의해 자력선의 방향이 한 쪽으로 일치하여 코일의 외측보다 내측에 강한 자력선이 발생한다. 즉 코일의 내측 자속 밀도가 높다는 것이다.

이렇게 코일 내측의 강한 자력선이 철심을 통과하게 되면 철심 끝 부분은 강한 자극을 가진 자성체로 변해 철편을 흡입해 접점이 달라붙게 되는데 이를 이용한 것이 바로 전자석 스위치다. 또한 철심은 비 투자율이 높기 때문에 코일에서 발생되는 자기력선은 주로 공기 중에서보다 철심을 잘 통과하게 되어 철심에 코일을 감아 만드는 것이다.

▶ **비 투자율** : 투자율이란 물질에 자력선이 통과하는 용이성을 나타내는데 반해 비 투자율은 공기를 1로 봤을 때 물질의 자력선은 몇 배 정도 잘 통과하느냐를 비율로 나타낸 수치이다.

▽ **그림(a)   전자석 스위치(릴레이)**

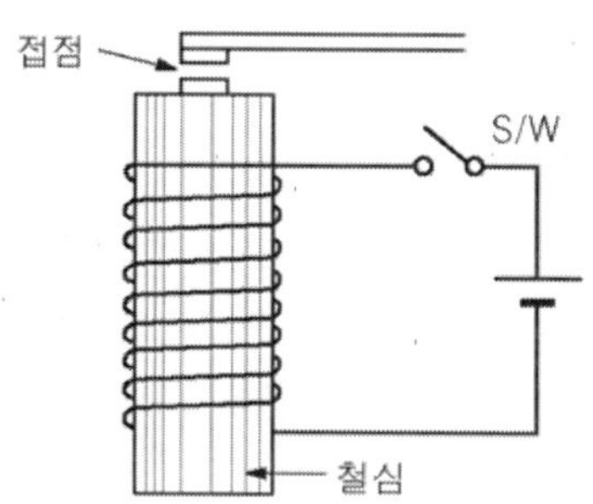

이 같은 전자석 스위치의 원리를 이용한 것 중 자동차에서는 대표적으로 그림 (b)에서와 같은 릴레이를 들 수 있다. 릴레이의 구조는 전자석 스위치와 동일하며 앞서 소개한 바 있지만 그 종류는 상당히 다양하다. 일반적으로 릴레이의 접점 동작은 형식에 따라 상개 접점 혹은 A 접점(브레이크 접점)이라는 것과 상폐 접점 혹은 B 접점(마크 접점)이 있다.

　　그림 (b)에 나타낸 접점의 동작 형식은 코일에 전원이 가해지면 상개 접점은 상폐 접점으로, 상폐 접점은 상개 접점으로 바뀌므로 T(Transfer) 접점이라고도 부른다.

▼ **그림(b)　릴레이의 구조**

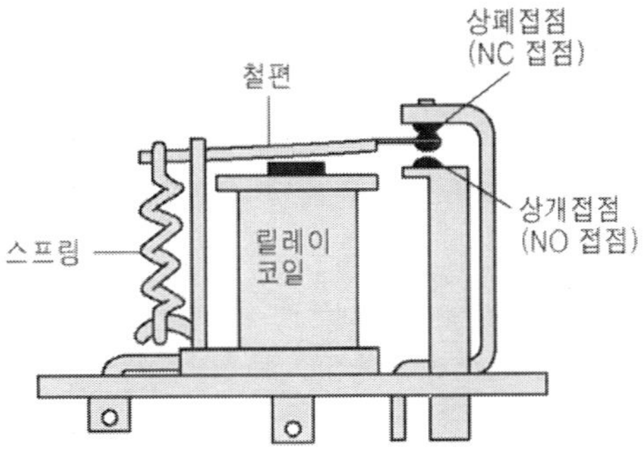

139　릴레이는 왜 사용하나

　　자동차에 사용하는 릴레이는 용도에 따라 종류가 다양하지만 릴레이를 적용하는 근본 목적은 코일 측에 적은 전류를 흘려 접점을 통해 많은 전류를 흐르게 하려는 것이다. 코일 측에 적은 전류를 제어하므로 접점 측을 통해서 큰 부하의 전류를 제어하기 위한 의도이다. 자동차용 릴레이의 경우 대개 코일 측 전류가 약 100mA 정도지만 접점 측에 흘릴 수 있는 전류는 약 10~30A 정도이다. 따라서 릴레이의 규격을 말할 때에는 정격 전압(공급 전압)과 정격 전류로 나타내는데 여기서 사용하는 정격 전류는 릴레이의 접점에 흐를 수 있는 최대 사용 전류를 말한다.

▼ **여러 가지 릴레이**

▼ **릴레이의 내부 모습**

140 전압 코일과 전류 코일

그림에 나타낸 회로는 인디케이트 램프(표시등)나 리어 램프(미등), 스톱 램프(제동등) 등의 전구가 단선된 것을 감지하는 회로인데 실제 전자석을 이용한 스위치가 어떻게 활용되는지 살펴보자. 먼저 전구가 모두 단선되지 않은 경우는 전류 코일에 규정 전류가 흘러 전류 코일에 의해 발생되는 자력선은 리드 스위치의 리드를 N, S극으로 자화시켜 리드 스위치가 닫힌다(ON 상태).

이에 따라 ECU는 리드 스위치의 ON신호를 입력하게 되는 것이다. 그러나 만일 전구가 하나라도 단선된 경우는 전구의 저항이 증가하므로 단선된 전구의 분량만큼 코일에 흐르는 전류는 감소하기 때문에 코일의 자력선이 약해져 리드 스위치가 열리게(OFF) 된다.

이 같은 상황을 ECU에 입력하는 것이 일종의 단선 감지용 릴레이인 셈이다. 여기서 사용하는 전압 보상 코일(전압 코일)은 전압 변동에 의한 오작동을 방지하고 일정분 보상을 하기 위한 코일이다.

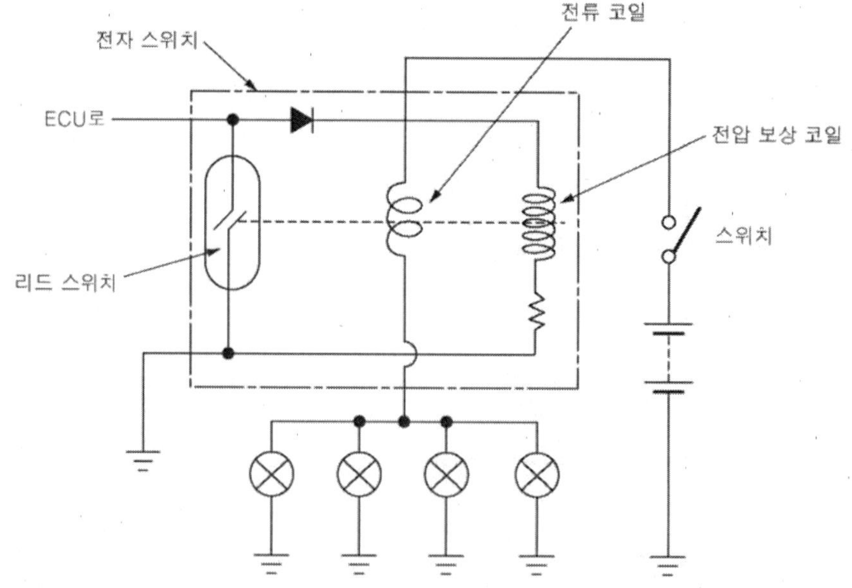

141 릴레이의 활용

그림 (a)는 에어컨의 블로어 스위치 회로로 실제 릴레이를 자동차에서 어떻게 사용하는지를 나타낸 것이다. 여기서 사용한 블로어 릴레이는 코일 측에 다이오드를 내장한 것이며 릴레이의 코일 측 전원은 점화 스위치를 거쳐 공급되고 있고, 접점 측 전원은 배터리 전원에서 공급되고 있는 회로이다.

▼ 에어컨 블로어 스위치 회로

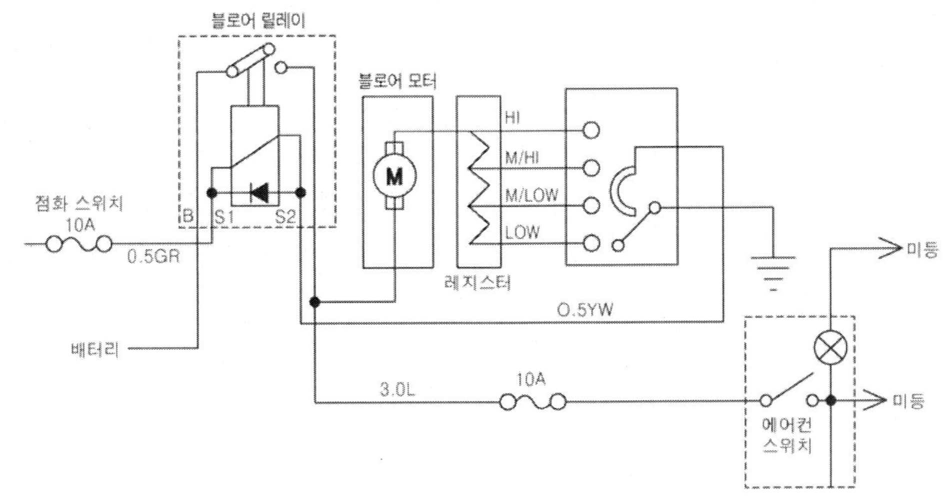

142 잔류 자기

철편은 외부로부터 자계를 걸지 않을 때 그 내부에는 무수히 많은 자구(미소 자석)가 불규칙하게 배열돼 있지만 외부로부터 영구 자석을 가까이 하여 자계를 가하면 철편 내의 자구는 규칙적으로 배열을 하게 돼 철편은 또 하나의 자석이 된다. 그러나 자구에 어느 정도 자계를 가하면 더 이상 규칙적으로 자구 배열이 일어나지 않는다. 더 이상 철편은 자화되지 않는다는 말이다. 이것을 **자기 포화 현상**이라고 한다.

그림 (a)에서와 같이 자기 포화된 상태에서 영구 자석의 자계의 세기를 점차로 감소시키면 철편 내의 자구는 원래대로 배열되지 않고 일부 자구만 배열되는데 이를 그래프로 그려보면 그림 (b)와 같이 된다.

　따라서 원래 상태로 돌아가지 않는 곡선 그래프가 그려지는데 이 같은 현상을 히스테리시스 현상이라고 한다.

　또 철심 내의 자구는 외부 영구 자석의 자계를 완전히 제거해도 철편 내에는 자구가 자속 밀도(B_r)만큼 남게 되는데 이것을 **잔류 자기**라 부른다.

　잔류 자기는 금속의 종류에 따라 크게 다른데 잔류 자기가 큰 것은 영구 자석으로 이용하고 리드 스위치와 같이 접점이 원 상태로 복귀해야 하는 금속은 잔류 자기가 적은 것을 사용한다.

▼ 그림(a) 자계가 증가할 때　　　　　　　▼ 그림(b) 히스테리시스 곡선

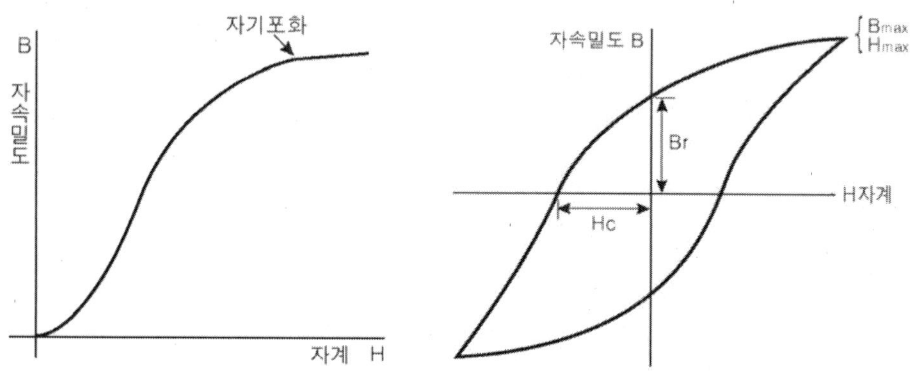

　그림 (b)의 히스테리시스 곡선에서 Hc는 보자력을 나타낸 것으로 보자력이란 외부로부터 가해진 자계를 완전히 제거해도 철편 중에는 잔류 자기가 존재하게 되는데 이 잔류 자기를 완전히 없애기 위해서는 어느 정도의 역방향 자계가 필요하다. 이것을 보자력이라 하는데 보자력이 크다는 것은 어느 정도 역방향으로 자계를 걸어도 잔류 자기가 잘 없어지지 않는다는 것을 의미해 결국 영구 자석으로 우수한 금속이라 볼 수 있다.

전동기

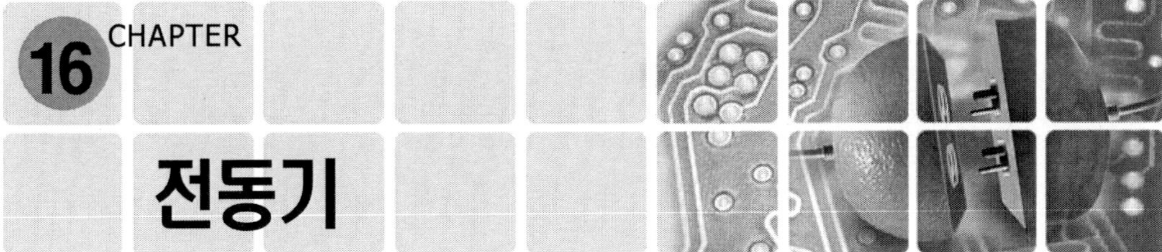

자계 중에 놓인 전선

자석의 자극에서 나오는 자력선은 N극에서 S극으로 들어간다. 이 자계 가운데 전선을 놓고 전류를 흘리면 어떻게 될까?

▽ 그림(a) 자력선의 방향

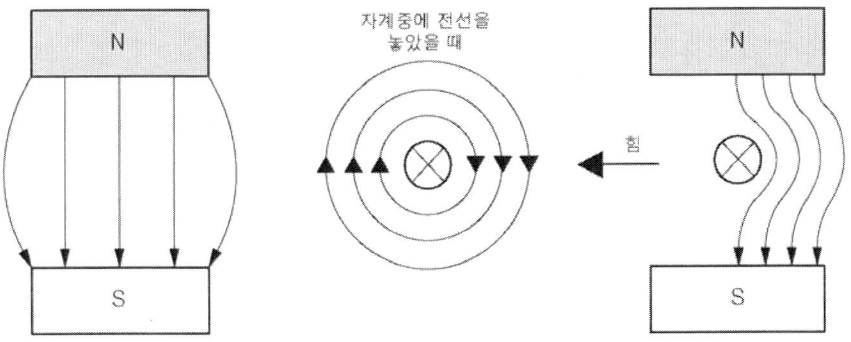

그림 (a)에 나타난 것처럼 N극과 S극이 놓여 있는 자석 사이의 전선에 전류를 흘리면 전선 주위에는 암페어의 오른 나사 법칙에 의해 자력선이 시계 방향으로 회전하게 된다. 여기서 자석에 의한 자력선과 전선에 의해 만들어진 회전 자력선은 그림과 같이 전선의 오른쪽의 경우 자력선이 같은 방향으로 되어 자속 밀도가 커지게 되고 반대로 왼쪽 전선은 자석에서 발생되는 자력선과 전선에서 일어나는 회전 자력선이 서로 반대가 돼 자속 밀도는 작아지게 된다. 이에 따라 자력선은 고무줄과 같은 성질의 장력을 갖고 있어 자석 사이에 놓인 전선은 자속 밀도가 낮은 왼쪽으로 이동하려는 힘이 발생한다. 이것을 왼손 모양의 그림 (c)와 같이 정리해 놓은 것이 플레밍의 왼손 법칙이다. 이처럼 원리를 통해 플레밍의 왼손 법칙이나 오른손 법칙을 이해해 두면 오래 기억에 남을 뿐 아니라 모터나 발전기에 대한 이해도 쉬워진다.

▼ 그림(b)

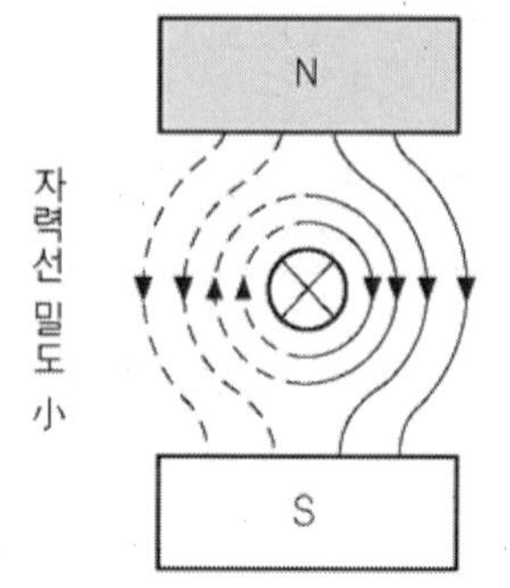

▼ 그림(c)   플레밍의 왼손법칙

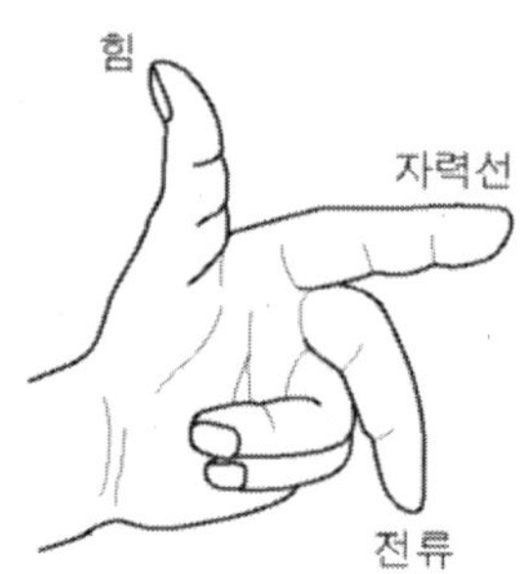

144 모터의 원리

모터의 기본 구성은 모터가 회전하는 회전 코일과 회전 코일에 전원 공급의 연결 역할을 하는 연결부. 그리고 회전 코일이 회전하도록 자계를 만들어주는 필드 코일 (또는 영구 자석)로 되어 있다.

그림 (a)는 모터의 원리를 설명하기 위한 기본 모델로 회전 코일에 브러시를 통해 전원을 공급하면 전류가 흘러 그림 (b)와 같이 자력선이 생기게 된다.

▼ 그림(a) 모터의 원리

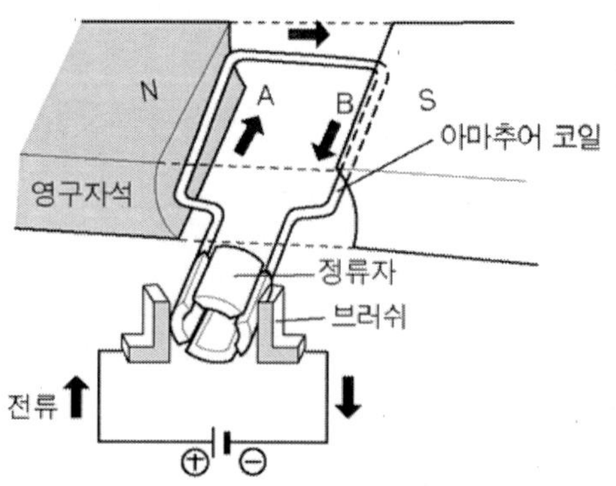

▼ 그림(b)　모터의 회전 원리

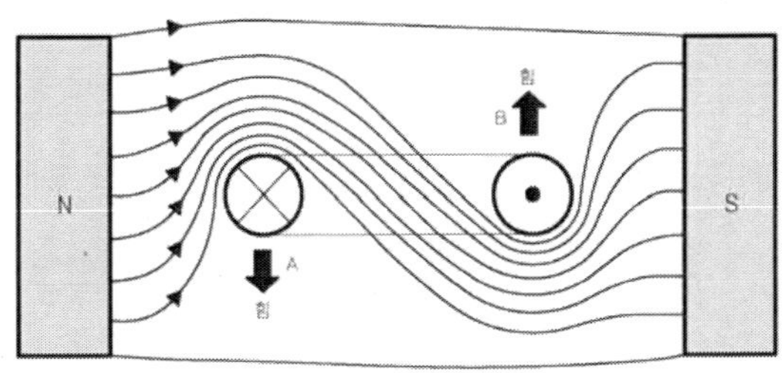

　　그림 (b)는 그림 (a)의 단면으로. 회전 코일의 전류는 좌측(⊗)으로 들어간 뒤 우측(⊙)으로 나와 회전 자력선의 방향은 서로 반대가 된다. 이 회전 코일은 영구 자석 사이에 놓여 있어 자력선은 좌측 코일로 흘러 들어가는 전류에 의한 자력선과 위쪽 방향으로 일치하여 회전력은 아래로 힘을 발생하게 하고. 우측으로 흘러나오는 코일의 전류에 의한 자력선은 아래쪽 방향과 일치하여 회전력은 위로 힘을 발생해 회전 코일은 반시계 방향으로 회전하게 된다.

▼ 그림(c)

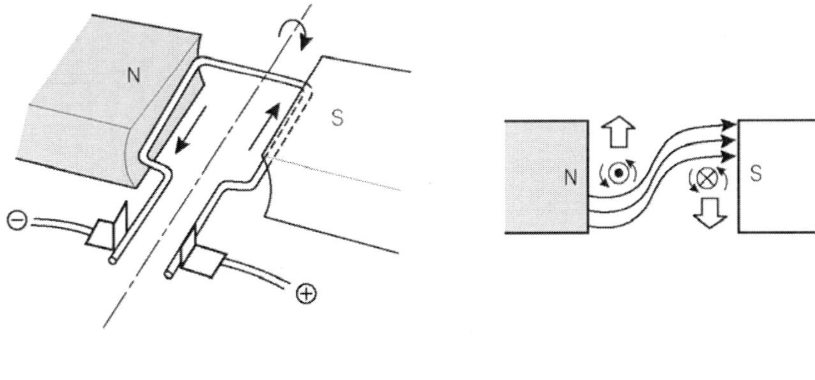

▼ 그림(d)

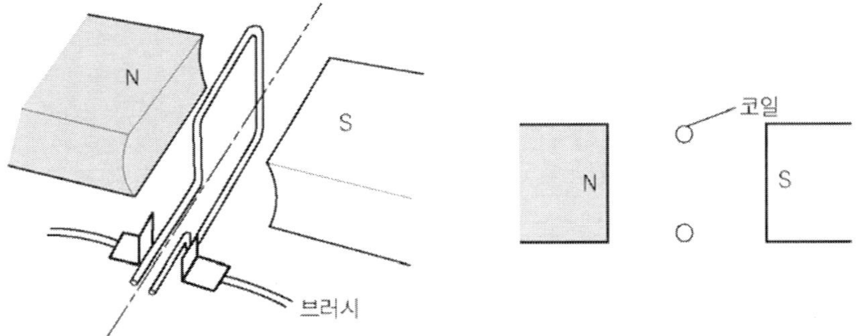

　회전 코일이 그림 (d)와 같이 반시계 방향으로 90° 회전하면 브러시에서 정류자로 공급되는 전원은 차단되지만 회전 코일의 원심력에 의해 그림 (c)와 같은 위치에 오면 전원은 다시 브러시를 통해 회전 코일에 공급되므로 모터는 회전을 계속할 수 있게 되는 것이다. 그림 (a)에서 만일 전원의 극성을 반대로 한다면 회전 자계는 반대로 발생하게 되어 회전 코일이 시계 방향으로 회전하게 된다.

145 간단한 모터를 만들어 보자

　손쉽게 만들 수 있는 간단한 모터를 직접 만들어 보자. 먼저 준비물로는 1.5V 전지 4개와 에나멜 30cm. 말굽자석. 철심 2개를 준비하고 Ø 0.5mm의 에나멜 선을 그림 (a)와 같이 건전지 위에 약 5회에서 10회 정도 감고 전지를 빼낸 후 코일을 가볍게 눌러 놓는다. 눌러 놓은 코일 양끝을 칼날이나 라이터로 에나멜 피복을 벗겨낸 후 철심 2개를 그림 (b)와 같이 구부려 놓고 그 철심 끝에 전지를 직렬로 접속하고 말굽자석 사이에서 철심 위에 감아놓은 코일을 올려놓아 손으로 코일을 회전시키면 코일이 회전하는 것을 확인할 수 있다.

▼ **그림(a)　코일 감기**

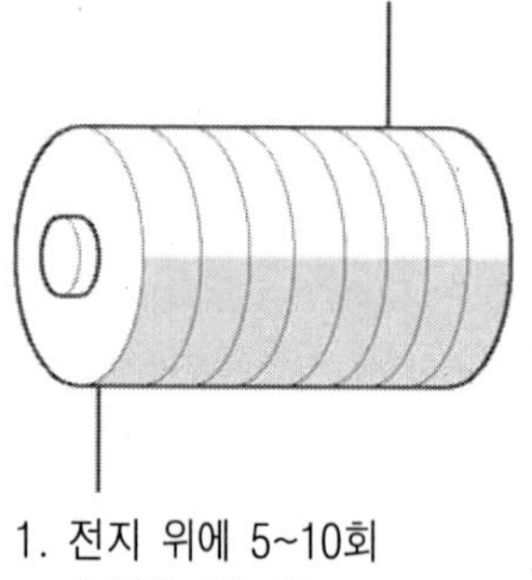
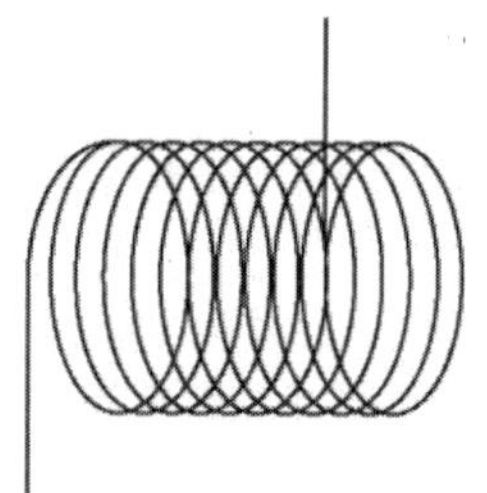
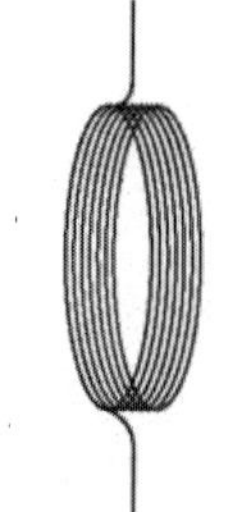

1. 전지 위에 5~10회 코일을 감는다.　　2. 전지를 빼낸다.　　3. 코일을 가볍게 누른다.

　여기서 참고할 점은 에나멜선의 피복을 벗겨낼 때 반쪽면만 벗겨야 하므로 칼날을 이용하는 것이 좋다. 또 코일은 권선 수가 적어 전류가 많이 흐르게 되므로 전지를 사용한 실험은 가능한 한 단시간에 마치는 것이 좋다.

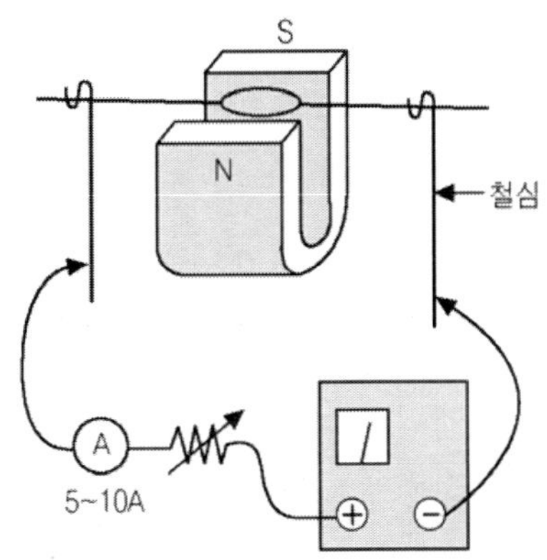

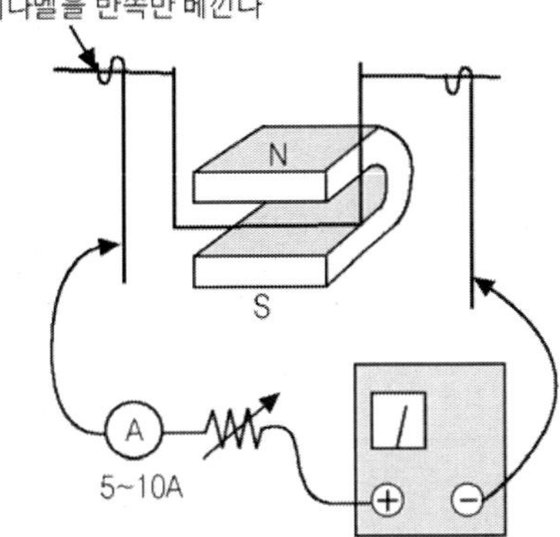

그림(b)　간단한 모터의 자작시험

146 전류계의 원리도 모터의 원리

모터의 원리를 이용

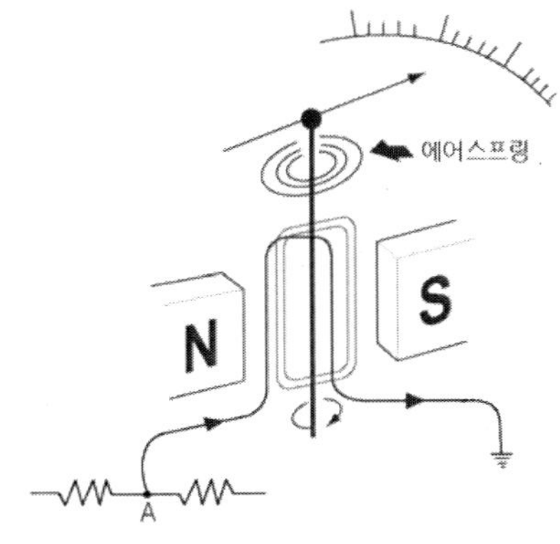

우리가 사용하고 있는 아날로그 테스터의 가동 코일형 계기나 자동차 계기판의 속도 미터 등도 모터의 회전 원리를 이용. 회전력을 얻어 작동하는 것이다.

그림 (a)와 같이 영구 자석 사이에 가동 코일(모터의 회전 코일)을 감아 놓고 측정하고자 하는 전류가 가동 코일에 흐르면 흡인력과 반발력에 의해 미터 지침은 회전을 하는데 이처럼 회전하는 것을 정지하도록 하는 제어 스프링이 설치돼 있어 전류량만큼 회전하게 되는 것이다. 속도계의 경우도 차속 센서에서 발생되는 펄스 신호를 실효 값으로 변환한 뒤 속도 미터에 입력하면 속도 미터가 전압에 비례한 양만큼 전류 값으로 전환되어 속도계의 가동 코일에 흐르도록 한 것이다. 속도에 비례하여 계기에 흐르는 전류가 증감하기 때문에 계기의 지침은 전류에 비례해 움직인다. 참고로 요즘 속도계는 가동 코일 방식보다 진동에 강한 교차 코일 방식을 많이 사용되고 있다.

147 모터의 회전 속도

모터는 전원의 전압이 공급되면 회전을 하지만 모터가 회전하는 것은 아마추어 코일(회전 코일)이 회전하는 것으로. 자계 중에서 아마추어 코일이 회전을 하면 코일 자체에 유도기전력이 유기되어 일종의 발전기가 되는 것이다. 즉 모터는 일종의 전동기이며 발전기도 되는 셈이다. 이 같은 이유로 모터가 회전을 하면 전원 전압과 반대로 유도 기전력이 일어나 모터에 흐르는 전류는 감소하는데 이 전류가 일정하게 될 때 모터의 회전 속도는 일정해진다. 결국 전원에 공급되는 전압과 아마추어 코일에서 발생되는 유도 기전력이 같을 때 모터의 회전 속도는 일정해지는 것이다. 만일 모터의 회전 속도가 빨라지면 그만큼 모터 내 아마추어 코일의 유도 기전력은 증가하여 모터에 흐르는 전류가 오히려 감소하는 결과를 낳는다.

모터의 회전을 강제로 막기 위해 손으로 아마추어 코일을 잡는다면 어떻게 될까. 아마추어 코일이 회전을 못한다는 것은 아마추어 코일에서 발생되는 유도 기전력의 감소를 가져와 이 곳에 흐르는 전류는 코일의 저항 분만큼 증가하게 된다. 모터의 회전을 강제로 막았을 경우 모터의 회전 속도는 저하되지만 모터에 흐르는 전류는 증가하는 이유가 여기에 있다.

▼ 모터의 회전 속도

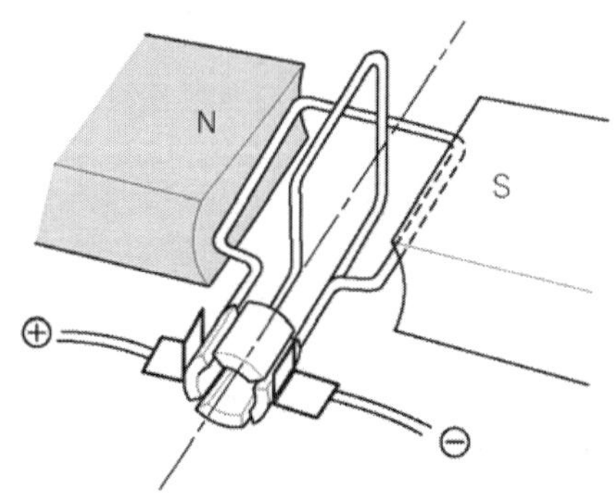

148 모터의 종류

모터의 코일은 아마추어 코일(회전 코일)과 필드 코일(고정 코일) 2가지로 나눠지는데 연결 방법에 따라서는 직권식과 분권식. 복권식 등으로 구분된다.

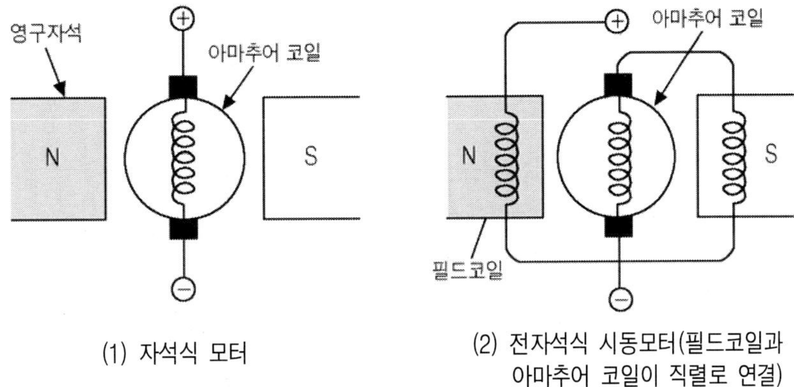

　　직권식 모터는 그림 (c)와 같이 필드 코일과 아마추어 코일이 전원과 직렬로 연결되어 있어서 두 코일에 언제나 동일한 전류가 흐르게 된다. 즉 필드 코일의 자계와 아마추어 코일의 자계가 서로 비례하기 때문에 코일의 자계가 증가하면 코일에서 발생되는 유도 기전력에 의해 회전속도는 감소하게 되고 토크(회전력)는 증가하게 되는 것이다.　이런 방식이 대표적으로 적용되는 것이 시동 모터이다.

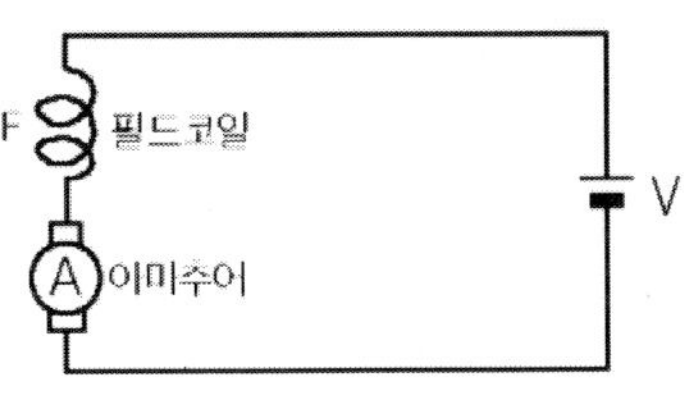

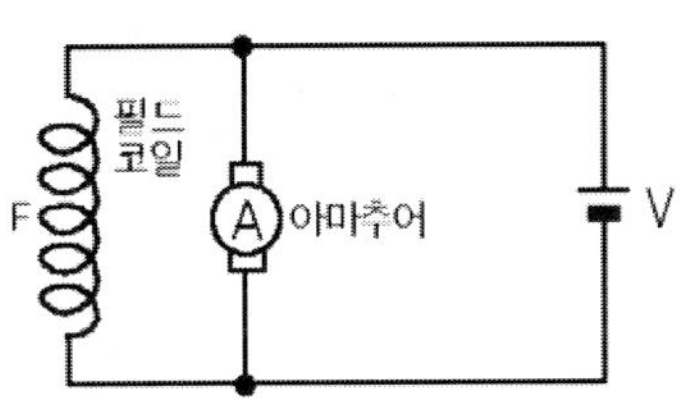

　　반면에 분권식 모터는 필드 코일과 아마추어 코일이 전원과 병렬로 연결되어 있어 항상 같은 전압이 코일에 공급된다. 따라서 전원 전압이 일정하면 필드 코일과 아마추어 코일에서 발생하는 자계도 일정해 모터 회전 속도도 변동이 적다는 이점이 있으나 현재 자동차용으로는 자석식 모터를 주로 사용하고 있어 필드 코일을 사용한 모터는 많이 사용 하고 있지 않다.

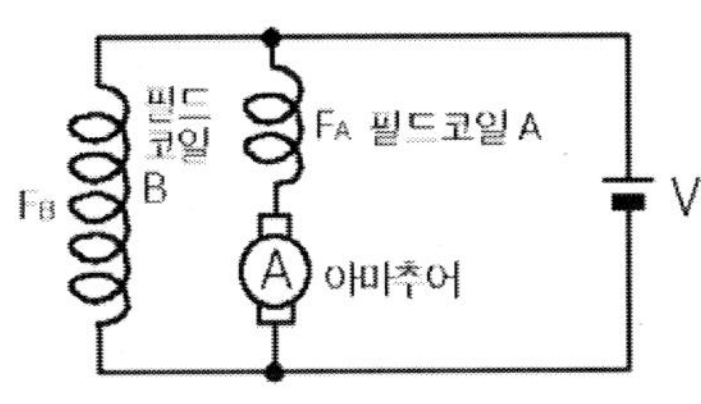

149 모터는 하나의 발전기이다

시동 모터의 회로도를 간략히 표시하면 그림 (a)와 같다. 그림에서 표시한 것과 같이 필드 코일의 저항이 0.01Ω이고 아마추어 코일 저항은 0.02Ω이라고 한다면 옴의 법칙에 의해 모터에 흐르는 전류는 다음과 같다.

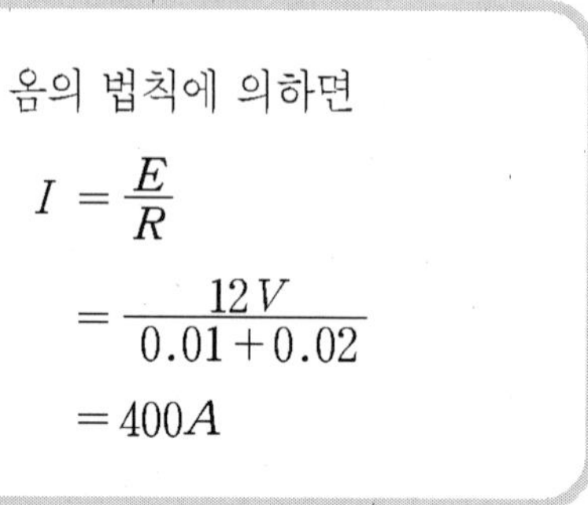

$$I = \frac{E}{R}$$

$$= \frac{12V}{0.01 + 0.02}$$

$$= 400A$$

▼ 그림(a) 모터에 흐르는 전류

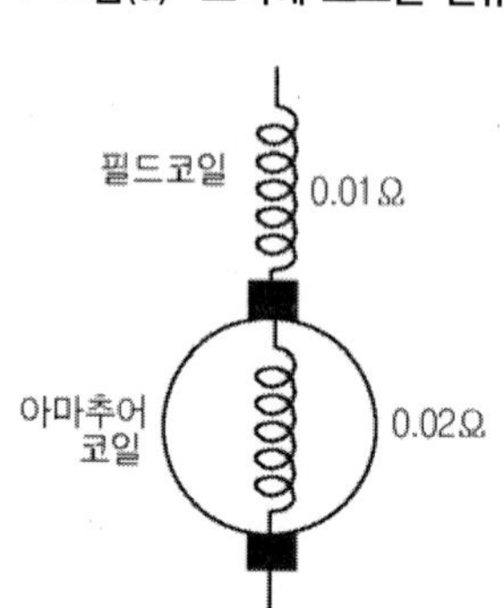

계산상으로는 시동 모터에 흐르는 전류는 400A가 되어야하지만 실제 시동 모터에 흐르는 전류는 측정하면 약 100A 정도 밖에 안 된다. 이 같은 현상은 모든 모터에서 동일하게 일어나는 현상이다. 이는 앞서 설명한 모터의 자기 유도 작용에 의한 것으로 모터의 전류가 감소한다는 것은 아마추어 코일에 유기되는 유도 기전력의 극성이 전원 공급 전압과 서로 반대된다는 말이다. 따라서 모터가 회전을 하면 계산상 수치와는 달리 전류는 감소해 흐르게 된다. 결국 코일에 흐르는 전류는 모터의 무부하 시 회전 속도가 빠르기 때문에 아마추어 코일에서 발생하는 속도에 비례해 유도 기전력이 증가, 모터에 흐르는 전류를 감소시키는 반면 부하 시에는 모터의 회전 속도가 낮기 때문에 그만큼 유도 기전력도 적게 생겨 모터에 흐르는 전류가 증가하게 되는 것이다.

▼ 와이퍼 모터 구조

실제 자동차에서 사용되는 모터는 시동 모터를 제외하고는 대부분 영구 자석을 이용하고 있지만 필드 코일(고정자)을 사용하는 이점은 권선 수의 증대에 따라 토크를 높일 수 있기 때문이다. 그러나 코일의 권선 수가 늘면 모터의 크기는 더 커져 중량도 커지고 모터의 열도 더 많아지는 결점이 있다. 따라서 최근에는 큰 자력을 갖는 영구 자석이 개발되어 시동 모터로 사용되고 있다.

150　시동 모터의 구조

시동 모터의 종류는 동작 방법에 따라 전자석 클러치에 의해 피니언 기어를 습동하는 습동식 모터와 감속 기어를 통해 피니언 기어에 전달하는 리덕션(reduction)식 모터로 구분할 수 있다. 여기서는 승용차에 많이 사용하는 습동식 시동 모터에 대해 설명하겠다.

▼ 시동모터의 절개품

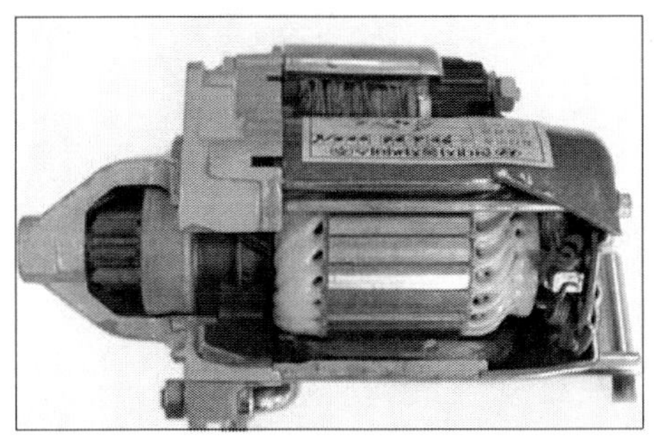

▼ 그림(a)　습동식 스타트 모터

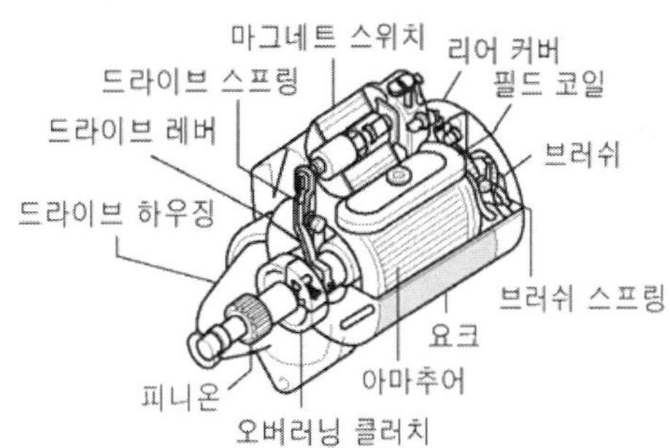

시동 모터의 구조는 크게 그림 (a)의 아마추어(회전자)와 필드 코일(고정자), 마그네틱 스위치, 드라이브 장치로 구성되어 있다. 아마추어는 전원을 공급해 주는 정류자(코뮤테이터)와 아마추어 코일, 코어로 이루어져 있으며 고정자는 영구 자석을 대용으로 이용한 필드 코일로 구성되어 있다.

마그네틱 스위치는 전자석 스위치 기능을 하는 접점과 홀딩 코일, 풀링 코일, 플런저로 조합되어 있으며 구동부는 피니언 기어가 크랭크샤프트의 기어와 연결하는 피니언 기어, 드라이브 레버, 릴리스 베어링으로 이루어져 있다.

모터의 연결부는 정류자와 브러시. 브러시. 스프링으로 되어 있어 아마추어 코일과 필드 코일에 전원을 공급한다.

▼ 그림(b)   아마추어 코일의 구조

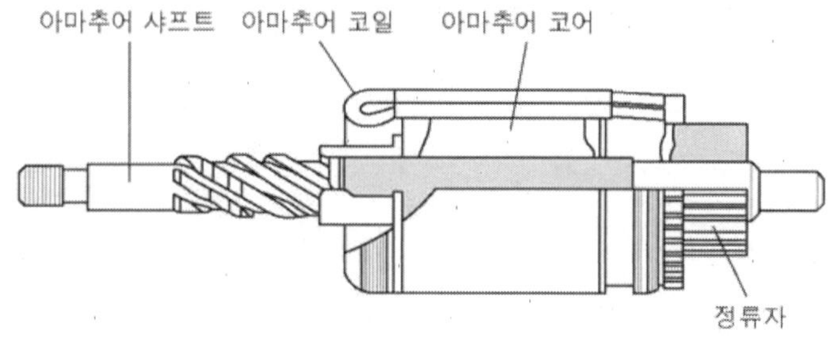

151 마그네틱 스위치의 코일 역할

마그네틱 스위치는 시동 모터에 대 전류가 흐르도록 연결해 주는 스위치로 구조는 코일과 플런저. 접점으로 구성되어 있다. 코일에 전류가 흐르면 전자석이 되어 접점을 붙게 하고 이어 시동 모터의 전원을 연결하게 하는데 이때 플런저를 전자석으로 만들도록 하는 역할을 코일이 한다.

▼ 그림(a)   시동모터의 마그네틱 스위치의 구조

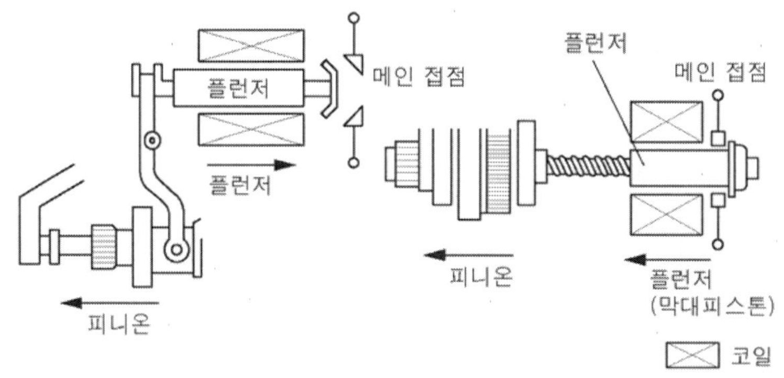

그런데 그림 (b)와 같이 마그네틱 스위치에 내장된 코일은 풀링 코일과 홀딩 코일 등 2가지다. 저항을 측정해 보면 풀링 코일은 약 0.5Ω이 되고 홀딩 코일은 1Ω 정도가 되는데 이것을 전류 값으로 나타내보면 풀링 코일은 24A의 전류가 흐르고 홀딩

코일은 12A가 흐르는 셈이 된다.

이처럼 풀링 코일과 홀딩 코일을 함께 두는 이유는 마그네틱 스위치의 접점이 붙는 데 초기에는 큰 전류가 필요하기 때문이다.

그림 (b)의 시동 모터 회로에서 점화 스위치를 켜면 초기에는 풀링 코일(PC 코일)과 홀딩 코일(HC 코일)을 통해 34A(12A + 24A)의 전류가 흘러 플런저의 강력한 흡인력으로 마그네틱 스위치의 접점을 붙도록 하는 것이다. 접점이 붙고 난 후 시동 모터가 회전할 때는 작은 전류만으로도 모터의 회전이 가능하기 때문에 홀딩 코일에만 전류가 흘러 마그네틱 스위치의 코일에 흐르는 전류는 12A가 된다. 즉 마그네틱 스위치에 2개의 코일을 사용하는 것은 시동시 대전류가 소모되기 때문으로 시동 전류의 양을 줄이기 위함이다.

▼ **그림(b) 시동모터의 내부 회로**

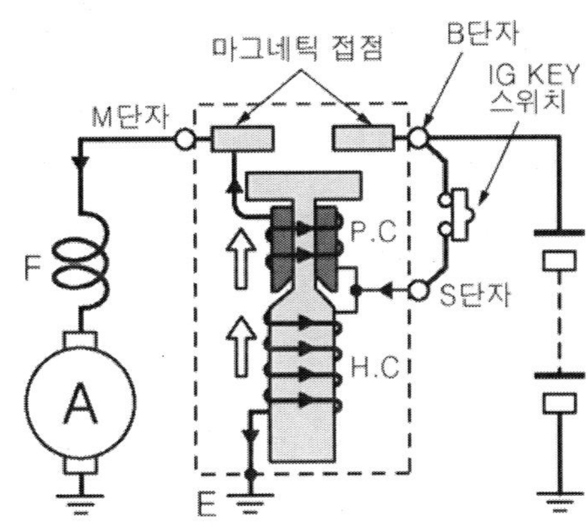

152 시동 모터의 내부 회로 작동

시동 모터의 내부 회로도는 그림 (a)의 회로와 같이 배터리의 +터미널은 마그네틱 스위치의 B단자와 연결되어 있고 시동 스위치(스타트 스위치)는 마그네틱 스위치의 S단자에 연결되어 있다.

M단자는 마그네틱 스위치의 접점을 거쳐 시동 모터에 연결돼 있어서 시동 스위치를 켜면 배터리 B단자에 공급되어 있던 12V 전원은 S단자에 공급되어 홀딩 코일과 풀링 코일로 전류가 흐르기 시작한다.

▼ 그림(a)   시동모터의 내부 회로도

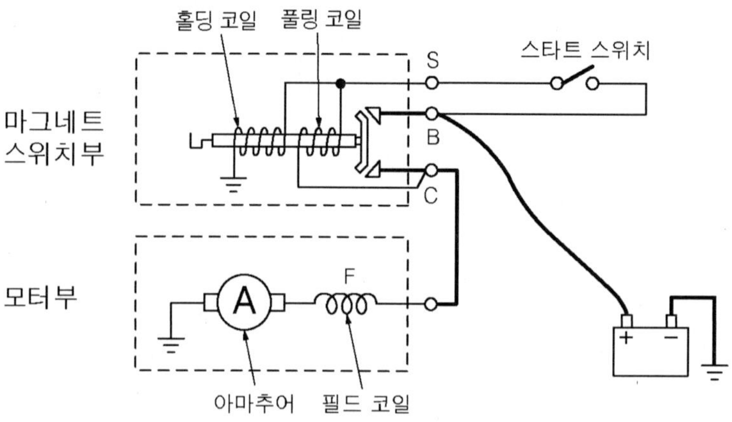

이어서 곧 마그네틱 스위치의 플런저는 전자석이 되어 마그네틱 스위치 접점이 붙게 되고 B단자에 공급하고 있던 전압은 M단자와 S단자가 같기 때문에 풀링 코일과 홀딩 코일로 흐르던 전류가 그림 (c)처럼 홀딩 코일로만 흐르게 된다. 이때 시동 스위치를 끄면 M단자를 통해 풀링 코일과 홀딩 코일 전원이 가해져 마그네틱 스위치의 접점은 떨어지게 되는데 풀링 코일과 홀딩 코일의 권선 방향은 서로 반대가 되어 M단자로 전원이 공급되면 서로 자력선이 상쇄되어 마그네틱 스위치 차단을 가속시킨다.

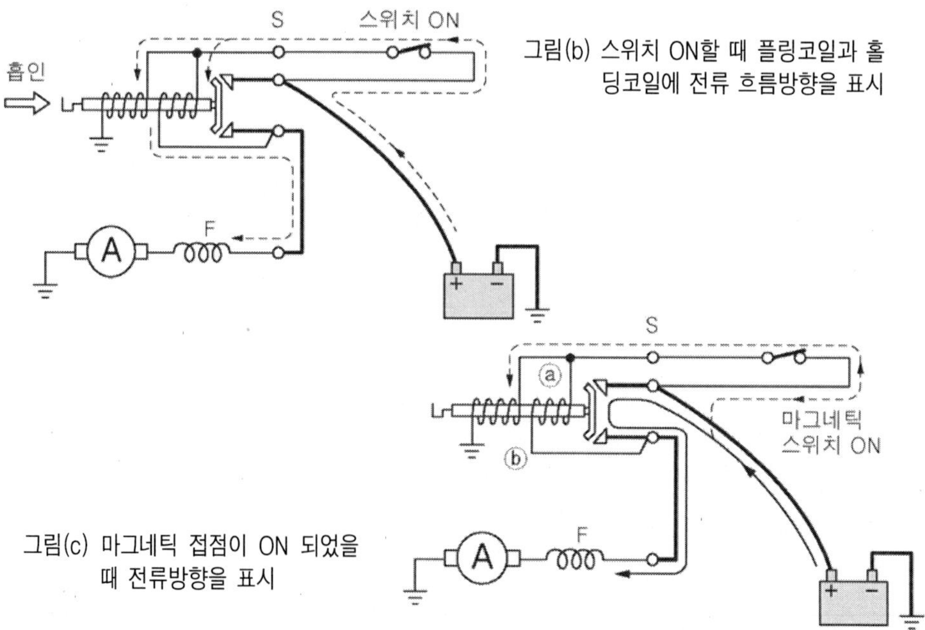

그림(b) 스위치 ON할 때 풀링코일과 홀딩코일에 전류 흐름방향을 표시

그림(c) 마그네틱 접점이 ON 되었을 때 전류방향을 표시

153 마그네틱 스위치 점검 방법

시동 회로의 고장은 시동 모터가 전혀 회전을 하지 않는 경우와 회전을 하는데 시동이 안 걸리는 경우로 크게 나눠 생각해볼 수 있다. 시동 모터가 회전을 하지 않는 것은 첫째. 배터리의 방전이나 불량인 경우가 많고 둘째 시동 모터 자체가 불량일 수 있다. 세번째로 원인을 생각할 수 있는 것이 시동 모터 회로의 접촉 불량 가능성이다. 특히 이 경우는 시동 모터 회로의 접촉 불량 개소가 의외로 많이 나타나고 있어 단품 상에 이상이 없는 경우 접촉 불량을 의심해도 좋다.

▼ 그림(a) 마그네틱 스위치의 흡인상태 점검

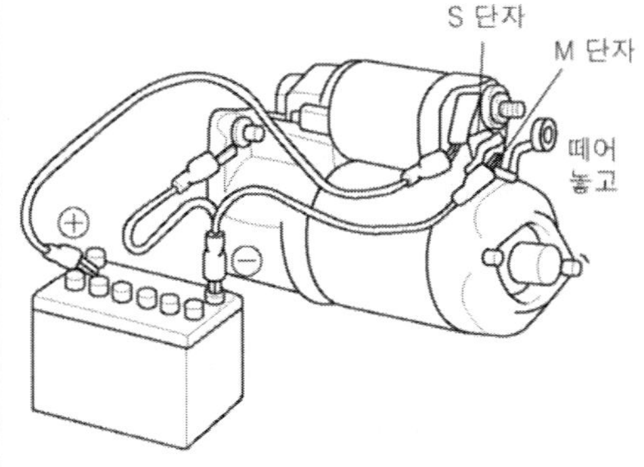

▼ 그림(b) 마그네틱 스위치의 유지상태 점검

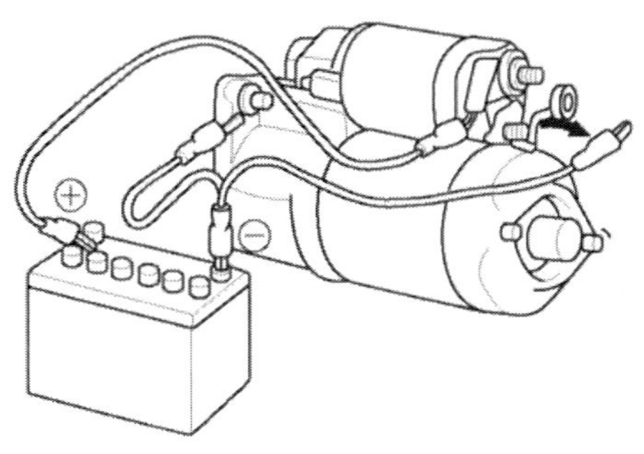

마그네틱 스위치의 점검은 그림 (a)와 같이 M단자의 선을 떼어 놓고 배터리의 (+)터미널을 S단자에. 배터리의 (−)터미널을 B단자에 연결하면 되는데 이때 그림 (b)처럼 피니언 기어가 튀어나와 그 상태를 유지하면 풀링 코일은 정상이다. 만일 마그네틱 스위치의 풀링 코일과 홀딩 코일이 정상인데 시동 모터가 회전되지 않는 경우는 마그네틱 스위치의 접촉 불량을 의심해봐야 한다.

▼ 그림(c) 시동모터의 무부하시험
(스위치 ON일 때 전류)

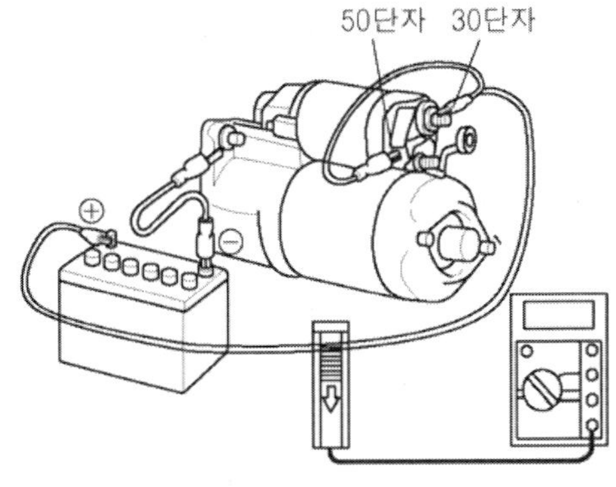

마그네틱 스위치의 접점 점검은 시동을 걸었을 때 마그네틱 스위치의 접점 간(B단

자와 M단자 간) 전압을 측정하여 $0.1V$ 이하면 괜찮다.

그림 (c)는 시동 모터의 무부하 상태에서 전류를 측정하기 때문에 시동 모터의 상태를 점검하기 위해서는 별도의 대 전류 측정 장비가 필요하다. 무부하 전류는 차종에 따라 다르다는 것을 참고하자.

154 시동 모터의 점검 방법

시동 모터의 단품 점검은 자동차의 부품 가격 하락으로 정비 현장에서는 그다지 하지 않고 있지만 자동차의 전기를 배우는 이들을 위해 설명하고자 한다. 먼저 시동 모터의 단품 점검은 시동 모터를 분해하여 아마추어 및 정류자의 손상이 없는지 먼저 살펴봐야 한다. 만일 마모나 손상이 있는 경우는 원인이 무엇인지 알아내어 문제를 야기하는 근원을 제거해야 한다. 정류자의 손상은 물론이고 브러시의 마모 상태나 브러시의 스프링 장력 등도 빼놓지 않고 점검해야 한다. 아마추어 코어와 코일 간 절연 상태 점검은 절연 테스터나 멀티 테스터($\times 10\Omega$ 레인지에 맞춰놓고)로 그림 (a)와 같이 점검한다. 이때 지침이 움직이면 절연 불량이므로 교체해야 한다.

다음은 아마추어 코일의 단선 여부를 그림 (b)와 같이 멀티 테스터의 선택 스위치를 저항 레인지에 두고 정류자의 한바퀴 모두를 하나하나씩 점검한다. 도통이 안 되는 경우는 코일이 내부 단선된 것이므로 아마추어 코일을 교환해야 한다.

▼ 그림(a)

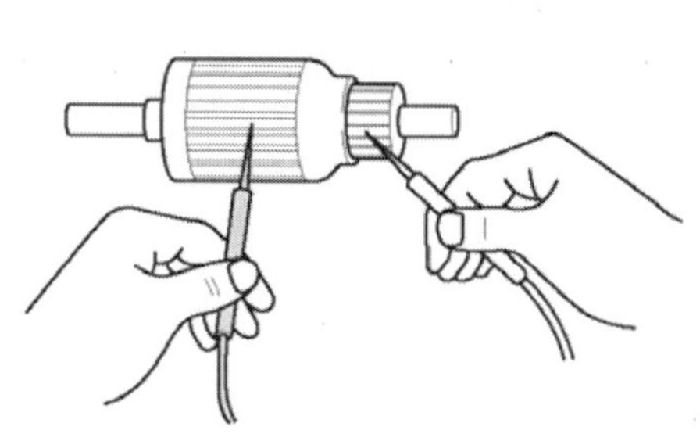

아마추어 코어와 코일간 절연상태 점검
(절연 테스터 사용)

▼ 그림(b)

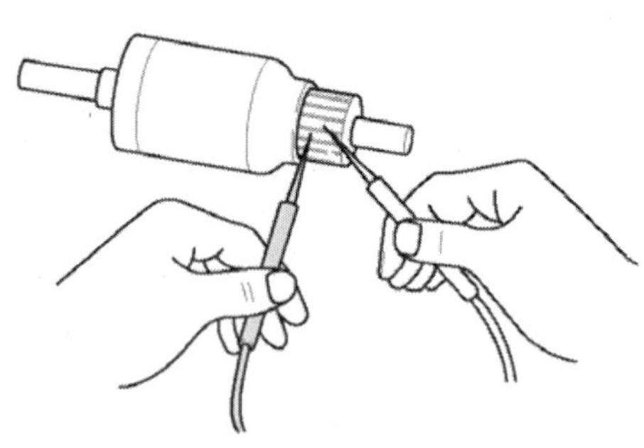

아마추어 코일의 단선을 점검한다.

브러시는 육안 검사를 해서 마모 한계선을 넘었는지 확인하고 브러시 스프링의 장력은 손으로 가볍게 눌러 확인한 뒤 차이가 있으면 교환한다. 브러시와 브러시 홀더 간 절연 상태는 멀티 테스터의 선택 스위치를 ×kΩ 레인지에 두고 측정 봉을 하나는 브러시에 접속하고 다른 하나는 브러시 홀더에 접속하는 식으로 점검해 지침이 움직이면 절연 불량이므로 교환한다.

아마추어 코일의 내부 단락(쇼트) 점검은 그로울러 테스터(growler tester)를 그림 (d)와 같은 과정으로 하면 좋다. 먼저 아마추어 코일을 그로울러 테스터에 가볍게 올려놓고 테스터 스위치를 켠 상태에서 아마추어 코일을 손으로 잡고 천천히 돌린다. 이때 아마추어 코일의 내부 쇼트가 있는 경우는 코어의 이가 그로울러 테스터에 흡인되는데 이 경우는 아마추어 코일을 교환 조치해야 한다.

▼ 그림(c)

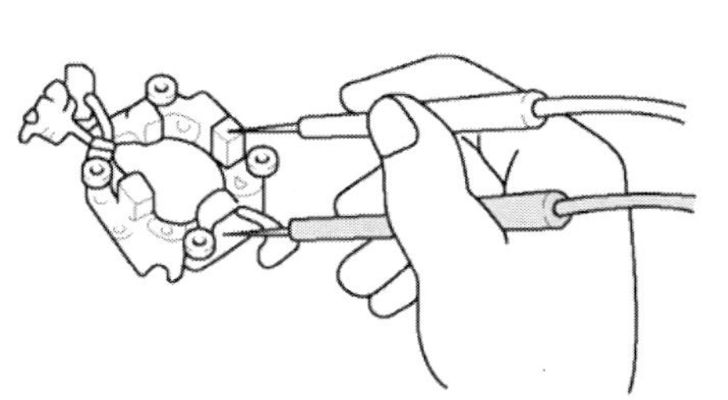

브러시와 브러시 홀더간 절연상태를 멀티 테스터로 검사한다.

▼ 그림(d)

아마추어 코일의 내부 쇼트 점검

필드 코일의 단선 여부는 그림 (e)와 같이 브러시와 M단자 간 도통 상태를 점검하는 식으로 해보자. 도통이 안 되는 경우는 교환해야 한다. 또 필드 코일과 요크(하우징)간 절연 상태를 그림 (f)와 같이 점검하여 절연 불량일 때 교환해야 한다.

이때 필드 코일은 단선 개소에 따라 시동 모터의 전류 측정 시 대 전류가 측정되는 경우가 있다는 것을 알아두자. 그 밖에 오버 러닝 클러치 점검은 로터를 손으로 잡고 좌우로 회전시켜 한 쪽 방향은 부드럽게 돌아가고 반대 방향은 제대로 안돌아가야 정상이다. 또 피니언 기어의 이동 양이 너무 많은 경우 크랭크샤프트의 링 기어와 기어의 맞물림이 맞지 않기 때문에 시동 모터가 회전을 하지 못하거나 시동 모터가 회전을 하더라도 시동이 걸리지 않는 경우가 있다.

▼ 그림(e)

필드코일의 도통을 브러시와 M
단자 사이에서 점검

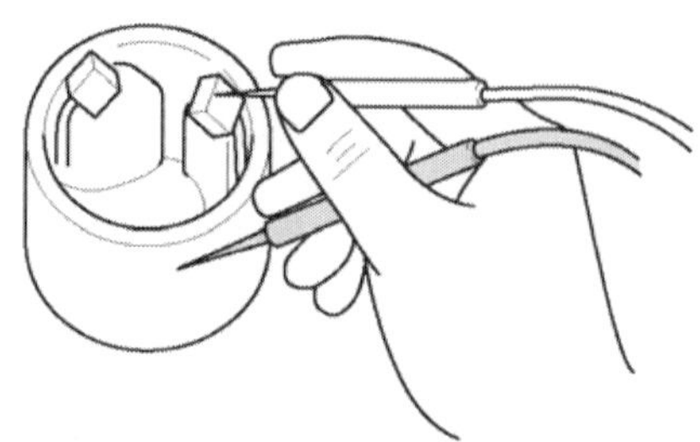

▼ 그림(f)

필드코일과 요크(보디)간 절연을 점검

시동 모터의 구성 부품을 하나씩 점검하는 것은 정비의 효율성이 떨어지기 때문에 현장에서는 거의 하지 않고 있지만 자동차를 정비하는 전문가라면 한번 정도는 시동 모터를 오버 홀(over haul)하여 점검해 볼 필요가 있다. 시동 모터에 대한 실제 점검. 정비가 경험을 키우는데 큰 도움이 되기 때문이다.

155 모터는 전력 손실이 많다

모터의 회전 손실은 무부하 상태라도 눈에 보이지 않는 여러 가지 손실들이 많이 발생하는데 모터의 주요 손실을 살펴보면 크게 모터의 베어링에 대한 마모 손실. 브러시의 마찰 손실. 회전자의 공기 저항에 의한 손실 등을 들 수 있다. 기계적 손실로 보면 자기 히스테리시스 손실과 맴돌이 전류 손실 등이 있다. 이 같은 손실 때문에 모터는 일반적으로 100이라는 전기 에너지를 공급해도 실제 모터의 효율은 전체의 55~60% 정도 밖에 발휘하지 못하고 열로 소비되고 만다. 이 같은 모터의 손실을 줄이기 위해 학자나 제조업체들이 모터에 필요한 소재 및 제조 방법 개발을 활발히 하고 있다.

▶히스테리시스 손실 : 철심에 코일을 감고 전류를 흘리면 전자석이 되는 것은 잘 알고 있지만 코일에 AC(교류) 전류를 흘려 전자석이 된 자석 옆에 다른 철심을 놓으면 자기 유도 작용에 의해 자석이 되는 것은 DC(직류) 전류를 흘렸을 때와 같다. 그러나 AC 전류를 흘렸을 때는 교번 자계에 의해 자계의 세기와 방향이 변하게 된다. 즉 자구가 연속해서 변할 때 자구의 마찰열에 의해 철심의 온도가 상승한다. 이 온도만큼 전기 에너지는 열로서 공기 중에 발산되는데 이것을 히스테리시스 손실(hysterisis loss)이라고 한다.

▶ **맴돌이 전류 손실** : 모터의 아마추어 코일(회전 코일)은 자계 중에 놓여 회전하기 때문에 아마추어 코일 자신은 자기 유도 전압이 발생돼 배터리로부터 공급되는 전기에 역행하는 기전력을 발생하게 되는데 이 때 흐르는 전류는 코일 표피층이 절연되어 있어서 아마추어 철심 측으로 전류가 흐르게 되며 아마추어 철심 안을 통해 흐르는 전류는 외부 자계에 대해서 와류형 전류가 흐르게 되어 열로 발산된다. 이 와류형 전류를 맴돌이 전류 또는 와류라 하며 이 과정에서 일어나는 전류 손실을 맴돌이 전류 손실 혹은 와류 손실이라고 한다.

전자 유도

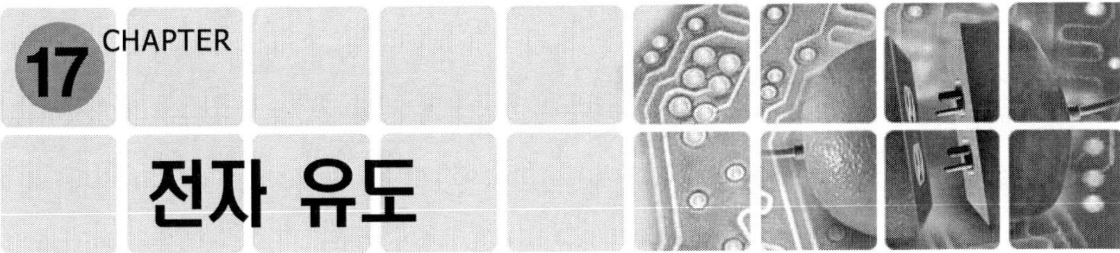

156 전기는 어떻게 만들어지나

전기를 만드는 방법은 크게 자력선 안을 도체가 움직일 때 도체에 전류가 흐르도록 전자 유도 발전기를 이용하는 것과 배터리 속에 전해액과 전극을 둬 그 화학 반응에 의해 전자가 이동하면서 전기가 만들어지는 방법. 그리고 태양 전지처럼 2개의 반도체 물질에 빛을 쏘여 전자가 이동하도록 하는 것이 있다. 이들 중 자동차에 이용하는 전기 발생 장치는 발전기(올터네이터)와 배터리를 들 수 있다.

수력 발전소나 원자력 발전소에 사용되는 발전기도 물의 낙차를 이용하여 터빈을 돌리거나 원자의 핵반응에 의해 발생되는 열 에너지로 터빈을 돌려 발전하는 전자 유도 발전기이다.

▼ 그림(a) 발전기의 시험

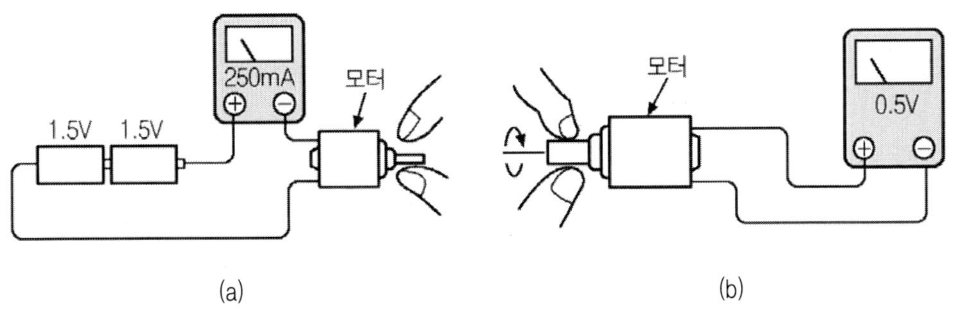

그림 (a)는 전기가 어떻게 발생되는지 실험하는 것으로 소형 DC 모터에 전지를 연결하면 모터는 회전을 한다. 멀티 테스터의 선택 스위치를 전압레인지에 두고 측정 봉을 DC 모터에 연결하여 손으로 모터를 회전시키면 테스터의 지침이 움직이는

것을 확인할 수 있는데 이것으로 모터에서 기전력이 발생되는 것을 알 수 있다. 이는 DC 모터 내부 구조가 고정자인 영구 자석과 회전자인 아마추어 코일로 되어 있어 자계 중에 아마추어 코일이 놓여 아마추어 코일이 회전 운동을 하면서 전자 유도 현상이 일어나기 때문이다.

▼ 그림(b)   올터네이터

▼ 그림(c)

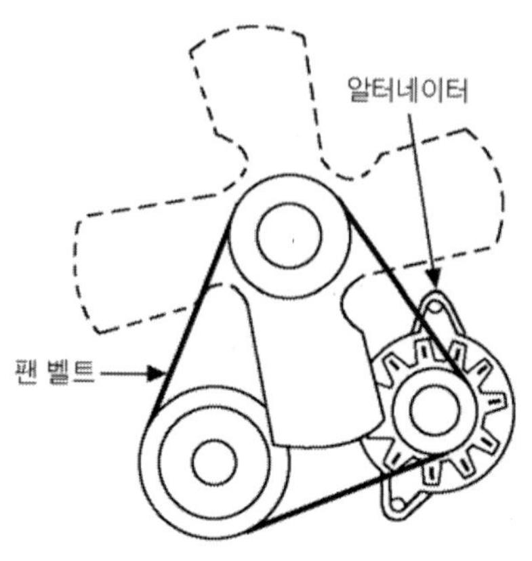

157 전자 유도 현상

전자 유도 현상은 1831년 영국의 물리학자 미셸 파라데이가 실험을 통해 최초 입증한 것인데 그림 (a)와 같이 막대자석에 코일을 감고 코일 양끝에 검류계를 연결하여 철심을 좌우로 흔들면 다음과 같은 특징을 확인할 수 있다.

① 철심이 움직일 때 검류계의 지침이 흔들린다.
② 철심을 가까이 할 때와 멀리할 때 검류계의 지침은 서로 반대이다.
③ 검류계의 지침이 흔들리는 크기는 철심의 운동에 비례한다.

철심이 움직일 때 검류계의 지침이 흔들리는 것은 코일이 자력선 내에 놓여 철심이 자력선에 변화를 주어 일어나는 현상으로 이것은 마치 자동차가 출발할 때 사람의 몸이 뒤로 쏠리는 현상과 같은 것이다.

▽ 그림(a)

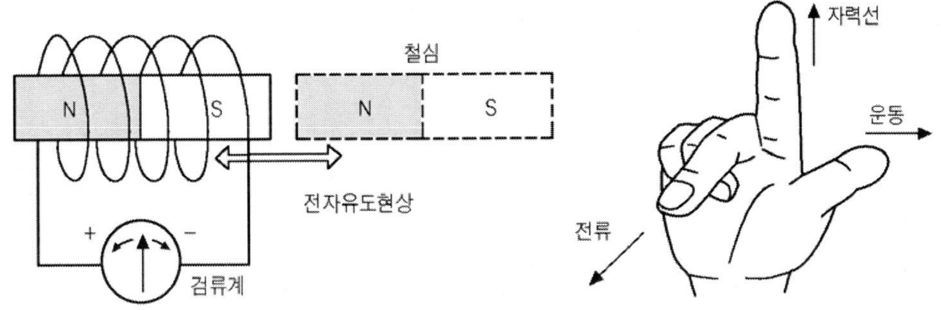

▼ 그림(b)　　플레밍의 오른손법칙

　　차는 앞으로 나가려는데 이를 나가지 못하게 하는 또 하나의 힘이 존재하기 때문인데 이것이 바로 뉴턴의 관성의 제 1법칙에 해당하는 현상이다. 즉 코일 내의 자력선 변화는 또 하나의 자력선의 변화를 방해하려는 힘이 존재한다. 이처럼 코일이 자속의 변화에 의해 기전력을 유기하는 것을 **전자 유도 현상**이라 하며 여기서 발생되는 기전력을 **전자 유도 기전력**이라고 한다. 이 경우 기전력의 크기는 다음의 공식으로 확인할 수 있다.

유도 기전력 $e = -N(\triangle\varnothing / \triangle t)$

$\triangle\varnothing$: 자속의 변화율

$\triangle t$: 시간 변화율

N : 코일의 권선수

▼ 그림(c)　　발전기의 원리

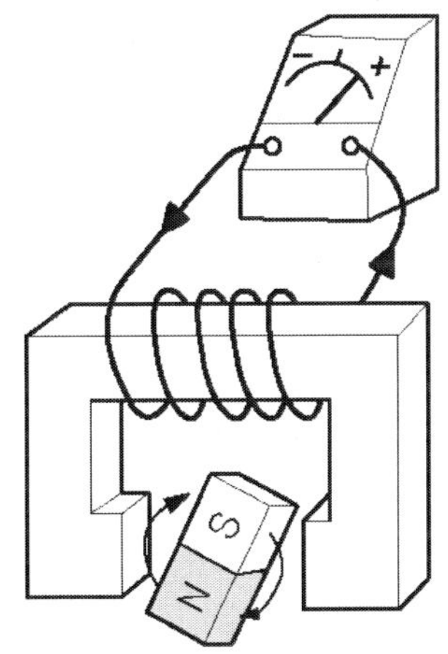

　　이와 같은 전자 유도 현상을 이용하는 분야는 넓게는 산업 분야 전반에서. 좁게는 자동차에서 폭넓게 응용되고 있는데 전기를 처음 접하는 이들에게는 흥미를 느낄 수 있는 분야라 할 수 있다.

158 이것이 렌츠의 법칙이다

유도 기전력의 크기 $e = -N (\triangle\varnothing / \triangle t)$로 나타내는데 여기서 $(-)$의 의미는 자속$(\varnothing)$이 증가하는 것을 방해하는 방향으로 기전력이 발생한다는 것이다. 다시 말해 그림 (b)와 같이 자력선이 N극에서 S극으로 이동하는 곳에 코일을 놓고 전선을 위로 움직이면 코일의 자력선을 방해하는 방향으로 코일에 전류가 흐르는 것을 알 수 있는데 이것을 **렌츠의 법칙**이라고 한다.

그림 (b)와 같이 자계 중에 직각으로 놓고 코일을 움직이면 코일에 유도 기전력이 생기는데 그 크기는 자속 밀도와 코일의 길이가 강하고 길수록 또 코일이 움직이는 속도가 빠를수록 자속을 방해하는 양이 많아져 유도 기전력은 그만큼 커지게 된다.

유도 기전력 $e = B\ell v(V)$

B : 자속 밀도, ℓ : 코일의 길이 v : 코일이 움직이는 속도

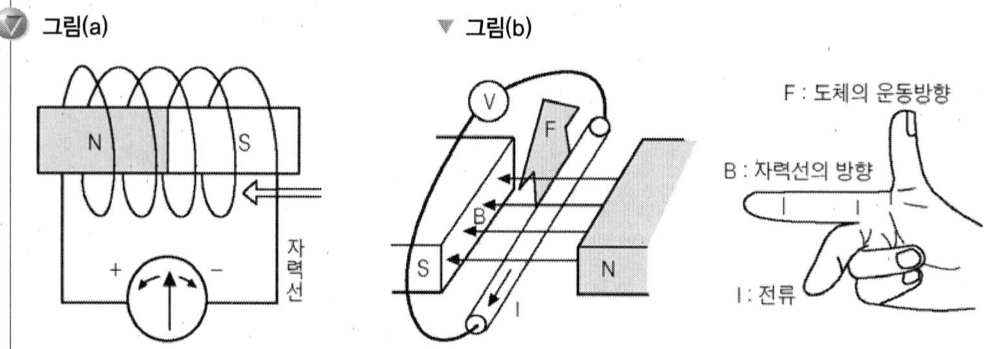

이때 발생되는 기전력의 방향(전류가 흐르는 방향)은 자력선의 N극에서 S극으로 이동하고. 도선을 위로 움직였을 때는 도선의 기전력이 자력선을 방해하는 방향으로 움직이는 것을 오른손 손가락으로 표현할 수 있도록 정리한 것이 플레밍의 오른손 법칙이다.

즉 도체의 운동 방향에 따라 자력선의 방향과 기전력의 방향이 서로 직각으로 향한다는 것을 오른 손을 사용하여 정의해 놓은 것이다. 또 코일에 유도 기전력이 유기되는 방향은 자력선이 방해하는 방향이라고 정의해 놓은 것은 렌츠의 법칙이다.

159 올터네이터의 구조

올터네이터의 구조는 전자석을 만드는 로터와 코일에 유도 기전력을 유도하는 스테이터, 스테이터 코일에서 발생하는 AC를 DC로 바꾸는 정류부 등 크게 세 부분으로 이루어져 있다. 로터는 코어에 코일을 감아 전압을 공급하면 전자석이 되는 부분으로 엔진의 크랭크샤프트와 로터의 풀리에 벨트를 걸어 자력선의 변화를 준다. 이때 자속의 변화가 빠르면 빠를수록 유도 기전력은 커지므로 올터네이터에서도 로터의 회전속도 즉, 엔진의 회전수(rpm)가 클수록 스테이터에 유도되는 발전 전압은 커지게 된다. 이렇게 스테이터에서 유도된 전압은 다이오드를 거쳐 DC로 변환된 뒤 자동차의 각 부분에 공급된다.

그림(a) 발전기의 절개품

그림(b) 올터네이터의 스테이터 코일

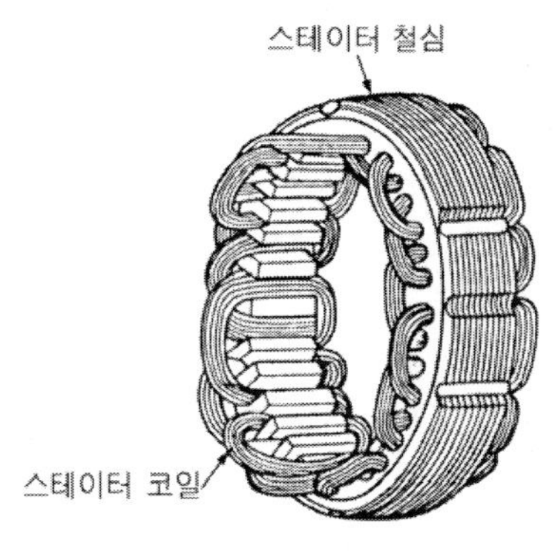

그림(c) 올터네이터의 로터

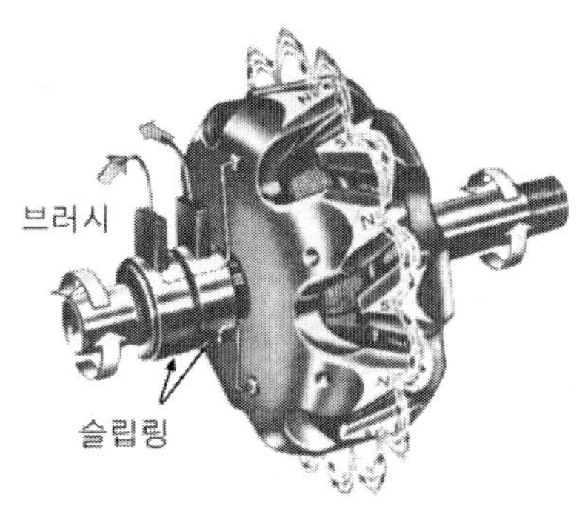

그림(d) 다이오드 내부

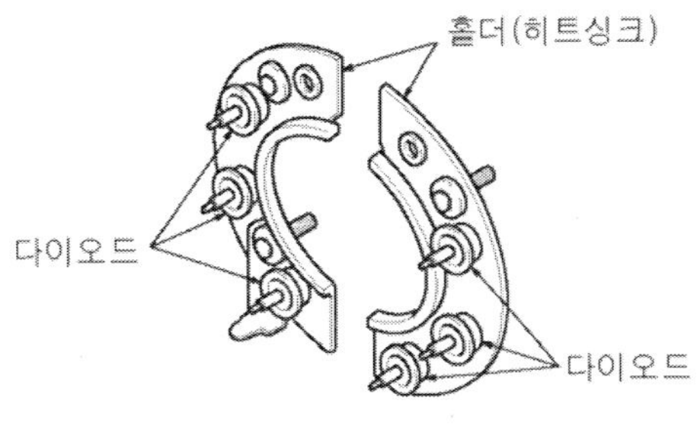

160 올터네이터는 3상 교류 발전기이다

지금까지 발전기 원리에 대해 설명했는데 실제 자동차에서 사용하는 발전기는 위상이 3개인 3상 교류방식을 쓴다. 이유는 자동차에 사용되는 전장품이 모두 DC를 사용하는데 3상 교류는 단상이나 2상 교류보다 정류능력이 좋아 안정된 DC를 얻을 수 있기 때문이다.

3상 교류방식은 3개의 스테이터 코일이 있는데 그림 (b)와 같이 3개의 스테이터 코일에 얻어지는 기전력의 파형은 각각 A상. B상. C상으로 서로 120°의 위상차를 가지며 그림 (b)와 같은 전압 파형을 일으킨다. 그래서 이름도 3상 교류 발전기라고 한다.

이렇게 스테이터 코일에서 발생되는 3상 교류는 맥동 때문에 그대로 사용할 수 없어 다이오드를 이용. DC로 변환하는 것이다.

▼ 그림(a)　발전기

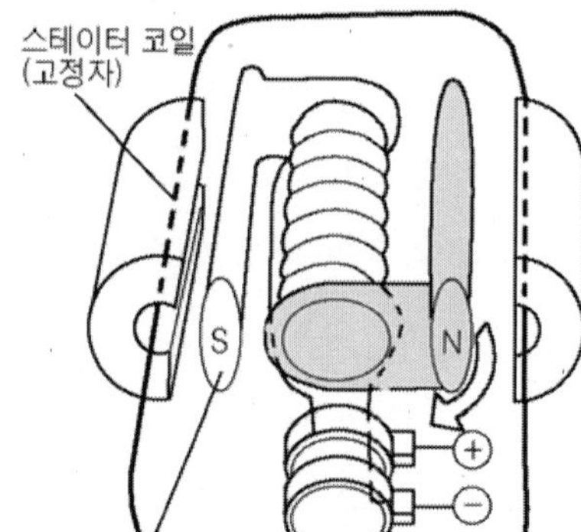

▼ 그림(b)　3상 교류 파형

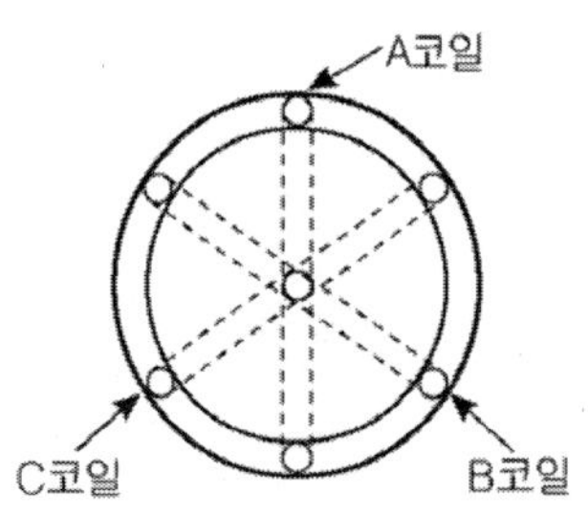

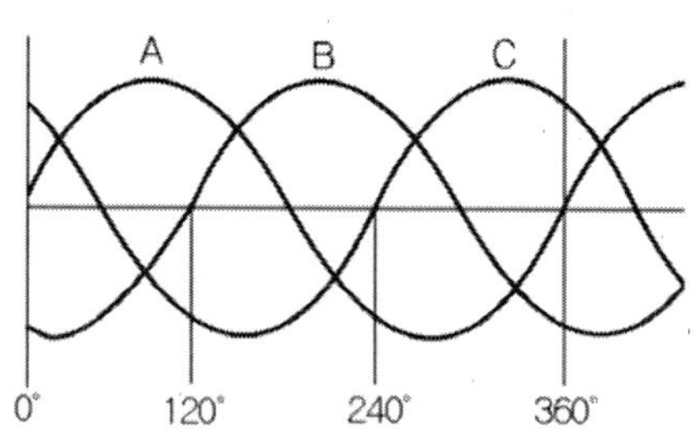

그림(c)　올터네이터의 정류회로

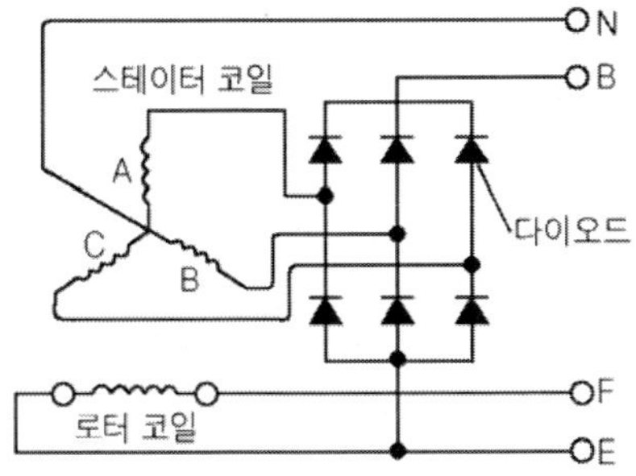

▼ 그림(d)　3상 정류파형

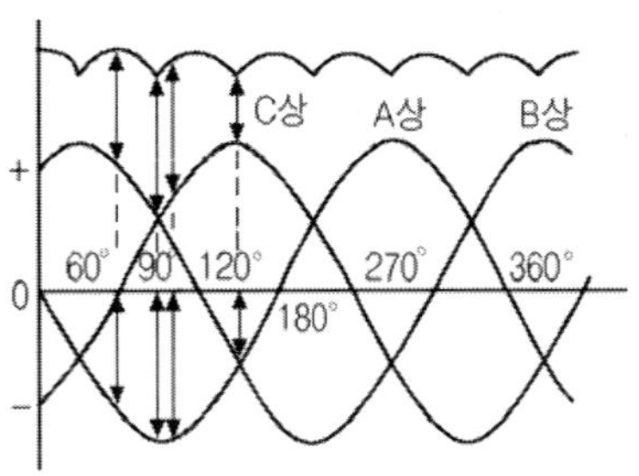

161　올터네이터는 Y결선이 유리하다

그림(a)　Y결선

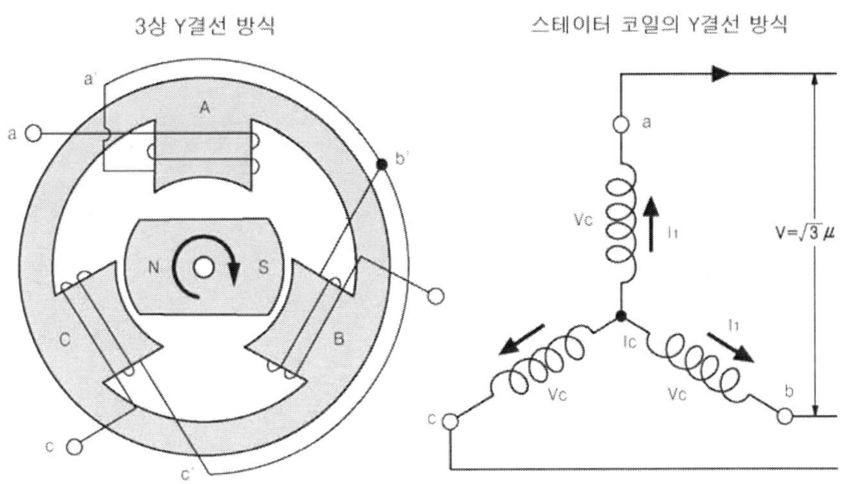

　스테이터 코일 3개가 각각 한 선씩만 출력으로 사용하고 나머지 한 선들을 서로 합쳐놓은 것이 Y형 결선 방식이라고 한다. 이렇게 합쳐진 점을 **중성점**이라 부르고 중성점에서 전압은 발생하지만 서로 합쳐져 전류는 흐르지 않는다. 또 스테이터 코일의 출력 단자 측을 보면 Y 결선은 코일이 2개 직렬로 연결된 상태가 되어 실제 발생 전압은 코일의 하나가 발생할 때보다 높게 나온다. 따라서 엔진이 저속 회전을 하더라도 올터네이터에서 발생되는 전압은 배터리로 충전이 가능하다.

반면 △결선은 출력 측 단자에서 보면 코일이 1개만 연결되어 있어 Y 결선처럼 전압은 높지 않지만 코일 출력 측에서 흘러나오는 전류는 합쳐져 전류량을 크게 할 수 있는 이점이 있다.

▽ 그림(b) △ 결선

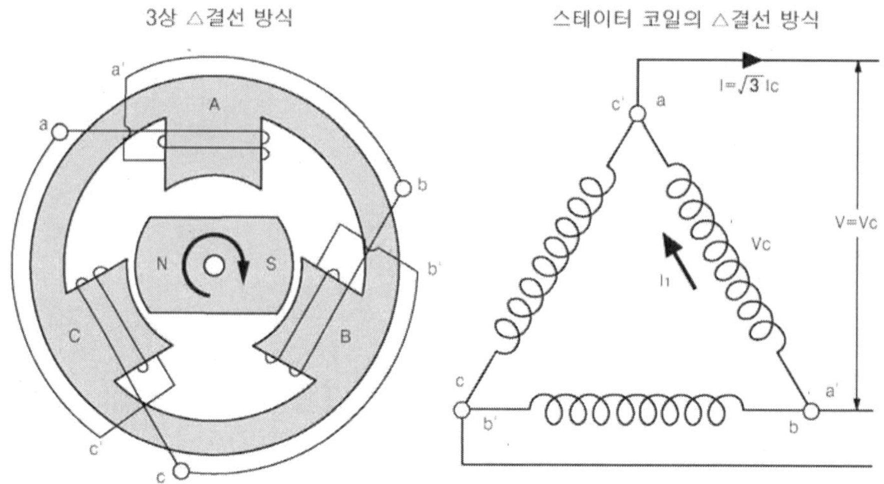

162 올터네이터의 점검

올터네이터의 점검은 내부 회로를 먼저 이해한 뒤 하는 것이 바람직하지만 올터네이터에 대한 이해를 돕기 위해 이 장에서 점검하는 방법을 기술했다. 먼저 자동차의 시동을 걸고 그림 (a)와 같이 B단자 전압을 측정한다. 이때 무부하 상태에서 엔진 회전수(rpm)를 2500rpm까지 상승시켜 전압 변화가 14V ± 0.5V선인지 확인한다. 규정 전압보다 전압이 낮으면 배터리가 방전됐거나 부하가 걸린 상태며 높으면 정전압 회로 및 필드 코일(로터 코일)의 내부 쇼트를 예상할 수 있다.

다음으로 올터네이터의 B단자와 L단자 간 전압을 측정해 0.6V 이하면 양호한 것이다. 두 단자의 전위차를 비교하는 것은 올터네이터의 내부 다이오드의 양부를 판정하기 위한 것으로 다이오드가 정상인 경우는 0.6V 이하지만 다이오드에 이상이 있는 경우는 0.6V 이상의 큰 전위차를 보인다.

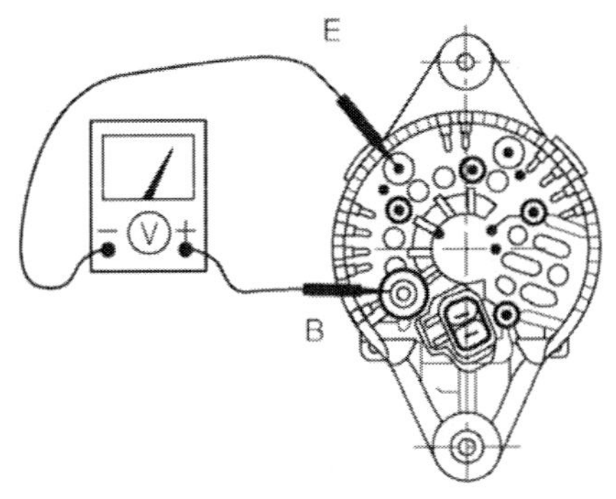

▼ 그림(a)　B단자 전압측정

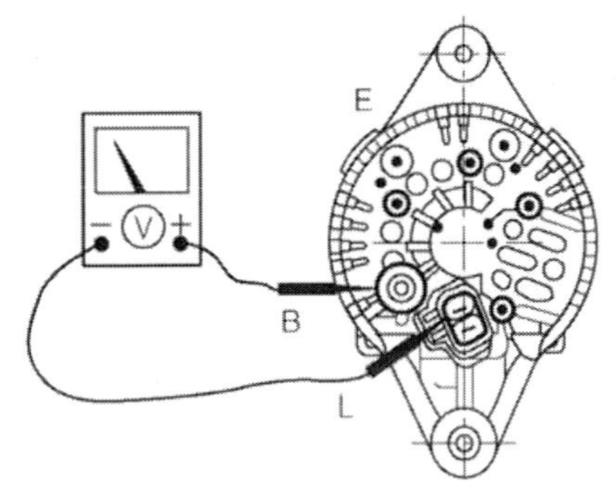

▼ 그림(b)　B단자와 L단자간 전압측정

그림 (c)는 점화 스위치를 켰을 때 L단자의 전압을 측정하는 것으로 2V ± 1V 범위에 있으면 정상이다. 이 전압을 확인하는 것은 올터네이터의 충전 경고등이 필드 코일과 직렬로 연결되어 있어서 필드 코일에 전원이 제대로 공급되는지 확인하기 위한 것이다. 필드 코일에 전원이 공급되어야 전자석이 되고 또 엔진에 의해 회전하면서 발전을 할 수 있기 때문이다.

그림 (d)는 F단자 전압을 측정하는 것으로 올터네이터에는 정전압 레귤레이터가 내장되어 있는데 이 부품에 이상이 있는지 확인하기 위해서 측정봉과 쇼트되지 않도록 주의를 기울여 측정해야 한다. 이때 규정 값은 1V 이하이며 참고로 F단자 측정은 요즘 나오는 자동차의 경우 올터네이터를 분해하지 않고는 측정할 수 없게 되어 있다.

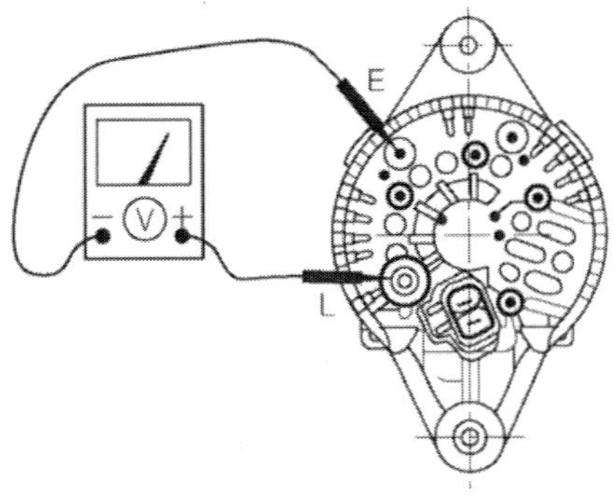

▼ 그림(c)　L 단자 전압측정

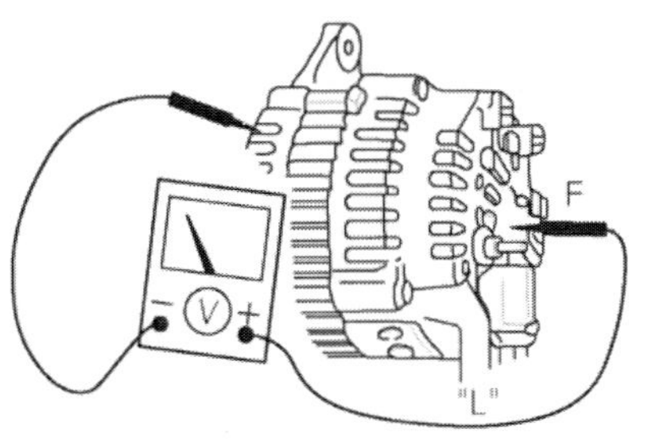

▼ 그림(d)　F단자 전압측정

163 상호 유도 작용이란

코일을 감은 자석에 철심으로 갖다대고 좌우로 움직이면 코일에는 자속의 변화를 받아 유도 기전력이 발생한다.

▼ 그림(a) 변압기

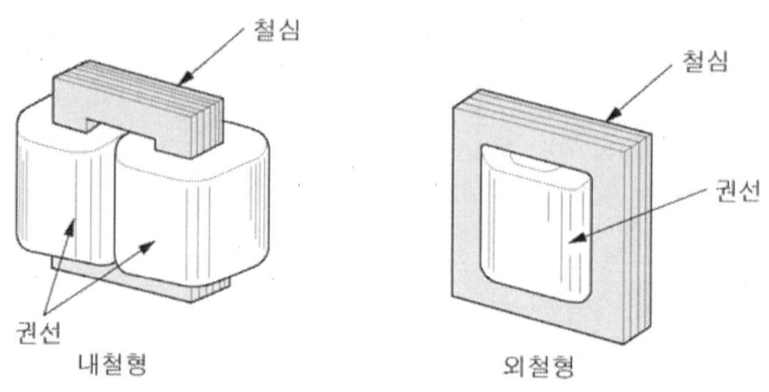

그 원리를 이용해 그림 (b)와 같이 긴 철심 위에 코일 A와 코일 B를 감고 전류계를 연결. 코일 A의 스위치를 열었다 닫았다하면 코일 B의 전류계 지침이 좌우로 움직이다가 스위치를 넣은 채 가만히 있으면 지침은 또 움직이지 않게 된다.

▼ 그림(b) 검류계

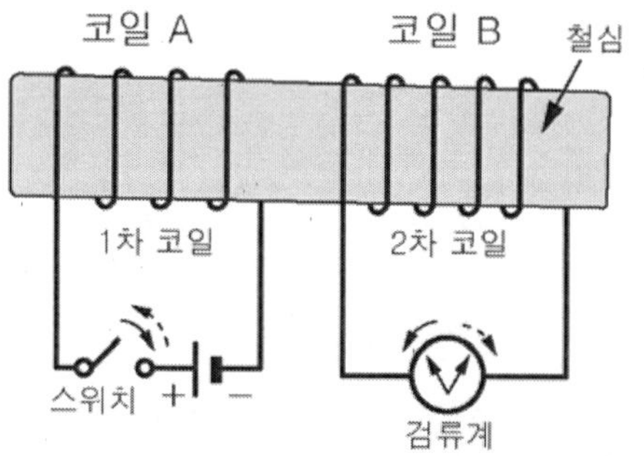

코일 B의 전류계 지침이 움직이는 것은 코일 A에 전류를 흘리면 철심에 자력선이 일어나는데 코일 A의 스위치를 열거나 닫으면 철심의 자력선이 변해 코일 B에도 자력선을 변하도록 영향을 주어 유도 기전력이 일어나는 것이다. 이때 코일 B에 생기는 기전력은 철심의 자력선이 증가할 때는 감소하고, 자력선이 감소할 때는 증가하는 식으로 일어난다. 즉 철심의 자력선 증감과는 항상 반대로 유도 기전력이 발생하는 것이다. 코일 B에서 생기는 유도 기전력의 경우를 들어 유도 기전력은 산출하는 공식을 다음과 같이 나타낼 수 있다.

$$\text{유도 기전력 } e_B = -N_B \left(\triangle\varnothing / \triangle t \right)$$

e_B : 코일 B에서 발생되는 기전력,

N_B : 코일 B의 권수

$\triangle\varnothing$: 자속 변화율 $\triangle t$: 시간 변화율

그런데 코일 A에 의한 자속 변화율은 코일 A에 흐르는 전류와 비례하므로 다음과 같이 표시할 수 있다.

$$e_B = \propto \ \triangle i / \triangle t$$

$$e_B = -M \left(\triangle i / \triangle t \right)$$

$\triangle i$: 전류 변화율 M : 상호 인덕턴스

즉 상호 인덕턴스라는 것은 코일 A의 전류 변화에 의해 코일 B에 유도 기전력이 일어나는데 관계를 갖는 계수 값이 되는 것이다.

코일 A의 전류 변화에 의한 자속 변화율은 서로 비례하므로 코일의 A 전류 변화율에 의해 코일 B에 유도 기전력이 일어나는 것을 상호 유도 작용이라고 하며 코일 A의 전류 변화에 의해 코일 B에도 유도 기전력을 만들 수 있는 능력을 상호 인덕턴스라고 하는 것이다.

164 고압 발생 원리

상호 유도 작용에 대해 살펴보았는데 지금부터는 높은 전압이 어떻게 만들어지는 지에 대해 생각해보자.

그림 (a)를 보며 높은 전압을 만들기 위해 할 수 있는 방법으로는 코일의 권선 수

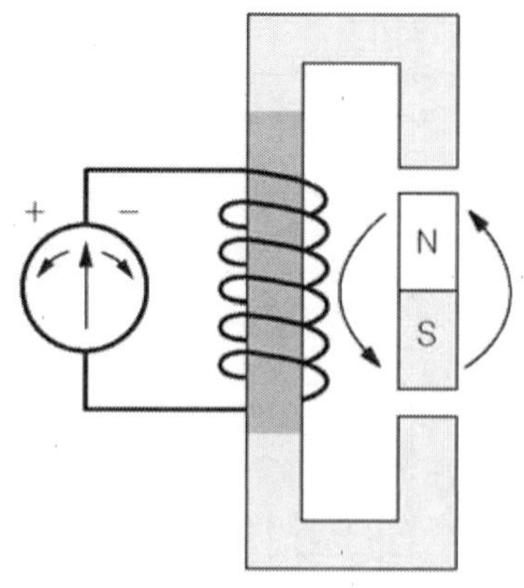

그림(a)　발전기

자석이 회전을 하면 검류계의 지
침이 좌우로 진동을 한다

를 많게 하거나 강한 자석을 쓰는 것. 그리고 자
석을 빨리 회전시켜 자력선의 변화를 빠르게 주
는 것이 있을 수 있다. 그러나 코일의 권선 수를
늘리는 것은 권선 수만 늘리다 보면 발전기의 크
기가 커져야 하는 문제가 있고 자석의 세기를 강
하게 하는 것도 한계가 있기 때문에 코일 내 자석
을 빨리 화전시켜 코일 내 자력선을 급격히 변화
시켜 주는 방법이 가장 설득력이 있다.

그림 (b)를 대비해서 생각해보면 1차 코일에
전류의 변화를 급격히 주는 것으로 대비할 수 있
다. 즉 1차 코일의 전류 변화는 철심의 자속과 비
례하는 스위치의 단속을 생각할 수 있다.

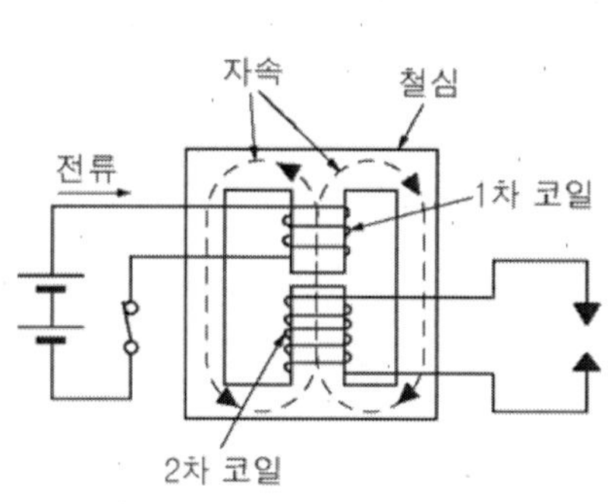

그림(b)　점화코일의 원리

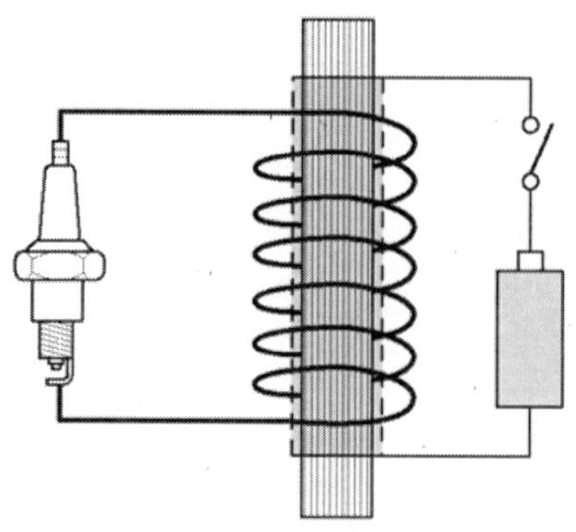

▼ 그림(c)　고압 발생 기본원리

그림 (d)는 스위치를 켰을 때와 껐을 때 1차 코일에 흐르는 전류의 변화를 나타낸
것으로 스위치를 껐을 때 전류가 급격히 변하는 것을 볼 수 있다. 1차 코일에 일어나
는 고전압은 스위치를 껐을 때 전류의 급격한 변화에 의해 일어나는 것이다. 이처럼
급격히 발생된 전류의 변화에 의해 철심 내 자속 또한 급격히 변해 2차 코일에는 코
일의 권선 수에 비례해 높은 전압을 만들 수 있다. 이와 같은 원리를 이용한 것이 변
압기이며 점화 코일은 DC 12V 전압을 단속하여 20KV 정도의 높은 전압을 만들 수
있는 일종의 변압기인 셈이다.

 그림(d)

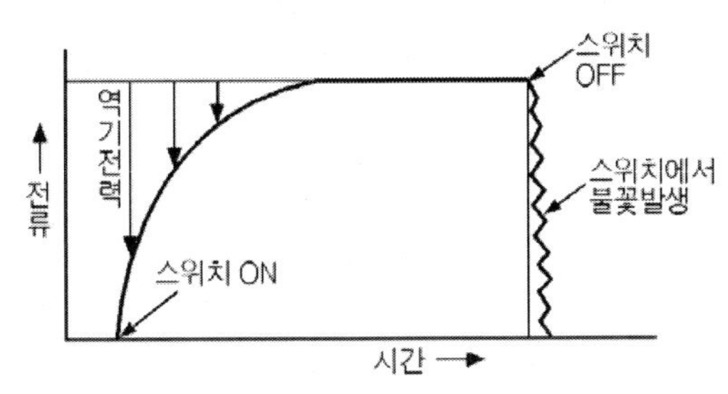

▼ 그림(e)

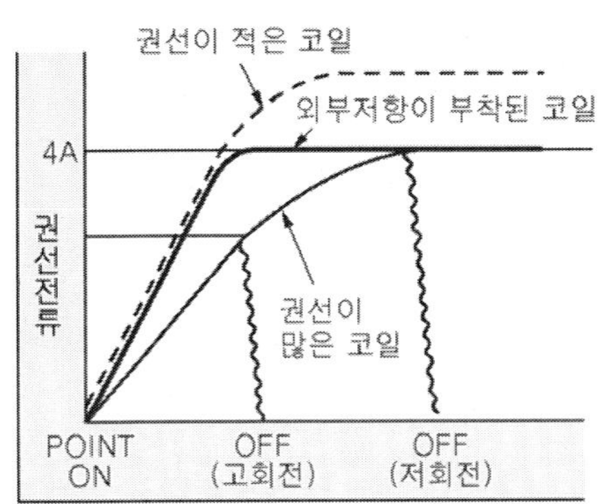

외부저항이 부착된 코일과 부착되지 않은 코일의
1차전류 비교

165 자기 유도 현상

우리가 흔히 말하는 역기전력이란 역 방향으로 전압이 발생된다는 의미가 아니라 자속이 변화할 때 변화를 방해하는 방향(렌즈의 법칙)으로 기전력이 발생한다고 해서 붙여진 이름이다. 이 역기전력이 바로 자기 유도 전압이다.

자기 유도 전압은 스위치를 끌(OFF) 때만 일어나는 것이 아니라 사실은 스위치를 켰을(ON) 때도 나타나는데 실제 측정 시에는 나타나지 않기 때문에 끌(OFF) 때만 나타나는 것으로 생각할 수 있다. 자기 유도 전압은 코일의 전류가 변화할 때 그 전류의 변화를 받아 코일 자신이 자속의 변화를 일으키고 또 그 결과에 따라 자속의 변화를 방해하는 방향으로 코일 스스로 만들어내는 것이다.

166 점화 코일

점화 코일은 철심에 1차 코일과 2차 코일을 감아 놓은 일종의 변압기로 1차 코일 권선은 약 250회 정도. 2차 코일은 약 2만회 정도이다. 점화 코일의 종류에는 크게 2가지가 있는데 하나는 그림 (a)와 같은 개자로형이고 다른 하나는 그림 (b)와 같은 폐자로형이다.

　개자로형 점화 코일은 1차 전류가 흐를 때 2차 측 코일에 유기되는 자력선의 통로가 열려 있어서. 폐자로형은 반대로 자력선의 통로가 2차 측 코일에 유기되는 자력선의 통로가 닫혀있어 각각 그렇게 부르게 되었다. 이중 폐자로형 코일은 자력선이 철심 내부에 갇혀 있어 자속 손실이 적기 때문에 고압을 유기하는 효율이 뛰어나며 소형화할 수 있는 이점이 있어 개자로형 코일보다 많이 사용되고 있다. 또 최근에는 자동차의 고성능화가 확산되면서 배전기 없이 점화를 직접하는 DLI(Distributor Less Ignition) 점화 방식을 채택해 폐자로형은 엔진 연소실 2개 당 하나씩 사용하는 방식이 주류를 이루고 있다.

▼ 그림(a)　개자로형 점화코일　　　　　　▼ 그림(b)　폐자로형 점화코일

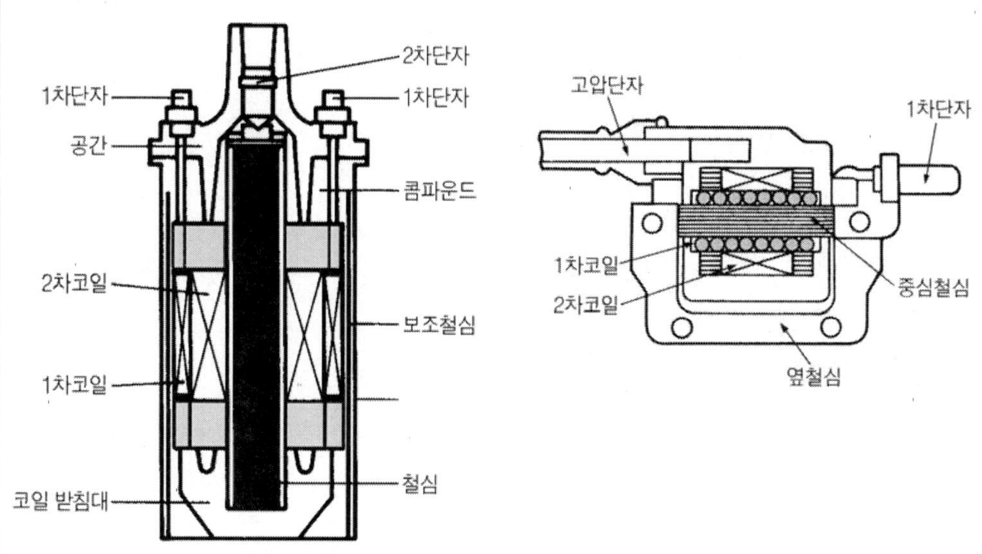

　점화 코일의 구조는 그림 (a)처럼 철심에 2차 코일과 1차 코일을 겹쳐 감아 원통형 케이스에 넣어 절연 콤파운드를 삽입한 형과 절연유를 삽입한 형이 있으며 1차 코일의 저항은 대개 $1 \sim 2\Omega$ 정도로 낮아 코일에 지속적으로 전원을 가하면 대전류로 인한 심한 발열로 단선되는 경우도 있어 코일을 보호하기 위한 외부 저항을 1차 코일과 직렬로 삽입해 둔 방식도 있다.

　그림 (b)의 폐자로형 코일은 철이 공기보다 투자율이 약 1만배 정도 높은 것을 이용. □ 자형 철심의 자로를 만들어 자속 손실을 줄이고 코일의 권선수를 적게 해도 고압을 일으킬 수 있도록 한 것으로 소형화도 가능하다.

　최근에는 철심의 재질과 절연 기술의 발달로 폐자로형 점화 코일을 초소형화 할 수 있는 기술이 더욱 발달되어 1차 코일을 단속하는 TR(트랜지스터)을 내장한 점화 코일도 많이 사용되고 있다.

167 점화 장치 회로

　점화 장치의 구성은 고압을 발생시키는 점화 코일과 고압을 만들기 위해 코일의 1차 전류를 단속하는 포인트, 고압을 분배하는 디스트리뷰터(배전기), 고압을 전송하는 고압 케이블, 그리고 불꽃을 튀겨주는 점화 플러그 등으로 구성돼 있다. 또 점화 장치의 종류로는 1차 전류를 단속하는 기구에 의한 포인트식과 무접점 방식인 트랜지스터를 이용한 트랜지스터식, 디스트리뷰터가 있는 배전기식, 배전기가 없는 DLI식 등이 있다.

▼ 그림(a)

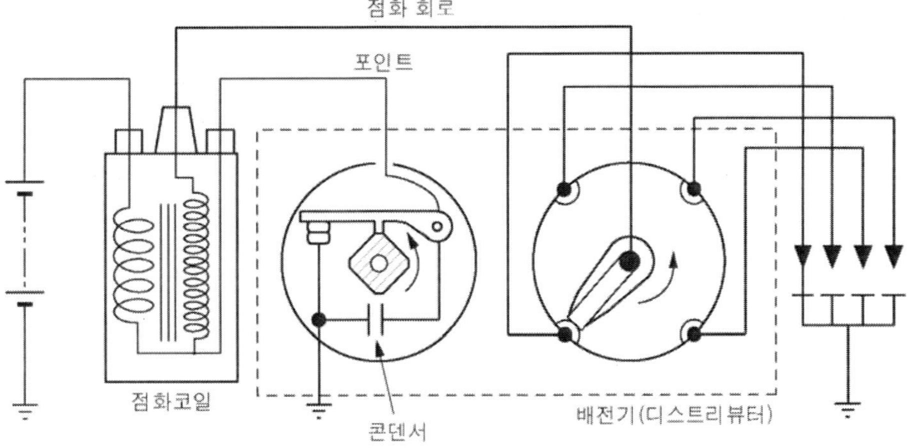

　포인트식은 기계적인 접점으로 되어 있는 포인트와 병렬로 콘덴서를 삽입해서 사용하는 것으로 이때 콘덴서는 약 $0.2\mu F$ 정도의 용량으로 전기를 저장하는 역할을 하며 포인트가 1차 전류를 차단할 때 포인트에서 발생하는 불꽃의 방전을 막고 1차 전압을 흡수한다. 콘덴서의 이 같은 역할로 인해 포인트의 단속 시간을 줄이고 불꽃 방전(아크 방전)으로부터 포인트 접점이 손상을 막는 2차 효과도 얻을 수 있다. 그러나 콘덴서의 용량이 너무 크면 포인트의 불꽃 방전은 줄일 수 있으나 콘덴서의 충전 시간이 길어져 1차 전류가 계속 콘덴서를 통해 흘러 점화 코일의 2차 측 전압을 그만큼 낮추는 문제가 있다. 따라서 콘덴서의 용량을 적당한 것으로 사용해야 2차 측의 고압 방전이 효과적이다.

▼ 그림(b)

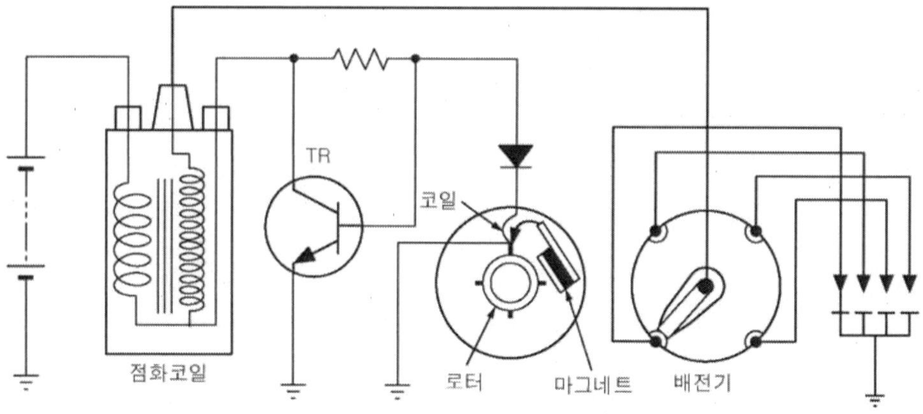

한편 트랜지스터식은 포인트 대신 트랜지스터가 점화 코일의 1차 전류를 단속하며 ECU가 단속 시간을 제어한다. 여기서 쓰여지는 트랜지스터를 파워 트랜지스터 (POWER TR)라 부르며 일본에서는 이그나이터로 칭하기도 한다.

168 점화 장치 점검 방법

점화 장치의 점검은 의외로 간단하다. 점화 장치 이상 시 어떤 현상이 나타나느냐에 따라 점검 방법이 달라지는데 대표적인 현상으로는 시동이 안 걸리는 것이다. 또 시동은 걸리지만 엔진이 부조하거나 엔진 출력이 나지 않는 경우도 많다.

시동이 걸리지 않는 경우는 우선 그림 (a)의 +단자 전압(IGN 전압)을 확인해야 하는데 이때 +단자 전압이 8V 이상은 돼야 한다. +단자 전압은 점화 키 스위치를 거쳐 점화 코일의 +단자에 연결돼 있기 때문에 전압이 0V이면 IGN 퓨즈를 확인한다. 점화 장치를 간단하게 점검할 수 있는 가장 일반적인 방법은 플러그에 연결된 고압 코드(고압 케이블)의 코드를 떼서 차체에서 약 7mm 정도 떨어진 상태에서 불꽃이 튀는 지를 확인하는 것이다. 그러나 이 방법은 엔진 출력이 나지 않거나 고속시 엔진 부조 현상이 나타날 때는 효용성이 없다. 엔진 부조인 경우의 점검은 여러 가지 원인을 생각해볼 수 있는데 점화 장치의 구성 부품이 성능상 문제가 많아 일반 멀티 테스터로 정확히 진단하기란 쉽지 않다. 따라서 고압 회로의 리크 테스터(leak test) 같은 전문 관측 장비를 갖춰 점화 파형을 보면서 고압 회로를 진단해야 하며 점화 파형을 분석하는데도 풍부한 지식과 경험이 뒷받침돼야 하는 어려운 점이 있다(점화 파형은 다음에 다루기로 하겠다.).

그림(a)

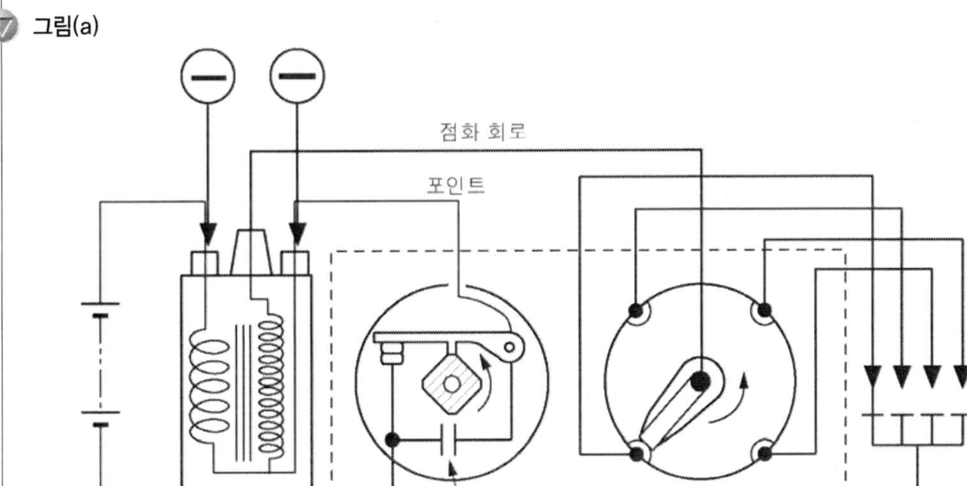

이외에도 최근 출시되는 자동차는 크랭크의 각 센서 정보가 ECU에 입력돼 연료 장치의 전원 공급은 물론 점화 신호를 출력하게 돼 있어 엔진 ECU의 입력 회로 이상으로 시동이 안 걸리는 경우도 있으니 참고하자.

169 점화 파형을 보는 목적

엔진의 출력이 약하거나 중. 고속 시 혹은 공회전 시 엔진이 부조를 하는 현상의 점검은 단순히 전압 측정이나 부품의 저항 측정만으로는 원인을 찾기가 쉽지 않다. 점화 회로는 고압 회로로 이뤄져 있어 단순히 전류가 흐르는 전선을 도통 점검이나 전압만 측정해서는 점검을 할 수 없기 때문이다.

▽ **그림(a)   트랜지스터 방식의 점화 1차파형**

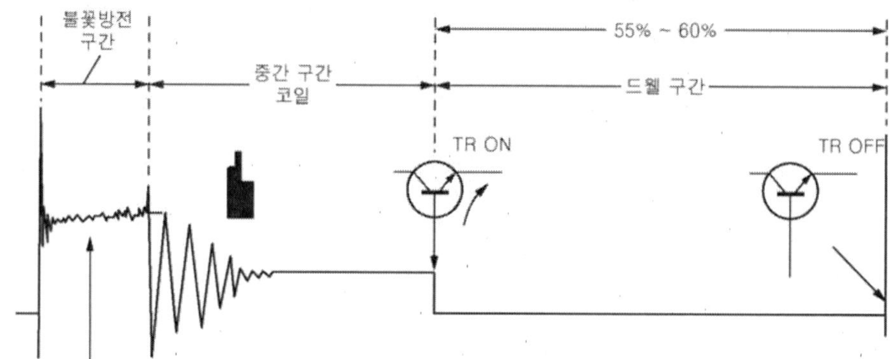

포인트식과 같은 진동은 없다.

그러나 고압 회로는 누설 전류가 발생할 확률이 저압 회로보다 높고 에어 갭(공기 층의 간격)에 의해 고압 전송이 충분히 이뤄지지 못하면 고전압에 의한 에너지 손실로 그림 (b)와 같이 연소실 내 불꽃 방전 구간이 짧아져 완전 연소를 할 수 없게 된다. 따라서 고압 회로를 점검하려면 점화 파형을 측정해서 연소실 내의 연소 상태나 고압 회로의 누설 전류 상태를 전기적인 신호 파형으로 알아내는 방법을 사용하는 것이 좋다.

▽ **그림(b)   점화 회로**

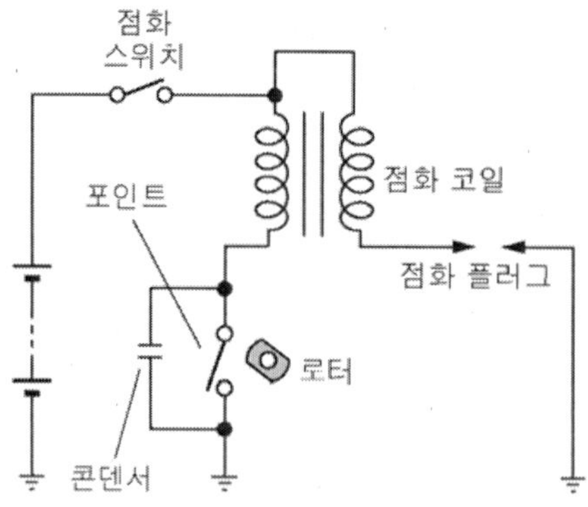

코일과 콘덴서

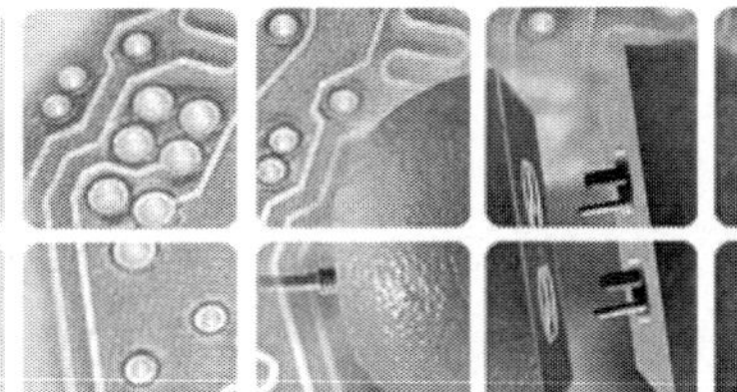
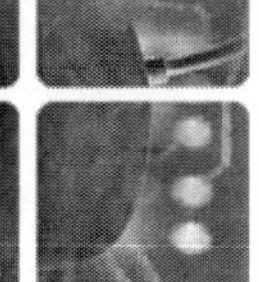

170 코일이 갖는 저항

전기 회로에 사용되는 소자(부품)로는 저항. 코일. 콘덴서를 들 수 있는데 이 셋을 수동 소자라고 부르기도 하며 또 이들 수동 소자로 이뤄진 회로를 **전기 회로**라고 한다. 저항과 코일. 콘덴서를 이용한 전기회로는 전기 분야에서 가장 근본적인 요소이면서도 매우 중요한 부분이므로 회로의 특성을 이장에서 짚고 넘어가겠다.

그림 (a)와 같은 회로에서 스위치를 켜면 전구는 밝게 점등되지만 스위치를 끄면 전구는 어두워진다. 그런데 코일의 저항이 1Ω이라고 가정하면 전류는 옴의 법칙에 입각해 100A의 전류가 흘러야 하나 실제로는 그보다 훨씬 적은 1A 밖에 흐르지 않는다. 이유가 무엇일까.

▼ 그림(a) 코일이 갖는 저항 시험

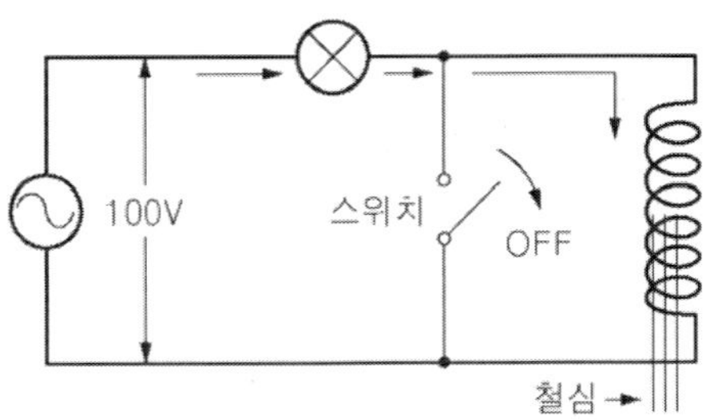

코일이 갖고 있는 인덕턴스 성분 때문에 실제 코일에 흐르는 전류는 훨씬 적고 회로의 저항 값도 크기와 방향을 갖는 전압 및 전류 성분에 의한 저항 값이 되는 것이다. 그 관계를 공식으로 나타내면 다음과 같다.

$$Z = R + jXL(\Omega)$$

Z : 임피던스   R : 전구의 저항   jXL : 유도성 리액턴스

$$jXL = j\omega L = 2\pi fL$$

ω : 각속도   f : 주파수 L : 인덕턴스

▽ 그림(b)   코일의 전류 변화

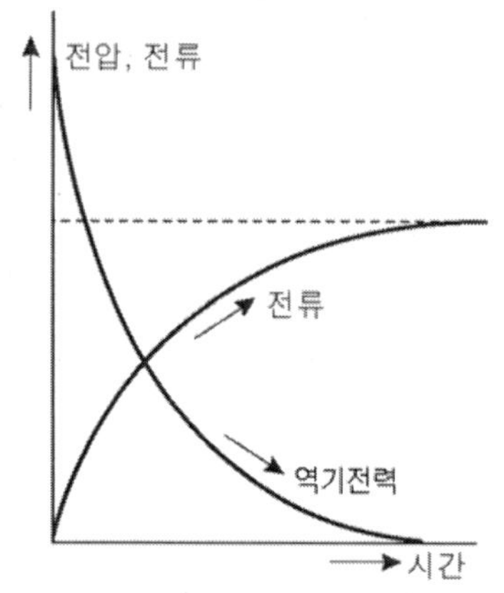

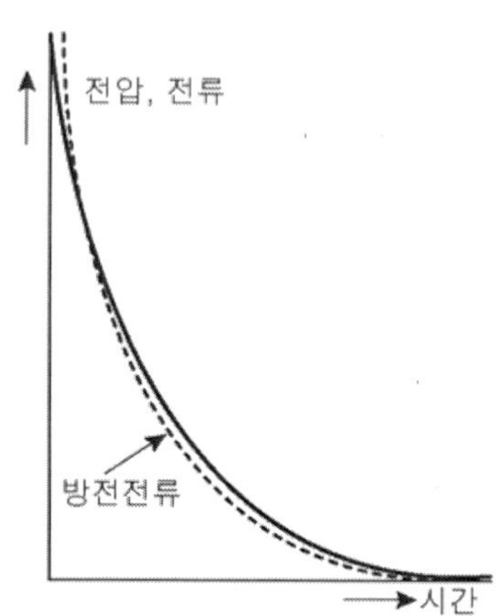

이렇게 저항을 표시하는 이유는 교류 성분에 의해 코일이 갖고 있는 특성이 직류 저항 값과는 달리 나타나고 있기 때문이다. 따라서 합성 저항을 표시할 때는 저항이라 하지 않고 임피던스라 하며 인덕턴스에 의한 저항 값은 유도성 리액턴스라고 한다.

171 코일도 에너지를 축적한다

1kg의 중량을 가진 물체를 1m 높이로 끌어올려 놓으면 그 물체는 1kg·m의 위치 에너지를 갖게 되는 셈인데 전기에서 이에 해당하는 것이 바로 콘덴서에 전압이 축적된 것이다. 가령 1kg·m의 위치 에너지를 가진 물체를 자유 낙하시키면 이 물체는 운동에너지로 변환되고 이 에너지를 정지시키면 에너지를 발산하게 된다. 이때 나오는 에너지는 물체의 중량과 속도에 비례한다.

전기에서는 이 같은 상황을 코일과 연관 지어 설명할 수 있는데 코일에 전압을 공

급하면 전류가 흘러 전류 변화를 가져오고 이로 인해 코일의 자속 변화가 생겨 유도 기전력을 만드는 것과 같은 이치이다. 그림 (a)의 회로에 전류를 흘리면 그 전류에 의해 자속이 발생하고 그 자속에 의해 코일에 에너지가 축적된다. 여기서 코일에 축적되는 에너지의 크기는 다음과 같이 구할 수 있다.

그림(a)

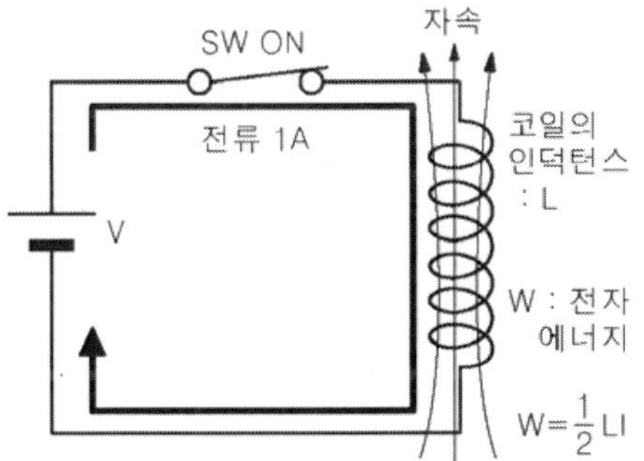

이 공식이 갖는 의미는 예를 들어 1H 크기의 코일에 10A의 전류를 흘릴 때 $W = (1 \times 10^2)/2 = 50$. 즉 50J(주울)의 에너지 크기를 말한다. 여기서 J은 일의 단위로 1J은 약 $0.1\text{kg} \cdot \text{m} = 0.24\text{cal}$ 이다. 만일 6mH의 인덕턴스를 갖고 있는 점화 코일에 5A의 전류가 흐른다고 가정하면 이때 코일에 축적할 수 있는 에너지의 크기는 얼마나 될까. $W = (6 \times 0.001 \times 5^2)/2 = 0.075 = 75(\text{m J})$이다. 이 정도의 에너지만 가지고도 스파크 플러그에 불꽃을 튀겨 연소실 안의 혼합 가스를 착화시킬 수 있는 에너지가 되는 셈이다. 단 스파크 플러그의 불꽃 지속 시간은 적어도 1ms 이상 되어야 가능하다.

172 코일의 특성

코일의 값을 인덕턴스로 나타내는 것은 코일에 전류를 흘릴 때 코일 자신이 얼마만한 유도 기전력을 얻을 수 있느냐 하는 것을 수치로 보기 위함인데 보통 유도 기전력의 크기는 전류에 비례한다. 코일에 전류를 흘리면 무엇인가 전류의 흐름을 방해하는 성분이 있는데 이것을 코일 값으로 정의하는 것이다.

▽ 그림(a)

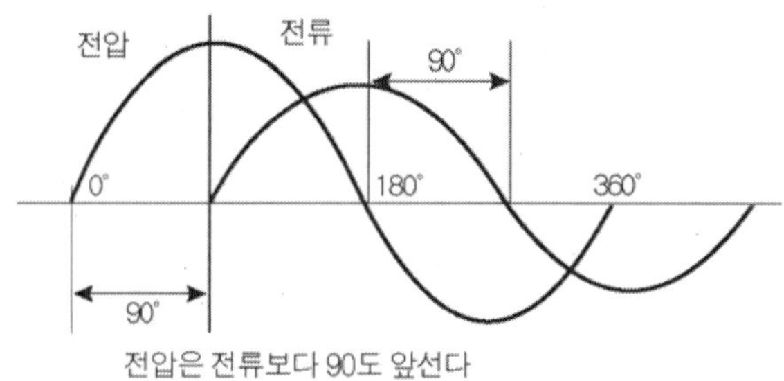

　교류에 대한 저항 값에 대해 코일의 저항 값(리액턴스 값)이 커지는 이유는 앞서 설명한 것처럼 뉴턴의 관성의 법칙에 따른 것이다. 즉 교류의 주파수가 높을수록 코일의 자속 변화도 빨라져 코일에 흐르는 전류를 방해하는 힘도 그만큼 커지기 때문이다. 코일에 전류를 흘리면 코일은 자속의 변화 때문에 전류는 서서히 증가하고. 이 전류의 변화를 받아 자속도 변하게 되므로 코일 내에는 유도 기전력(역기전력)이 생기게 된다. 이 때문에 코일에 전류를 흘리면 전류의 위상은 전압의 위상보다 $90°$ 뒤지는 결과를 가져오게 된다. 인젝터 코일에도 전압을 공급하여 전류를 흘리면 전류 위상이 전압보다 $90°$ 뒤지기 때문에 인젝터에 무효 분사 시간과 유효 분사 시간을 구분해 표시하는 것이다.

【코일의 특성】
① 코일은 전자 에너지를 축적한다(자기 유도 전압을 발생한다.).
② 코일은 교류에 대한 저항 성분(리액턴스 값)은 커진다. 즉 코일에 교류를 흘리면 잘 흐르지 않는다.
③ 코일에 전류를 흘리면 전류는 전압보다 위상이 $90°$ 뒤진다.

▽ 교류에 의한 코일　　　　　　　**▽ 교류 파형**

173 코일의 이용

　코일은 제작하는 방법과 용도에 따라 그 종류가 구분되는데 제작 방법에 따라서는 크게는 철심을 사용한 철심형 코일과 철심을 사용하지 않은 공심형 코일로 구분한다. 철심형 코일은 내부 자계에 의한 자속 손실이 적어 인덕턴스 값이 비교적 크므로 주로 저주파용으로 적합하다. 공심형 코일은 내부에 철심 혹은 코어 등을 쓰지 않아 비교적 인덕턴스 값이 적기 때문에 고주파 발진회로나 고주파 필터 회로, 지연 회로 등으로 사용된다.

▼ 그림(a)

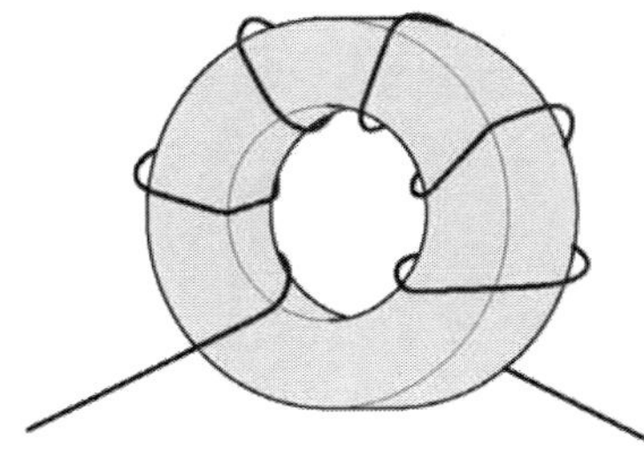

▼ 그림(b)　변압기

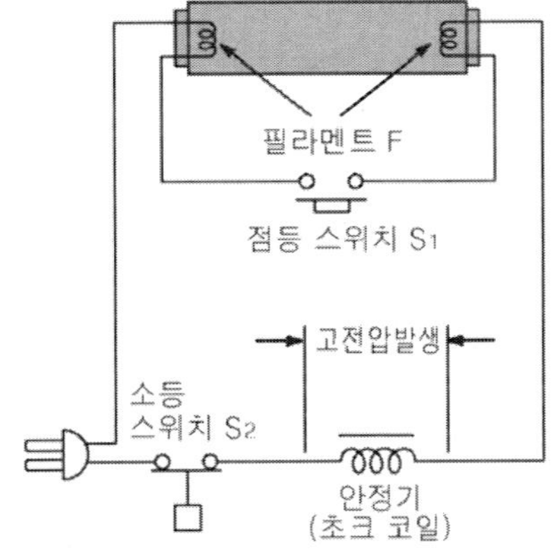

　용도에 따라서는 유도 기전력을 이용한 변압기 코일과 발전기 코일, 자력선의 힘을 이용한 릴레이의 코일, 부저, 그리고 유도 리액턴스 값을 이용한 초크 코일, 공진 현상을 이용한 동조 코일 등 다양하게 나눠진다.

　그림 (c)는 우리 주변에서 흔히 사용하는 형광등의 회로로 여기에는 초크 코일(안정기)라는 것이 내장돼 있어서 형광등의 방전을 일으키는 역할을 하고 있다.

　형광등의 작동 원리를 통해 초크 코일의 기능을 살펴보면 먼저 S_1 스위치를 닫으면 필라멘트에 전원이 연결돼 가열되면서 열전자를 방출하고 S_1 스위치를 열면 그동안 방출된 열전자들이 초크 코일에서 발생

▼ 그림(a)　형광등

하는 고전압 때문에 형광면을 타고 기체 방전을 일으키는데 이때 형광 물질이 열전자와 강하게 충돌하여 발광하는 것이다.

여기서 사용하는 S_2 스위치는 전원을 차단하여 방전을 끝내게 하는 기능을 하는 것으로 누르면 스위치가 꺼지는 B접점 스위치다.

174 정전 용량

그림 (a)와 같이 절연된 도체에 전기를 띤 다른 도체를 가까이 대면 전자는 이동하여 (−)전하를 띠게 되고 전자가 이동한 도체는 (+)전하를 갖게 된다. 이때 도체와 도체간은 전위차 즉 전압(V)이 생기게 되는데 이때의 전하량을 Q (C)라고 한다면 전하량 Q와 전위차 V간의 비를 정전 용량으로 나타낼 수 있다. 즉 정전 용량은 전위차 1V를 만들기 위해 필요한 전하량의 계수로 다음과 같이 표시한다.

$$\text{정전 용량 } C = \frac{Q}{V} \ (F) \qquad \text{단위 : 피라드}$$

▽ 그림(a) 정전 용량

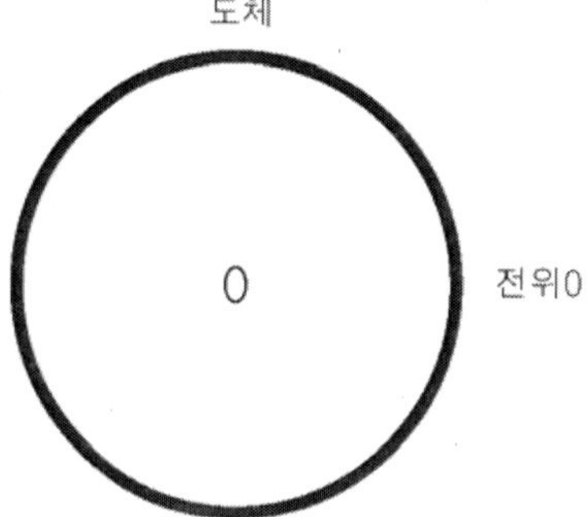

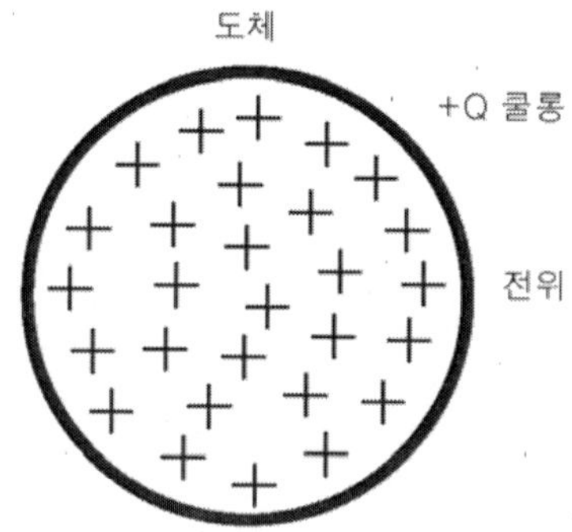

175 콘덴서에 전기가 충전되는 이유

절연체의 원자는 전자를 속박해서 자유 전자를 만들기 어렵지만 그림 (a)와 같이 외부에서 전계를 가하면 절연체의 내부는 분자들이 규칙적으로 배열하는 현상을 나타낸다. 이것을 유전 분극 현상이라고 하는데 이 같은 현상이 많이 나타나는 물질들이 바로 콘덴서 재료로서 적합하며 많은 전기를 축적할 수 있다. 이처럼 절연체 중 유전 분극 현상이 잘 일어나는 물질을 유전체라고 부른다.

▼ 그림(a) 절연체의 유전분극 현상에 의한 유전율

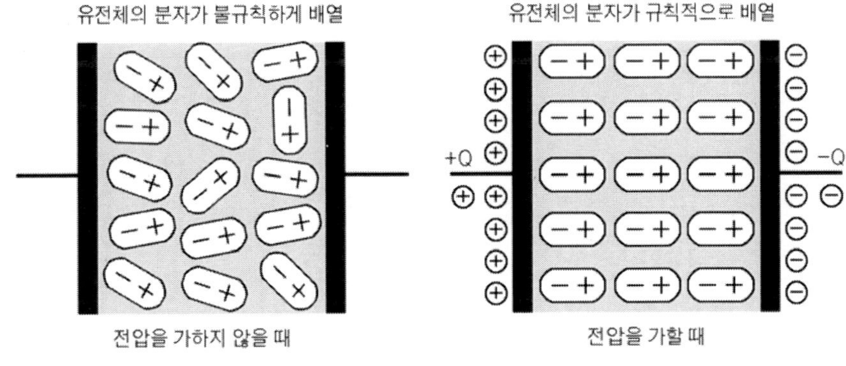

176 콘덴서의 충방전 전류

그림 (a)와 두 개의 평행판에 전압을 가하면 콘덴서는 충전을 하게 되는데 전지의 (+)전압에 의해 평행판 A에 있던 전자가 평행판 B로 모여 평행판 B는 (−)전하를, 평행판 A는 (+)전하를 띠게 된다.

평행판 A와 B는 서로 반대의 극성으로 대전되어 있어 흡인력이 작용하며 평행 판 사이의 유전체는 유전 분극 현상을 일으킨다. 이 현상으로 양극판의 전위차가 일어나

▼ 그림(a) 콘덴서의 전하량 축적

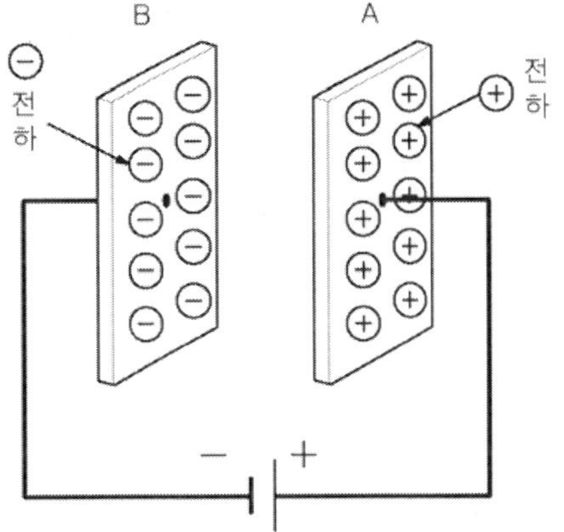

회로 연결 시 평행 판 B의 전자는 다시 이동하게 한다. 이와 같이 평행 판 사이의 유전 물질이 콘덴서의 전하량을 축적하는 역할을 하므로 유전체 이름을 따서 콘덴서의 종류를 구분한다. 예를 들어 유전체로 공기를 사용하는 경우는 공기 콘덴서. 세라믹을 쓰면 세라믹 콘덴서가 되는 것이다.

▼ **그림(b)**

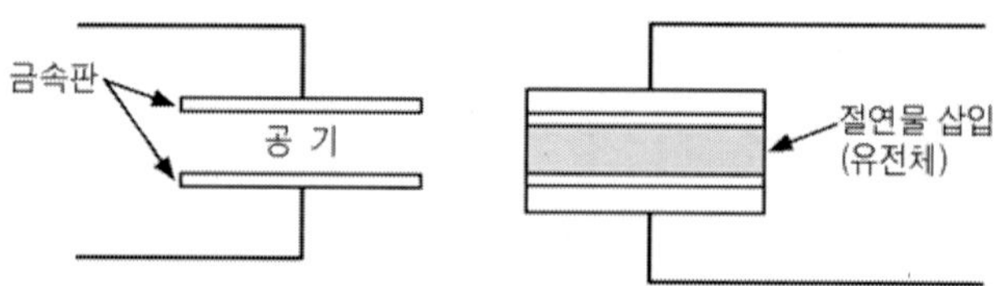

그림 (c)는 스위치를 켰을 때 전지에 의해 충전되는 것을 나타낸 회로이다. 이 회로의 충전 전류는 전지에 의해 평행 판의 전자를 이탈시키고 이탈된 전자들은 콘덴서에 쌓이는데 전지에 축적된 전압과 콘덴서에 축적된 전압이 서로 같아질 때까지만 콘덴서에 전류가 흐른다. 두 곳에 축적된 전압이 같아지면 이번에는 전지를 제거하고 콘덴서에 저항을 연결해보자. 콘덴서는 평행 판에 축적된 전하량만큼 방전 전류가 흐르게 된다.

▼ **그림(c)   콘덴서의 충·방전**

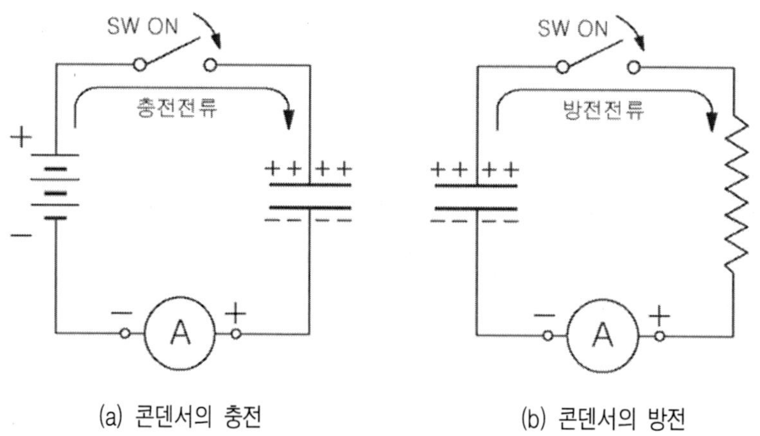

(a) 콘덴서의 충전   (b) 콘덴서의 방전

177 콘덴서의 용량

코일에도 전자 에너지가 축적되는 것과 같이 콘덴서에도 전압에 의해 이동하는 전하를 축적할 수 있는데 그림 (a)와 같이 물탱크에 물을 저장하는 것과 같은 이치다. 물탱크의 크기에 따라 수위의 높낮음이 생기기 때문에 위치 에너지를 저장하는 셈이어서 콘덴서도 같은 원리를 적용할 수 있다.

▽ 그림(a) 물탱크의 용적

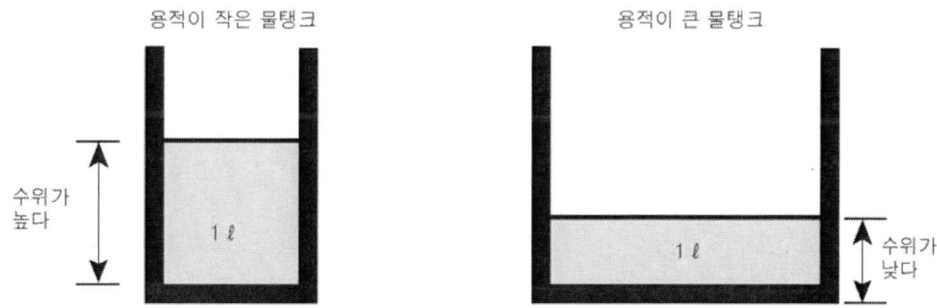

결국 코일에는 운동 에너지를 저장한다면 콘덴서에는 위치 에너지를 저장하는 것이다. 그러면 콘덴서에는 어느 정도 용량의 전기를 저장할 수 있을까. 콘덴서의 저장 능력은 절연되어 있는 도체에 1V 전압을 인가하여 1Q 의 전하량을 축적할 수 있는 능력은 1F(파라드)로 정의하는데 실제 1F는 대단히 큰 용량으로 이것을 백만분의 1 μF 정도로 표현할 수 있을 정도이다. 이처럼 용량이 큰 콘덴서를 만들려면 유전 분극 현상이 잘 일어나는 물질을 사용하는 것은 물론 그림 (b)와 같이 극판을 크게 해야 하지만 실제로는 한계가 있다. 콘덴서의 용량은 다음 식으로 산출할 수 있다.

$$\text{콘덴서 용량} \quad C = \frac{\varepsilon \times A}{t} \ (F)$$

ε:절연체의 유전율, A : 극판(평행 판)의 단면적, t : 극판 간의 간격

위 식에서 알 수 있듯 용량을 크게 하려면 극 판(평행 판) 면적이 커야함은 물론 두 판 사이의 간격이 좁아야 한다. 극판 간격이 좁다는 것은 그만큼 초기에 전원에 의해

이탈된 소량의 충전 전류만큼만 평행판을 이동한다는 의미도 된다. 콘덴서에 사용되는 유전율의 크기는 공기를 1로 보았을 때 운모는 6~9배 정도인 반면 티탄산바륨은 약 2000배 정도가 되어 콘덴서의 유전체로서 우수한 특성을 지니고 있다.

▼ 그림(b)　콘덴서의 용량

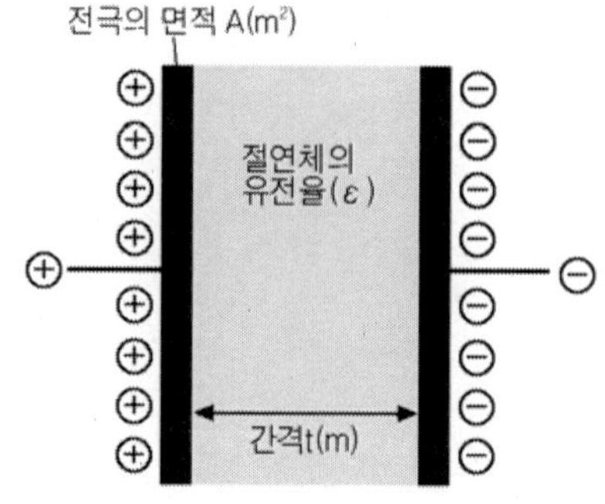

178　콘덴서의 특성

▼ 그림(a)　콘덴서의 직류 전원회로　　　▼ 그림(b)　콘덴서의 교류 전원회로

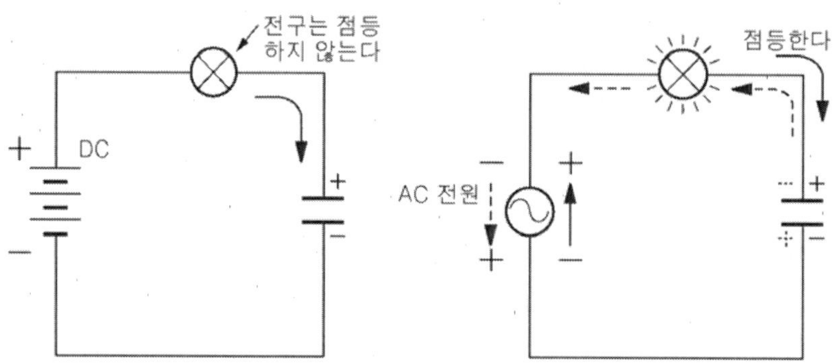

　　그림 (a)와 같은 회로에 전류를 흘리면 초기 아주 짧은 시간의 충전 전류 외에는 흐르지 않는다. 그러나 그림 (b)와 같이 콘덴서에 직렬로 전구를 연결하고 교류를 흘리면 전구는 점등한다. 즉 콘덴서는 직류는 흐르지 않지만 교류는 흐르는 것을 확인할 수 있다.

　　이와 같이 콘덴서에 교류를 흘리면 그림 (d)에 나타낸 콘덴서의 충·방전 특성에 의해 전류와 전압의 위상차가 발생하며 콘덴서에 흐르는 전류는 전압보다 90° 앞서게 된다.

▼ 그림(c)

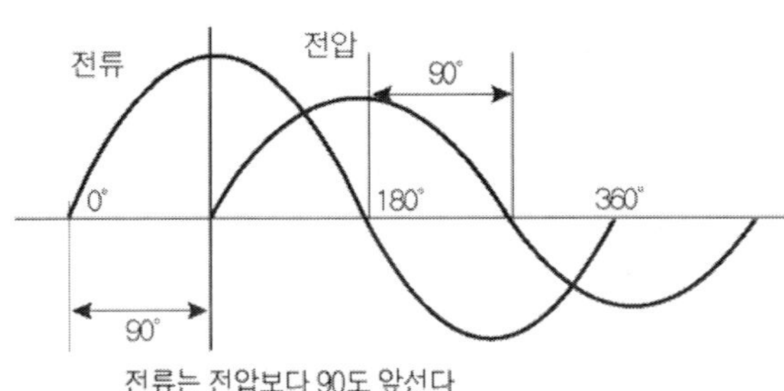

콘덴서의 충전 특성을 살펴보면 그림 (d)처럼 충전 전류가 흐르는 동안 충전 전압은 상승하고. 콘덴서의 방전 특성은 방전 전류가 흐르는 동안 방전 전압도 감소한다. 이와 같은 사실을 통해 콘덴서의 특성을 다음과 같이 요약할 수 있다.

▼ 그림(d)   콘덴서의 특징

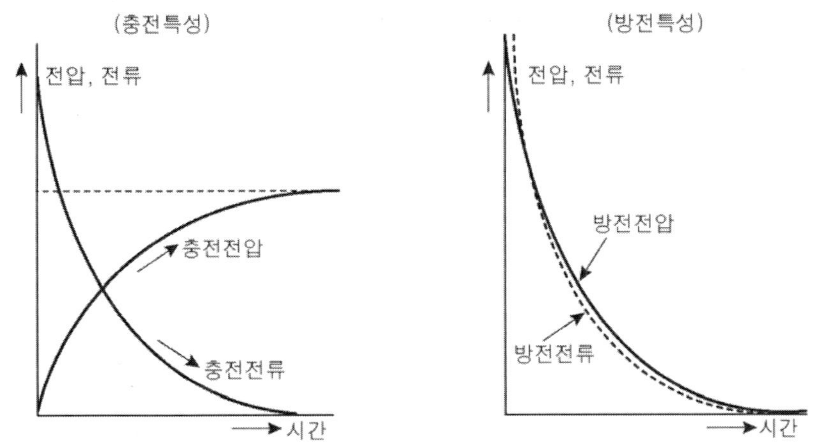

【콘덴서의 특성】

① 콘덴서는 전하량의 증가에 의해 위치 에너지(전압)를 축적한다.

② 교류에 대한 저항 성분(리액턴스 값)은 작아진다. 즉 콘덴서에서 교류는 잘 흐른다.

③ 콘덴서에 전류를 흘리면 전류는 전압보다 위상이 90° 앞선다.

179 콘덴서가 갖는 저항

콘덴서에 AC를 가하면 전류가 잘 흐르는 것은 그림 (a)와 같이 충전 전류는 초기에는 전류가 급격히 흐르다가 점점 속도가 감소하는 특성 때문이다. 즉 주파수가 높으면 그만큼 잘 흐른다는 의미이기도 하다.

이처럼 교류에 대해 전류가 얼마나 잘 흐를 수 있는지를 저항으로 표시한 것이 교류에 대한 저항 성분으로 이 값을 용량성 리액턴스로 구분해서 부른다. 또 콘덴서의 용량이 크면 클수록 저항 성분은 작아지는데 이것을 수식으로 표시하면 다음과 같다.

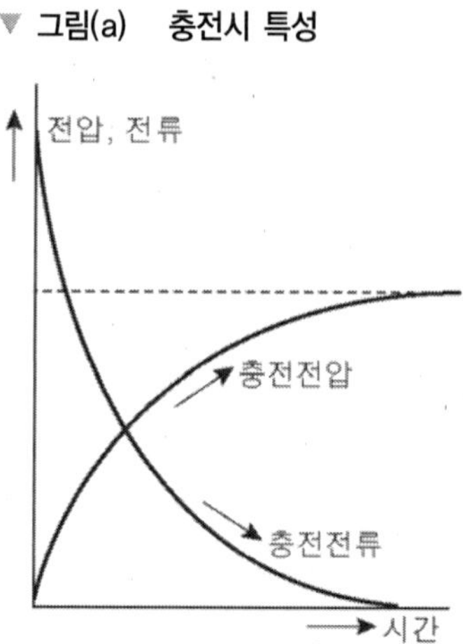

$$Z = R + jXC \, (\Omega)$$

여기서 Z : 임피던스, R : 저항 , jXC : 용량성 리액턴스

$$jXC = \frac{1}{j\omega C} = \frac{1}{2\pi fC}$$ 로 교류의 실효치로 환산해 쓸 수 있으며

여기서 ω : 각속도, f : 주파수, C : 캐파시턴스(용량)

위 식에서 알 수 있듯이 결국은 용량성 리액턴스는 교류에 대한 저항 성분들로 주파수가 높으면 높은 만큼, 콘덴서의 용량이 크면 큰 만큼 리액턴스 값이 작아져 교류가 잘 흐른다는 것을 알 수 있다.

이 같은 성질을 이용해 콘덴서는 일정 성분의 주파수를 통과시키는 필터 회로나 지연 회로 등 여러 가지 용도로 활용된다.

180 콘덴서를 이용한 잡음 방지 회로

자동차 전장품에는 각종 코일을 많이 사용하기 때문에 코일의 유도 기전력에 의한 서지 전압이 의외로 많이 발생한다. 점화 코일의 수만V에 의해 방전할 때 생기는 잡음성 전자파는 공기 중에 전파되기도 하고 또 전선에 닿으면 일종의 안테나 역할을 해 전선을 타고 각종 전자 장치의 잡음 원으로 작용하기 때문에 그림 (a)와 같이 오디오에 병렬로 콘덴서를 연결해 잡음을 없애기도 한다.

▼ 그림(a)   잡음 방지 회로

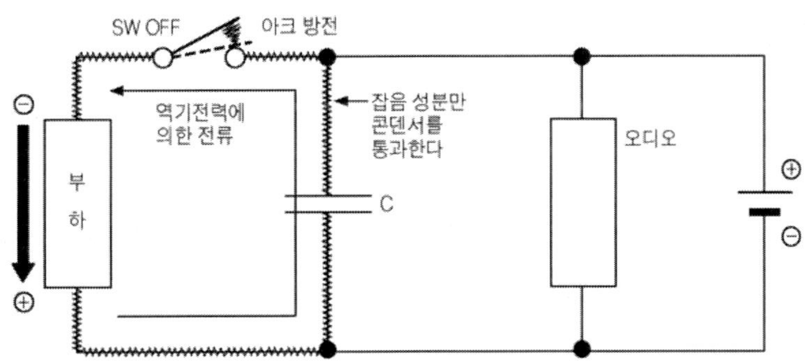

엔진 룸에서 발생하는 잡음원이 강한 전자파로 변하면 엔진 룸은 전원선이 연결되는 접속부이므로 쉽게 다른 전장품의 전원 선을 타고 들어가 오디오 및 기타 전장품에 영향을 줄 수 있다. 특히 코일에 의해 발생되는 아크 방전은 높은 고주파 성분을 갖고 있어 쉽게 공중에 전파되기도 하며 전선에 유기되기도 한다.

한편 자동차용 배터리는 대형 콘덴서와 같아서 일부 잡음원은 배터리를 타고 어스(접지)로 흐르기도 한다.

▼ 그림(a)   잡음 방지 회로

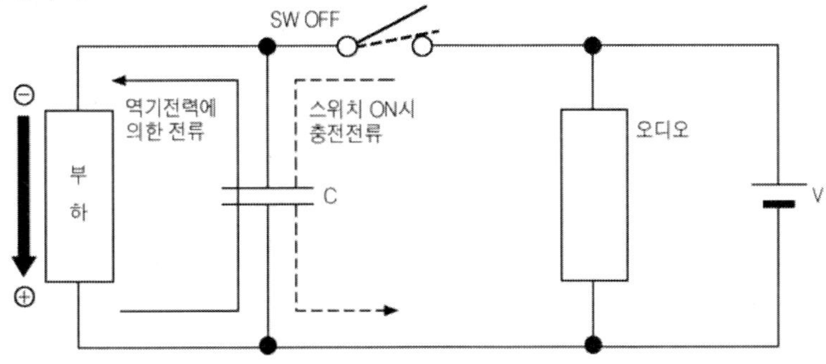

181 RC 직렬 회로

▼ 그림(a)　RC회로

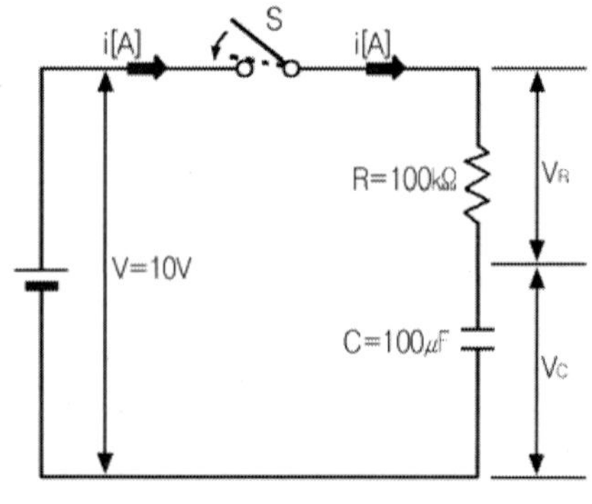

▼ 그림(b)

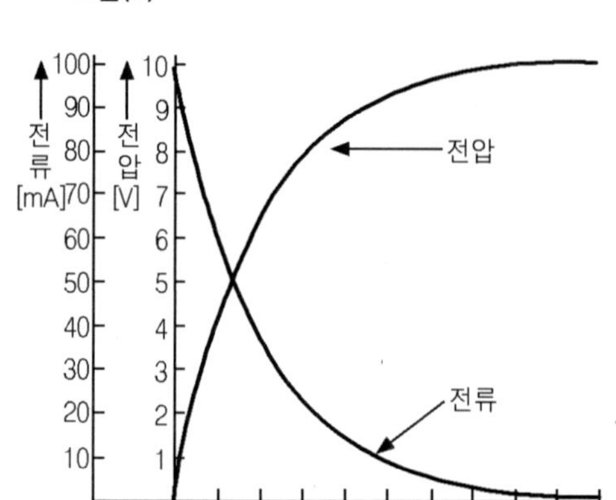

　그림 (a)의 회로에서 스위치 S를 켜는 순간 콘덴서에 흐르는 충전 전류와 저압은 그림 (b)와 같이 나타난다. 여기서 전류 및 전압이 일정한 상태가 될 때까지 증감하는 과정을 **과도 구간**(과도 상태)이라고 하고 전류 및 전압이 일정한 상태로 진입한 것을 **안정 상태**라고 한다.

　스위치 S를 켜서 안정 상태까지의 현상을 **과도 현상**이라고 하기도 한다. 이 RC 회로에서 과도현상이 갖는 의미는 콘덴서가 갖는 전기적 특성을 알아보는 것이다. 그림 (a) 회로에서 전압 V는 다음과 같이 나타낼 수 있다.

$$V = V_R + V_C = Ri + \frac{q}{C}$$

$$V = iR + \int \frac{1}{C}\,idt \quad \text{로 이 식을 적분하면}$$

$$= \frac{Q}{C} = V(1 - e*)$$

여기서 * 표시는 $-\left(\dfrac{1}{RC}\right)t$ 로　　e : 자연대수(2.7182)

전원 전압과 콘덴서 양단간 전압의 비는 $= (1 - e^*)$.

여기서 $*$ 표시는 $-1 / RC$로 이때 RC를 τ(타우)로 놓고 t값을 구하면

① $t = \tau = RC$초일 때 0.632

② $t = 2\tau = 2RC$초일 때 0.865

③ $t = 3\tau = 3RC$초일 때 0.950

④ $t = 4\tau = 4RC$초일 때 0.982

즉 과도 상태가 안정 상태에 도달하는 것은 저항 R과 콘덴서 용량 C로 결정되어 지며 이것을 τ(타우)로 놓고 보면 $\tau = RC$초일 때 전압은 63.2%(0.632) 진행하는 것을 표시할 수 있다. 이 시정수는 전기. 전자 회로에서 중요한 요소로 사용되기 때문에 그 의미를 설명하기 위해 기술했다.

예컨대 자동차에서 턴 시그널 램프(방향지시등. 일명 깜빡이 등) 회로의 점멸 시간이 바로 RC 시정수 값에 의해 결정되어 지기도 한다.

182 시정수

그림 (a) 회로에서 스위치 S를 a로 위치시키면 코일에 흐르는 전류와 전압은 그림 (b)와 같고 이때 전압은 다음과 같다.

▽ 그림(a)　RL 직렬회로

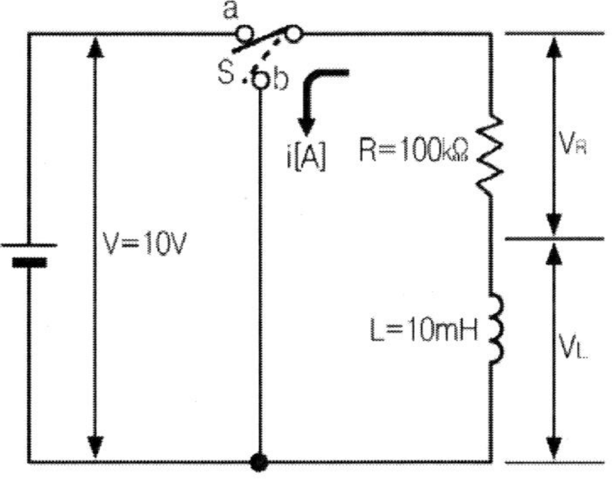

그림(b)   RL회로의 과도 특성

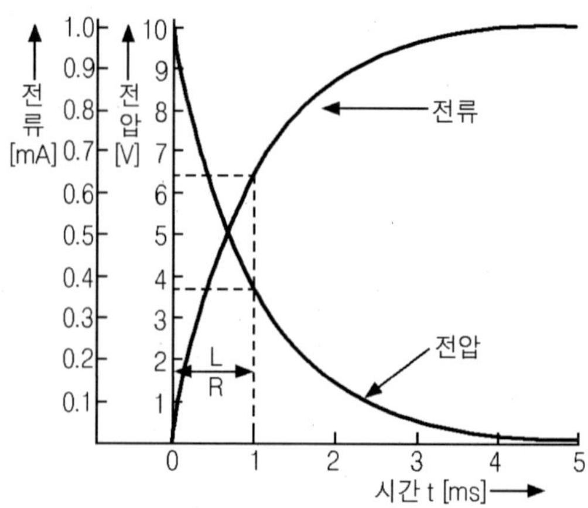

$$V = V_R + V_L$$

여기서 $V_R = i \times R,\ V_L = L\left(\dfrac{di}{dt}\right)$ 이므로

따라서 $V = iR + L\left(\dfrac{di}{dt}\right)$

이 식을 적분하면 $i = \dfrac{V}{R}(1 - e*)$

여기서 * 표시는 $-\left(\dfrac{R}{L}\right)t$ 로   e : 자연대수(2.7182……)

회로에 흐르는 전류 i와 시간이 경과 후 흐르는 전류비, 즉 과도현상이 몇 % 진행됐느냐의 비율을 나타내는 식을 $\dfrac{i}{\left(\dfrac{V}{R}\right)} = 1 - e*$ 로 나타낼 수 있다.

여기서 *는 $-\left(\dfrac{R}{L}\right)t$ 로 $\dfrac{L}{R}$ 을 τ(타우)로 놓았을 때

① t = τ = L/R 초일 때 0.632

② t = 2τ = 2 L/R 초일 때 0.865

③ t = 3τ = 3 L/R 초일 때 0.950

④ t = 4τ = 4 L/R 초일 때 0.982로

안정 상태가 될 때까지의 전류는 결국 저항 R과 L값에 의해 결정되어 τ(시정수)는 $\frac{L}{R}$이 된다.

▼ 그림(c)　RC시정수

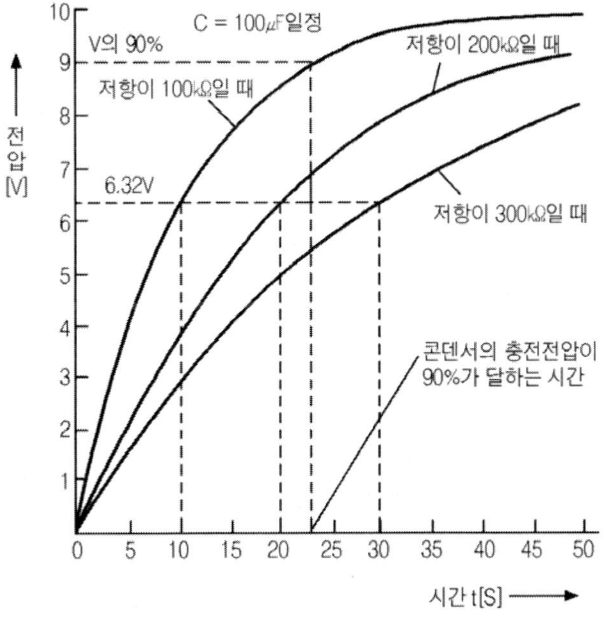

183　공진 회로

그림 (a)와 같은 RLC 병렬 회로에서 X_L과 X_C가 같을 때 전원으로부터 흐르는 전류는 코일과 콘덴서의 특성에 의해 최소가 되지만 임피던스는 최대가 된다. 실제 이 같은 조건이 맞춰지면 이론적으로는 코일과 콘덴서에 의해 충·방전이 반복되게 되는데 이것을 공진 현상이라고 한다.

공진 현상으로 인해 코일과 콘덴서의 값에 의해 특정 주파수를 공진시킬 경우 전류는 최소가 되지만 전압은 최대가 되는데 이 특성은 발전기나 동조 회로에 많이 이용되고 있다.

▼ 그림(a)　　RLC 직렬회로

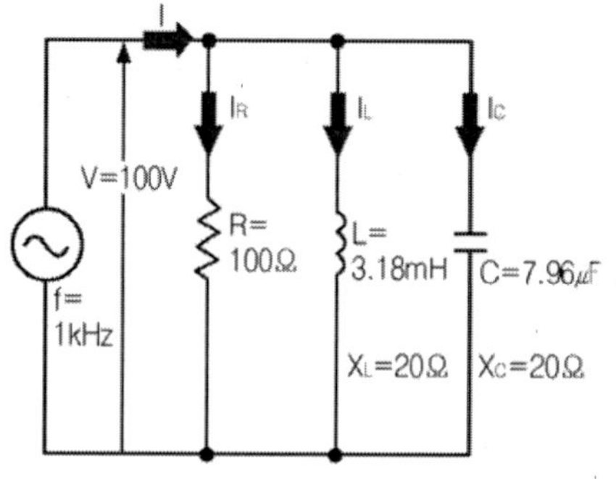

▼ 그림(b)　　병렬 공진 특성

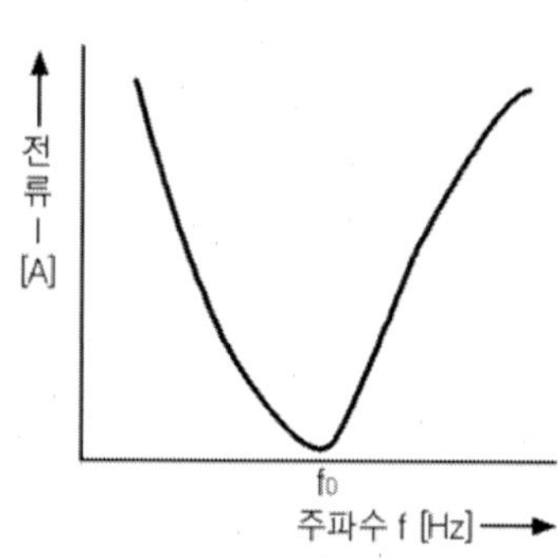

　　그림 (c)는 RLC 병렬 회로로 X_L과 X_C가 같은 경우 임피던스는 코일과 콘덴서의 전류와 전압의 위상차 때문에 저항 R 성분만 남게 되어 최소가 되고 전류는 최대가 된다. 이 같은 상황이 이뤄지기 위해 필요한 조건을 공진 조건이라고 하는데 공진되는 주파수는 코일과 콘덴서의 값으로 결정된다. 공진 회로를 이용하면 공진에 의해 전류를 최대로 흘려 여러 가지 근접 주파수 부분 중 원하는 주파수만 수신할 수 있다.

▼ 그림(c)　　RLC 직렬회로

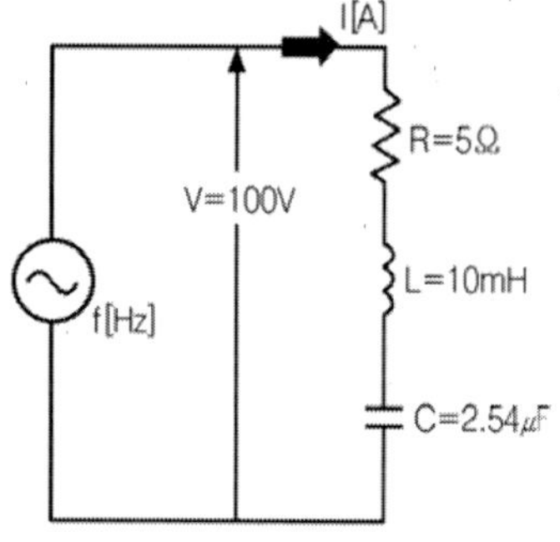

▼ 그림(d)

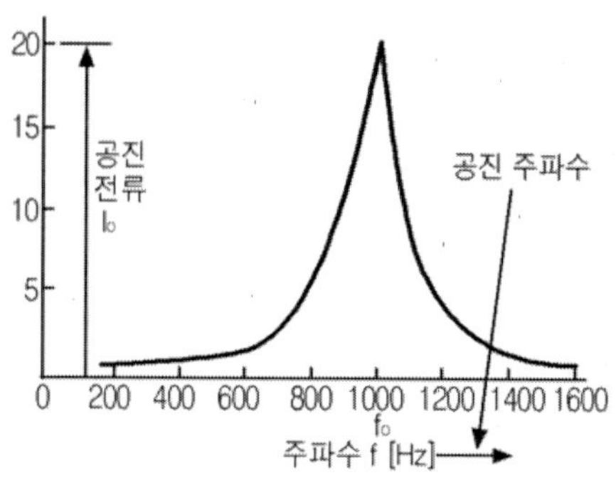

반도체 소자

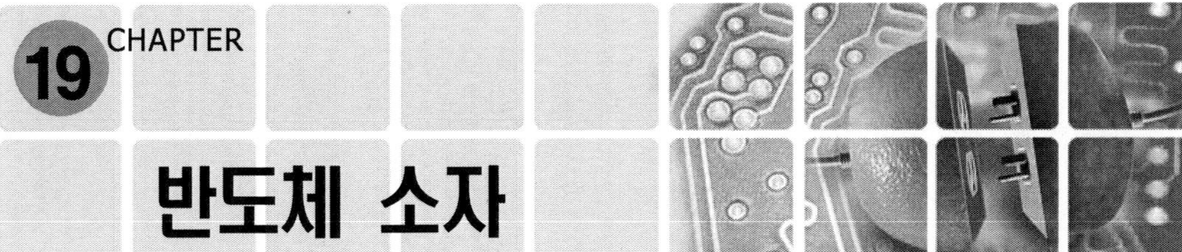

184 반도체란 무엇인가

저항률을 기준으로 전류가 잘 흐르는 물체를 도체라고 하고 전류가 흐르지 못하는 물체를 부도체(절연체)라고 하는데 이 도체와 부도체의 중간 정도의 저항률을 갖고 있는 물체를 바로 **반도체**라고 한다. 이 같은 저항률을 가진 반도체는 전자 회로의 구성 부품을 만드는데 주로 이용되고 있는데 일반적으로 실리콘(Si). 게르마늄(Ge). 인듐(In). 비소(As). 안티몬(Sb). 갈륨(Ga) 등이 대표적인 반도체 물질이다.

▼ **물체의 저항률**

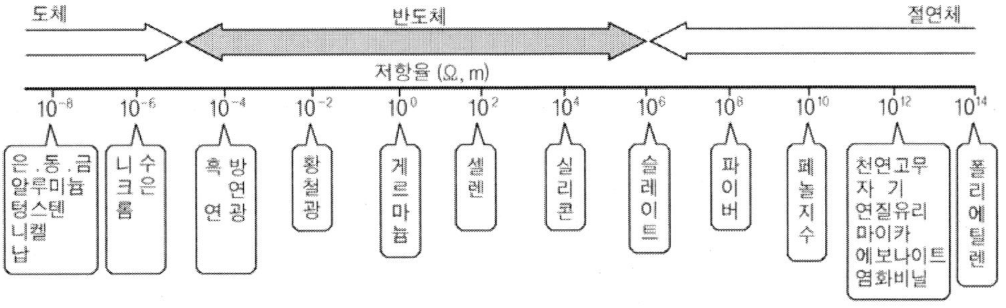

반도체로 사용되는 이들 주 재료들을 원자로 살펴보면 가전자수가 3개. 4개. 5개를 가지고 있는 반도체 이들을 화학적으로 결합시켜 반도체를 만든 뒤 전계를 가하면 전기적으로 독특한 성격을 갖는 물체가 된다.

이처럼 독특한 변화를 거친 물체가 바로 우리가 전자 부품으로 많이 사용하고 있는 반도체인 셈인데 전자 회로의 구성 부품인 다이오드. 트랜지스터. SCR. IC(집적 회로). 마이크로컴퓨터 등을 만들 수 있는 기본 물체가 된다. 또 2개의 물질을 결합하는 방법이나 그 종류에 따라 N형 반도체. P형 반도체. 화합물 반도체. 어모퍼스 반도체 등으로 구분된다.

▼ **집적회로의 제조과정**

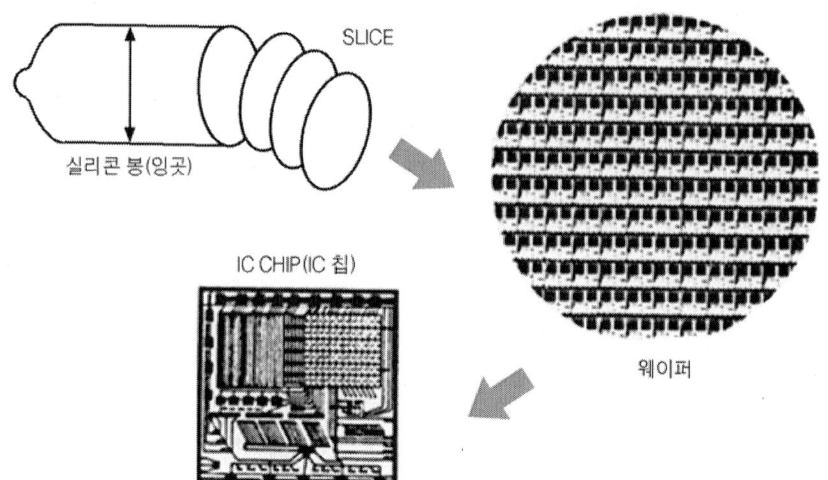

185 반도체의 분류법

반도체는 그 내부에 불순물을 정제하여 순도가 99.9999……%로 아주 높은 반도체를 **진성 반도체**라고 하며 이 진성 반도체에 불순물(3가. 4가 원소)을 넣어 P형 반도체와 N형 반도체로 만들어 쓰고 있다. 이때 P형. N형 반도체를 **불순물 반도체**라고 한다. 이처럼 진성 반도체에 불순물을 첨가하면 그 첨가한 양에 따라 반도체가 갖는 전기

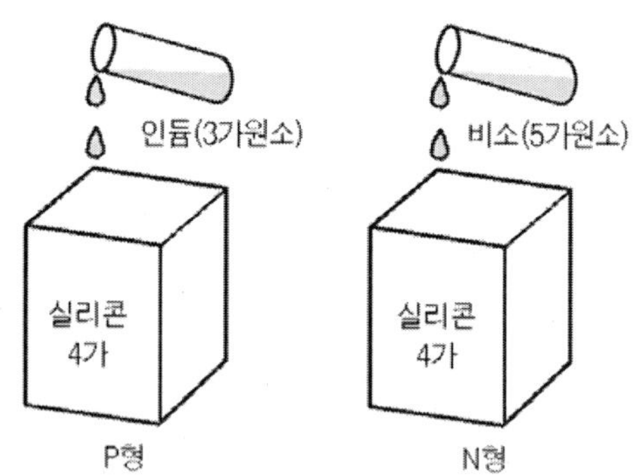

• P형반도체 : 실리콘 4가에 인듐 첨가
• N형반도체 : 실리콘 4가에 비소 첨가

적 저항률 및 특성이 급격히 변화하는데 이 같은 특성을 이용해 여러 가지 용도로 이용하고 있다.

예를 들어 온도가 상승하면 저항률이 낮아지는 NTC 서미스터. 빛에 의해 광전자 방출이 일어나는 Cds 셀(황화카드뮴). 자기에 영향을 받는 홀 자기 효과 소자. 한쪽 방향으로는 전류가 잘 흐르는 다이오드 등이 대표적이다.

▼ A/D 컨버터 칩

▼ 파워 TR 내부

186 N형, P형 반도체

반도체 중 실리콘은 우리가 살고 있는 지구의 약 20%를 점하고 있는 원소이자 가장 많이 사용하고 있는 물질이다. 그러나 이런 반도체도 실제 사용을 위해서는 불순물을 제거하는 어려운 정제 과정을 거쳐야 한다.

▼ 그림(a) 실리콘의 결정

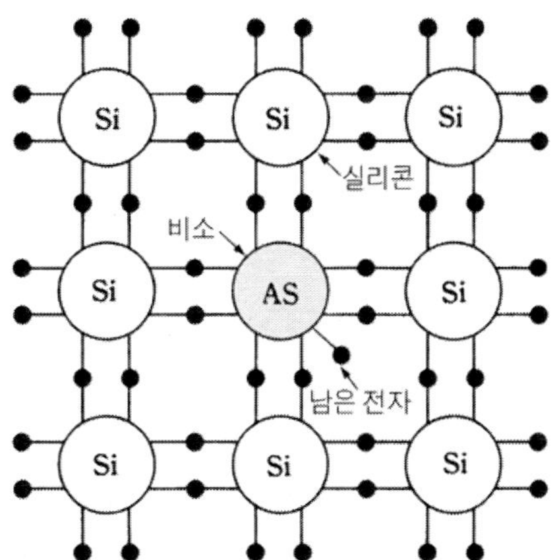

　　예를 들어 살펴보면 트랜지스터 정도를 만들 수 있는 다결정 실리콘을 다시 성장 과정을 거쳐 그림 (a)와 같은 IC 정도를 만들 수 있는 단결정 실리콘을 얻게 되는 것이다. 실리콘 원자는 그림 (a)와 같이 핵 주위의 가전자 4개를 서로 공유. 결합한 순수 반도체(진성 반도체)로 원자 개수가 1/100만 정도인 다른 원자를 넣는 도핑(doping) 과정을 거쳐 필요한 불순물 반도체를 만들게 되는 것이다.

　　그림 (a)의 실리콘 진성 반도체에 비소(As). 안티몬(Sb). 인(P)와 같이 가전자 5개를 갖는 원소를 약 1/100만 정도 넣으면 그림 (b)와 같이 가전자가 서로 공유 결합을 하고 나머지 전자 1개는 남게 되는데 이것을 자유 전자가 풍부한 반도체라 하여 N(Negative) 반도체라 부른다.

　　또 실리콘 진성 반도체에 인듐(In). 갈륨(Ga)과 같은 3가 원소를 약 1/100만개 정도 넣으면 그림 (c)와 같이 가전자가 서로 공유 결합을 하고 또 전자가 하나 모자라는 빈 자리(정공)가 생긴다. 이 빈 자리는 (+)전기를 띠고 있어 P(Positive)형 반도체라 부른다.

▽ **그림(b) N형 반도체**

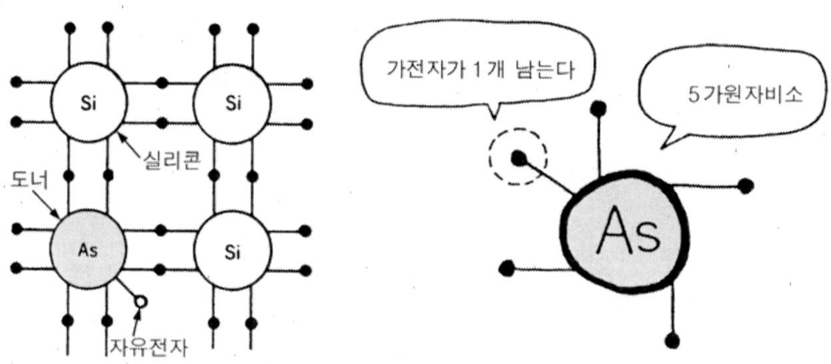

▽ **그림(c) P형 반도체**

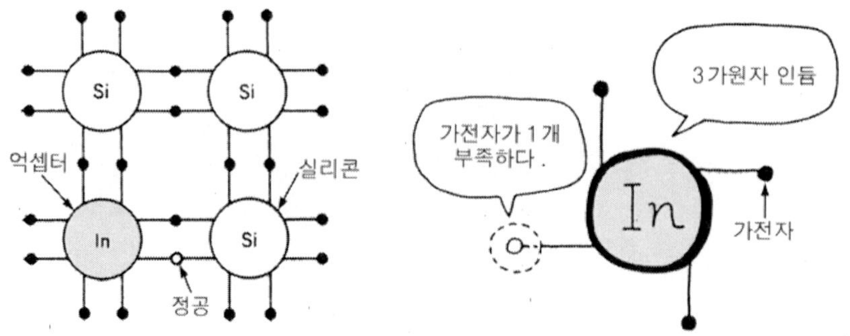

187 반도체의 접합

접합의 종류		반도체 소자
무접합	P / N	• 서미스터(온도 검출 소자) • CdS(광 검출 소자) • 외형 게이지
단접합	P N	• 다이오드 • 제너 다이오드 • LED(발광 다이오드)
2중접합	P N P / N P N	• 트랜지스터 • 포토 트랜지스터
다중접합	P N P N	• 사이리스터(SCR) • 트라이악

　N형 반도체는 그 내부에 자유 전자가 풍부한 반면 P형 반도체는 그 내부에 정공이 풍부한데 이 둘을 서로 접합하면 독특한 전기적 특성을 갖게 되는데 이것을 결국 각종 전자 제품에 이용하는 것이다. 가령 P형 반도체와 N형 반도체를 접합하면 한쪽 방향으로만 전류가 흐르도록 하는 다이오드를 만들 수 있고 P형＋N형＋P형식으로 접합하면 전류를 증폭할 수 있는 트랜지스터를 만드는 식이다.

▽ 실리콘 웨이퍼

▽ EP-ROM

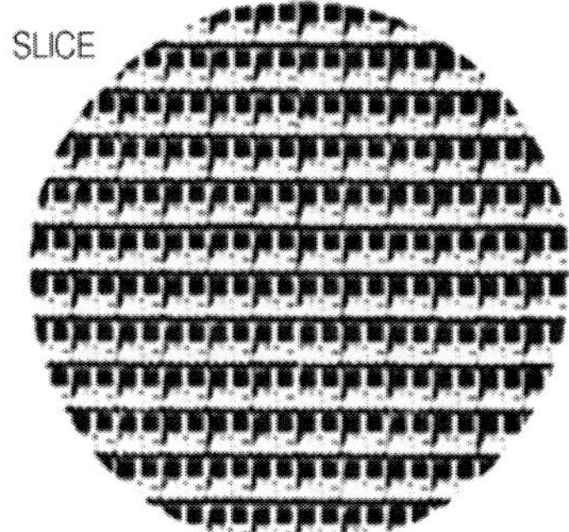

188 PN접합 다이오드

▼ 그림(a) 순방향 전압을 걸었을 때

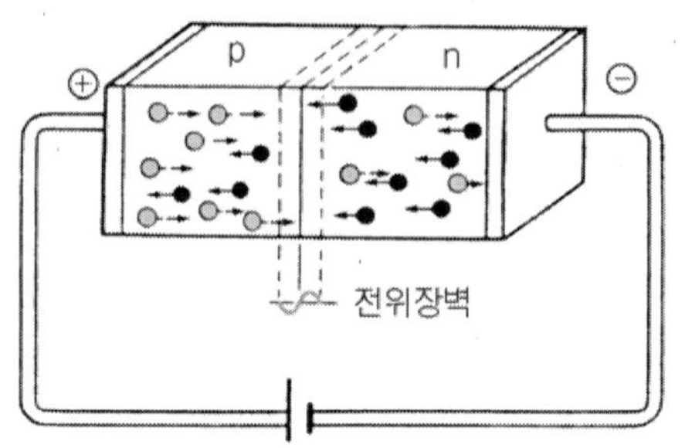

▼ 그림(b) 역방향 전압을 걸었을 때

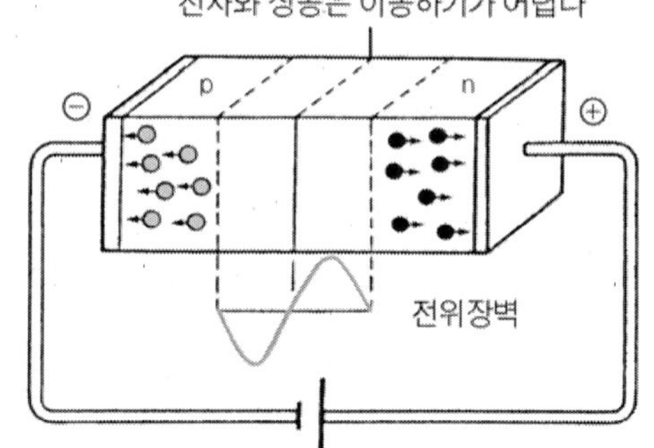

그림 (a)와 같이 P형과 N형 반도체를 접합하고 전원을 연결했을 때를 생각해 보자. P형 반도체에는 정공이 충만하고 N형 반도체에는 자유 전자가 가득 있는 상태에서 그림 (a)와 같이 전지의 극성을 연결하면 N형 반도체에 있던 자유 전자는 전지의 (+)전압에 이끌려 전위 장벽을 넘어 P형 반도체로 넘어오고, P형 반도체에 있던 정공은 전지의 (−)전압에 이끌려 N형 반도체로 넘어가 일부는 전자와 재결합하고 나머지 다수의 정공과 전자는 전위 장벽을 넘어 이동하게 된다. 또 그림 (b)와 같이 전지를 연결하면 N형에 있던 자유 전자는 (+)전압에 이끌려 (+)측으로 이동하게 되고 P형 반도체에 있던 정공은 (−)전압에 이끌려 (−)측으로 이동하게 되어 결국 접합면에 있는 공핍층은 영역이 넓어져 다수의 전자와 정공은 이동하지 못하게 되는 것이다. 여기서 다수의 전자와 정공은 전류 성분으로 전류의 흐름을 의미한다.

▼ 그림(c) 에너지대에서 캐리어의 이동

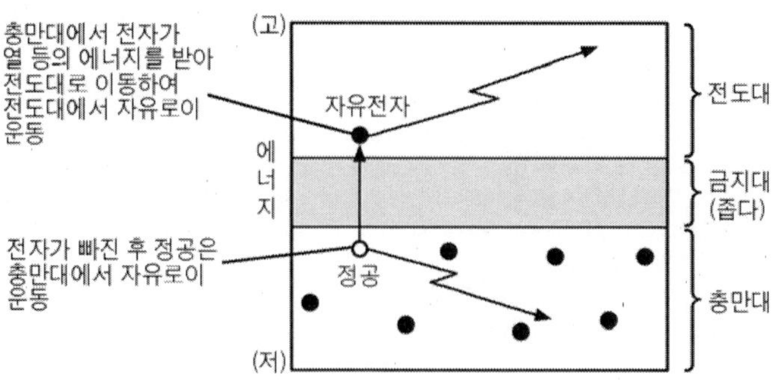

 다이오드

▽ 여러 가지 다이오드

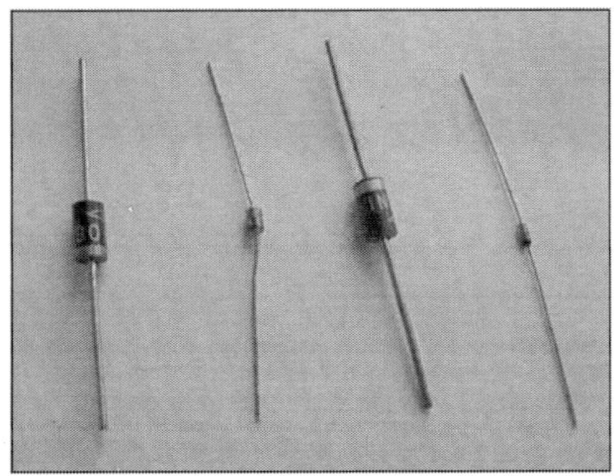

　P형과 N형 반도체를 접합해서 그림 (a)와 같이 전지를 연결하면 전지의 (+)측에서 다이오드를 거쳐 전구로 전류가 흘러 점등하게 되는데 이때 전지의 극성이 그림 (a)와 같이 연결된 전압을 **순방향 전압**(순방향 바이어스)이라 한다. 또 그림 (b)와 같이 다이오드를 연결하면 전지의 (+)측에서 다이오드를 거쳐 전구로 전류가 흐르지 못해 전구는 소등되는데 이처럼 전지의 극성이 그림 (b)와 같이 연결된 전압을 **역방향 전압**(역방향 바이어스)라고 한다.

　따라서 다이오드는 한 쪽으로만 전류가 흐르도록 하는 역할을 하는데 이것을 이용해서 여러 가지 용도로 활용되는 것이다.

▽ 그림(a)　　　　　　　　　　　　　　▽ 그림(b)

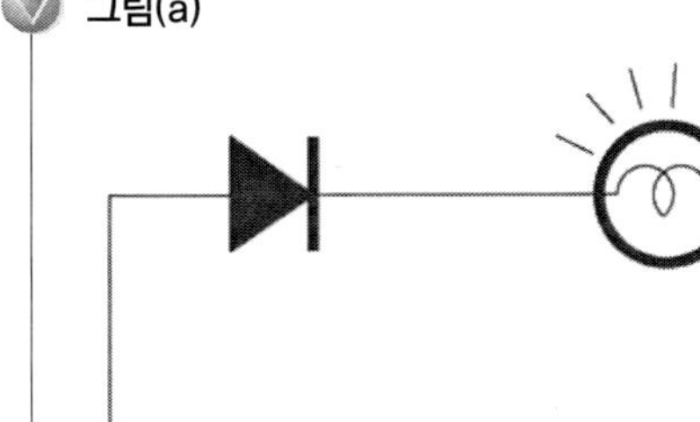

그림 (c)는 그림 (a) 회로에서 다이오드에 공급하는 전지의 전압을 0.1V에서 3V로 서서히 증가시켰을 때 다이오드에 흐르는 전류를 그래프로 표시한 것으로 이것이 바로 다이오드 특성을 나타낸다. 그 특성을 살펴보면 실리콘 다이오드인 경우 약 0.6V에서 순방향 전류가 급격히 증가하며 그 이상의 전압을 가할 경우에 순방향 전류는 증가하지 않는 것을 볼 수 있다. 또 다이오드는 온도에 따라 특성이 크게 변하는 것도 알 수 있다.

▼ 그림(c) 다이오드의 특성

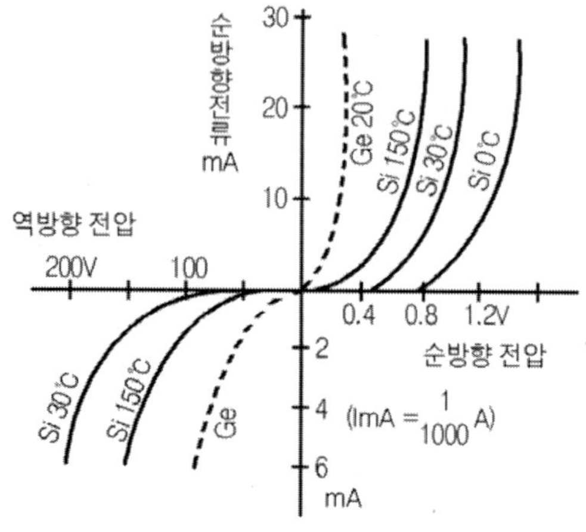

190 다이오드의 이용

다이오드의 순방향 전압은 1V 이하의 낮은 전압만 가해도 다이오드를 통해 전류가 흐르게 되고 역방향 전압은 수십 V의 전압을 공급해도 역방향으로 전류가 흐르지 않는다.

이 특성을 여러 가지 용도로 활용하고 있는데 대표적인 것이 그림 (a)와 같이 AC(교류)를 DC(직류)로 변환하는 정류 회로에 이용되고 그림 (b)와 같이 코일에서 역기전력이 일어났을 때 스위치 쪽으로 역기전력에 의한 전류가 흐르지 못하도록 다이오드 쪽으로 전류가 흐르게 하여 다른 전장품에 손상이 가지 않도록 회로 보호용으로 사용되기도 한다.

▼ 그림(a) 브리지 정류 회로

▼ 그림(b) 역기전력 흡수용

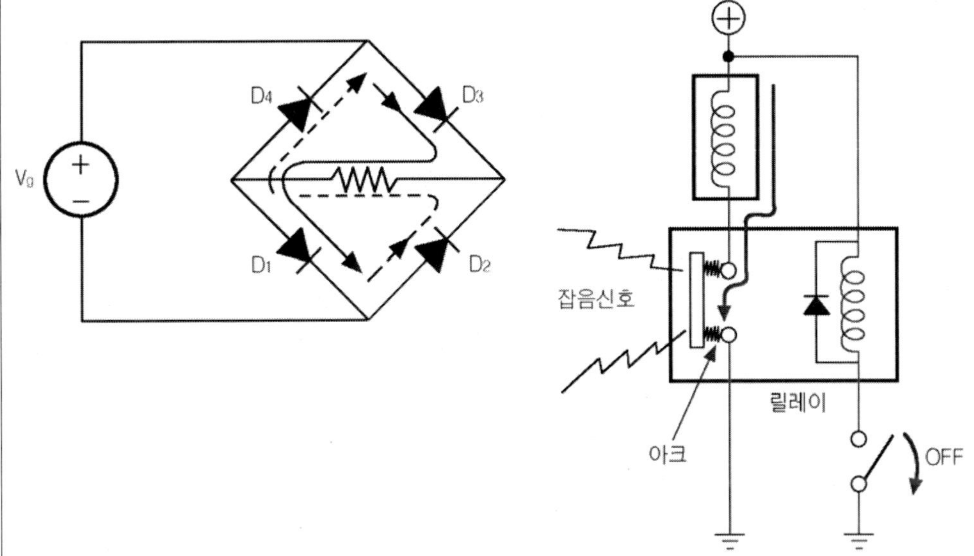

또 그림 (c)와 같이 점화 회로에 교류가 발생했을 때 다이오드의 특성을 이용해 트랜지스터의 (＋)신호 전압만 가해지도록 하는 회로나 그 밖의 전자 회로의 파형을 정형하기 위해 이용하는 클램프 회로. 다이오드의 온도 특성을 이용해 온도가 상승하면 역방향 누설 전류가 증가하는 것을 이용하는 회로 보호용 회로 등에 활용되고 있으며 다이오드의 접합 용량에 따른 고주파 회로의 스위치 소자를 만드는데도 응용되고 있다.

▼ 그림(c) 점화회로

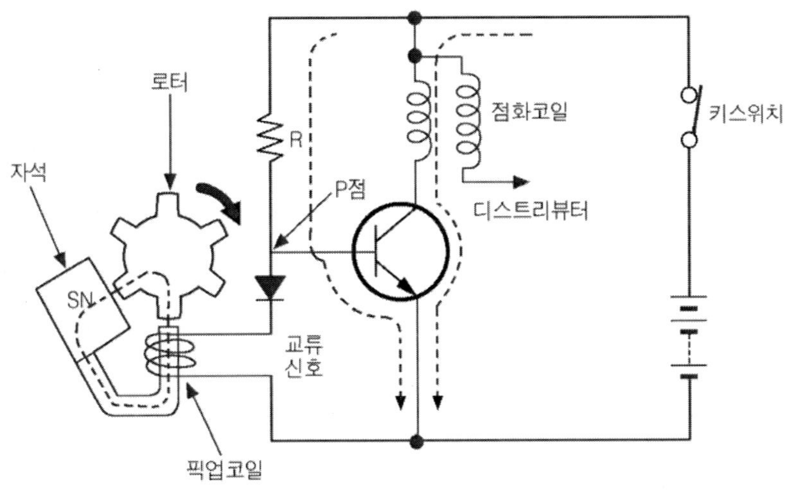

191 PN접합 트랜지스터

트랜지스터는 P형 ＋ N형 ＋P형식으로 접합한 PNP 접합 트랜지스터와 N형 ＋ P형＋N형식으로 접합한 NPN형 접합 트랜지스터로 구분된다. 그러나 그 원리는 같아서 여기서는 NPN형 접합 트랜지스터에 대해 알아보겠다.

▼ 그림(a) 이미터층의 전자는 이동되지 못한다

▼ 그림(c) 다수 캐리어의 이동

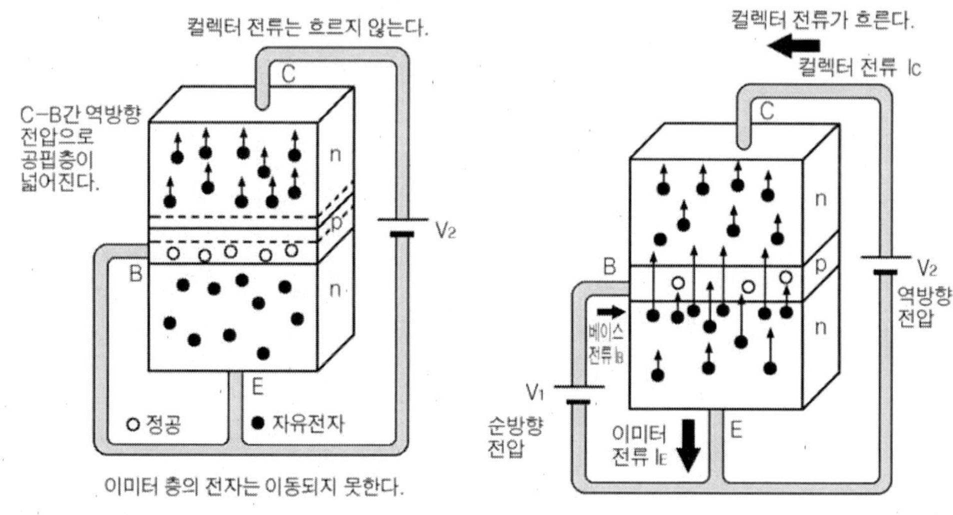

▼ 그림(b) 베이스에 역방향 전압이 인가된 회로

▼ 그림(d) 베이스 전류가 흐를 때

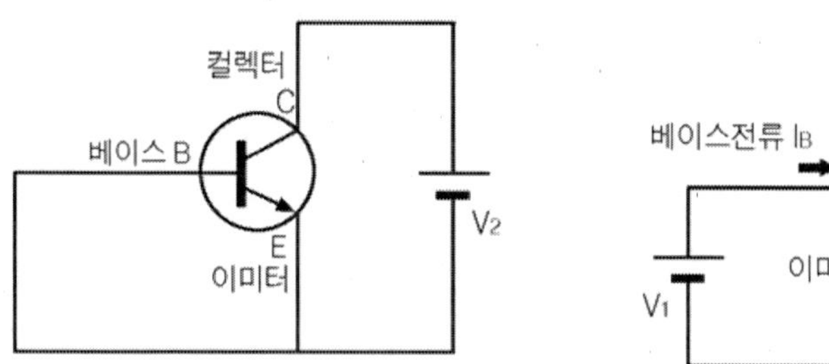

먼저 그림 (a)에서 아래쪽 N형 반도체(이미터) 부분은 불순물이 많이 첨가돼 자유 전자가 아주 많은 상태고 위쪽 N형 반도체(컬렉터) 부분은 아래쪽 N형 반도체보다 불순물이 덜 첨가돼 자유 전자가 덜한 상태다. 가운데 있는 P형 반도체(베이스) 부분은 베이스 층으로 상당히 얇게 만들어 결합시켜 놓았다.

이 상태에서 전지를 연결하던 아래쪽 N형 반도체에 가득 찬 자유전자가 전지의 (+)전압에 이끌리지만 넘어가지 못하고 위쪽에 있는 N형 반도체 부분에 있는 전자만 전지의 (+)전압에 이끌려 결국 중간층 베이스 부분만 공핍 층(전자가 들어갈 수 없는 층)이 넓어지는 결과를 얻는데 아래쪽 N형 반도체에 있는 자유 전자가 중간층 P형 반도체를 넘지 못하기 때문에 결국 위쪽 C(컬렉터)에서 E(이미터)로 전류가 흐르지 못하게 되는 것이다.

192 트랜지스터의 전류 증폭률

이번에는 설명을 쉽게 하기 위해 위쪽 N형 반도체를 C(컬렉터)로, 중간층 P형 반도체를 B(베이스)로, 아래쪽 N형 반도체를 E(이미터)로 명칭을 바꿔 설명한다. 먼저 그림 (a)처럼 컬렉터에 V_2 전원을, 베이스에는 V_1 전원을 연결하면 베이스 층에는 순방향 전압(P형에 +, N형에 −전압을 공급)을 공급하기 때문에 이미터에 있는 많은 자유 전자는 베이스 층으로 이동하게 되고 이미터 층에 있다가 올라온 전자는 다시 컬렉터의 강한 V_2의 (+)전압에 이끌려 컬렉터 층으로 이동하게 된다. 즉 컬렉터 전류는 컬렉터에서 이미터로 흐르지만, 실제 컬렉터의 성분은 자유 전자가 있는 이미터에서 컬렉터로 이동하게 돼 컬렉터 전류가 흐르게 되는 셈이다.

▽ 그림(a) 다수 캐리어의 이동

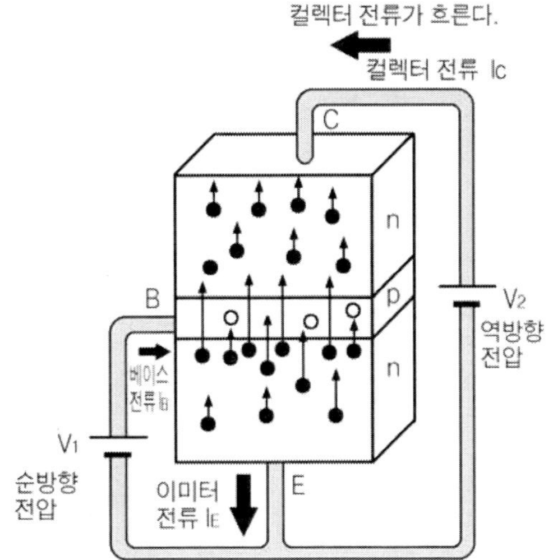

여기서 컬렉터에서 이미터로 흐르는 전류를 컬렉터 전류(Ic)라 부르고 베이스 전압 V_1 에 의해 흐르는 전류를 베이스 전류(Ib)라고 하는데 결국 접합 트랜지스터는 베이스 전류에 의해 컬렉터의 전류가 변화되는 것이다. 여기서 베이스 전류는 V_1 전압에 의해 흐르게 되며 이 베이스 전류는 컬렉터에 흐르는 전류의 양을 결정하는 요소로서 트랜지스터에서 이것을 전류 증폭률로 나타내는데 다음과 같이 표시한다.

$$\text{전류증폭률} : \frac{\text{출력전류}}{\text{입력전류}} \rightarrow \frac{\text{컬렉터전류}}{\text{베이스전류}}$$

$$hfe = \frac{\triangle Ic}{\triangle Ib} \qquad hfe : \text{전류 증폭률}$$

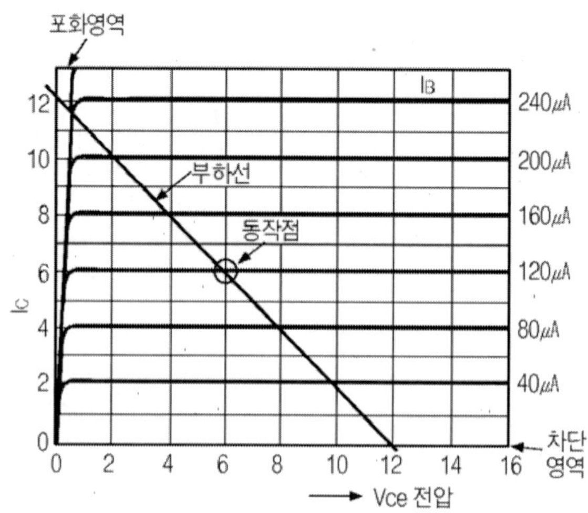

193 　트랜지스터

실제 트랜지스터는 그 종류가 무수히 많은데 먼저 대전류용과 소전류용으로 나누거나 사용 회로에 따라 고주파용, 저주파용으로 구분한다.

용도에 따라서는 스위치용, 증폭용으로 나누기도 한다. 또 트랜지스터의 실제 표시 방법으로는 그림 (b)와 같이 원형으로 심벌을 나타내고 이미터의 화살표는 전류가 흐르는 방향을 표시한다. 그림 (c)는 트랜지스터의 바이어스 전압을 나타낸 것으로 전원이 2개 그려져 있지만 실제로는 1개의 전원으로 작동시킨다.

실제 회로를 그림 (c)와 같이 연결한다면 트랜지스터는 파손되고 말 것이다. 여기에 나타낸 그림은 트랜지스터의 동작을 설명하기 위한 것이지 실제 사용하는 회로는 아님을 참고하자.

다른 책에서도 그림 (c)와 같은 회로를 보게 된다면 트랜지스터의 작동 원리를 설명하기 위한 것으로 실제와는 다르다는 것을 상기하면 좋다.

그림(a)　여러 가지 트랜지스터

▼ 그림(b)　PNP형 TR　　　NPN형 TR

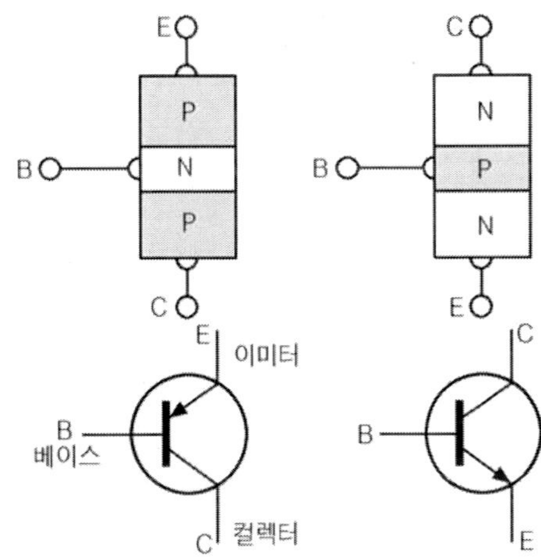

그림(c)　트랜지스터의 바이어스 전압

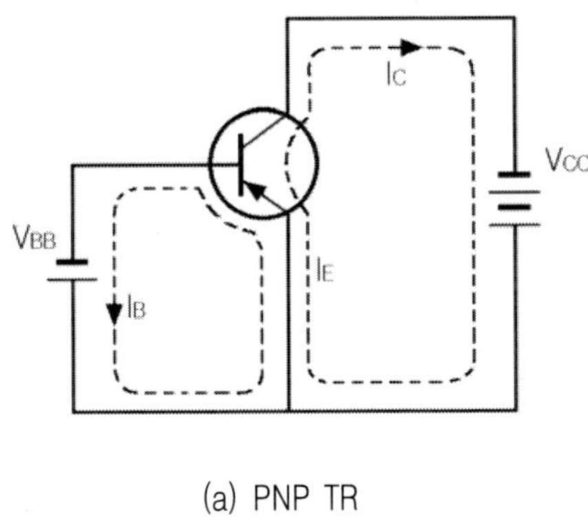

(a) PNP TR

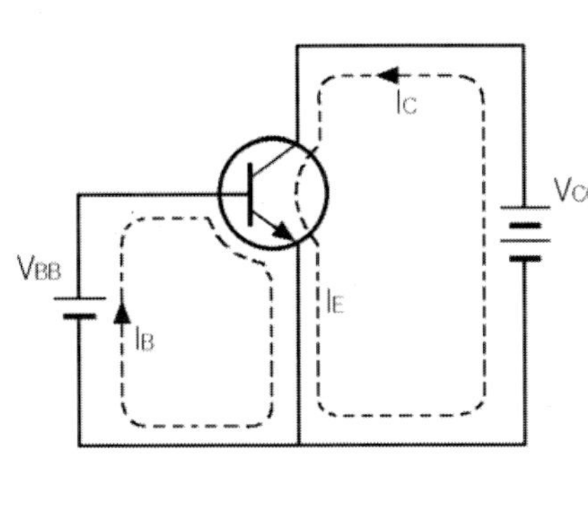

(b) NPN TR

194 트랜지스터를 활용하는 이유

트랜지스터를 전장품의 드라이브 회로(구동 회로)로 많이 사용하는 이유는 가격이 저렴하면서도 전류 증폭률(hfe)이 크기 때문이다. 통상 트랜지스터의 전류 증폭률은 약 50~100배 정도이다. 또 스위칭 시 포화 전압이 낮아 스위치 회로에 적합하며 스위칭 타임도 수십 마이크로(μs)까지 가능해서 전장 회로뿐만 아니라 전자 회로에 다방면으로 이용된다. 그러나 단점도 만만치 않은데다 최근에는 반도체 기술의 발달로 좋은 소자들이 많이 개발되어 점차 트랜지스터를 대체하고 있다. 하지만 가격 경쟁력이 좋아 현장에서 여전히 주류를 이루는 것도 사실이다.

트랜지스터의 단점을 살펴보면 트랜지스터는 화학적 접합 과정을 거치는데 접합면 온도가 180℃ 이상 올라가면 깨져 쓸 수가 없게 되며 정전기에도 약하다(대부분의 반도체 소자는 정전기에 약해 취급 시 주의해야 한다.).

▽ 그림(a) ECU 내부

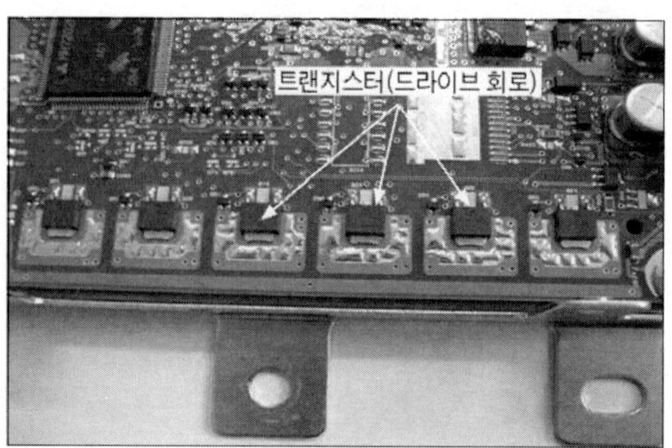

▽ 그림(b) 트랜지스터의 심볼

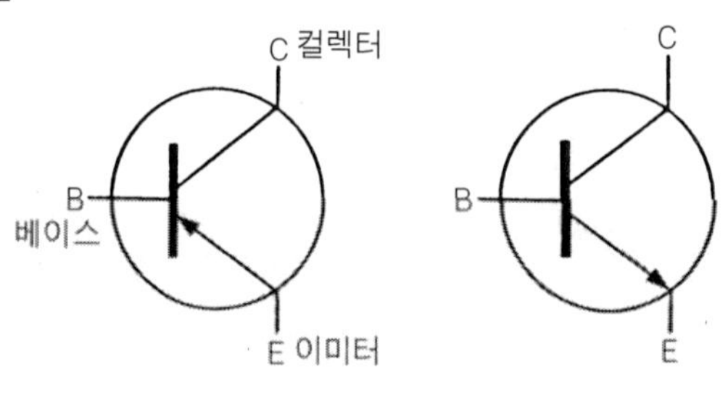

트랜지스터는 PN 접합으로 접합부의 접합 용량으로 인한 스위칭 시 딜레이 타임(신호지연 시간)이 일어나므로 고속 스위칭 회로 설계 시 고려해야 하고 입력 임피던스가 낮고 트랜지스터의 입자 운동에 의한 잡음으로 고주파 회로나 잡음이 없는 회로의 증폭기로는 부적합하다. 또 자동차 전장 회로 중 전구를 구동하는 회로에서는 컬렉터 전류의 한계를 넘어서므로 트랜지스터가 자주 손상되는 경우가 있어 대전류 용으로도 적합하지 않은 것 같다.

통상 대전류용 트랜지스터는 약 10A 정도의 전류를 제어하는 것이 보통이나 과도 전류에 의한 취약성 때문에 설계시 고려해야할 부분이기도 한다. 최근에는 이를 보완한 대전류 전용 트랜지스터가 개발돼 사용되고 있는데 수백A까지 전류를 제어할 수 있어 SCR(실리콘 제어 정류 소자)대용으로 사용이 급증하고 있는데 IGBT(Isulation Gate Bipolar Transistor)라는 소자가 대표적이다. 이 소자는 대용량 전압 구동 소자로 높은 전류는 제어할 수 있지만 절연 게이트를 갖고 있어 별도의 정전기 대책이 필요한 등 설계 시 고려할 사항도 많다.

195 트랜지스터의 활용

트랜지스터는 증폭기 소자. 스위칭 소자. 보상용 소자. 전류 제어 소자 등 다용도로 이용되고 있지만 기본적인 동작 원리는 베이스 전류를 얼마만큼 흘려주느냐에 따라 전류 증폭률(hfe)에 의해 컬렉터에서 이미터로 흐르는 전류를 결정하는 것이다.

▼ 그림(a) 솔레노이드 구동 회로

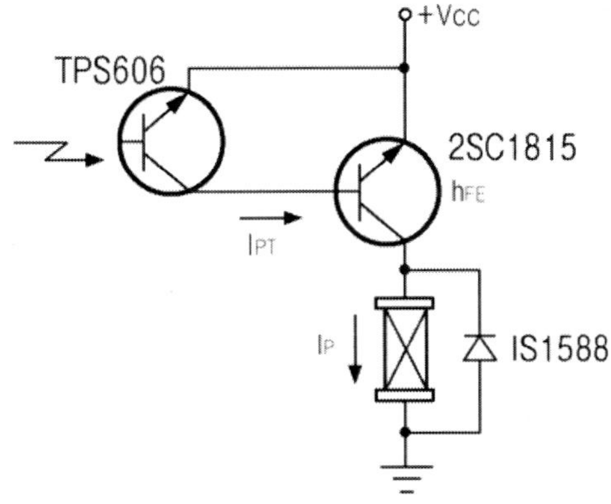

그림 (a)와 같이 솔레노이드 코일을 입력 신호에 의해 ON. OFF할 수 있는 소전류 스위칭용 소자로 활용되기도 하고 그림 (b)와 같이 점화 1차 코일의 1차 전류를 단속하는 대전류용 스위치 소자로 활용되기도 한다. 그러나 점화 코일에 사용하는 파워 TR은 높은 역기전력과 6A 정도의 컬렉터 전류로 인해 고온이 발생되어 그 자체만으로 사용하는 데는 문제가 있다. 따라서 큰 전류를 제어할 수 있는 트랜지스터에 별도의 온도 보상 회로와 역기전력으로부터 트랜지스터를 보호할 수 있는 보호회로가 필요하다.

그림(b)　점화 회로

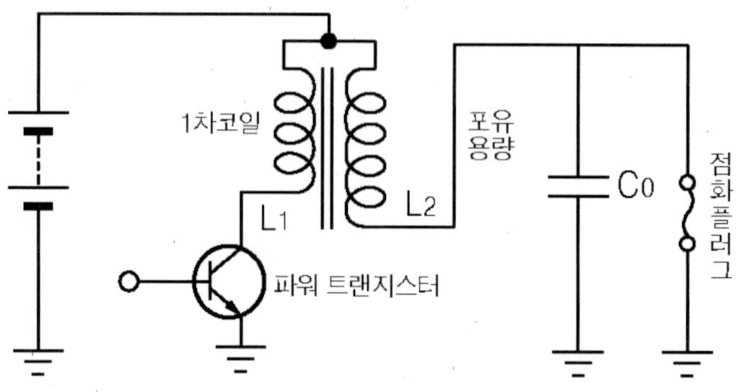

그림 (c)는 CMOS IC(디지털 IC 의 일종)와 트랜지스터 간의 연결 역할을 하는 드라이브 회로로 트랜지스터의 스위칭 작용에 의해 전류를 제어하는 회로에 이용되기도 한다.

그림(c)　CMOS 트랜지스터 드라이브

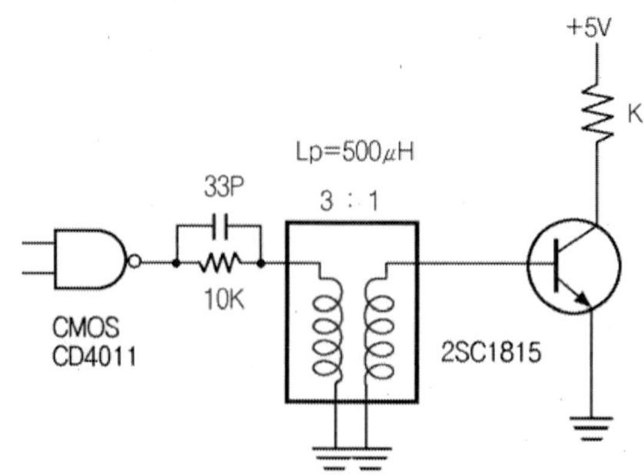

그 밖의 반도체 소자

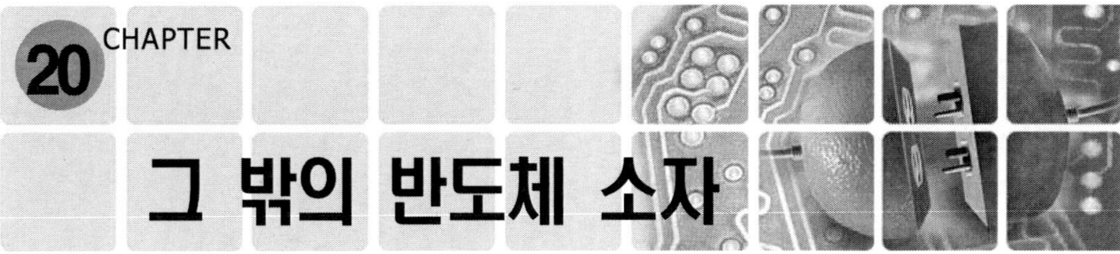

196 에너지대와 공핍층

▽ 그림(a) 실리콘 원자의 구조

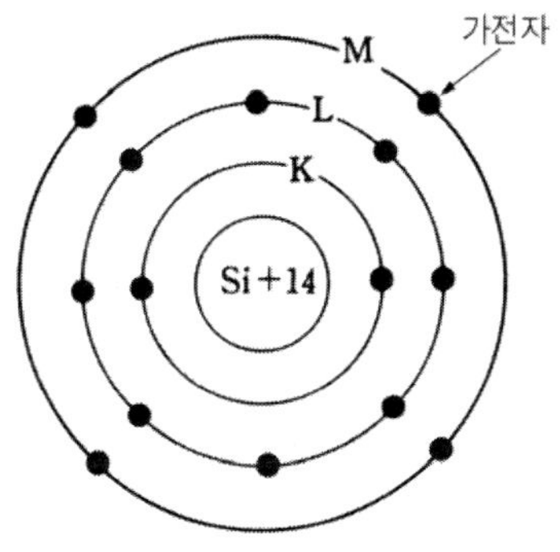

　P형. N형 반도체를 접합하는 방법에 따라 여러 가지 반도체 소자를 만들 수 있는데 이들의 근본 원리를 설명하기 위해서는 원자의 에너지 개념을 살펴봐야 한다. 원자핵 주위를 돌고 있는 전자들은 궤도에 따라 그림 (a)와 같이 어떤 불연속적인 에너지를 갖고 있는데 이 전자들이 궤도마다 갖고 있는 에너지 값을 에너지 준위(energy level)라 하고 원자핵 주위의 최외각 전자에 돌고 있는 전자를 가전자라고 한다.

　반도체 내에 이들 가전자가 가득 채워져 있는 에너지대를 충만대로 부르는데 즉 가전자는 외부로부터 어떤 에너지를 받으면 쉽게 궤도를 이탈할 수 있어 반도체 내에는 이들 최외각 전자(가전자)가 가득 채워져 있는 것과 같다.

　충만대에 있는 전자는 외부 에너지에 의해 잘 이동한다고 하여 **전도대**라 부르고 이 전도대와 충만대 사이의 에너지가 존재하지 않는 영역을 **금지대**로 구분하고 있다.

공핍 층은 가전자대나 전도대와 달리 전자가 들어갈 수 없는 영역을 말하며 P형과 N형이 갖는 에너지대의 차이 때문에 생기는 영역이다.

▼ 그림(b)　에너지대에서 캐리어의 이동

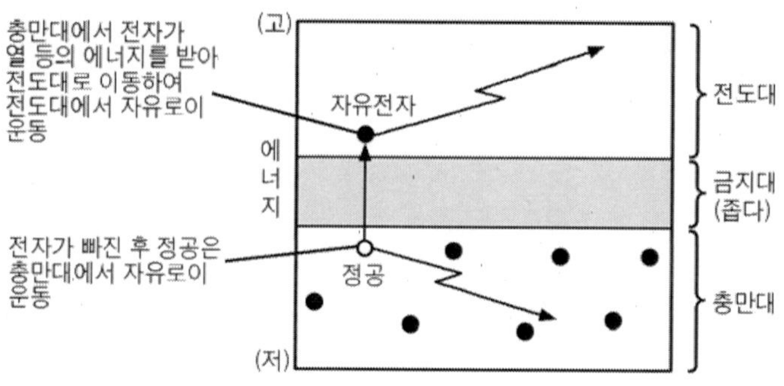

197　제너 다이오드

P형 반도체와 N형 반도체를 만들 때 불순물의 양을 얼마나 넣느냐에 따라 다이오드 특성은 변하게 되므로 이 특성의 변화에 따라 다이오드는 여러 가지 용도로 활용하고 있는데 제너 다이오드도 마찬가지이다.

불순물의 양을 많이 넣으면 PN 접합부에 생기는 전계의 영향으로 전자는 가속되어 원자와의 충돌에 의한 이온화 현상이 증가하게 된다.

이렇게 이온화 과정에서 생기는 전자들도 다시 전자 자신의 전계에 의해 가속되어 전자 상태를 만들게 되는데 제너 다이오드는 이 현상을 이용한 다이오드이다.

▼ 다이오드의 구조

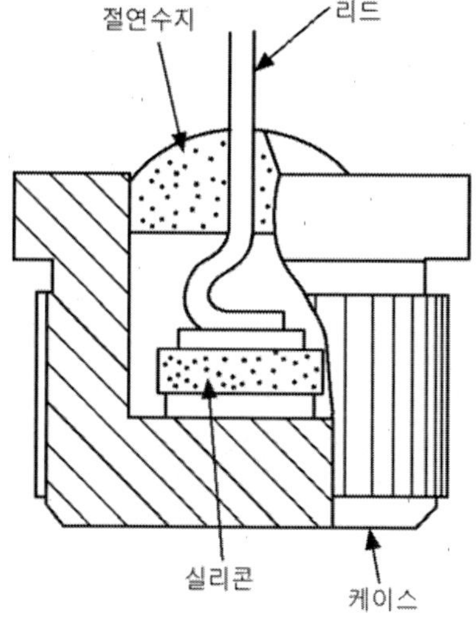

그림 (a)는 제너 다이오드의 순방향 전압 시 전자의 이동을 나타낸 것으로 순방향 전압으로는 일반 다이오드와 특성이 비슷하나 역방향 전압을 가하면 어느 순간 전자

사태가 일어나며 이 때문에 많은 전류가 역방향으로 흐르게 돼 PN 접합부는 항복 현
상을 일으킨다.

▼ 그림(a)　순방향 전압을 걸었을 때

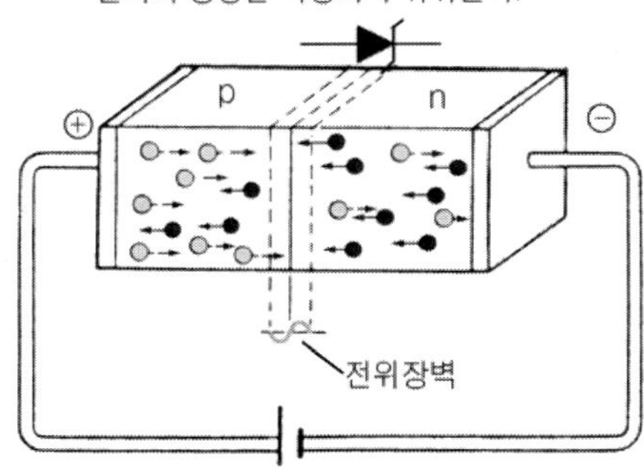

198　제너 다이오드 활용

제너 다이오드는 접합부 양단의 전압이 항복 영역 내의 넓은 전류 범위에 걸쳐 일
정하게 유지되는데 이를 전원의 출력 전압을 항복 전압(제너 전압) 값으로 유지시키
는데 이용할 수 있다.

▼ 그림(a)　제너 다이오드 특성　　　　　　　▼ 그림(b)　제너 다이오드 회로

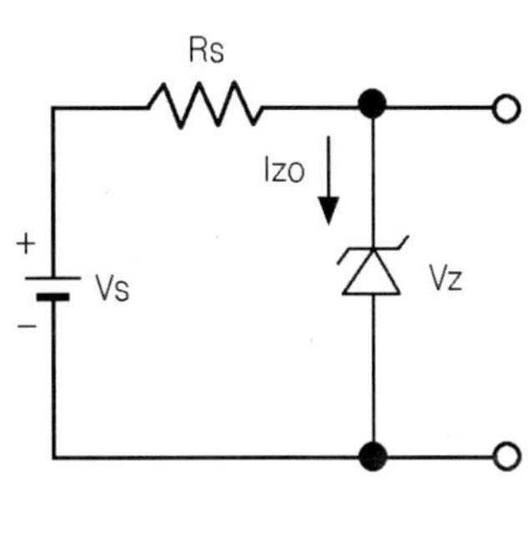

그림 (b)의 회로와 같이 제너 다이오드를 연결해서 전압을 높여보면 그림 (a)와
같은 역방향 특성을 얻을 수 있는데 어느 일정 전압 이상 역방향 전압이 올라가면 갑

자기 전류가 증가하는 영역이 나타난다. 이처럼 갑자기 증가하는 전압을 제너 전압이라 하며 이 현상을 제너 현상이라고 부른다. 제너 현상을 이용하면 다양한 회로에 전압을 일정하게 유지할 수 있는 장점이 있어 제너 다이오드를 일명 **정전압 다이오드**라 부르기도 한다. 제너 다이오드는 정전압 특성이 우수해서 ECU 회로 내의 그림 (c)와 같은 입력 정전압 회로로 많이 사용되고 ECU 출력단에서는 서지 전압으로부터 트랜지스터를 보호하기 위해 사용되기도 한다.

▽ 그림(c)   ECU 입력신호 전원회로

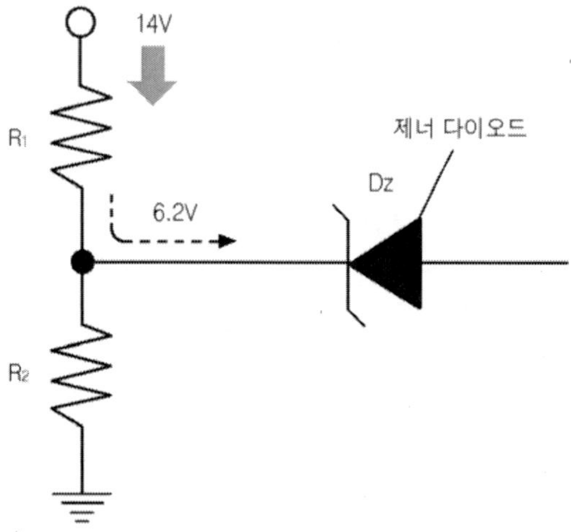

그림 (c)의 회로는 배터리 전압이 약 12~14V로 전압이 변해도 옴의 법칙에 상관없이 제너 다이오드의 전압 때문에 제너의 출력 측에는 항상 6.2V가 측정되는 것을 나타낸 것이다.

199 가변 용량 다이오드

가변 용량 다이오드는 정식 명칭이 **베어리어블 커패시터 다이오드**(variable capacitor diode)로 줄여서 **배리캡 다이오드**라 부르기도 한다. PN 접합부의 접합면이 콘덴서 역할을 하는 것으로 콘덴서의 입장에서 보면 공핍 층은 일종의 유전체인 셈이다. 이 접합부의 용량은 역방향 전압에 따라 그 값이 변하는데 이유는 역방향 전압이 접합부의 전위 언덕의 크기를 변화시키기 때문이다. 그 크기는 평행판 콘덴서와 같이 접합면의 면적에 비례하고 역방향 전압에는 반비례한다.

▼ 그림(a)   가변 용량 다이오드

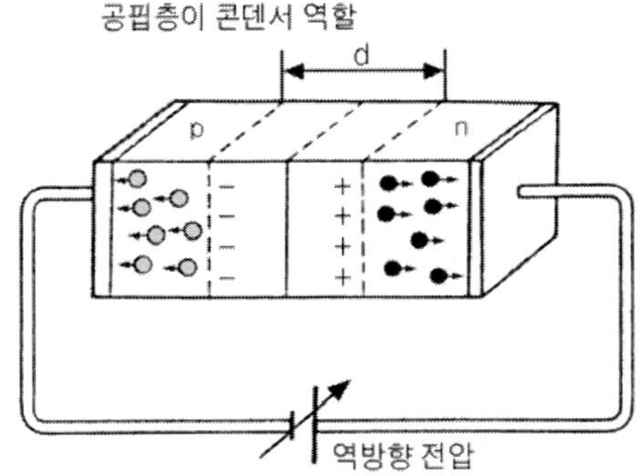

　여기서 유전체의 크기는 불순물 반도체를 만들 때 불순물 농도와 사용하는 반도체의 종류에 따라 달라진다. 그림 (b)는 역방향 전압에 따라 정전 용량 다이오드의 접합부에 발생하는 용량 값을 나타낸 것으로 역방향 전압이 증가하면 정전 용량 값은 감소하는 것을 볼 수 있다. 이같이 역방향 전압에 따라 용량 값이 변할 수 있는 가변 다이오드의 성격을 적극 활용한 것이 TV 리모컨에 의해 원격으로 채널을 조정하는 원격 채널 조정 장치로 리모컨에 의한 수신 전압 변화에 따라 정전 용량 값이 변하는 동조 회로에 사용된다. 한편 전계에 의한 접합부의 용량 변화를 이용한 고주파 회로에도 유용하게 사용된다.

▼ 그림(b)

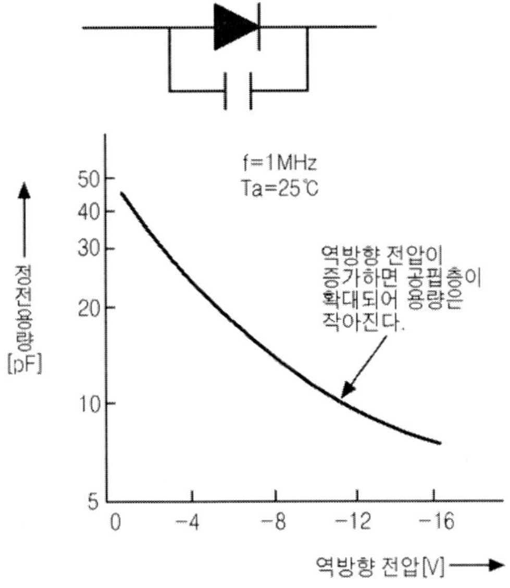

200　SCR

　　SCR(Silicon Controller Rectifier)는 우리말로 실리콘 제어 정류 소자라고 하는데 P형과 N형이 4개 층으로 접합된 구조로 동작원리는 트랜지스터와 비슷하다. 그림 (a)와 같이 스위치 S1을 ON시키면 P1과 N2 사이에 순방향 전압이 걸리고 N1과 P2 사이에는 역방향 전압이 걸리게 되어 A(애노드)에서 K(캐소드)로 전류가 흐르지 않는다.

▽ 그림(a)

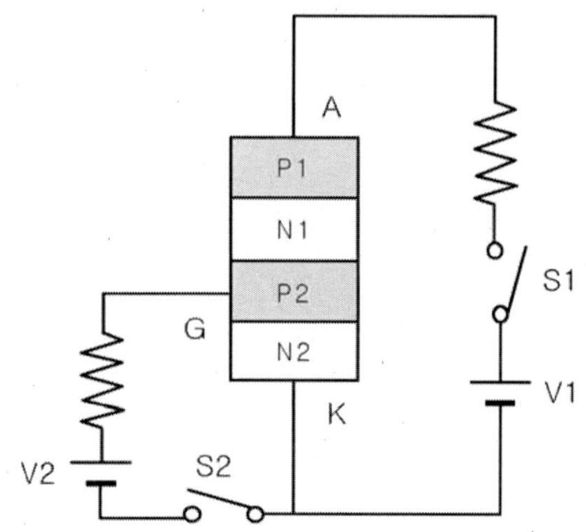

　　이때 스위치 S2를 ON시키면 P2와 N2는 순방향 전압이 걸리게 되어 N2 반도체에 있던 자유 전자는 P2 반도체 층으로 이동하게 되어 G(게이트) 전류가 흐르게 된다. 이때 N1 층에는 강한 역방향 전압이 걸려 있어 G의 전압에 의해 P2 층으로 올라온 자유 전자들이 P1 층의 강한 (+)전계에 이끌려 P2로 올라오고 다시 N1과 P1 층으로 이동하게 되는 것이다. 즉 A(애노드)에서 K(캐소드)로 전류가 흐르기 시작하는 것이다. 이렇게 전류가 흐르기 시작하면 S2 스위치를 OFF시켜도 A(애노드)에서 K(캐소드)로 전류는 계속 흐르는데 이는 충만대의 전자들이 전도대로 전자가 강한 전계에 의해 전위장벽을 넘어가기 시작하면 충만대와 전도대 사이 전위 장벽이 낮아지기 때문이다.

이 같은 원리를 이용한 SCR은 가변 저항처럼 전력 소모가 거의 없어서 전기 모터 제어. 전기 히터 제어. 위상 제어를 통한 조광회로 같은 대전류 제어 회로에 많이 이용되고 있다.

그림(b)　SCR의 특성 및 게이트 전류

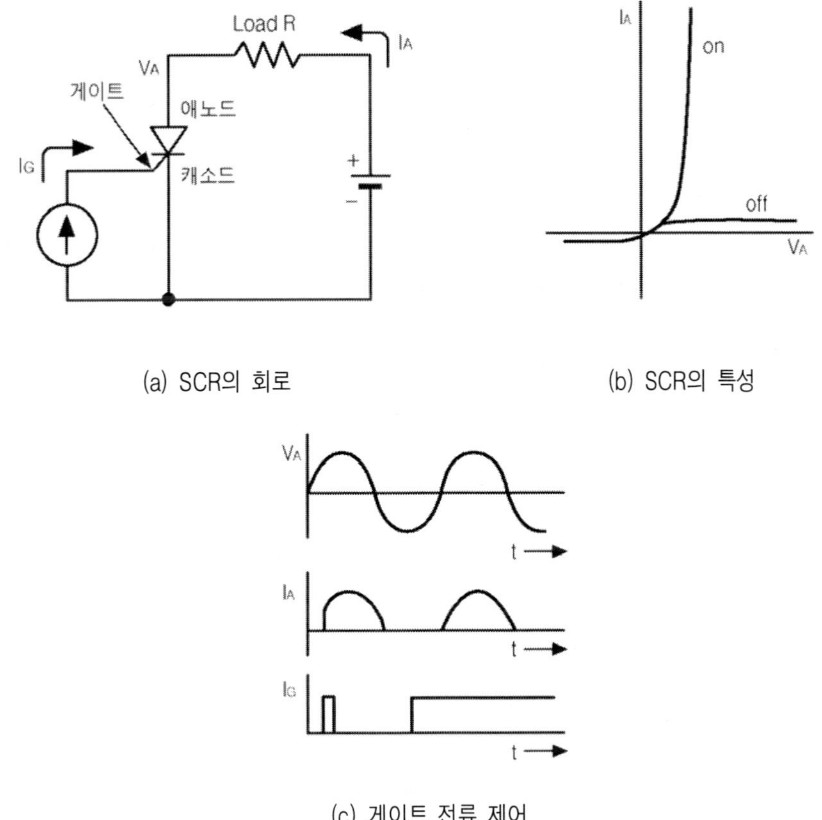

201 FET

FET(Field Effect Transistor)는 우리말로 전계 효과 트랜지스터로 내부 구조는 그림 (a)에서처럼 N형 반도체 아래쪽에 저항성 접촉을 한 소스(Source. 이하 S)가 있고 위쪽에는 드레인(Drain. 이하 D)이라는 단자가 저항성 접촉을 하고 있다. P형 반도체는 게이트(Gate.이하 G)로 되어 있어서 G와 S는 PN 접합부 역할을 하며 S와 D로 가는 길목에 P형 반도체인 G가 N형 반도체를 끼고 있는 상태로 되어 있다. S에서 D로 가는 통로를 보통 **채널**이라고 한다. 이 통로. 즉 채널은 S와 G 사이가 PN 접합 상태여서 역방향 전압을 걸어주면 그 만큼 P형과 N형 반도체 사이. 즉 채널과 G사이에서는 공핍층이 증가하여 채널이 좁아지고 S에서 D로 가는 전류(드레인 전류)도 그만큼 줄게 된다. 즉 FET는 게이트 전압에 따라 S(소스)에서 D(드레인)로 흐르는 전류를 제어할 수 있는 소자인 셈이다.

▼ 그림(a)　N채널 접합형 FET

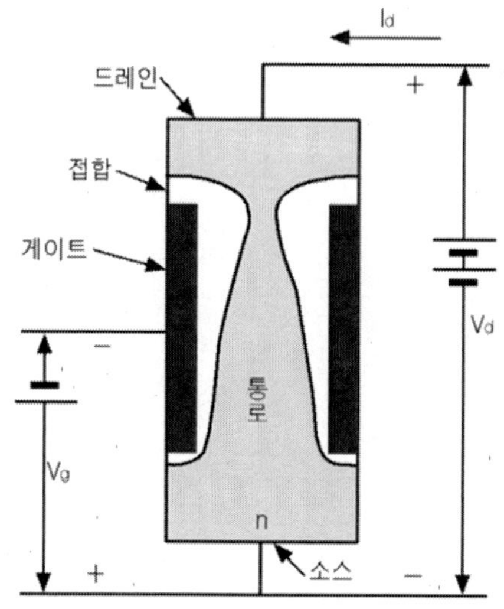

▼ 그림(b)　N채널 FET(MOS FET)의 특성

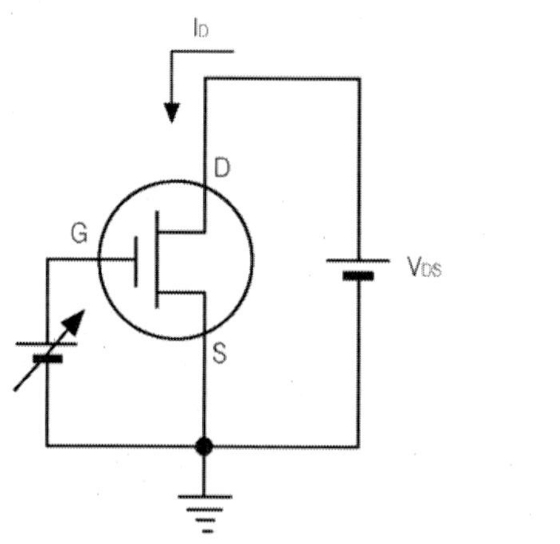

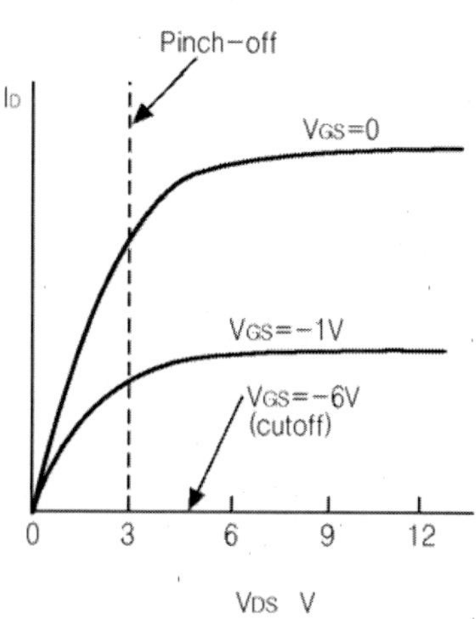

202 FET의 종류

▼ 그림(a)

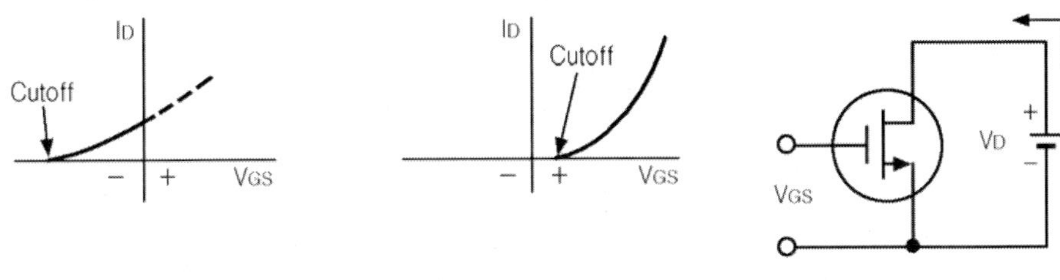

접합형 FET는 소스와 드레인의 2개 전극 사이에 P형 반도체 또는 N⁻형 반도체를 형성해 만들어져 있기 때문에 소스와 드레인의 전류가 흐르는 통로는 N⁻형 반도체인 경우는 N채널 FET라 부르고. P형 반도체로 된 경우는 P채널 FET라 부른다. 또 MOS(Metal Oxide Semiconductor) FET가 있는데 이것은 금속과 산화물을 사용한 것으로 실리콘 기판 위에 N⁻형 또는 P형 반도체를 2개 형성한 뒤 표면을 산화해 절연이 좋은 산화 절연막을 만들고 그 위에 금속을 설치해 게이트 전극을 만드는 식이다.

▼ 그림(b)

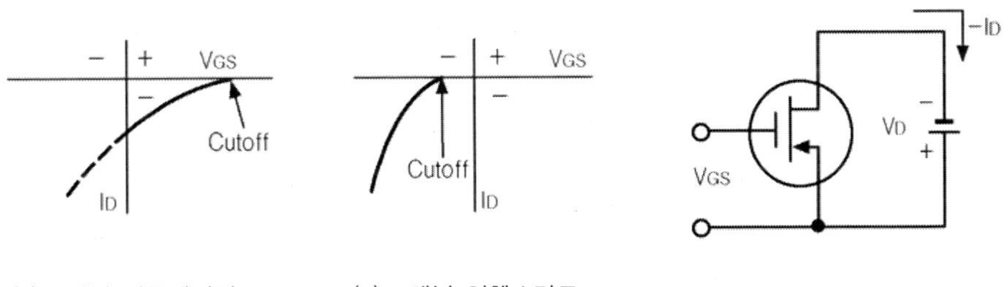

따라서 정전기에는 아주 취약하지만 전력 소모가 아주 적고 집적도를 높일 수 있는 장점이 있어 요즘은 MOS형 FET를 많이 사용하고 있다. 또 MOS형 FET 경우 게이트 전압을 가하지 않더라도 소스와 드레인 사이의 일부 전류가 흐르는 FET를 디플레이션형 MOS FET.로. 게이트 전압을 가하지 않으면 소스와 드레인 사이에 전

류가 흐르지 않는 언헨스먼트형 MOS FET로 구분되며 심벌은 그림 (c)처럼 여러 가지로 나타내고 있다.

그림(c)

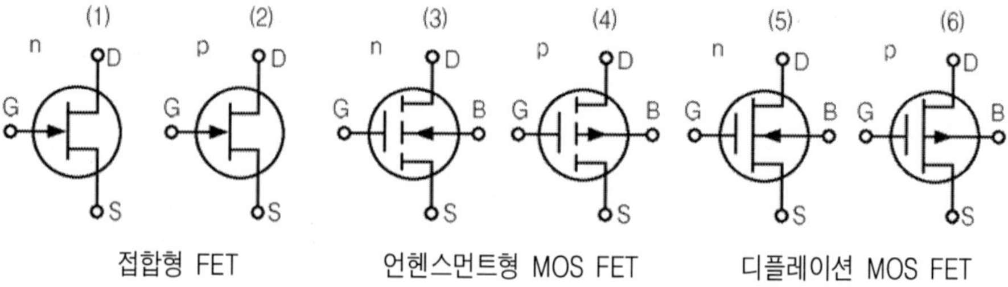

203 FET활용

FET(전계 효과 트랜지스터)를 쉽게 이해하려면 PN 접합부의 전계를 G(게이트) 전압으로 제어해 전류의 양을 변화시키는 일종의 가변 저항으로 생각하면 된다. 그런데 가변 저항은 저항체 자체의 열전자 운동으로 전력 소모가 많지만 FET는 소모 전력이 극히 적다. 따라서 스위칭 소자로 적극 활용할 수 있다.

그림(a)

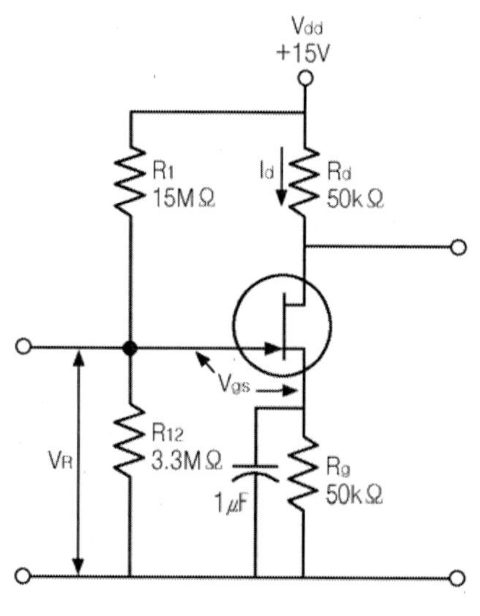

N채널 접합 FET를 사용한 증폭회로

그림(b)

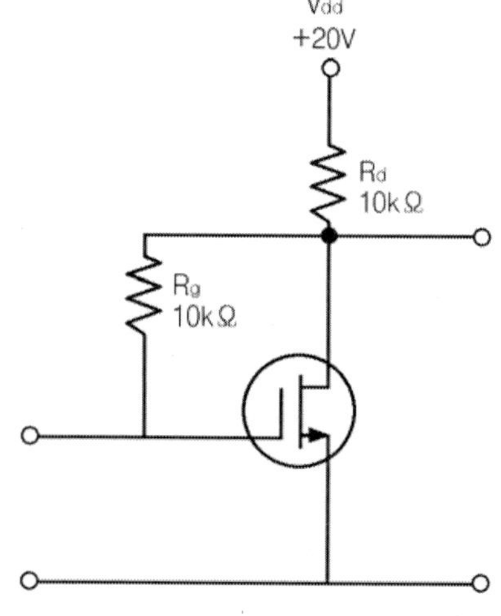

MOS FET(엔헨스먼트형 FET)를 사용한 스위칭 회로

　　FET는 PN접합시 공핍층의 영향으로 입력 임피던스가 트랜지스터에 비해 상당히 높기 때문에 높은 주파수의 증폭 회로나 측정기 등의 전압. 전류계 회로 등에 유용하게 쓰이며 게이트 전압에 의한 드레인 전류의 ON. OFF가 가능하기 때문에 디지털 회로에도 많이 쓰인다. FET의 입력 임피던스는 보통 수 $M\Omega$ 이상이나 일반 트수십~수백$k\Omega$ 정도의 트랜지스터 보다 훨씬 높은 임피던스를 갖고 있다. 입력 임피던스가 높으면 들어오는 입력 신호의 손실이 적어 정확한 입력 신호 값을 받아들일 수 있는 장점이 있어서 FET는 계측기 회로나 콘덴서. 마이크로폰 등에 많이 사용된다. FET는 또 G(게이트) 전압에 의해 채널을 제어하므로 트랜지스터에 비해 대전류를 제어할 수 있을 뿐 아니라 전력 소모가 적다는 이점도 있어 많이 사용한다.

204 LED

　　LED(발광 다이오드)는 갈륨비소(GaAs)인 P형 반도체와 알루미늄 갈륨비소(AlGAAs)인 N형 반도체를 접합하고 전계를 가하면 그림 (b)와 같이 전계에 의해 가속된 전자들이 공핍층 영역에서 정공과 재결합하면서 빛을 내게 되는데 이것은 P형 영역에 있는 가전자대의 정공과 N형 반도체의 충만대의 에너지 준위를 갖고 있는 전자들 간 에너지 차가 아주 크기 때문이다. 즉 전자가 높은 에너지 준위에서 낮은 에너지 준위로 여기하면서 빛을 발하는 것이다. 이 같은 현상은 주입형 전계 발광 현상이라고도 한다.

▽ 그림(a)　여러 가지 발광 다이오드

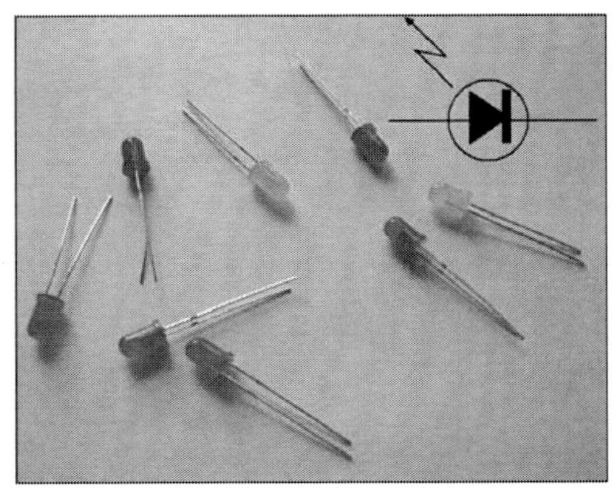

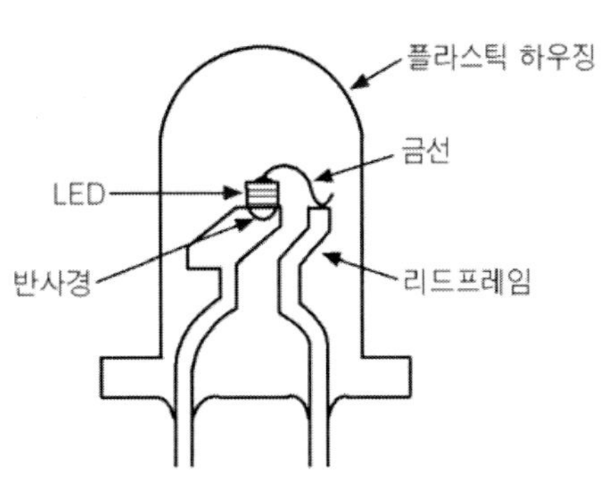

LED는 수명이 길고 소비 전력이 약 10~100mA 정도로 매우 작으며 응답 특성이 좋아 현재는 여러 가지의 광전 변환 소자로 활용된다. 특히 LED는 반도체 레이저에 빛을 발생하는 기본적인 소자로 반도체 레이저는 유도 방출을 일으키기 위해. 즉 빛을 증폭시키기 위해 LED를 공진기 내에 두는데 기체 레이저에 비해 소형화 할 수 있는 이점 때문에 많이 사용되고 있다.

▼ 그림(b)

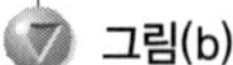

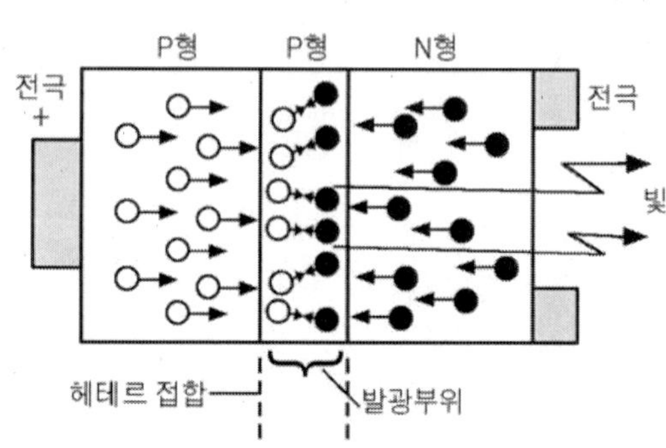

▼ 그림(c) 발광 다이오드(LED)

205 LED의 활용

LED는 그림 (a)와 같이 1.6~2.7V의 낮은 순방향 전압과 10~100mA 정도의 낮은 소모 전력으로 동작이 가능하여 디지털 회로의 표시기에 적합하며 신뢰성이 우수하여 여러 가지 표시 장치나 신호 점등 램프로 활용되고 있다.

▼ 그림(a) 발광다이오드의 전기적 특성

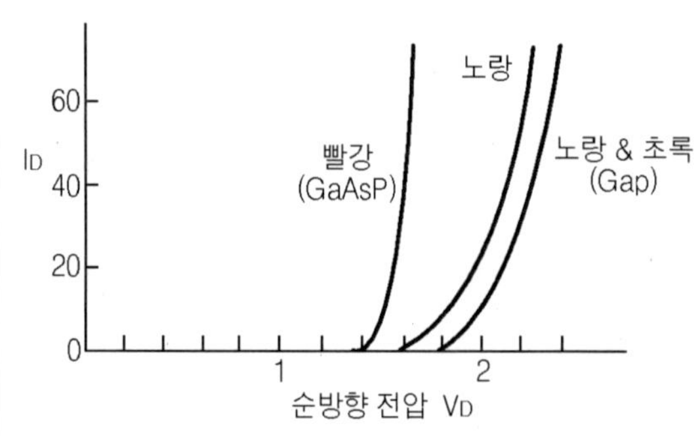

▼ 그림(b) LED의 회로

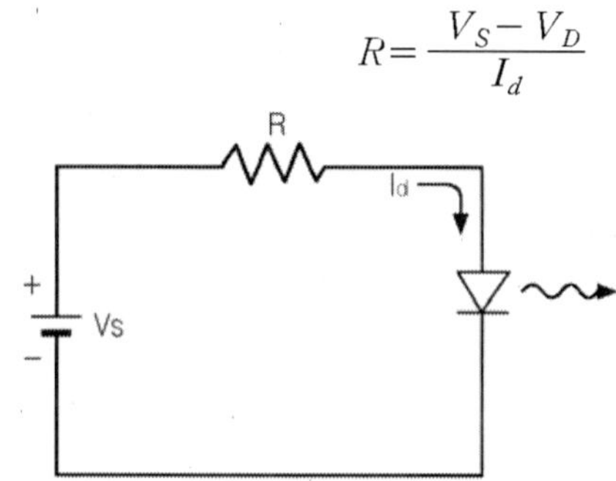

$$R = \frac{V_S - V_D}{I_d}$$

그림 (a)와 갈륨비소인(GaAsP)을 사용한 화합물 반도체는 빨간색을. 갈륨인(GaP)을 사용한 화합물 반도체는 녹색을 발광하며 발광 파장은 $400{\sim}1000\text{nm}$ 정도이다. 특히 적외선 LED는 리모컨의 송신 신호원으로 사용되며 유기 LED도 개발돼 제품의 조립 유연성이나 발광 효율이 우수하고 초소형화도 가능하다는 점 때문에 주입형 전계효과 LED보다 사용이 늘고 있다.

▼ 그림(c) 광자 에너지(eV)

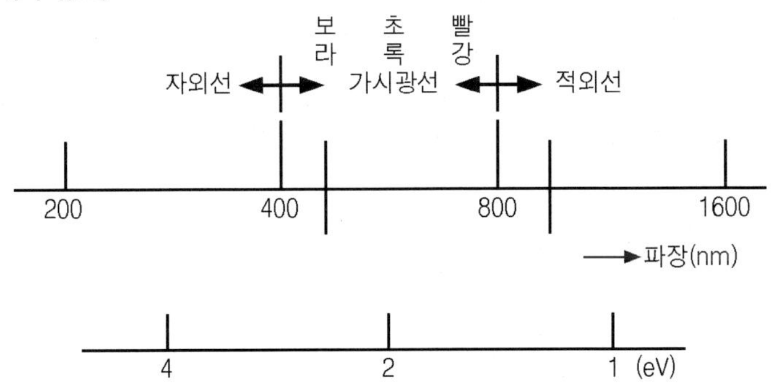

▼ 그림(d) 트랜지스터의 LED 구동회로

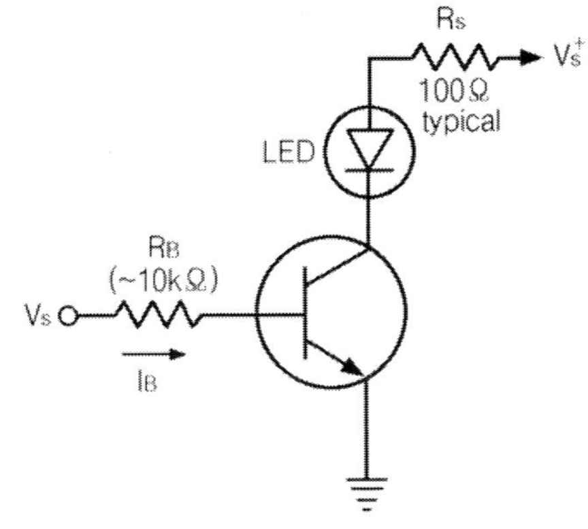

206 포토 다이오드

빛 에너지를 전기 에너지로. 전기 에너지를 빛 에너지로 변환하는 소자를 광전 변환 소자라 하는데 대표적인 것이 LED와 빛을 조사하면 정공과 전자대가 생겨 저항이 감소하는 광도전 소자. 그리고 PN 접합에 빛을 조사하면 정공과 전자대가 생겨 여기에 직류 바이어스를 공급할 경우 전류의 양이 빛에 조사하는 양과 비례하여 전류가 변화하는 포토 다이오드(photo diode)가 있으며 포토 트랜지스터. 태양 전지도 있다.

　포토 다이오드는 그림 (a)와 같이 PN 접합 다이오드에 금지대의 에너지 준위 보다 높은 빛을 조사하면 정공은 충만대로 이동하여 충만대에 있는 전자가 강한 바이어스 전압에 의해 눈사태와 같이 충만대로 이동하게 되는데 이 현상을 애벌란시 효과라고 부른다. 즉 애벌란시 효과에 의한 전자의 이동이 결국은 광전류가 되는 셈이다. 포토 다이오드의 광전류는 그림 (b)의 (1)에 나타나 있듯이 빛의 밀도에 따른 광전류를 나타낸 것이며 그림 (2)는 특정 파장에 대한 응답성을 표시한 것이다. 포토 다이오드가 특정 파장에 의해 응답하는 것을 빛을 하나의 파동으로 보지 않고 하나의 광자로 보아 설명하기도 한다.

그림(a)　에너지 대의 모델

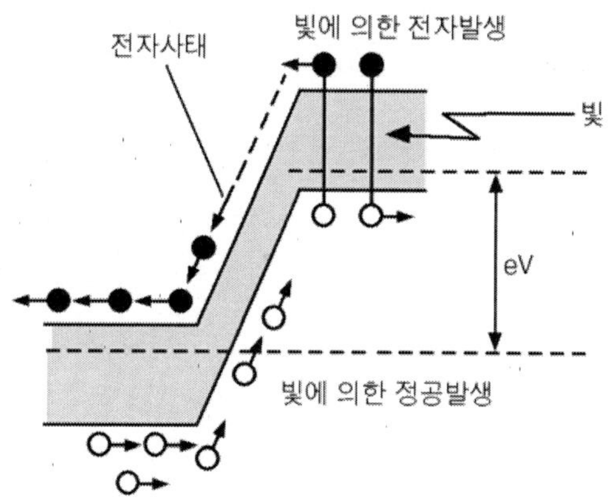

그림(b)　포토 다이오드의 특성

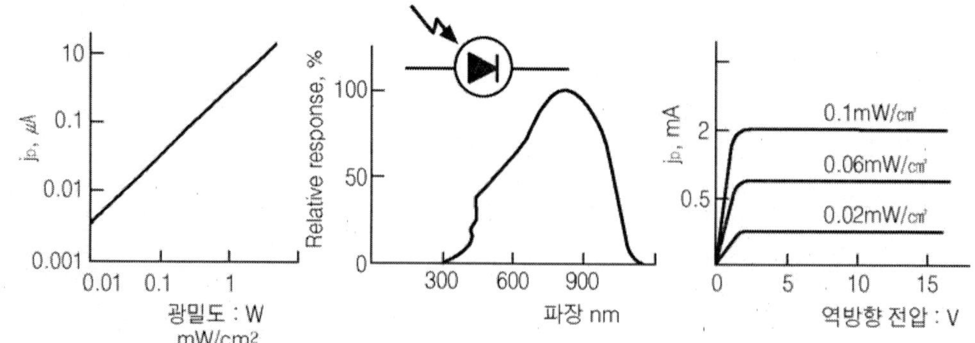

207 포토 다이오드의 활용

포토 다이오드는 빛에 의한 신호를 전기 신호로 변환할 수 있어서 전기적인 잡음에 대해 우수하며 고속으로 응답하는 특성도 뛰어나 광통신의 수광 소자는 물론 OMR 카드. 펀치 카드 인식기. 자동차 회전각을 감지하는 크랭크 각 센서 등으로 다양하게 활용되는 소자이다.

그림 (a)는 포토 트랜지스터의 회로와 심벌을 나타낸 그림으로 포토 다이오드에 트랜지스터의 베이스와 컬렉터를 결합시켜 놓은 것이다. 이런 방법은 포토 다이오드보다 광전류를 크게 할 수 있어서 유용하다. 그림 (a)의 (c)는 NPN형 TR에 용기를 투명하게 하고 빛을 접점할 수 있도록 렌즈를 붙여 놓아 실용화한 한 포토 트랜지스터의 그림이다.

▽ 그림(a)

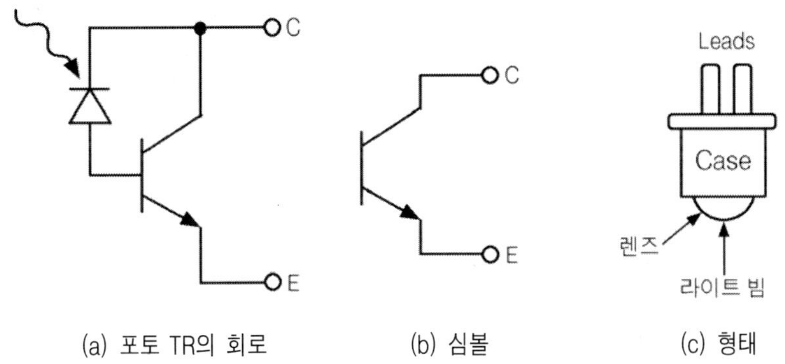

(a) 포토 TR의 회로   (b) 심볼   (c) 형태

▽ 광전식 크랭크각 센서

이처럼 포토 다이오드는 여러 가지 좋은 점도 있지만 암전류가 크기 때문에 설계시 별도의 암전류 대책이 요망되며 포토 다이오드나 포토 트랜지스터 차체는 광전류가 아주 적기 때문에 그 자체로 활용하기가 곤란하여 그림 (b)와 같이 광전류를 증폭하는 회로가 별도로 필요하다는 단점이 있다.

그림은 가장 일반적인 회로의 모습이다.

▽ **그림(b)   포토 트랜지스터의 회로**

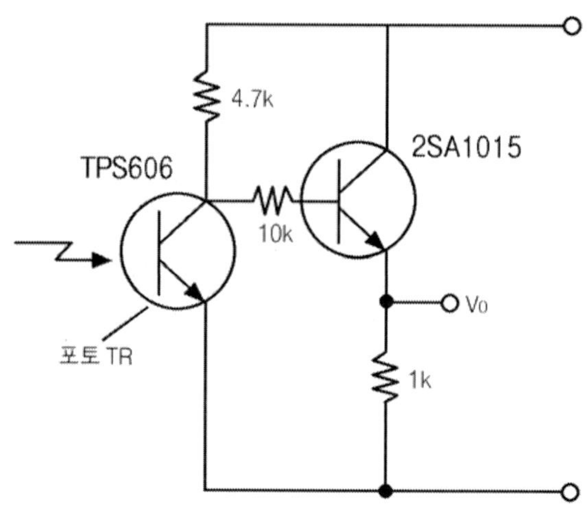

208 옵토 일렉트로닉스

옵토 일렉트로닉스는 옵틱스(광학)와 일렉트로닉스(전자 공학)를 결합한 합성어로 전자 공학의 핵심 기술 영역이다. 이는 종래의 경우 이미지 오디콘. 광전관. 포토 트랜지스터 등의 광전 변환 소자의 실용화에 주로 응용됐으나 최근에는 빛에 의한 고감도 반응을 가지는 유기 반도체 소자나 레이저 개발로 각광을 받기 시작했다.

▽ **광결합 증폭회로**

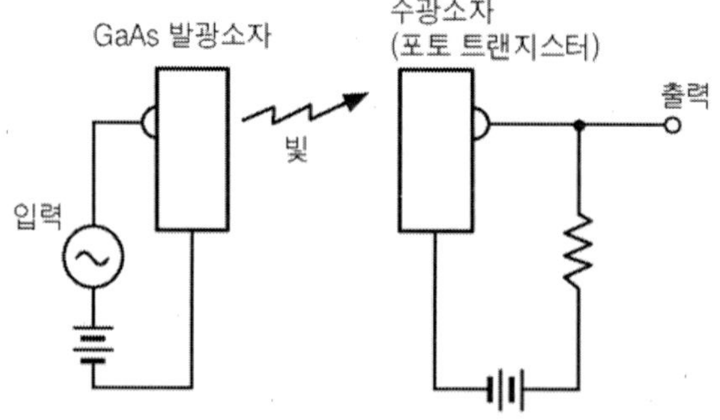

기존의 반도체 기술은 높은 주파수의 증폭이나 발진 부분에 대해 이미 한계를 보이고 있기 때문이다. 가령 종래의 전파로는 전송 채널이나 전송 속도에 한계를 보였던 것이 광통신이나 레이저 통신을 하면서부터 일시에 극복할 수 있게 된 것이다.

유기 화합물 반도체나 레이저를 활용할 경우 수백 GHz(기가 헤르츠)까지도 증폭이나 발진이 쉬워 초고주파 회로에 사용하게 되었는데 빛을 정보의 전송 수단으로 사용하면 전기 접속점이 적어져서 전송 속도가 빨라지고 전송된 데이터의 신뢰성이 크게 확보되어 종래에 발생하던 선로 잡음도 크게 줄일 수 있다. 이 같은 빛에 의한 전자 공학을 통칭해서 **옵토 일렉트로닉스**라고 한다.

▼ 광변환소자

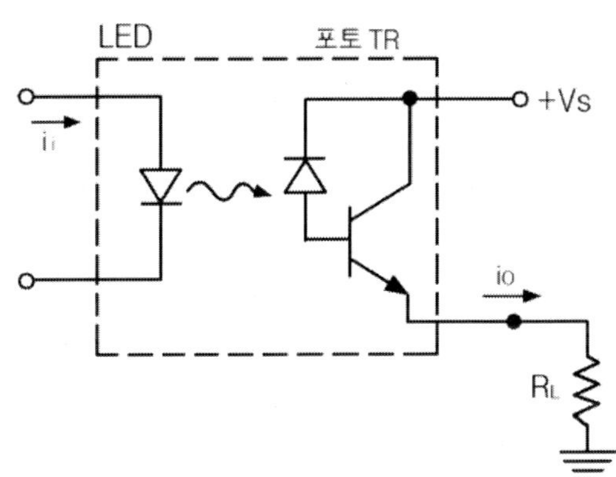

▼ 심볼

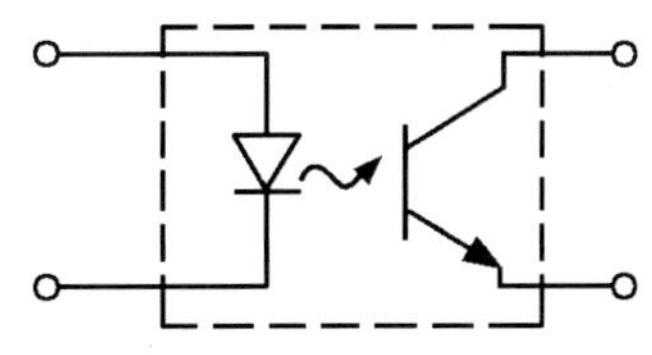

209 광도전 셀

빛을 하나의 입자로 보기 때문에 광자 또는 광량자로 부르기도 하는데 이 빛이 반도체에 부딪히면 원자핵에 돌고 있던 전자와 광자가 충돌해서 전자가 궤도 이탈을 하여 자유 전자가 된다. 이 같은 전자 방출을 광전자 방출이라고 하기도 한다. 이때 빛이 강하면 그만큼 광자와 전자와의 충돌이 많아져 반도체로서는 그만큼 전기 저항이 낮아진다.

▼ CdS셀의 심볼

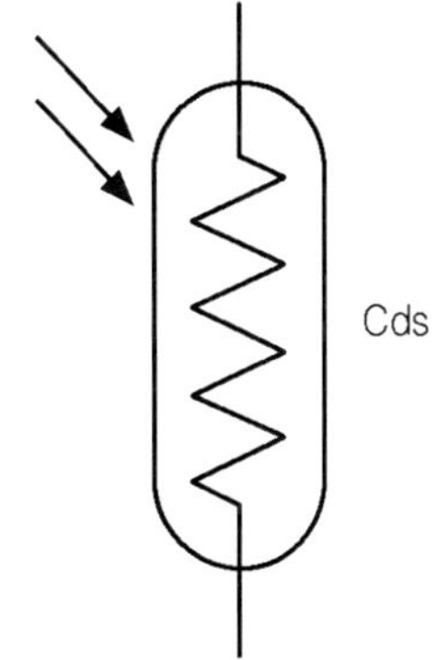

이 같은 원리를 이용한 것이 황화카드뮴(CdS) 광도전 셀 있다. CdS 광도전 셀은 카메라 노출계뿐 만이 아니라 자동차에서는 어두워지면 전조등이 자동으로 점등되는 장치에 빛의 양을 감지하는 CdS 광도전 센서를 이용한다. 또 야간에 전방으로부터 자동차가 다가올 때 전방의 차로부터 불빛을 감지해 자동적으로 빛을 줄이는 콘라이트에도 사용하고 있다. 이처럼 빛이 강하면 그만큼 저항이 적어지는 CdS 광전도 셀은 온도가 올라가면 그만큼 저항이 낮아지는 서미스터와 특성이 흡사하다.

▼ 광자의 충돌에 의해 자유전자 발생

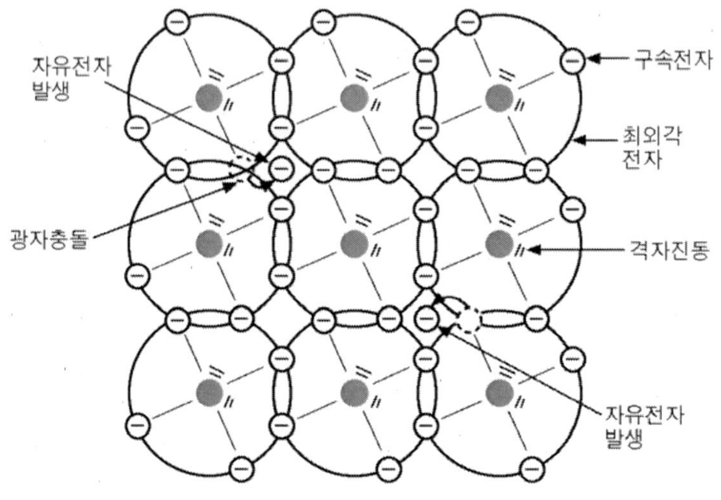

210 태양 전지

태양 전지에 사용한 실리콘은 빛을 받으면 (−)인 전자와 (+)인 정공이 발생하는 특징이 있는데 이 같은 실리콘 단결정을 응용해 처음으로 태양 전지를 만드는 방법을 발견한 것은 1954년 미국의 피어슨이라는 사람에 의해서였다. 그러나 당시의 태양 전지는 초보적 수준이어서 빛이 전기로 변환하는 변환 효율이 6% 밖에 되지 않았다. 그러나 이후 꾸준한 개발이 이뤄져 황화카드뮴(cdS), 갈륨비소(GaAs) 등을 사용한 우수한 태양 전지가 탄생했다. 그러나 가격은 여전히 비싸 태양 전지의 상용화에 걸림돌이 되고 있다.

태양 전지의 원리는 정공이 풍부한 P형 반도체와 전자가 풍부한 N형 반도체를 접합시켜 놓으면 접합할 때 생기는 내부 전계에 의해 전자와 정공이 일부 접합면을 넘어 이동을 하다가 접합면에 빛을 받으면 광전자 방출로 무수한 전자와 정공이 발생해서 PN 접합 양단으로 모아지면서 기전력이 생기는 것이다.

▽ 태양전지

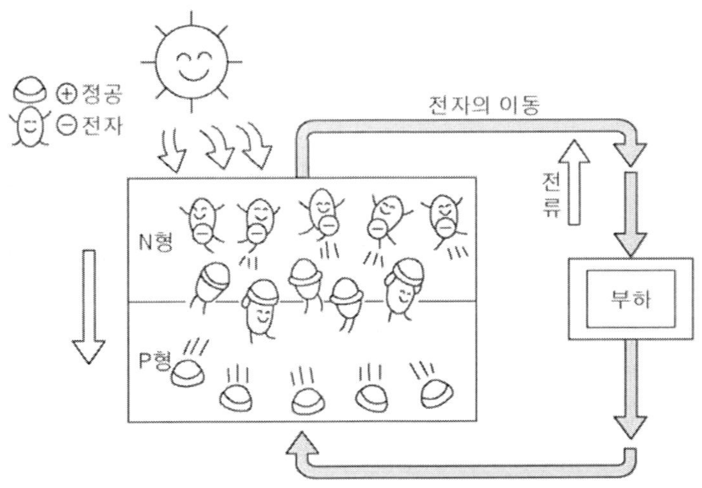

이 같은 태양 전지는 반도체 결정체로서 Si 단결정체가 있고 아머퍼스 반도체로는 아머퍼스 SiC. 아머퍼스 SiGe. 화합물 반도체로는 CdS. GaAs. 유기 반도체에는 메로시안. 프타로시안 등이 있다. 이중 현재 주로 사용하는 태양 전지는 단결정 반도체나 아머퍼스 반도체로 가격이 낮다는 장점에도 불구하고 에너지 변환 효율이 평균 15~25% 정도 밖에 안 된다.

일반적으로 태양 전지의 셀(cell)당 크기와 기전력은 직경이 약 8cm로 0.5V 정도의 기전력을 얻고 있는데 이 같은 태양 전지를 동력원으로 사용하기 위해서는 태양 전지의 셀을 병렬로 연결하여 모듈화해야 가능하다.

현재까지 개발된 태양 전지 중 셀(cell)당 가장 우수한 것은 화합물 반도체인 갈륨 비소(GaAs)로 약 30%의 변환 효율을 가지고 있다. 그러나 가격이 비싸 아직은 대량 생산하기에는 이르다. 그러나 향후 개발을 더욱 가속해 미래에는 태양 전지가 화합물 반도체에 근접하는 변환 효율을 얻을 수 있을 것으로 기대된다.

단품 점검

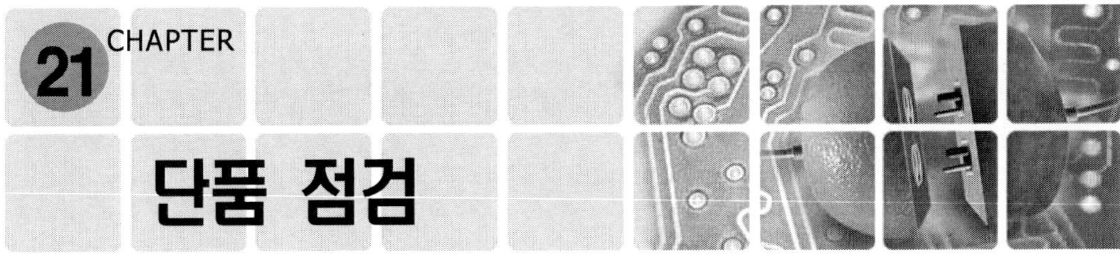

211 다이오드의 저항값 측정

다이오드는 P형 반도체와 N형 반도체를 접합시켜 놓은 것으로 P형에서 N형으로 전류가 흐르지만 N형에서 P형으로는 전류가 흐르지 않는 성질이 있다고 앞서 설명했다. 결국 다이오드는 한 방향으로 밖에 전류가 흐르지 않는 체크 밸브와 같이 작동을 하는 것이라고 할 수 있겠다. 그러면 실제 다이오드를 사용하여 그림 (b)와 같이 1.5V 전지 2개를 직렬로 연결하고 전구와 직렬로 다이오드의 극성을 바꾸어 보면서 직접 알아보자.

▼ 그림(a)　다이오드 실물과 심볼　　　　▼ 그림(b)

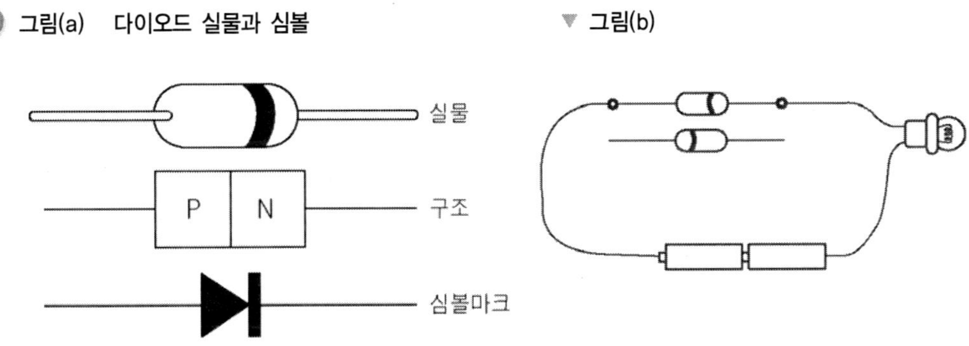

그림 (c)처럼 같은 방향일 때만 전구에 불이 점등되는 것을 알 수가 있다. 따라서 다이오드가 전구에 불을 점등되도록 하는 방향의 전압을 **순방향 전압**이라고 하고 전구의 불이 소등되는 방향을 **역방향 전압**이라고 한다.

즉 다이오드는 순방향에서는 저항이 적고 역방향에서는 저항이 많다고 생각할 수 있다. 멀티 테스터의 선택 스위치를 ×10Ω 레인지에 맞추고 그림 (d)와 같이 측정 봉을 다이오드의 극성을 바꿔보며 좀더 자세히 알아보는 것도 좋다.

▼ 그림(c)

▼ 그림(d)

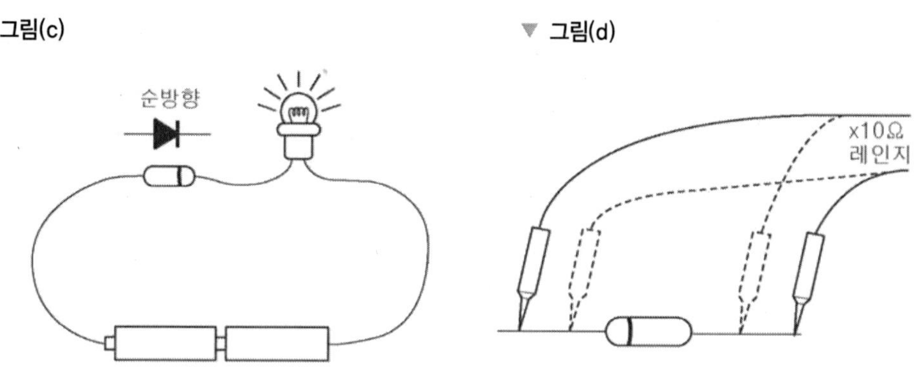

212 다이오드의 저항값 측정 결과

그림 (a)와 (b)처럼 다이오드 극성을 바꾸어 저항을 측정해 보는 것 외에도 디지털 멀티 테스터의 경우 다이오드 레인지가 별도로 되어 있어서 이 레인지를 사용하면 순방향 저항 값은 숫자가 작고 역방향 저항 값은 숫자가 큰 것을 확인할 수 있다(이 숫자는 멀티 테스터의 경우 종류에 따라 조금씩 다르다.).

▼ 그림(a)

▼ 그림(b)

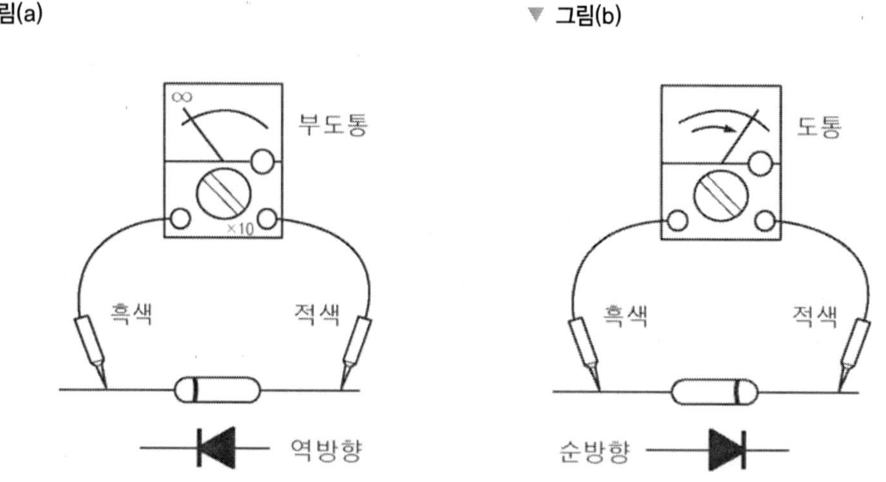

아날로그 멀티 테스터에서는 순방향에서는 저항이 많고 역방향에서는 저항이 적게 나타나므로 실제 다이오드의 순방향 저항 값이 역방향보다 큰 것으로 생각할 수

있으나 이것은 아날로그 멀티 테스터의 미터 지침이 그림 (a)와 같이 흑색 측정 봉에서 흘러나와 적색 측정 봉으로 흘러 들어가기 때문에 결과적으로는 흑색 측정 봉이 (+)가 되고 적색 측정봉은 (−)가 된다는 것을 상기해야 한다.

따라서 다이오드를 점검할 때는 측정봉의 극성을 다이오드에 접속했을 때 미터의 지침이 서로 반대로 움직이는 것만 봐도 다이오드는 양호하다고 생각하면 된다. 만일 다이오드가 불량인 경우 측정 봉을 바꾸어도 양 방향으로 지침이 같이 움직이거나. 양방향 모두 지침이 움직이지 않는다.

참고로 멀티 테스터로 다이오드의 저항 값을 측정하는 것은 옳지 않다. 단지 순방향일 때는 도통을. 역방향일 때는 부 도통만 확인하면 된다. 이유는 다이오드는 멀티 테스터의 측정 봉에서 공급되는 전압이 멀티 테스터의 종류와 테스터 내부 전원에 따라 달라질 뿐 아니라 다이오드의 순방향 바이어스 전압과 역방향 바이어스 전압이 다르기 때문이다. 따라서 다이오드나 트랜지스터 같이 접합형 반도체의 저항을 말할 때는 벌크 저항(bulk resistor)라고 표현해야 옳다.

▼ 그림(a)

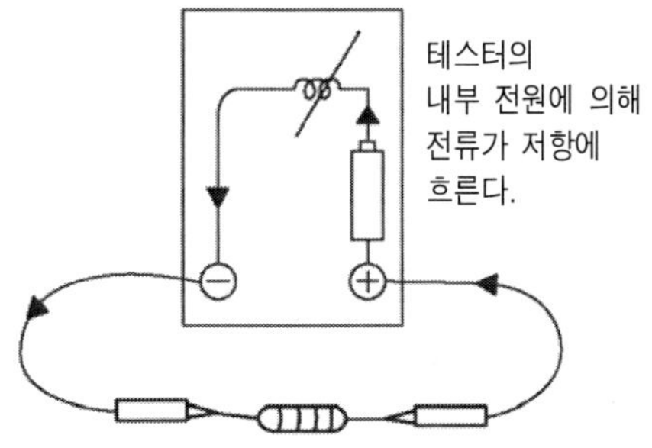

213 올터네이터의 다이오드 점검

그림 (a)와 같은 올터네이터의 다이오드는 어떻게 점검하면 될까. 올터네이터의 다이오드는 각 하나씩 따로 점검할 수 없다.

올터네이터의 다이오드는 그림 (b)와 같이 (+)측 다이오드 3개. (−)측 다이오드 3개가 함께 연결되어 있어서 이 모두를 같이 점검해야 한다. ①. ②. ③번 다이오드는 B단자와 N단자로 연결되어 있어 +측 다이오드를 점검하려면 B단자와 N단자에 테스터의 측정 봉을 접속해야 하고 ④. ⑤. ⑥번 다이오드는 E단자와 N단자가 연결되어 있어서 (−)측 다이오드를 점검하기 위해서는 E단자와 N단자에 측정 봉을 접속하여 점검하면 된다. 즉 ①. ②. ③번 다이오드는 B단자와 N단자에 측정 봉을 접속하고. ④. ⑤. ⑥번 다이오드는 E단자와 N단자에 측정 봉을 접속하여 점검하면 된다는 말이다.

▼ 그림(a)

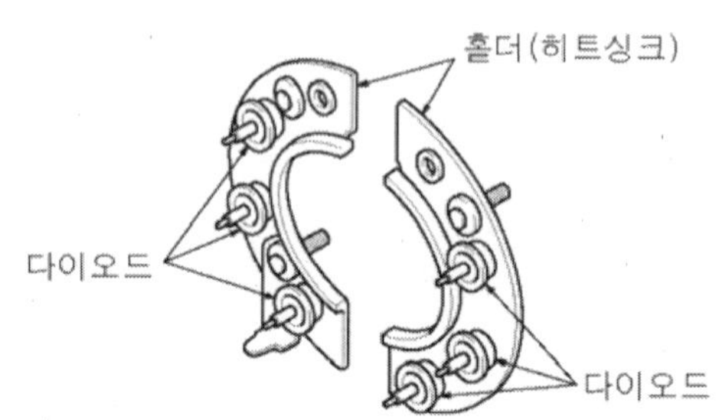

▼ 그림(b)   올터네이터의 정류 회로

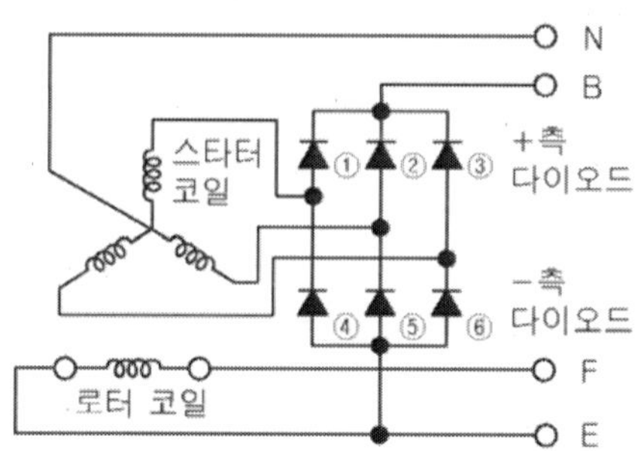

다이오드의 양부 판정은 다이오드가 내부 단락(쇼트)이 발생했을 때 측정 봉의 극성과 상관없이 양방향 모두 도통되지만 다이오드가 하나만 내부 단선(open)되었을 때는 도통과 비 도통이 구분되지 않기 때문에 보다 정확하게 점검하기 위해 올터네이터의 출력 파형을 오실로스코프로 관찰하는 것이 좋다.

214 로터 코일의 단선 점검

로터 코일의 단선은 극히 드문 일이나 코일과 연결되는 브러시 마모로 일어나는 접촉 불량은 흔하다. 로터 코일에 전원이 공급되지 않으면 충전 불량으로 이어지기 때문에 코일의 점검 방법에 대해 알아두는 것이 중요하다.

그림 (a) 회로를 보면 로터 코일을 점검할 수 있는 단자는 E와 F이다. 브러시의 접촉 불량에 따라 코일의 저항 값이 크게 변하기 때문에 로터를 회전시키면서 E-F 단자 간 저항 상태를 점검하면 된다. 그 결과 양부 판정은 로터를 손으로 돌려 회전시키고 있을 때 저항이 무한대 옴($\infty\,\Omega$: 지침이 움직이지 않음)이 없으면 양호한 것이다.

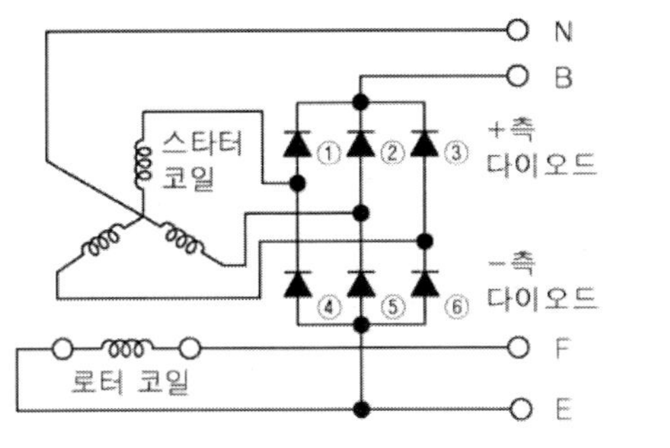
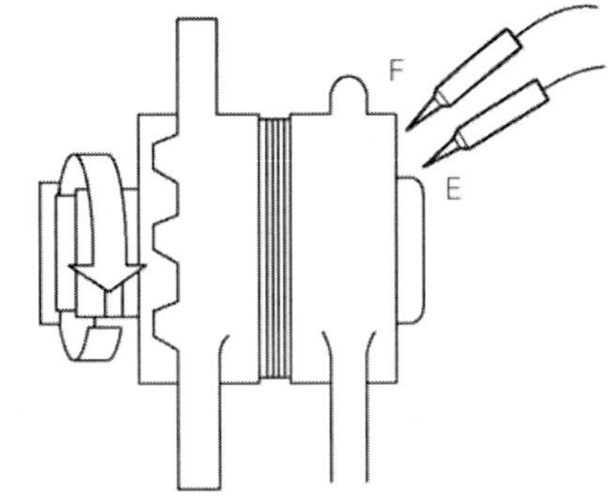

215　트랜지스터의 식별

【예】 트랜지스터 C 1 2 1 3 :

① 첫 번째 문자 A : PNP형 고주파 트랜지스터

B : PNP형 저주파 트랜지스터

C : NPN형 고주파 트랜지스터

D : NPN형 저주파 트랜지스터

② 두 번째 숫자는 일련번호를 나타냄 (1213은 일련번호)

트랜지스터는 크게 나누어 PNP형과 NPN형 2가지가 있다. 이들을 식별하는 방법은 트랜지스터에 표기된 방법에 의해 위의 예와 같이 알아내는 것이다. 그러나 이 규정은 일본 공업 규격으로 최근에는 반도체 메이커마다 표시하는 방법이 위와 다른 것도 있다.

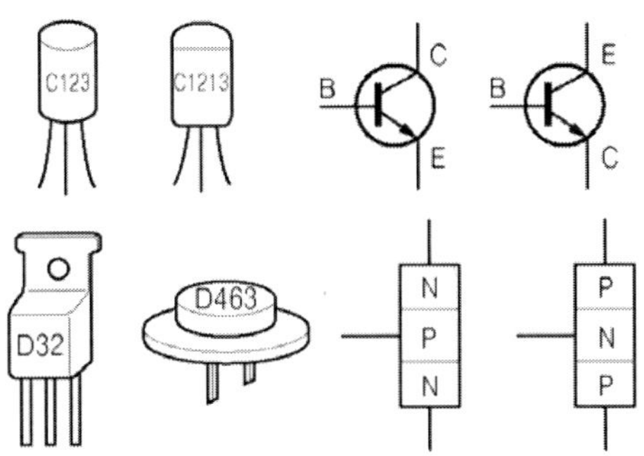

216 트랜지스터의 도통에 의한 양부 판정

트랜지스터는 PNP형. NPN형 반도체의 접합으로 되어 있어 아래 그림과 같이 다이오드가 2개 직렬 연결되어 있다고 생각하고 다이오드와 같은 방법으로 점검하면 쉽다. 따라서 B-C간. B-E간 각각의 다이오드를 점검하면 쉽게 트랜지스터의 양부를 판단할 수 있다. 이렇게 해서 다이오드 2개가 모두 양호하면 트랜지스터는 양호한 것이다. 이 방법을 이용하면 트랜지스터의 식별 표기가 없더라도 PNP형인지. NPN형인지 구분하기도 쉽다.

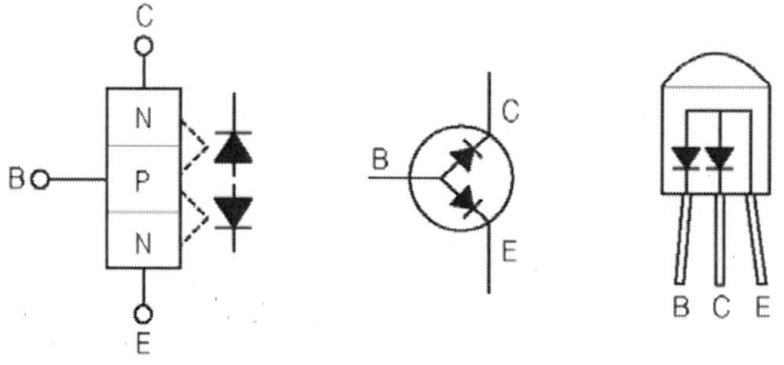

217 트랜지스터의 전류 증폭 작용

그림 (a)의 회로처럼 TR C1213 1개와 LED 1개. 1.5V 전지 2개를 준비해 그림 (b)와 같이 연결한 뒤 C(컬렉터)와 B(베이스)를 손가락으로 살며시 눌러 보면 LED에 점등이 되는 것을 볼 수 있는데 이는 손가락을 통해 트랜지스터 B(베이스)에서 전류가 약간 흘러도 C(컬렉터)에서 E(이미터)로 전류가 흘러 LED가 점등되는 것이다.

그림(a)

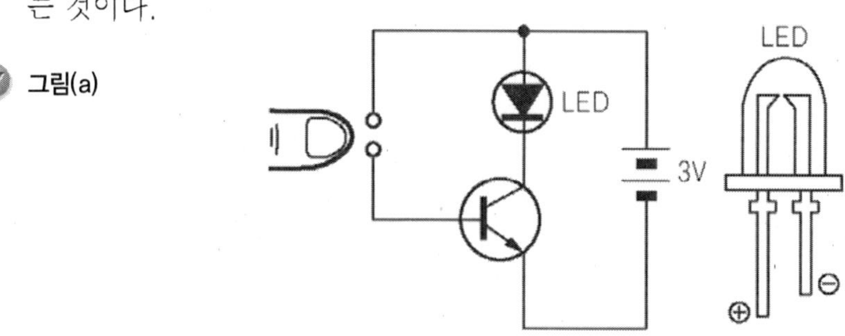

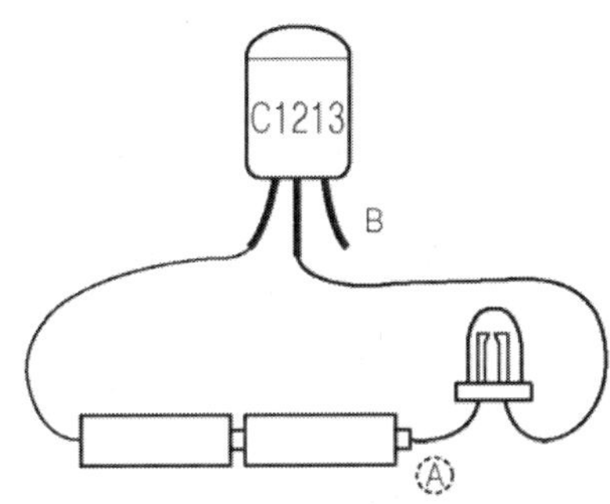

이 때 B(베이스) 전류에 의해 C(컬렉터) 전류가 어느 정도 흐르는지를 나타내는 것을 **트랜지스터의 전류 증폭률**이라고 한다.

이 같은 기본 원리를 이용하면 멀티 테스터로 트랜지스터의 식별 표시 없이도 단자 식별이 가능하며 트랜지스터 구분도 할 수 있다.

218 트랜지스터의 양부 판정

트랜지스터의 양부를 판정하는 방법에는 2가지가 있는데 앞서 설명한대로 트랜지스터를 2개의 다이오드로 보고 하는 것과 트랜지스터의 전류 증폭 작용을 이용하는 것이 있다. 후자의 경우 멀티 테스터로 저항을 측정할 때 멀티 테스터의 내부 전지가 테스터의 측정 봉으로 전압이 인가되는 것을 이용하는 것으로 그림 (a)와 같이 트랜지스터의 C(컬렉터)와 E(이미터) 사이에 멀티 테스터의 측정 봉을 접속하고 B(베이스)와 C(컬렉터)의 리드(다리)를 손가락으로 눌러 멀티 테스터의 지침이 움직이면 양호한 것으로 판단한다.

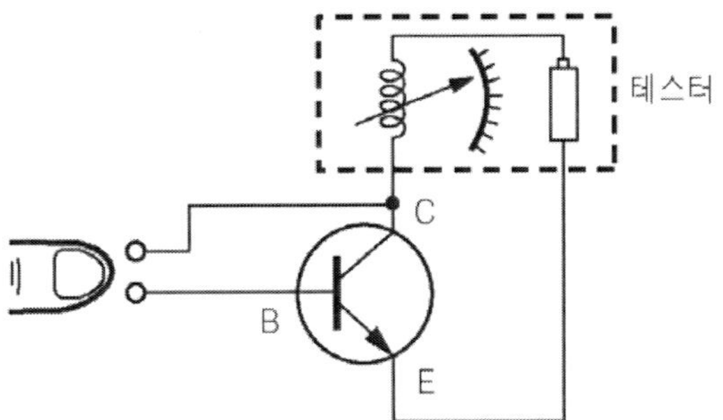

여기서 트랜지스터의 B(베이스)를 찾는 것은 트랜지스터를 2개의 다이오드로 보고 점검하면 쉽게 알아낼 수 있다.

그림 (b)와 같이 실제 트랜지스터를 가지고 점검할 때 손가락으로 B와 C를 누르지 않으면 미터의 지침은 움직이지 않는다. TR의 B전류가 흐르지 않기 때문인데 손가락으로 누르면 B(베이스)전류가 흐르면서 미터의 지침이 움직이기 시작한다. 이렇게 손가락으로 트랜지스터의 B와 C를 눌러 미터의 지침이 움직이는 것을 양품으로 판정한다. 이 방식은 디지털 멀티 테스터보다 지침이 있는 아날로그 테스터를 이용하면 측정 봉에 인가되는 전압이 높아 점검이 훨씬 편리하다.

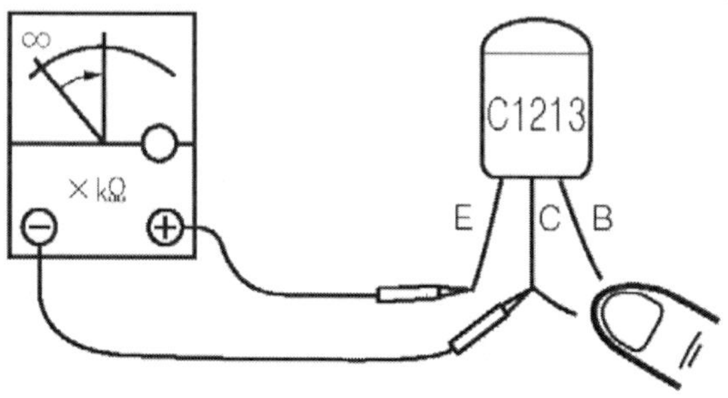

219 컴퓨터 내 TR의 고장

▽ ECU 내부의 트랜지스터

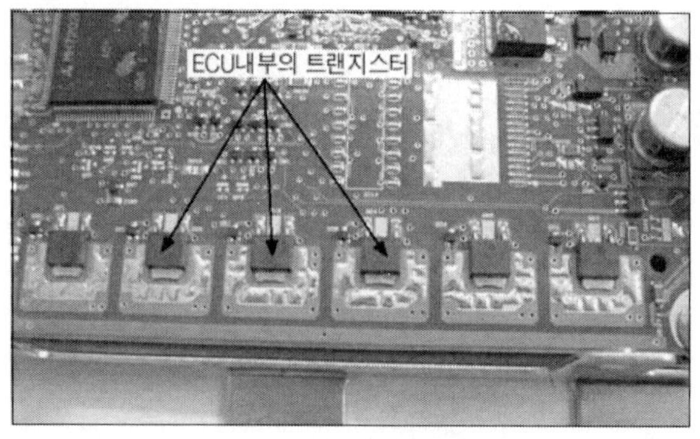

전자 제어 사양이 탑재된 자동차에서 ECU(컴퓨터) 구동단의 인젝터가 작동되지

않거나 분사가 이뤄지지 않을 때 점검을 해보면 ECU내의 트랜지스터가 파괴되어 있는 경우가 종종 있다. 이때는 ECU를 새 것으로 교환하기 전에 ECU 출력단 회로의 상태를 먼저 살펴보는 것이 기본이다. 트랜지스터 1개로 모든 기통을 작동하는 경우는 트랜지스터 1개만 점검하면 되지만 각각의 인젝터에 대응한 트랜지스터가 구동하는 경우는 동작이 안 되는 기통의 것만 점검하면 된다.

220 컴퓨터 내의 다이오드 점검

전자 제어 사양 자동차의 ECU(컴퓨터)에서 다이오드가 파괴돼 회로 내부의 쇼트나 퓨즈 단선. 회로 단선 등이 일어날 때 ECU를 교환하기에 앞서 ECU내의 다이오드를 점검해보는 게 필요하다. 회로 내의 다이오드를 점검하려면 다이오드 한쪽의 납땜 부위를 제거한 후 점검해야 한다. 만일 다이오드의 한쪽 리드(다리)를 제거하지 않고 점검하게 되면 다이오드는 ECU 회로와 복잡하게 연결되어 있어 양부 판정을 하기가 쉽지 않게 된다.

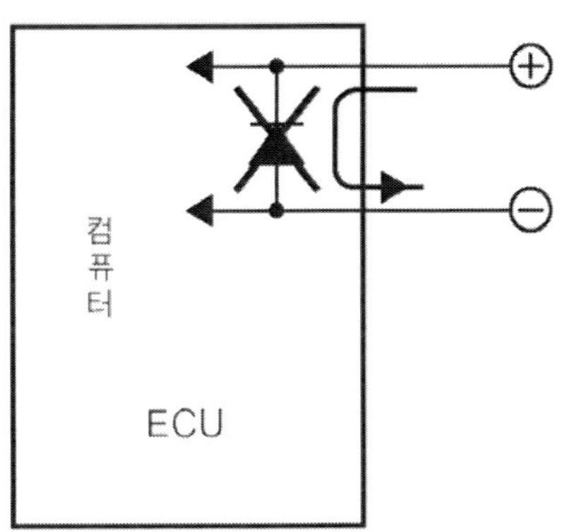

221 콘덴서의 작동

콘덴서의 용량은 작은 것은 수 pF에서. 큰 것은 수천 μF까지 그 범위가 상당히 넓지만 디스트리뷰터(배전기)에 사용되는 용량은 중간 정도여서 멀티 테스터로 양부 정도는 판정이 가능하다.

　　디스트리뷰터에 사용하는 콘덴서의 점검은 접점 포인트가 검게 그을려 있거나 점화 플러그의 불꽃이 약할 때 하면 좋다.

　　그림 (a)와 같은 전해 콘덴서를 가지고 콘덴서의 충·방전 상태를 직접 눈으로 확인하기 위해서는 먼저 전해 콘덴서 10㎌ 용량과 1.5V짜리 건전지 2개. LED 1개를 준비해 그림 (b)의 (1)처럼 전지를 콘덴서에 수 초간 연결했다가 떼 본다. 이때 전해 콘덴서는 그림 (a) 같이 리드가 긴 것이 (+)측이므로 전지를 연결할 때 전지의 (+)를 콘덴서의 리드가 긴 쪽에 연결하고 전지의 (−)는 리드가 짧은 곳에 접속한다.

　　이렇게 전지를 연결했다가 뗀 후 (2)의 그림처럼 LED를 접속하면 점등하는 것을 확인할 수 있다. 이는 콘덴서에 전지의 전압을 수 초간 공급해 콘덴서의 충전 상태를 확인하기 위한 것으로 이 원리를 이용하면 멀티 테스터를 사용해도 디스트리뷰터의 콘덴서 등을 쉽게 점검할 수 있다.

▽ 그림(a)　전해 콘덴서

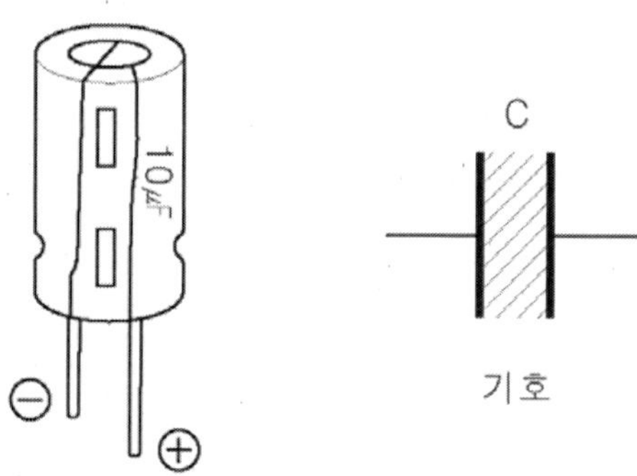

▽ 그림(b)

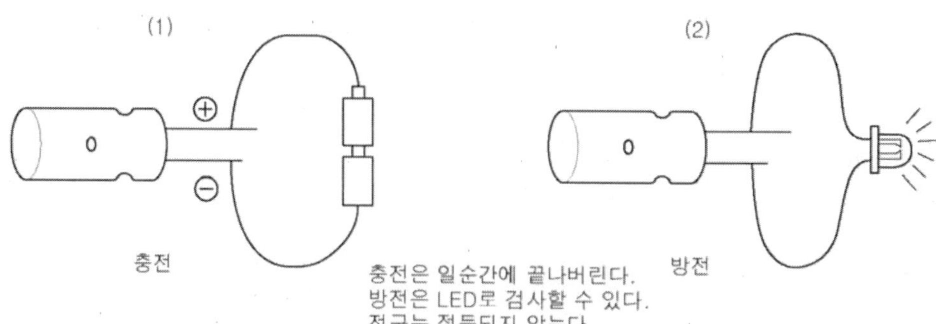

222 콘덴서의 점검

콘덴서의 점검은 충전과 방전을 하는지 알아보는 것으로 멀티 테스터를 이용해 점검해 보자.

그림과 같이 멀티 테스터의 선택 스위치를 저항 레인지에 위치시키고 측정 봉을 콘덴서에 접속하면 측정 봉의 −측(흑색 봉)으로부터 전류가 콘덴서로 흘러 충전을 하게 된다. 이때 충전 지속 시간은 콘덴서 용량에 따라 달라지는데 짧은 시간에 콘덴서의 충전 전압이 상승한 뒤 완전히 충전될 때까지 충전 전류는 서서히 감소하여 최종적으로는 전류가 흐르지 않게 된다. 이렇게 충전된 전압은 멀티 테스터의 선택 스위치를 전압 레인지에 맞추고 측정 봉을 콘덴서에 접속시키면 그동안 충전된 전압이 지침 상으로 측정된다. 이때 지침은 처음에는 오른쪽으로 크게 움직였다가 시간이 지나면서 원 상태로 돌아가는 것을 확인할 수 있다. 즉 콘덴서의 충·방전 상태를 멀티 테스터로도 확인할 수가 있는 것이다.

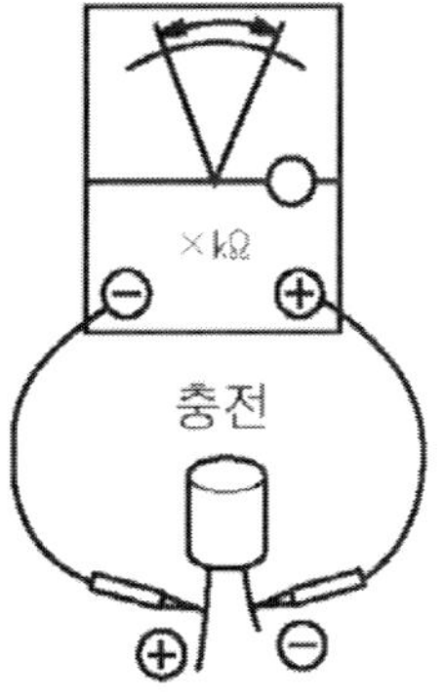

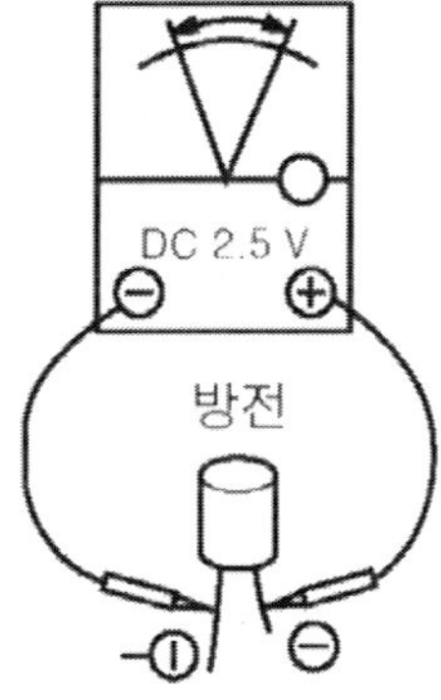

223 디스트리뷰터의 콘덴서 점검

멀티 테스터에 의한 충·방전 확인은 콘덴서의 용량이 작은 경우 충전 전하량이 너무 적어 멀티 테스터로는 불가능하다. 따라서 자동차 점화 장치의 디스트리뷰터 콘덴서도 222항과 같은 방법으로 점검하면 된다.

　이때 사용하는 콘덴서의 용량은 약 $0.2\mu F$ 정도로 멀티 테스터의 지침은 크게 움직이지 않지만 충·방전 상태는 확인이 가능하다. 콘덴서가 나쁘면 포인트의 접점 손상은 물론 불꽃 방전 시간을 단축해 점화 단속 시간을 줄이게 된다.

▽ **디스트리뷰터의 콘덴서**

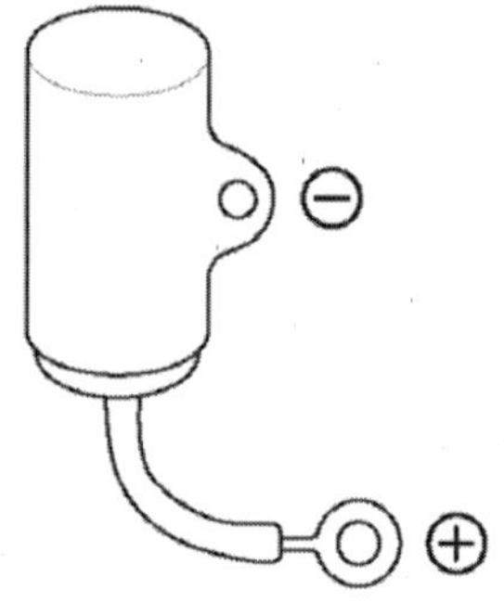

다이오드 회로

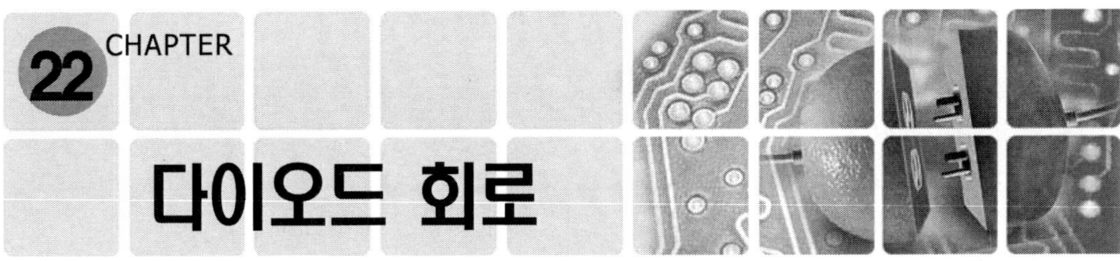

224 정류 회로

다이오드는 한 쪽 방향으로만 전류가 흐르는 성질을 이용하여 AC 전기를 DC로 전환하는 회로에 사용하기도 하고 파형을 정형하는 정형 회로에 이용되기도 한다. 또 역방향 전류를 차단하거나 회로의 보호용 소자로도 사용되는 등 쓰임새가 넓다.

▼ 그림(a)   ▼ 그림(b)

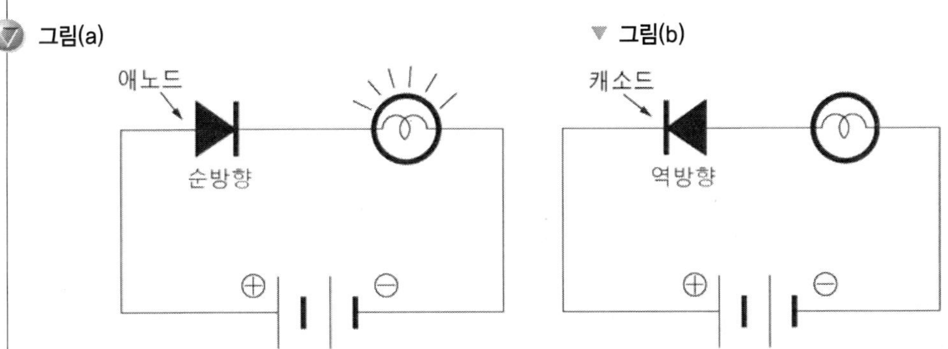

다이오드의 순방향 바이어스 전압(Si인 경우 약 0.65V)이 낮기 때문에 그림 (c)와 같은 단상 파형이 그림 (d)의 다이오드에 입력되면 그림 (e)와 같은 파형이 출력되는데 이렇게 (+)반주기 또는 (+), (−) 전주기가 출력되는 전압 및 전류를 **정류 전압** 혹은 **전류**라 한다.

이렇게 정류된 파형은 맥동으로 인해 그대로 DC 전기로 사용할 수 없어 DC화하기 위해 필터 회로를 사용하고 있다.

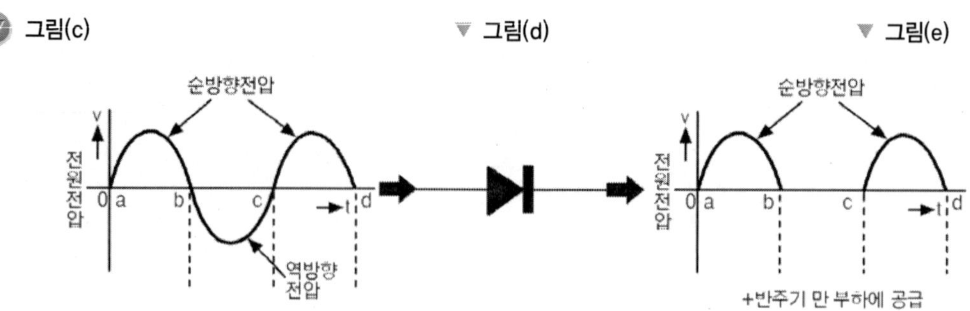

그림 (f)는 전파 정류 파형이 필터 회로를 거쳐 DC화하는 전압 파형이다. 이때 필터 회로를 거쳐도 어느 정도 맥동이 발생하는데 이 맥동(리플)이 작은 정류기일수록 좋은 정류 회로이다.

그림(f) 콘덴서 필터에 의한 직류 전압(리플)

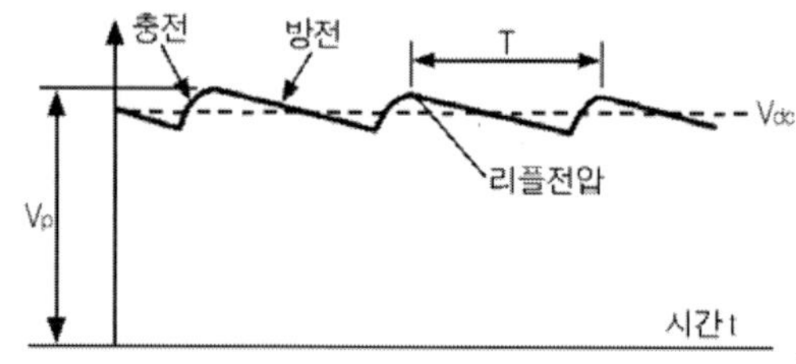

225 단상 반파 정류 회로

정류 회로에는 위상에 따라 단상 교류만을 정류하는 경우를 단상 정류라 하며 3상 교류만을 정류하는 경우를 3상 정류라고 한다.

(+) 또는 (−)의 반주기만을 정류하는 경우를 반파 정류라 하며 (+) 및 (−) 한 주기를 정류하는 경우를 전파 정류라 부른다. 따라서 위와 같이 단상 교류에 (+)반주기만을 정류하는 회로는 단상 반파 정류 회로라 한다.

그림(a) 단상 반파 정류회로

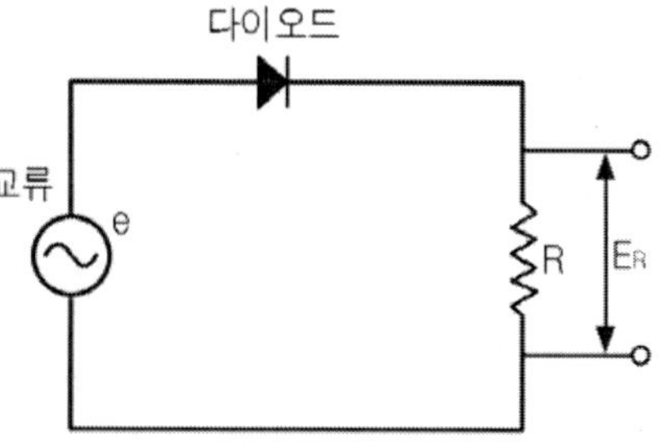

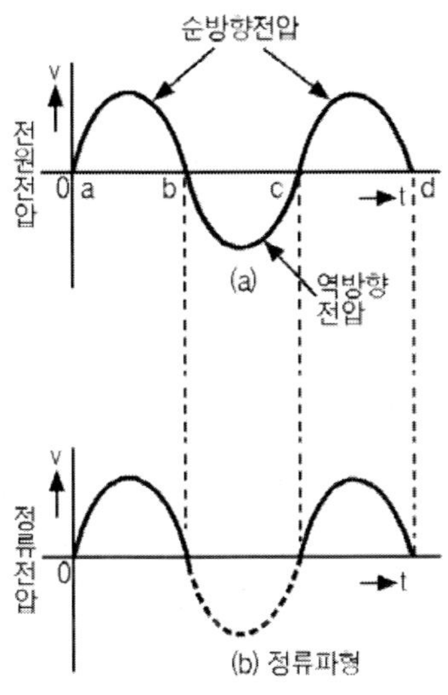

그림(b)　전원 전압과 정류 전압

226　단상 전파 정류 회로

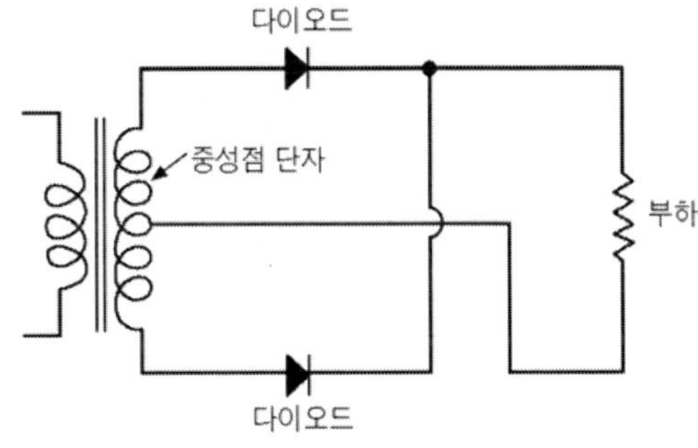

그림(a)　단상 전파 정류 회로

단상 반파 정류 회로는 반주기만 출력되므로 출력 효율이 낮고 맥동이 커서 정류 회로로는 좋지 않다. 따라서 그림 (b)와 같이 다이오드 2개를 사용해서 전파 정류를 하면 출력 효율이 좋아질 뿐 아니라 맥동이 적어지는 이점을 얻을 수 있다. 그러나 그림 (a) 같은 단상 전파 정류 회로를 만들기 위해서는 중성점(중간 탭)이 있는 트랜스(변압기)를 사용해야만 한다.

　중성점이 있는 트랜스를 쓰면 다이오드 (변압기) D_2의 애노드가 중성점에 대해 $(-)$전위일 때. D_1의 애노드는 중성점에 대해 $(+)$전위가 되기 때문에 그림 (b)와 같이 정류 전류는 다이오드 D_1을 거쳐 부하 저항 R을 통해 중성점으로 흘러 들어가 D_1 다이오드에 의한 순방향 $(+)$반주기가 출력되며 반대로 다이오드 D_1의 애노드가 중성점에 대해 (−)전위일 때 다이오드 D_2 의 애노드는 중성점에 대해 (＋)전위가 되므로 그림 (c)와 같이 정류 전류는 D_2 다이오드를 거쳐 부하 저항 R을 통해 중성점으로 흐르게 되어 (−)반주기에 대해 출력하게 된다.

▽ 그림(b)　다이오드 D_1에 순방향, D_2에 역방향 전압이 가해졌을 때 전류의 흐름

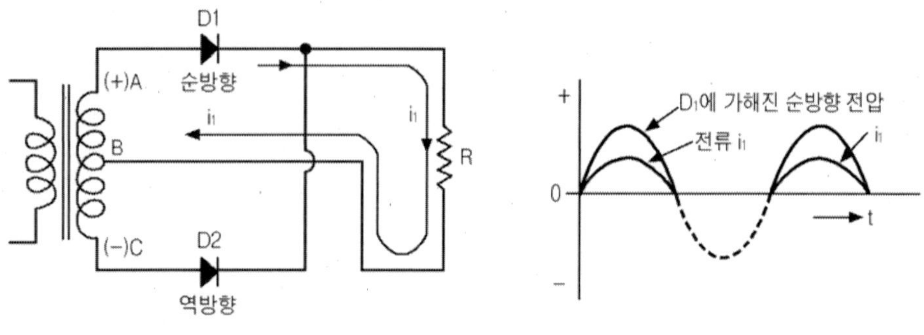

▽ 그림(c)　다이오드 D_2에 순방향 D_1에 역방향 전압이 가해졌을 때 전류의 흐름

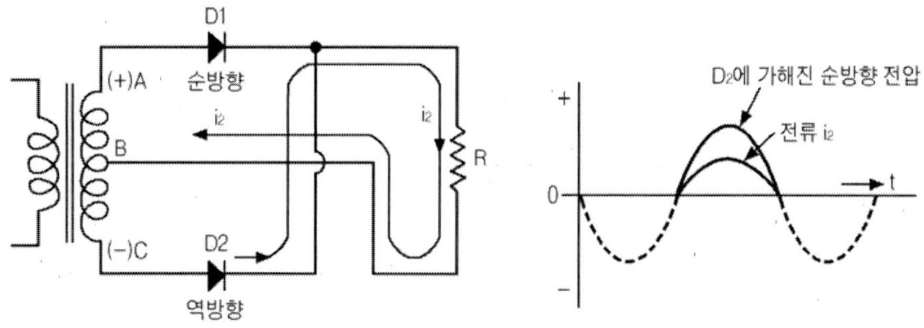

즉 정류 파형은 그림 (d)와 같이 다이오드 D1에 의한 ＋반주기와 D_2 에 의한 (−)반주기가 그림과 같이 전파 정류되어 나타나게 된다.

▽ 그림(d)　단상 중성점형에 의한 정류 회로

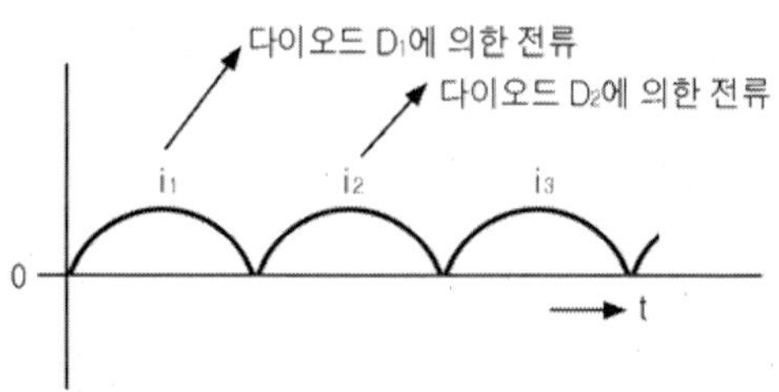

227 단상 전파 브리지 정류 회로

브리지 정류 회로는 중성점(중간 탭)을 가진 트랜스(변압기)를 사용하지 않고도 전파 정류를 할 수 있다. 그러나 중성점이 없는 트랜스를 사용하여 전파 정류를 할 때는 그림 (a)와 같이 다이오드 4개를 사용해야 한다. 그 이유는 트랜스의 중성점이 없어 다이오드 2개로는 전파 정류 회로를 만들 수 없기 때문이다. 브리지 정류 회로로 전파 정류하는 데는 트랜스의 출력 신호가 (+)반주기가 되던. (−)반주기가 되던 부하 저항 R에 흐르는 전류는 항상 일정한 방향으로 흐르기만 하면 된다.

▼ **그림(a)   브리지 정류회로의 다이오드 구성**

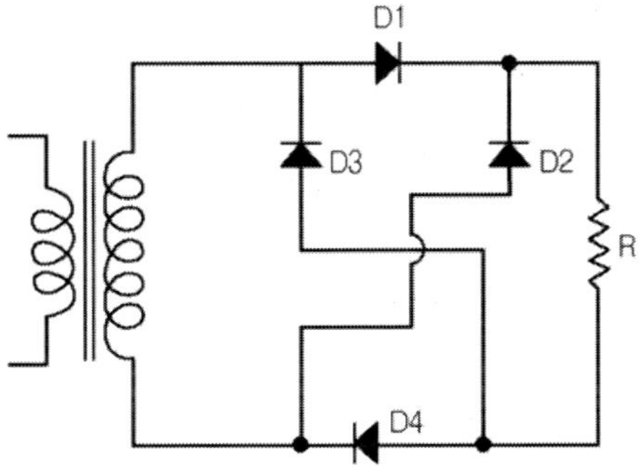

그림을 통해 구체적으로 살펴보면 먼저 그림 (b)의 (1)에서 트랜스 출력 단자 A점에 (+)전압이. B점에 (−)전압이 출력될 때는 다이오드 D_1 을 통해 부하 저항 R로 i1 의 전류가 화살표 방향을 따라 흐른다.

(2)의 D_2 다이오드를 놓고 보아도 (+)반주기 동안 D_2는 역방향이 되어서 이것만으로는 전파 정류를 할 수 없다. 트랜스의 A점에서 (−)전압이 출력되고. B점에서 (+)전압이 출력될 때에도 부하 저항 R에 같은 방향의 전류가 흐르기 위해서 (2)와 같이 다이오드 D_2로 흘러 들어가는 방법을 생각하였으나 D_2 다이오드 만으로는 B점에서 D_2를 거쳐 전류가 A점으로 흘러 들어가지 않는다.

따라서 부하 저항 R에는 전류가 흐르지 못하는 것이 돼 그림 (3)과 같이 다이오드 D_3를 넣으면 i_2 전류는 A점으로 흐르게 된다. 그러나 이 회로를 잘 살펴보면 중대한 결함을 발견할 수 있는데 B점의 (+)전압은 D_2의 다이오드를 통해 전류가 흐르지 않고 D_3로 흐르게 돼 마치 회로가 단락되는 것 같은 결과를 가져오므로 사용할 수 없다. D_3 다이오드의 손상을 막기 위해서는 그림 (4)와 같이 X와 Y 사이에 다이오드 D_4를 삽입함으로써 문제를 해결할 수 있다. 결국 이 같은 상황 때문에 중성점이 없는 전파 정류를 위해서는 4개의 다이오드가 필요한 것이다.

▼ 그림(b) 브리지 정류회로 분해도

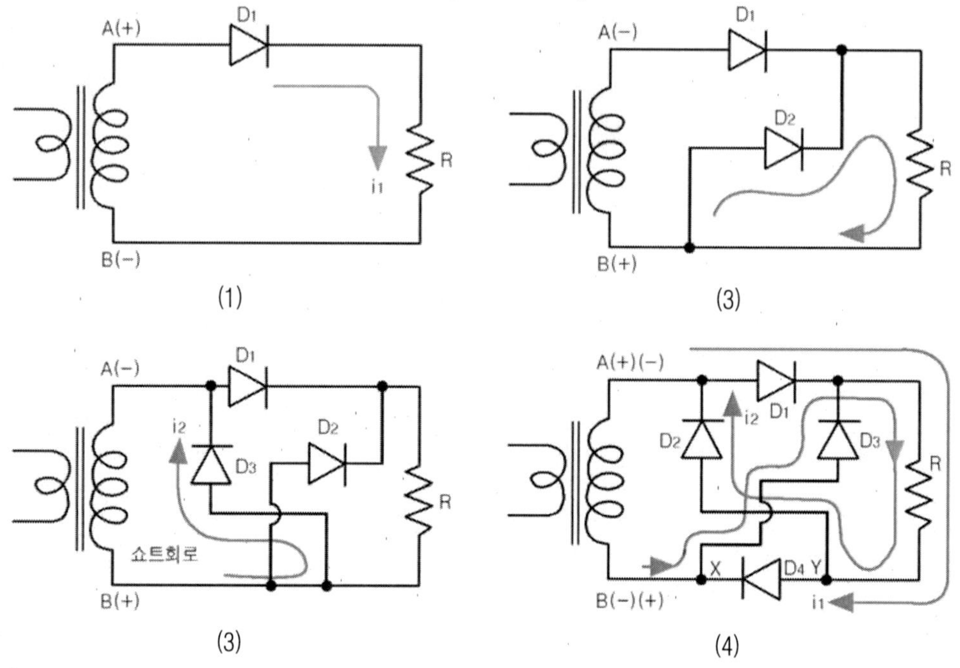

　지금까지 브리지 전파 정류 회로를 분해해서 다이오드 4개가 필요한 이유를 설명했는데 그림 (c)의 (1)번 회로를 보면서 요약해 보면 A점의 (+)전압이 출력될 때 D_1 다이오드를 통해 부하 저항 R을 거쳐 다이오드 D_4를 통해 B점으로 (+)반주기의 i_1 전류가 흐르게 되고. B점의 전압이 (+)인 경우는 D_2 다이오드를 통해 부하 저항 R을 거쳐 다이오드 D_3을 통해 A점으로 (+)반주기의 i_2 전류가 흐르게 되어 부하 저항 R에 흐르는 전류는 그림 (3)과 같이 i_1 . i_2를 반복하게 되어 결국 전파 정류가 이뤄지게 되는 것이다.

　이같이 브리지 정류 회로는 입력 신호 (+)반주기와 (−)반주기가 각각 2개의 다이오드를 통해 정류되므로 다이오드 2개분의 전압 강하가 출력에 나타난다는 점이 있으나 정류 효율이 좋아서 많이 사용하고 있는 방식이다.

그림(c)

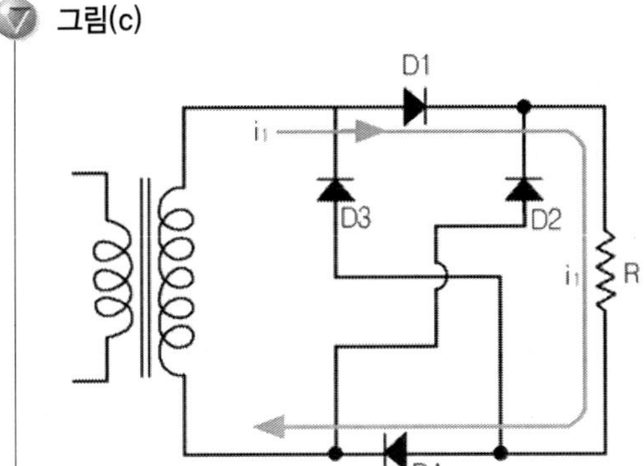

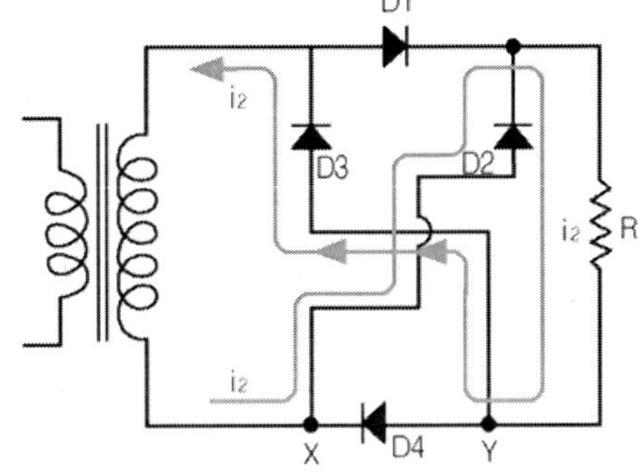

(1) A점에 (+), B점에 (−)전압이 가해졌을 때
정류 전류 i_1의 흐름

(2) A점에 (−), B점에 (+)전압이 가해졌을 때
정류 전류 i_2의 흐름

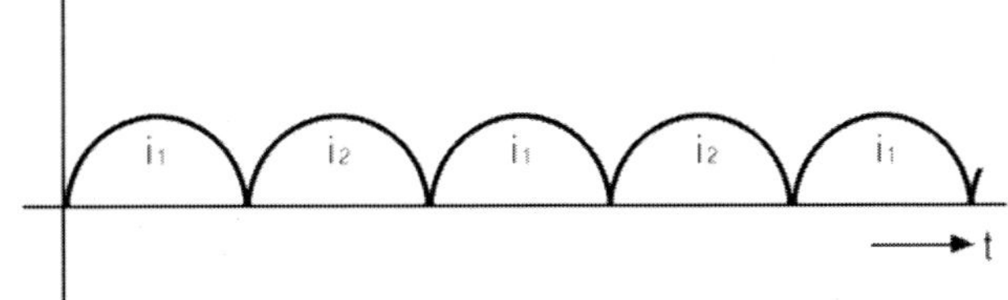

(3) 브리지 정류회로에 의해 전류가 흐른 파형

228 리플율(ripple factor)이란

그림 (a)는 실제 사용하는 브리지 전파 정류 회로로 콘덴서와 저항을 사용하여 직류화(DC화)한 회로이다.

그림(a) 콘덴서 필터를 사용한 실제 저전압 정류회로

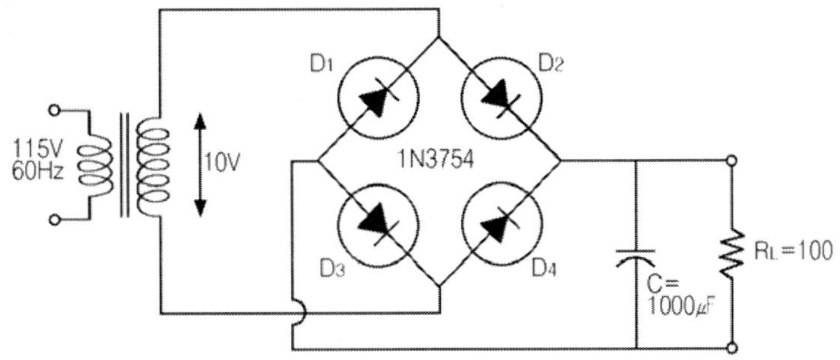

　정류 회로는 다이오드만으로는 직류 성분을 얻을 수 없으므로 필터라는 회로를 사용하여 정류된 파형을 직류화(DC화)하기 위한 것으로 그림 (a)와 같이 콘덴서의 충·방전을 이용하면 그림 (b)와 같이 직류 전압(리플)을 얻을 수 있다.

▼ 그림(b)　콘덴서 필터에 의한 직류전압(리플)

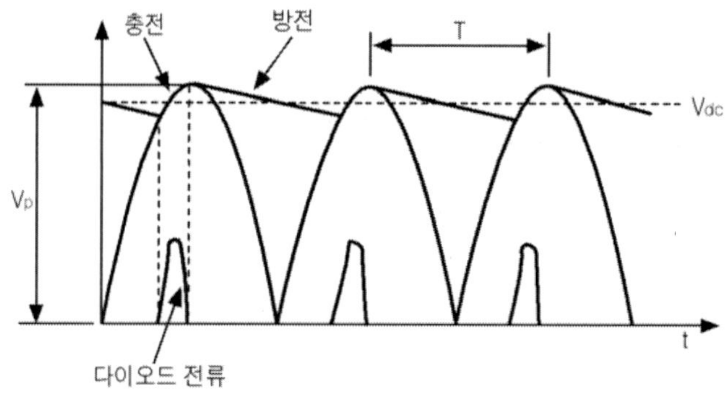

　공급 전원의 주파수에 대한 리액턴스($1/2\pi fc$)의 값이 부하 저항 R에 비하여 작은 경우 AC 성분이 콘덴서에 흐르게 되므로 DC 성분만이 부하 저항 R에 흐르게 된다. 이처럼 필터 회로에 DC 성분이 얼마만큼 얻을 수 있는지를 나타내는 척도를 리플율(ripple factor)라 하며 정류 회로는 리플율이 작은 값일수록 좋은 정류 회로가 된다.

　따라서 좋은 필터 회로를 만들기 위해 콘덴서와 코일을 사용한 필터 회로를 사용하고 있다. 그러나 수동 소자만 사용한 필터 회로는 맥동률(리플율)을 줄이는데 한계가 있어서 능동 소자를 이용한 필터를 사용함으로써 맥류(리플)가 거의 없는 회로를 만들 수 있게 됐다.

▶ **수동 소자** : 코일, 콘덴서, 저항의 소자를 말한다.
▶ **능동 소자** : 트랜지스터, 전계 효과 트랜지스터, OP AMP(연산 증폭기), IC(집적 회로) 등의 소자를 말함.

229   Y결선과 △결선

3상 교류에서 A상. B상. C상이 완전히 사인파(정현파)인 파형을 갖고 위상이 120°씩 차이가 있다고 가정하면 임의 시간 동안 3상 전압의 크기가 0(제로)이 되는 특징이 있다. 그림 (a)에서 A상의 순시 값(Ea)이 1이라면 Eb = Ec = −0.5이므로 Ea + Eb + Ec = 0이 된다. 따라서 순시 값이 0이 되지 않도록 스테이터 코일을 Y결선이나 △결선으로 하지 않으면 안 된다.

▽ 그림(a)   삼상 교류의 출력 파형

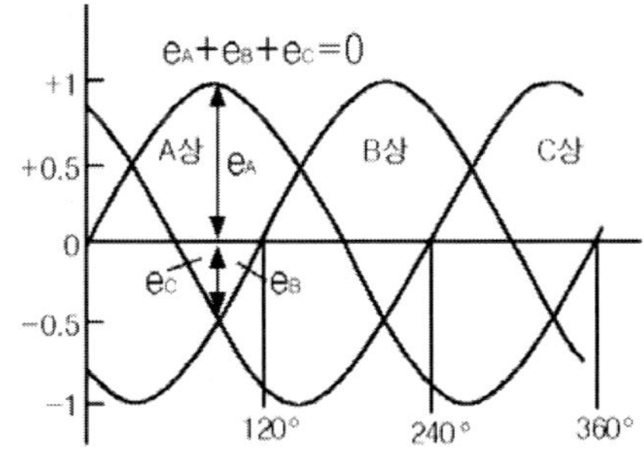

특히 자동차용으로 사용하는 올터네이터는 스테이터 코일이 Y결선으로 엔진이 저속 시에도 상전압이 $\sqrt{3}$배가 되기 때문에 충전 전압을 안정적으로 공급할 수 있고 또 중성점을 이용해 출력을 상승시킬 수도 있다.

▽ 그림(b)

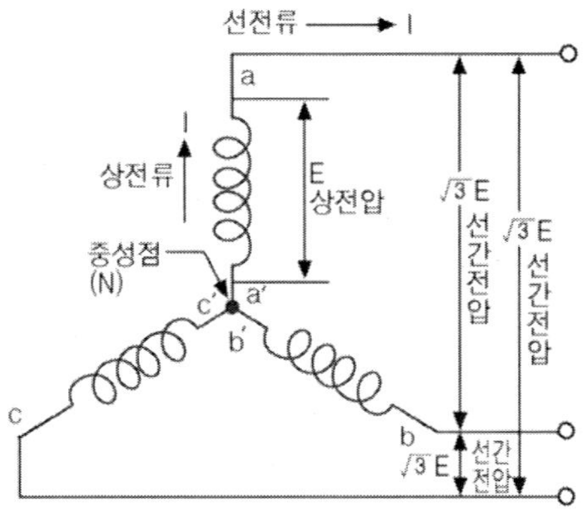

▼ 그림(c)

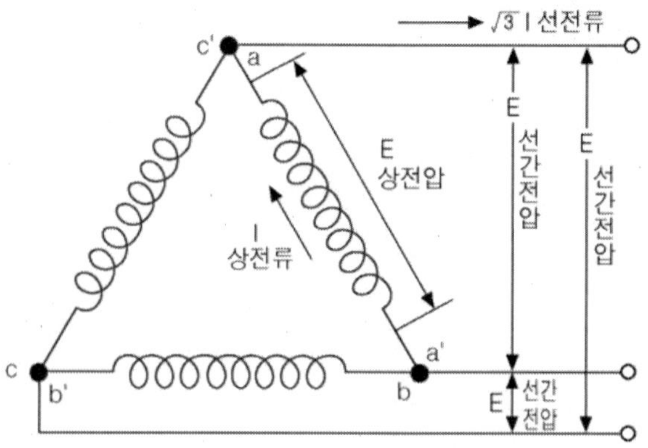

그림 (b)에서 코일에 발생되는 전압을 **상전압**이라고 하는데 이 상전압이 출력 전압으로 공급되는 전압을 **선간 전압** 혹은 **선전압**이라고 한다. Y결선과 △결선의 선전압과 선전류를 살펴보면 다음과 같다.

> ① Y 결선 : 선전압 = $\sqrt{3}\,E$ (V), 선전류 : I (A)
>
> ② △ 결선 : 선전압 = E (V),   선전류 : $\sqrt{3}\,I$ (A)

230 선간 전압이 $\sqrt{3}$ 배가 되는 이유

Y결선에서 선간 전압이 상전압에 대해 $\sqrt{3}$배가 되는 이유를 그림 (a)의 Y 결선에 대한 벡터도를 보면서 살펴보자.

▼ 그림(a) 3상교류의 벡터도

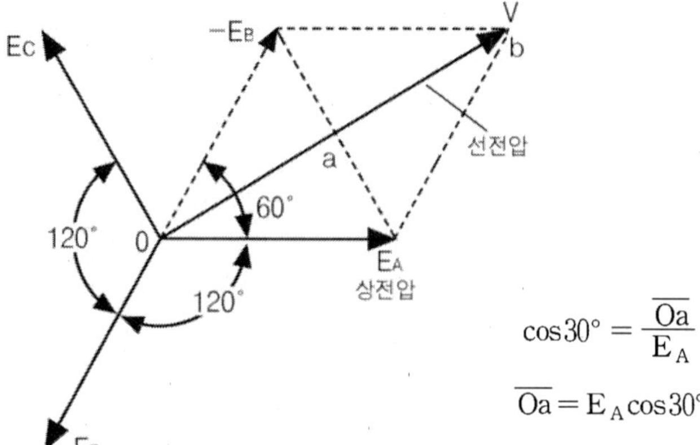

$$\cos 30° = \frac{\overline{Oa}}{E_A}$$

$$\overline{Oa} = E_A \cos 30°$$

상전압은 스테이터 코일에서 발생되는 유도 전압으로 E_A. E_B. E_C의 전압이 각각 120° 위상차를 가지고 있다. 여기서 상전압 E_B는 E_A보다 위상이 120° 늦기 때문에 선전압(선간 전압) V는 벡터 E_A와 E_B의 벡터 합으로 평행 4변형으로 나타낼 수 있다. 이를 수식으로 표현하면

$$V = Ob = Oa \times 2 = EA \cos 30° \times 2 = EA \times 0.866 \times 2$$
$$= EA \times 1.732 = \sqrt{3}EA$$

따라서 선전압(출력 전압) V가 상전압 E_A보다 $\sqrt{3}$배가 된다.

231 3상 전파 정류

자동차 발전기인 올터네이터는 전기를 만들어 방전된 배터리를 충전하는 일을 하지만 올터네이터에서 만들어지는 AC 전기를 그대로 쓸 수는 없다. 따라서 AC를 DC로 만들어줄 필요가 있는데 올터네이터는 3상 교류 발전기이므로 3상 반파 정류나 3상 전파 정류 회로를 사용해야 한다. 그러나 3상 반파 정류 회로는 정류 효율이 떨어져 사용하지 않고 있으며 다이오드 6개를 이용한 3상 전파 정류를 하고 있다.

그림 (a)의 (1)에서 Ⅰ상의 전압이 Ⅱ상과 Ⅲ상의 전압보다 높게 발생하면 1번 다이오드를 거쳐 부하 저항 R로 전류가 흐르게 되는데 이때 Ⅰ, Ⅱ, Ⅲ상 중 가장 낮은 전압으로 전류가 흘러 3상 Y결선은 위상이 각각 120°차이가 나 결국 Ⅱ상으로 전류가 흘러 5번 다이오드를 거치게 된다.

이렇게 120°를 회전하는 동안 Ⅱ상보다 Ⅲ상에서 발생하는 전압이 더 낮으면 (2)와 같이 6번 다이오드를 거쳐 정류 전류가 흐르게 된다. 120°를 회전하게 되면 Ⅰ상에서 일어나는 전압보다 Ⅱ상에서 나타나는 전압이 높아져 (3)과 같이 2번 다이오드를 통과하여 부하 저항 R로 흐르게 되고 그렇게 되면 Ⅲ상에서 발생하는 전압이 가장 낮아지기 때문에 6번 다이오드를 거쳐 Ⅲ상 코일로 정류 전류는 흐르게 되는 것이다.

▼ 그림(a)　3상 전파 정류 회로의 전류 흐름

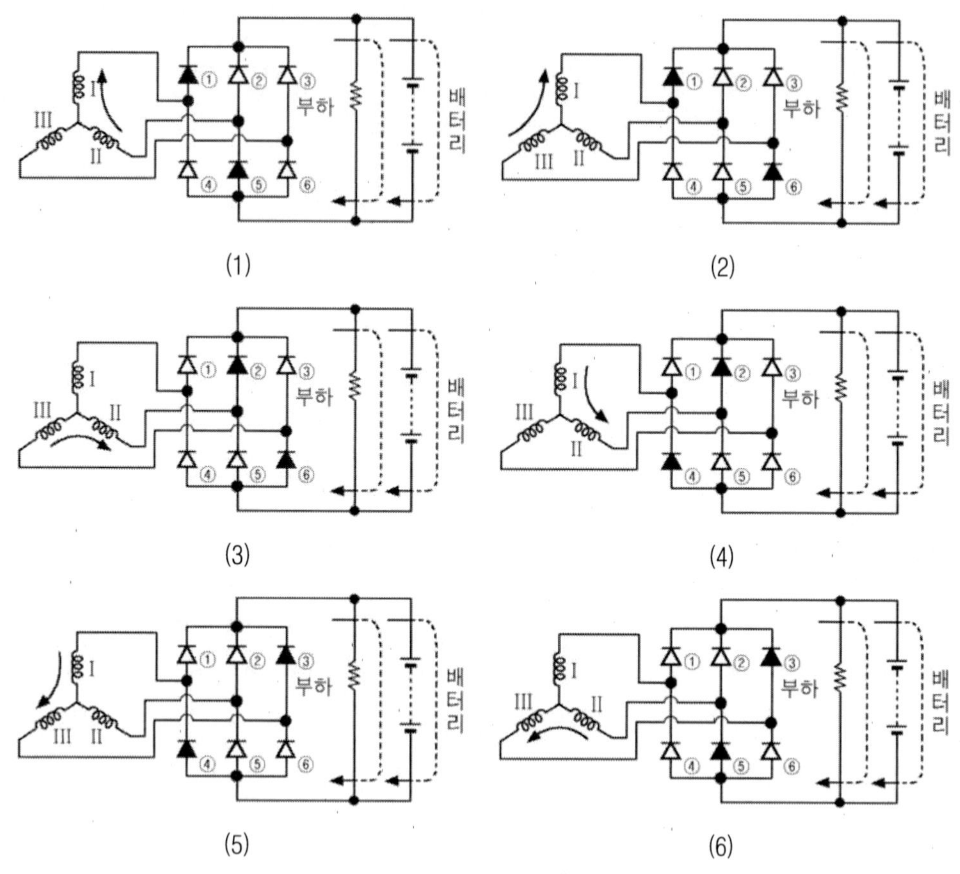

　240°를 회전하는 동안 Ⅰ상 코일의 전압이 낮아져 그림의 (4)와 같이 4번 다이오드를 거쳐 Ⅰ상 코일로 전류가 흐르게 되며 이렇게 240°에서 350° 로터 코일이 회전하는 동안 (5)와 같이 Ⅲ상 코일 전압이 가장 높아져 3번 다이오드를 거쳐 부하 저항 R로 전류가 흐르는데 이때는 Ⅰ상 전압이 낮아 4번 다이오드를 거쳐 Ⅰ상 코일로 전류가 흐르게 된다. 이렇게 로터 코일이 회전하는 동안 Ⅲ상 코일에서 발생하는 전압은 (6)과 같이 3번 다이오드를 거쳐 부하 저항 R로 전류가 흘러 발생 전압이 가장 낮은 Ⅱ상 코일로 5번 다이오드를 거쳐 정류 전류가 흐르게 되는 것이다.

　이렇게 정류된 출력 파형은 그림 (b)와 같이 출력 전압(선간 전압)은 상전압에 $\sqrt{3}$배의 전압으로 맥류(리플)전압으로 나타난다.

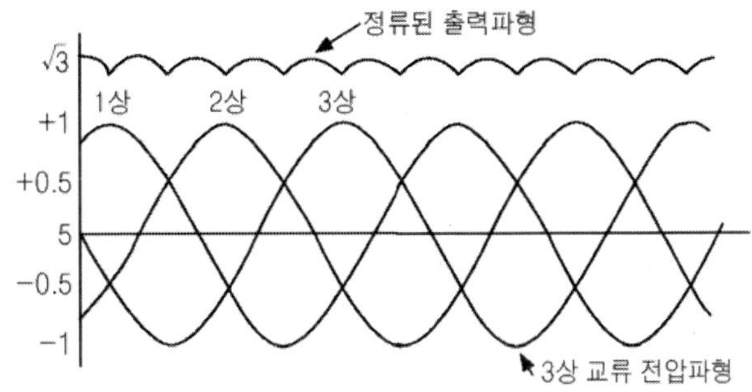

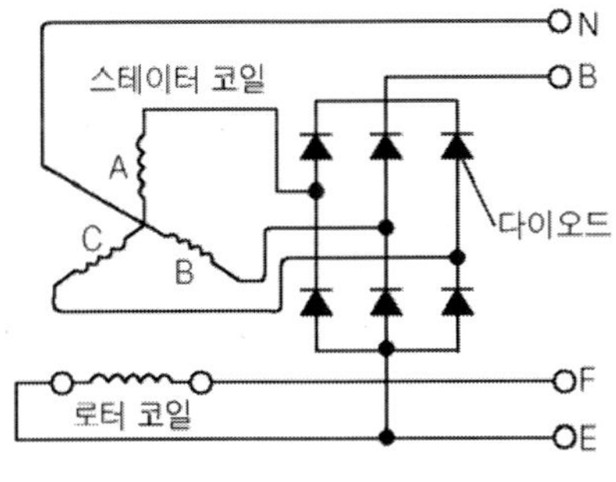

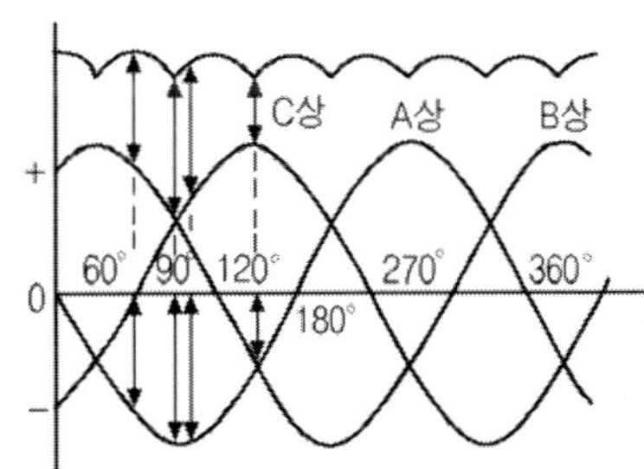

(1) 올터네이터 정류회로   (2) B-E단자 간 정류파형

232 올터네이터의 출력 전류

정류된 전압의 전압 값이 항상 일정하게 유지되도록 하기 위해 올터네이터에는 전압 레귤레이터 회로를 내장하고 있다. 전압 레귤레이터는 엔진이 저속에서부터 고속에 이를 때까지 전압을 항상 일정하도록 하는데 그렇다고 해서 전류 값까지 항상 일정하게 출력되는 것은 아니다. 만일 올터네이터가 저속에서부터 고속까지 출력 전류를 항상 일정하게 발전시킨다면 전조등이나 에어컨 같은 고 부하 장치를 사용하는 경우 배터리만으로는 오랜 주행을 할 수 없다. 따라서 엔진이 고속 회전할 때 올터네이터의 출력 전압이 14V가 된다 치더라도 실제 엔진 회전수에 따라 전압이 점차 증가하는 것을 전압 레귤레이터가 14V가 유지되도록 잡아주는 것이다. 그러나 부하단의 전류 사용을 전압 강하에 의해 감지하면 로터 코일(필드 코일)에 흐르는 전류가 증가돼 올터네이터의 출력 전류를 증가시키게 된다.

233 배전압 정류 회로

배전압 정류 회로는 입력 교류 피크 전압의 2배가 되는 직류 출력 전압을 얻을 수 있는 정류 회로이다. 이 회로의 기본 동작 원리는 그림 (a)와 같은 교류 신호가 그림 (b)의 입력 신호로 인가되면 (+)반주기는 다이오드 D_1 을 통해 콘덴서 C_1 에 입력 전압의 최고치까지 충전하게 되고 다음 (−)반주기 신호는 D_1 다이오드로 흐르지 못하고 D_2 다이오드로 흘러 이번에는 콘덴서 C_2 에 입력 전압의 최고치까지 충전하게 되어 결국은 C_1 에 충전된 전압과 C_2 의 전압까지 더해져서 출력 측에 공급하게 된다.

따라서 입력 신호의 최고 값의 2배에 달하는 전압이 출력 측에 공급되므로 배전압 정류 회로라고 하는 것이다. 콘덴서 C_1 에 충전된 전압은 D_1 다이오드와 역방향으로 되어 있어서 C_1 의 충전 전압은 출력 측에 나타나게 되며 C_2 의 충전 전압 역시 D_2 다이오드로 흐르지 못해 출력 측에 나타난다.

▼ 그림(a)　교류 입력 신호 파형

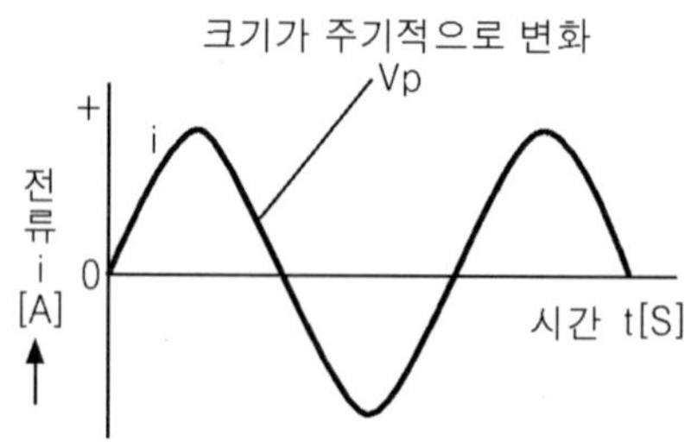

이와 같은 배전압 정류 회로는 출력 측의 전압이 높아 전력 효율은 좋으나 부하에 의한 맥동이 심해 별도의 필터 회로를 쓰지 않으면 안 되는 단점이 있다. 또 배전압은 콘덴서의 충·방전에 의한 것으로 콘덴서의 용량이 입력 신호에 대응하여 충분한 크기를 갖도록 고려해야 한다.

실제로 그림 (b)의 회로에 부하를 연결하게 되면 콘덴서의 충전 전압이 부하를 통해 방전하며 C_1 의 충전 전압은 다음 반주기 동안 재충전을 반복하므로 출력 전압의 맥동은 커지고 출력 측에 나타나는 전압은 AC 성분을 갖는 것과 같아 별도의 필터 회로를 고려해야 하는 것이다.

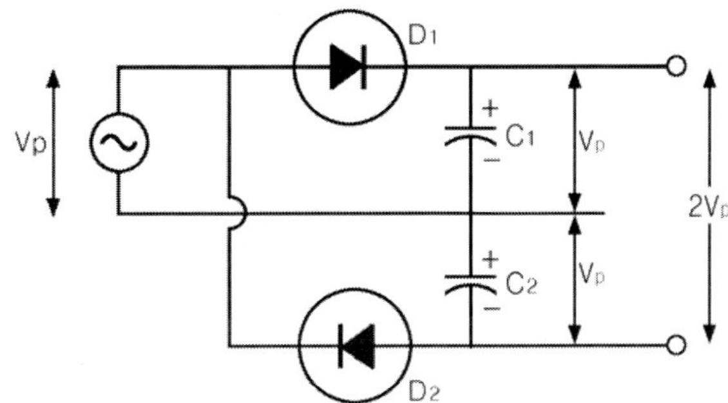

234　교류 전압계

　　다이오드 4개를 사용해 브리지 회로를 그림 (a)와 같이 구성하면 DC 전압계를 가지고도 AC 전압을 측정할 수 있다. 이는 브리지 전파 정류 회로를 이용해 AC를 DC로 바꾸어 DC 전압계에 공급하여 측정하므로 이곳에서 사용하는 미터는 지침의 움직임이 평균 전류에 비례한다.

　　AC 전압을 측정하는 것은 AC 전압의 평균값을 측정하는 셈이다. 그러나 미터의 눈금은 직류 값의 눈금을 읽는 것과 쉽게 비교하기 위해 일반적으로 실효 값으로 교정되어 사용하고 있다.

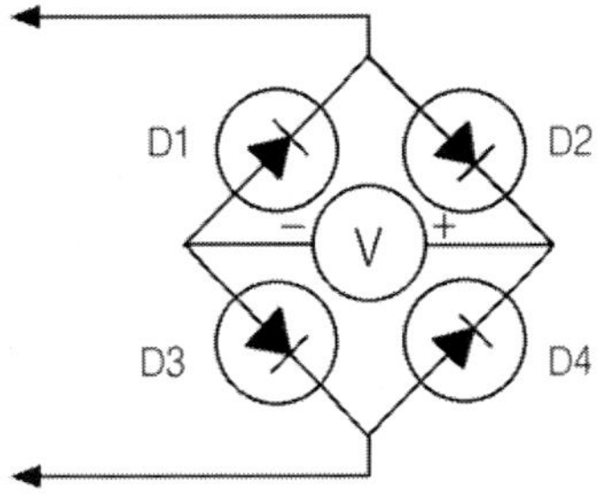

235 클램프 회로

 그림 (a)의 회로는 AC의 (+). (−) 입력 신호가 그림 (b)의 파형처럼 그려진다고 해서 **클램프**(clamp) **회로**라 한다. 이 회로에서 바이어스 전압이 0(제로)라고 생각할 때 입력 신호 전압이 (−)반주기 입력 신호로 들어오면 (−)반주기 전압은 다이오드를 거쳐 콘덴서에 충전된다. 이때 (+)반주기 신호가 들어오면 (−)반주기의 충전된 전압에 (+)반주기의 입력된 신호 전압이 더해져 출력 측으로 그림 (b)와 같은 모양의 파형을 출력할 수 있다. 이처럼 다이오드는 자신만의 특성을 이용하여 상당히 다양한 파형을 정형하여 활용하고 있다.

▼ 그림(a)　다이오드 클램프 회로

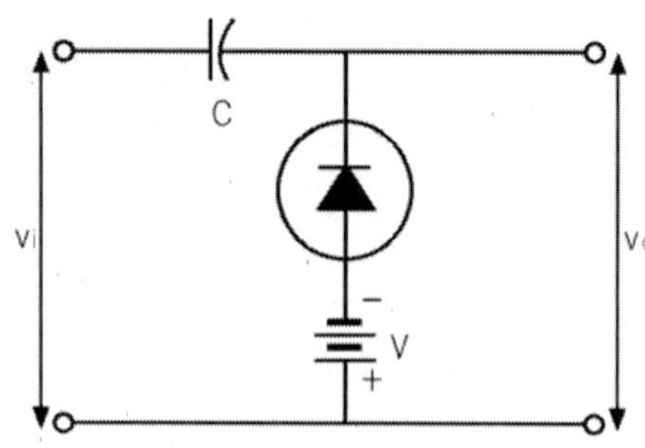

▼ 그림(b)

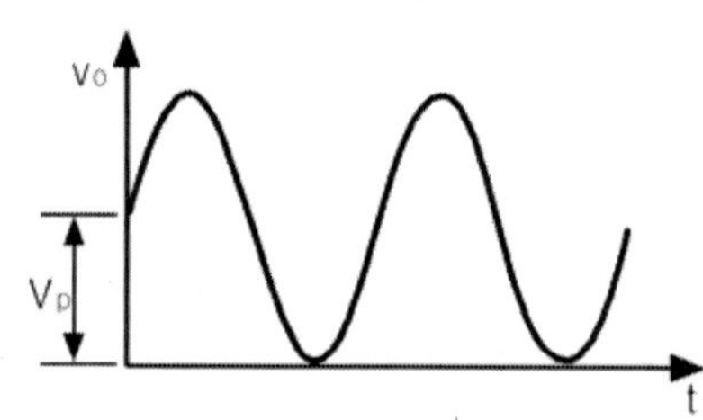

V=0일 때 출력 파형은 (−)부의 피크점은 0에 클램프 된다.

트랜지스터 회로

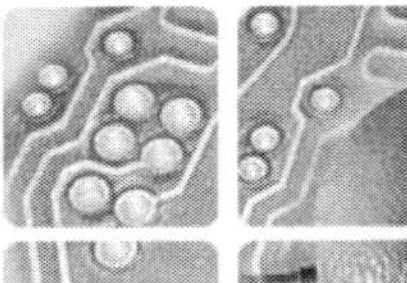
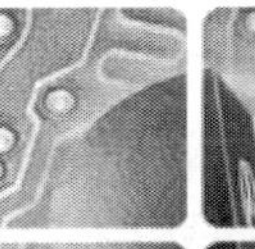
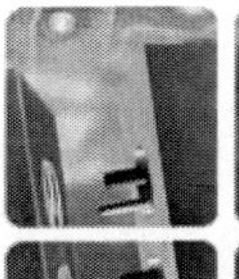

236 스위칭 작용

그림 (a)의 트랜지스터의 심벌 중 화살표시는 전류의 방향을 나타낸 것으로 (a)와 같은 NPN형 트랜지스터가 작동하기 위해서는 B(베이스)측과 C(컬렉터)측에 (+) 전압을 공급해야 한다.

▼ 그림(a) TR의 심볼

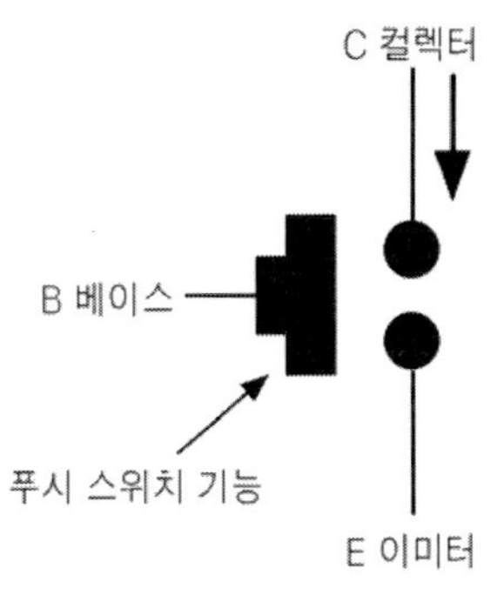

▼ 그림(b) TR의 스위칭 작용

트랜지스터의 기본 동작 원리인 전류 증폭은 B(베이스) 전류를 얼마나 홀려주느냐에 따라 C(컬렉터)에 흐르는 전류의 양이 결정되는 것으로 트랜지스터의 전류 증폭률(hfe)와 부하 저항. 베이스 저항 등에 의해 좌우된다. 즉 트랜지스터는 B 전류를 조그만 홀려도 트랜지스터의 전류 증폭률만큼 C에 많은 전류가 흐르게 되는 것이다.

이를 이용한 것이 스위칭 회로인데 트랜지스터에 B(베이스) 전류를 홀려준다는 것은 그림 (b)와 같이 푸시 스위치를 눌러 C(컬렉터)에서 E(이미터)로 전류가 흐르는 것과 같고 B(베이스)의 전류를 차단하는 것은 푸시 스위치에서 손을 떼어 C에서 E로 가는 전류를 차단하는 것과 같아서 트랜지스터는 스위칭 작용을 하는 것이다.

그림 (c)는 B에 전류를 흘려주기 위해 12V 전원에 B의 저항이 연결되도록 한 스위치 회로로 스위치를 켜면 저항을 거쳐 B전류가 흐르게 되고 B 전류에 전류 증폭률만큼 C에서 E로 전류가 흘러 전구가 점등되는 기본적인 스위치 회로이다.

▼ 그림(c)

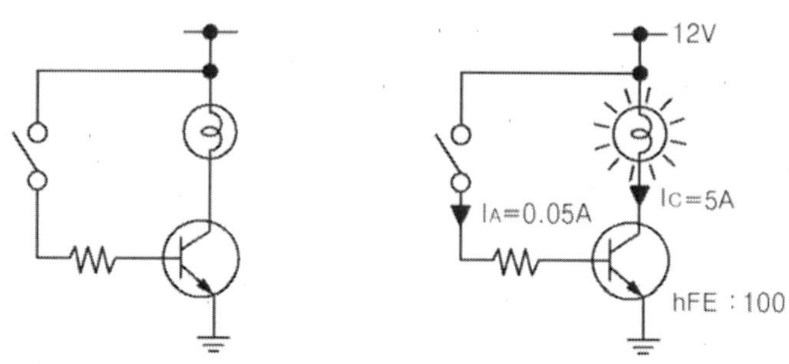

hFe가 100인 TR : 전구에는5(A)의 전류가 흐른다.

237 트랜지스터를 사용하는 이유

그림 (a)의 회로를 보면 전구와 스위치를 직렬 접속하여 스위치를 켜면 전구가 점등되는 회로이다. 이 회로를 그림 (b)와 같이 릴레이를 접속하여 동작하면 어떤 이점이 있을까.

▼ 그림(a)   스위치로 전구를 ON, OFF하는 전구 회로

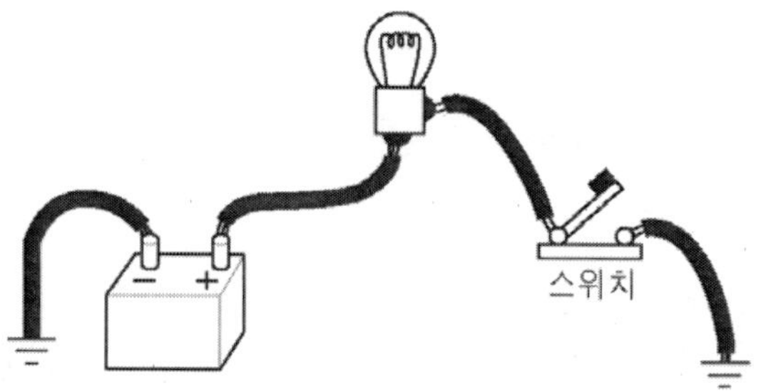

먼저 그림 (a)와 같은 회로는 스위치를 켜면 스위치 접점에서 아크 방전을 일으키며 이는 접점의 카본(탄소) 퇴적과 손상의 원인이 되기도 한다. 그러나 그림 (b)와

같이 릴레이를 사용하는 경우는 릴레이 코일을 통해 스위치로 전류가 흐르기 때문에 그만큼 전류가 감소해 아크 방전이 일어나지 않는다. 대신 릴레이의 접점이 그림 (a)의 스위치 역할을 하게 되므로 이번에는 릴레이의 접점이 손상을 입는다. 따라서 접점에 손상이 생겨 교환해야 할 때는 그림 (a)회로의 스위치를 교환하는 것보다 그림 (b)의 릴레이를 교환하는 것이 작업성이나 경제성에서 좋다.

▽ **그림(b)** 릴레이를 사용하여 스위칭하는 전구 회로

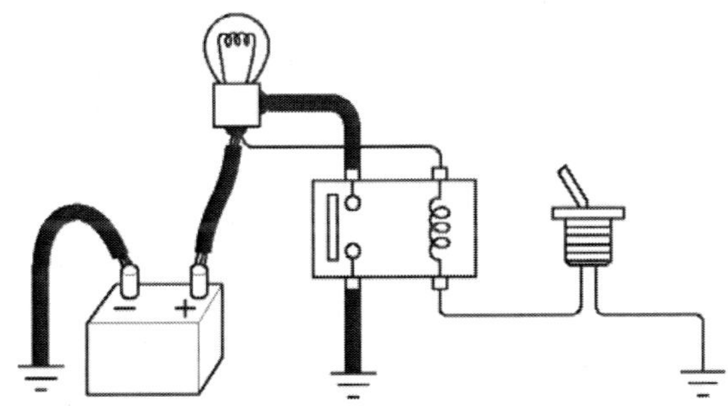

릴레이는 전자 제어 장치로 제어할 수 있는 응답 속도가 제한되어 있어 그림 (c)와 같이 트랜지스터를 스위치 회로의 소자로 많이 사용한다. 트랜지스터는 무 접점 소자로 스위칭 시 아크 방전이 일어나지 않는 것은 물론 수명도 반영구적이고 응답도 매우 좋아 전자 제어 장치의 스위칭 소자로 적격이기 때문이다. 트랜지스터를 릴레이 소자와 비교하면 릴레이의 코일측은 적은 전류를 흘려줘 트랜지스터의 B부분에, 릴레이의 접점측은 전류가 많이 흐르기 때문에 C와 E부분에 해당된다고 할 수 있다.

▽ **그림(c)** TR을 사용하여 스위칭하는 전구회로

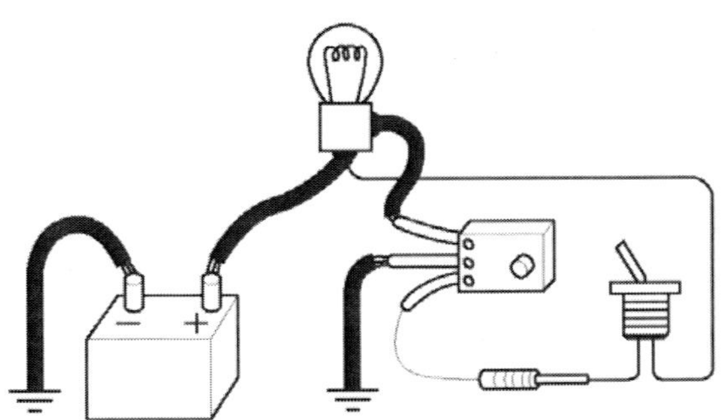

238 자동 등화 회로

트랜지스터의 스위칭 회로는 여러 가지 회로에 사용되는데 그림 (a) 회로는 날이 어두워지면 자동으로 점등되는 자동 등화 회로에 사용되는 스위칭 회로이다. 좀 더 자세히 살펴보면 먼저 이 회로는 빛을 감지하는 CdS 셀(광도전 셀)을 센서로 사용되고 있는데 CdS 셀은 빛의 양에 따라 저항이 증감하는 특성이 있다.

그림(a) CdS셀을 사용한 자동 등화 회로

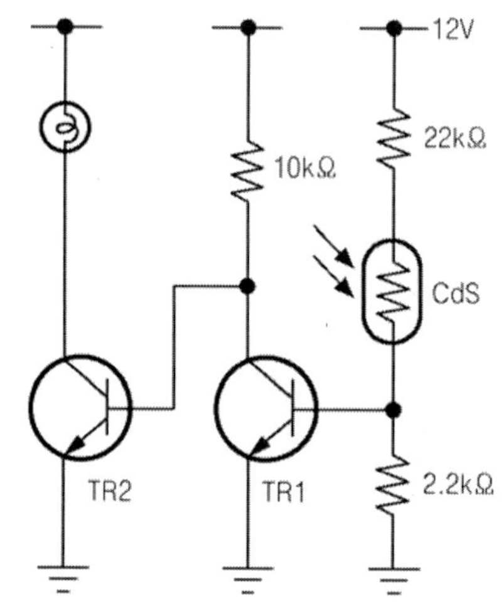

날이 어두워지면 CdS 셀의 저항이 증가해 TR1의 B 전압은 낮아지므로 TR1의 B 전류가 충분히 흐를 수 없게 돼 TR1은 결국 스위치 OFF 기능을 하게 된다. TR1의 OFF 상태로 TR1의 C에서 E로 전류가 흐르지 못하게 되면 TR2의 B로 전류가 흐르게 돼 결국 TR2의 C에서 E로 전류가 흘러 스위치 ON되면서 전구는 점등한다.

239 빛에 의해 구동하는 솔레노이드 코일

그림 (a)는 포토 트랜지스터를 사용해 솔레노이드 코일을 작동하는 회로로 포토 트랜지스터는 빛을 받으면 그 세기에 따라 광전류 흐르는 소자여서 그 특성을 이용하면 빛에 의해 솔레노이드 코일을 작동할 수 있다. 즉 포토 트랜지스터가 빛을 받으면 이로 인해 생기는 광전류가 Tr1의 B로 흐르게 되고 Tr1의 B 전류에 의해 C에서 E로 전류 증폭률만큼 전류가 흘러 솔레노이드 코일을 구동하는 것이다. 솔레노이드 코일과 병렬로 연결된 다이오드는 Tr1을 보호하기 위해 코일에서 발생하는 역기전력을 우회시키기 위한 용도이다.

▼ 그림(a)　솔레노이드 구동 회로

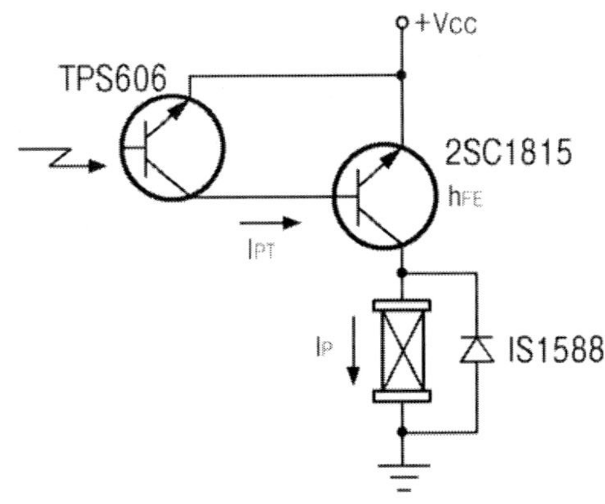

240 올터네이터의 전압 레귤레이터 회로

올터네이터의 발전 전압이 규정 전압(14V ± 0.5V) 이상이면 규정 전압 내로 전압을 일정하게 유지되도록 하는 회로가 올터네이터에 내장되어 있다. 이것이 **전압 레귤레이터**이다.

그림 (a) 역시 트랜지스터의 스위치 회로를 이용한 것으로 올터네이터의 발전 전압이 약 14V 이상이면 제너 다이오드(정전압 다이오드)로 전류가 흐르게 된다. 이때 역방향 전압이 제너 전압 이상이면 전류가 역방향으로 급격히 흐르는 특성이 있어 이 회로에서도 마찬가지로 14V 이상이 되면 제너 다이오드로 전류가 흘러 Tr1의 B 전류가 흐르게 되어 Tr1은 ON 상태가 되고 Tr1의 C 전류는 Tr2의 B로 흐르지 않고 Tr1의 E로 흐르게 된다. Tr2는 B전류가 흐르지 않으므로 결국 OFF 상태가 되는데 Tr2가 올터네이터의 로터 코일(필드 코일)과 직렬로 연결되어 있다는 점을 감안하면 이는 결국 로터 코일의 전원을 공급하지 않는다는 말이어서 그 동안 올터네이터의 발전 전압은 발생되지 않아 배터리의 충전 전압과 같아지게 된다.

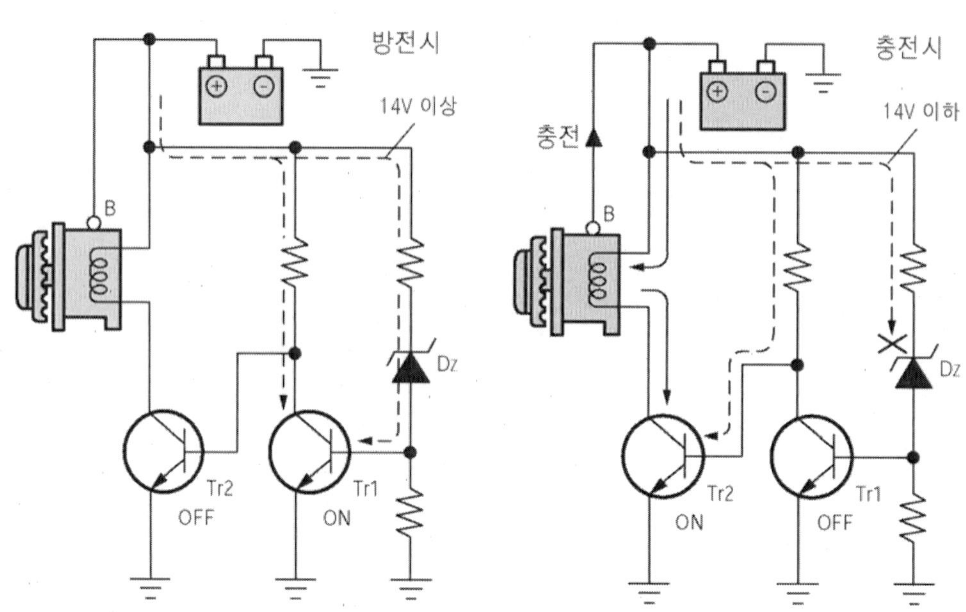

다시 올터네이터의 발전 전압이 14V 이하로 떨어지면 그림 (b)와 같이 제너 다이오드로 전류는 흐르지 못해 Tr1의 B전류는 흐르지 못하게 되어 Tr1은 OFF 상태가 된다. 따라서 Tr1의 전류는 흐르지 못하게 되고 저항 R을 통해 Tr2의 B(베이스)로 전류가 흘러 Tr2는 ON 상태가 된다. Tr2의 ON 상태는 올터네이터의 로터 코일(필드 코일)에 전원을 공급해 주는 역할을 해 다시 올터네이터는 발전을 하게 되고 약 14V 이상이면 다시 앞의 내용을 반복해 올터네이터의 규정 전압 값 내로 전압을 일정하게 조정하게 된다. 결국 발전 전압이 높은 것은 제너 다이오드가 감지하는 것으로 트랜지스터 Tr1. Tr2는 단지 스위치 동작을 하는 회로인 셈이다.

241 충전 회로

그림 (a)는 충전 장치 회로를 나타낸 것으로 스테이터 코일에 전자 유도 기전력이 일어나려면 먼저 로터 코일이 전자석이 되어야 한다. 이를 위해서는 점화 키 스위치(IG SW)를 거쳐 로터 코일로 전류가 흘러야 하는데 로터 코일에 전류가 흐르기 위한 첫째 조건은 점화키 스위치가 ON 상태여야 한다.

그 다음으로 Tr2가 ON 상태여야 하는데 이를 위해서는 올터네이터의 발전 전압이 규정 전압(약 $14V \pm 0.5V$) 이하라는 전제가 필요하다. 올터네이터의 발전 전압이 규정 전압 이하일 때 제너 다이오드로 전류가 흐르지 못하고 Tr2가 ON 상태가 돼 로터 코일을 전자석으로 만들기 때문이다.

▼ 그림(a) 올터네이터 회로

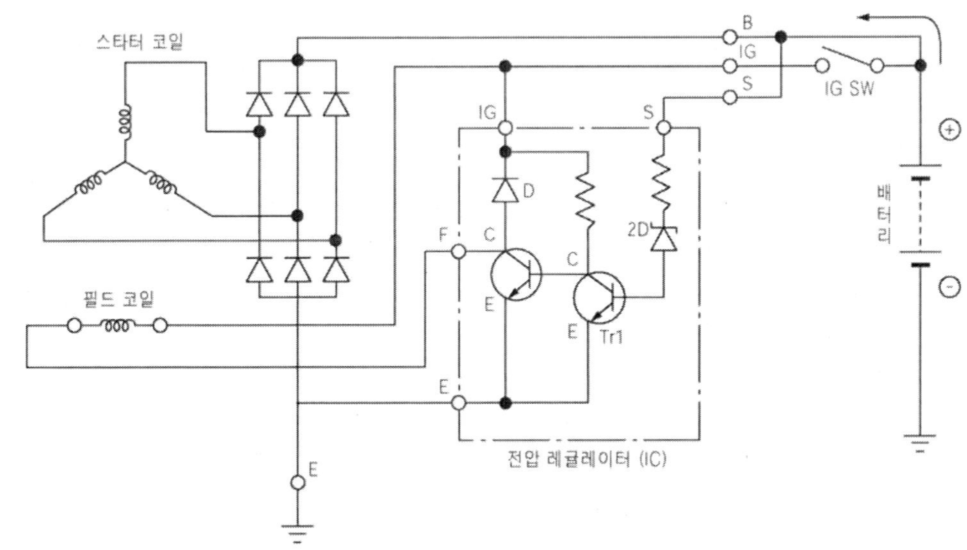

242 점화 회로

점화 장치 회로에서 고압을 발생하기 위해 1차 코일을 단속하는 트랜지스터는 파워 트랜지스터 혹은. 이그나이터로 부른다. 여기서 사용하는 트랜지스터는 1차 코일의 전류를 스위칭하는 일반 트랜지스터의 기본 동작 원리를 따르고 있다.

그러나 파워 트랜지스터는 일반 트랜지스터와 달리 대전류 및 고압에 견뎌야하는 부품으로 실제 내부는 여러 개의 트랜지스터 회로로 구성되어 있는 하이브리드 IC(세라믹 절연판에 회로를 인쇄하여 만든 IC)로 되어 있어서 일반 트랜지스터처럼 멀티 테스터를 사용하여 단품 점검이나 트랜지스터의 종류를 알아내는 게 쉽지 않다. 파워 트랜지스터의 B(베이스) 전류는 ECU가 펄스 신호로 제어하고 있어서 별도의 B 입력 회로를 구성하지 않고도 1차 코일의 전류를 단속할 수 있다

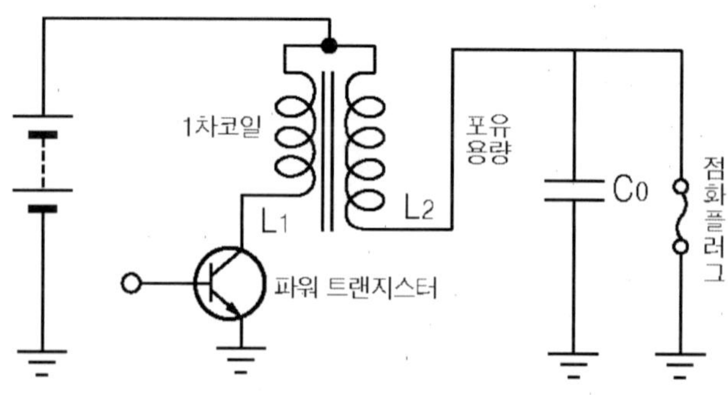

243 키 홀 조명등 회로

야간에 시동을 걸때 키 구멍을 찾는 불편을 덜기 위해 수 초간 키 홀에 빛을 비추는 회로로 콘덴서 충·방전을 이용한 트랜지스터의 스위칭 회로이다. 회로를 살펴보면 운전석 도어를 열면 운전석 도어 스위치가 ON 되어 룸램프가 점등됨과 동시에 배터리 전원 +B(12V)로부터 D_2 다이오드를 거쳐 저항 R_1 을 통해 콘덴서 C에 충전되는데 이는 운전석 도어 스위치가 켜져 있어서 D_1 다이오드를 통해 어스로 전류가 흐르기 때문이다.

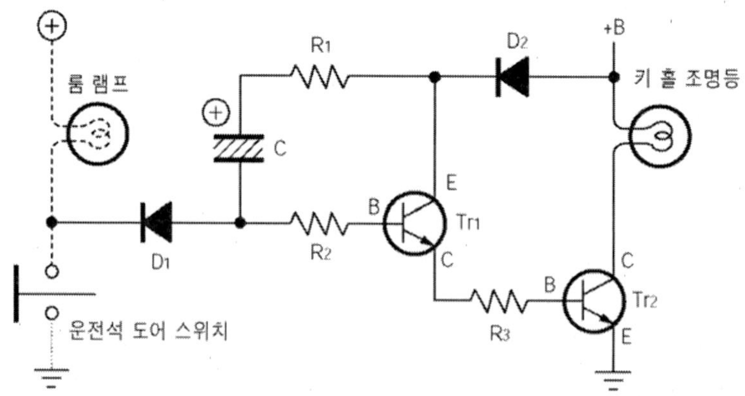

운전자가 차량 실내로 들어와 도어를 닫으면 운전석 도어 스위치는 꺼지게 되므로 룸 램프는 소등되지만 그동안 콘덴서에 충전돼 있던 전압은 저항 R_1 을 통해 트랜지

스터의 T_{r1} 의 E에서부터 B로 그리고 저항 R_2로 방전 회로가 만들어지므로 결국은 T_{r1} 의 B 전류가 흐르게 되어 T_{r1} 은 ON 상태가 되는 것이다. T_{r1} 이 ON 되면 트랜지스터 T_{r2} 는 +B에서 다이오드 D_2를 거쳐 T_{r1} 을 통과. 저항 R_3을 거쳐 T_{r2} 의 B 전류가 흐르기 때문에 T_{r2} 는 ON 상태가 되어 키 홀 조명등을 점등하게 된다. 결국 콘덴서의 방전 시간만큼만 키 홀 조명등이 점등되는 셈인데 이 키 홀 조명등의 점등 시간은 콘덴서 C와 저항 R_1 . R_2의 시정수 값으로 결정된다. 이같이 콘덴서에 충전 후 저항 R을 통해 방전이 되고 콘덴서의 방전 시간만큼 트랜지스터 T_{r1} 이 스위칭된다해서 이 같은 회로를 콘덴서를 이용한 타이머 회로라고도 한다.

244 듀티비에 의한 조명 회로

그림 (a) 회로는 펄스의 듀티비에 따라 전구의 밝기를 조절할 수 있는 회로이다. 여기서 사용하는 펄스 발생 회로는 ECU나 별도의 회로에서 공급되는 회로인데 펄스 발생 회로에서 생기는 듀티에 대해 알아보면 듀티비는 한 주기 동안에 ON 되어 있는 시간의 비를 나타낸 것으로 백분율로 나타내고 있다.

그림(a) 듀티비에 의한 전구의 조광회로

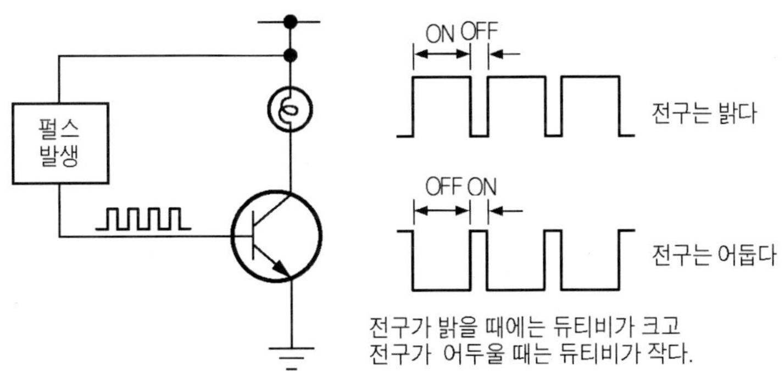

예를 들어 한 주기의 시간이 100ms이고 반주기 ON 시간이 80ms라면 듀티비는 80%(80ms / 100ms)가 되는 것이다. 여기서 듀티비가 바뀐다는 것을 전압 값으로 표현하면 펄스 전압의 평균값이 변하는 것으로 이는 실제 전구에 가해지는 전압이 변하는 것을 의미한다. 즉 펄스 전압의 신호에 의해 트랜지스터가 ON. OFF를 반복하게 되면 전구 역시 ON. OFF를 반복하게 되는 것이다. 이렇게 전구가 ON. OFF를 반복하면 사람의 눈이 착시 현상을 일으켜 조명 회로로는 부적합하기 때문에 전구가 계속 점등되어 있는 것처럼 하려면 펄스의 주파수가 80Hz 이상이 돼야 한다. 펄스 주파수가 40Hz 이하면 전구의 점멸 상태가 사람의 눈에 의해 감지될 수 있어서이다.

245 달링턴 트랜지스터

트랜지스터 2개를 그림 (a)와 같이 결선하는 회로를 달링턴(darlington) 결선이라고 한다.

그림처럼 동일 트랜지스터를 사용해 결선하면 전류 증폭률이 상당히 높아지기 때문에 출력 구동 회로로 많이 쓰이는 회로이다.

▽ 그림(a)   달링턴 결합한 트랜지스터

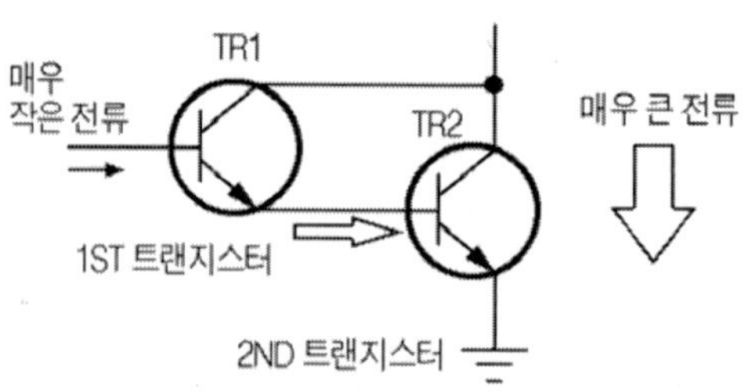

회로를 보면 TR_2는 TR_1에 직접 연결되어 있고 TR_2의 B(베이스)−C(컬렉터)간 전압이 TR_1의 E(이미터)−C(컬렉터) 전압으로 되어 있고. TR_1의 E전류가 TR_2의 B전류로 되어 있어 전류 증폭률은 $hfe = hfe1 \times hfe2 = \beta^2$로 대단히 크다.

TR_1의 이미터 플로어(컬렉터 접지) 증폭기에 TR_2의 이미터 접지 증폭기가 연결돼 있는 형태가 되어 입력 임피던스는 크게 되면서 전류 증폭률 또한 제곱에 비례할 만큼 커지게 돼 출력 구동회로로 유용하다. 이같이 달링턴 결선 방식의 트랜지스터는 최근에는 사용이 편리하도록 IC(집적회로)화된 제품으로 만들어져 사용되고 있다.

246 트랜지스터의 출력 특성

트랜지스터의 동작 특성을 이해하기 위해서는 그림 (a)와 같은 트랜지스터의 특성을 알아볼 필요가 있는데 여기에 나타난 특성은 트랜지스터의 B(베이스) 전류의 증가에 따라 C(컬렉터) 전류가 어떻게 변화하는지 나타낸 것으로 B와 C전류를 얼마나 흘려주는가 하는 문제를 결정하는 것은 트랜지스터의 저항 값을 어떻게 설정하느냐에 달려 있으므로 특성을 보고 부하선을 설정한 뒤 저항 값을 정하는 것은 트랜지스터의 동작 점(스위치 회로 혹은 증폭 회로)을 결정하는 것이 된다.

그림(a) 트랜지스터의 출력 특성

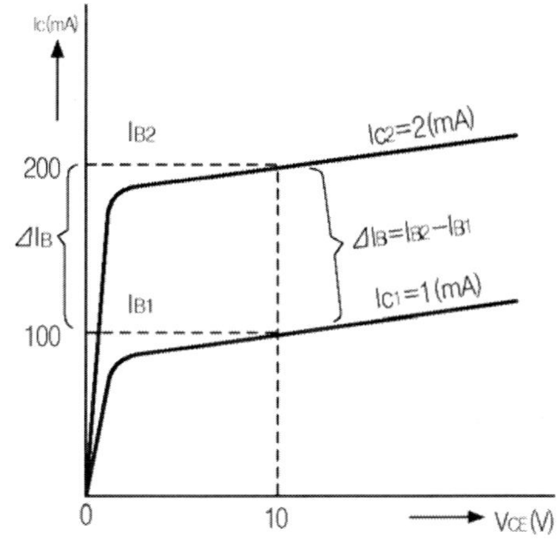

247 트랜지스터의 동작 영역

트랜지스터의 특성은 3가지 영역으로 나눠 사용하고 있는데 그림 (b)의 경우 B(베이스) 전류가 거의 흐르지 않아 C(컬렉터) 전류도 흐르지 않는 영역을 나타내는데 이 곳을 **차단 영역**이라고 한다.

그림 (a)의 (2)와 같이 V ce 전압이 전원 전압과 같아져 C전류가 흐르지 않게 되는 영역이다. 또 B전류를 흘려도 더 이상 C 전류가 흐르지 않는 이 영역이 있는데 이를 **포화 영역**이라 한다. 그림 (a)의 (1)과 같이 V ce 전압은 거의 0에 가깝고 C전류는 흐르지 않는 영역이다. 이 외에도 B전류에 따라 C 전류가 흐르는 영역으로 활성 영역이라 하며 그림 (a)의 (3)과 같이 V_{ce}전압이 전원 전압 범위 안에서 변하는 영역이다. 트랜지스터를 스위치 회로로 사용하려면 B전류에 따라 C전류가 최대한 흐를 수 있게 동작 점을 설정하는 포화 영역과 차단 영역을 사용할 수 있고 트랜지스터를 증폭 회로로 사용하려면 B 전류에 따라 C 전류가 어느 정도 변하는 활성 영역을 사용해야 한다.

▽ 그림(a)

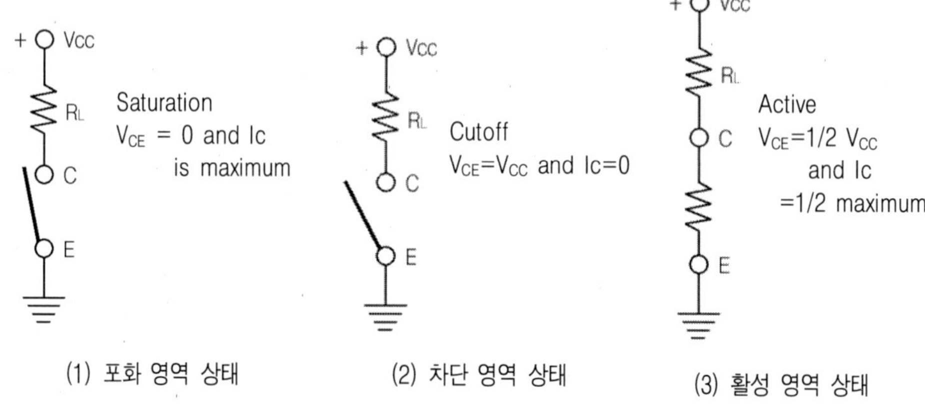

▽ 그림(b)   트랜지스터의 출력 특성(부하선)

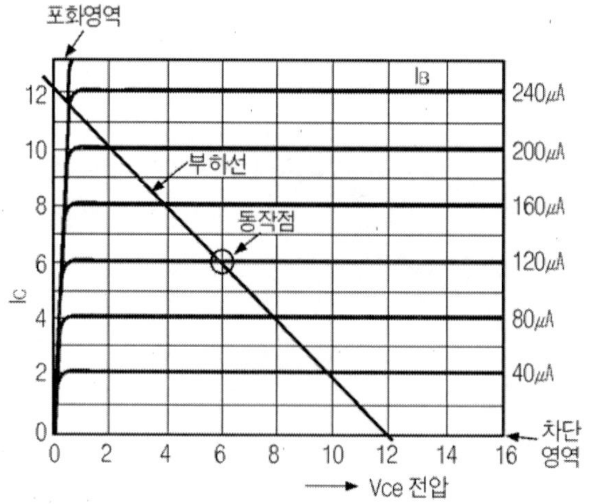

248 증폭 작용

그림 (a)의 회로는 가장 널리 사용되는 트랜지스터 증폭 회로로 E(이미터)와 B(베이스)에 바이어스 저항을 삽입하여 트랜지스터를 활성 영역 상태로 동작하게 하는 회로이다. 먼저 출력 회로의 E 저항을 1kΩ으로 사용했다고 가정할 때 그림 (b)와 같은 저항회로로 나타낼 수 있다. 이때 부하 저항과 E 저항 값이 그 양단에 걸리는 전압 강하는 6V가 된다. 즉 이 회로는 입력 교류 신호가 없이 B 저항과 E 저항에 의해 바이어스된 직류 성분의 전압 값으로 출력 측에 입력 교류 신호가 없는 한 항상 일정하게 전압 값이 출력된다.

▼ 그림(a) 실제 사용하는 이미터 접지 증폭기

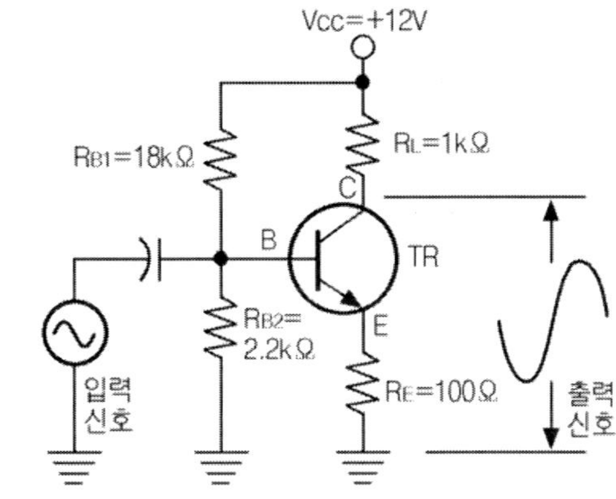

▼ 그림(b)

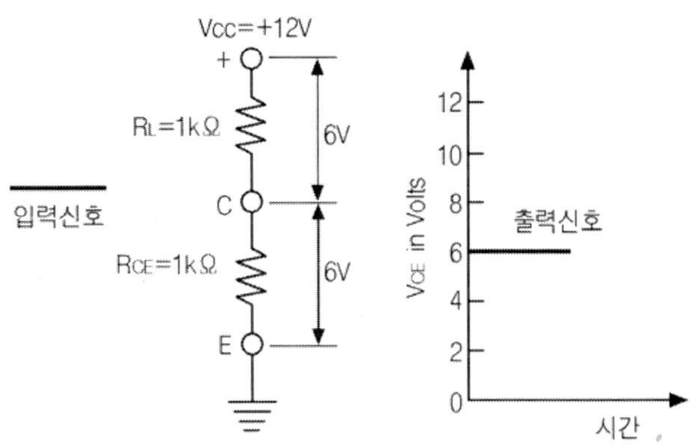

그림 (c)는 E 저항을 2kΩ으로 사용하고 입력 신호를 그림과 같이 입력했을 경우 이미터 저항에 의한 전압 강하분이 8V이므로 입력 신호의 변화에 의해 최대 8V까지 변화할 수 있다. 따라서 그림 (c)와 같은 교류 입력 신호 출력 측으로는 6V를 기준으로 최대 8V까지, 변화하는 위상이 180° 차를 갖는 출력 신호를 얻을 수 있게 되는 것이다.

▼ 그림(c)

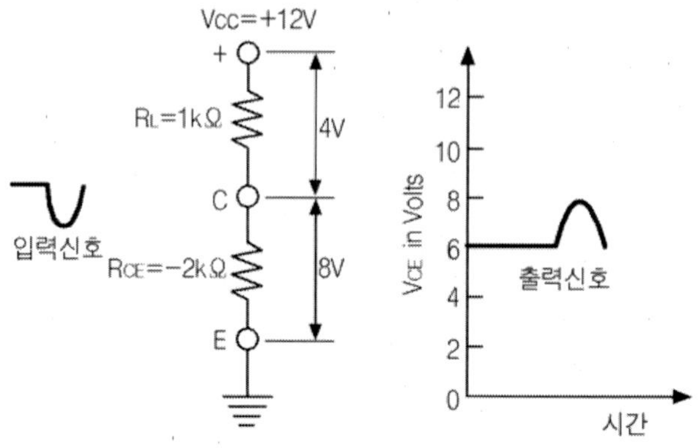

그림 (d)의 회로는 E 저항 값을 500Ω 짜리를 사용하여 교류 입력 신호를 가해올 때를 나타낸 등가 회로로 출력 신호 전압은 최소 4V에서 8V까지 변화할 수 있다. 즉 출력 신호 전압의 변화로 B전류의 양이 변하는 것으로 B 전류의 변화량인 트랜지스터의 전류 증폭률만큼 C 전류가 증가하므로 이 증가분이 E저항의 전압 강하 분으로 출력되는 것이다.

▼ 그림(d)

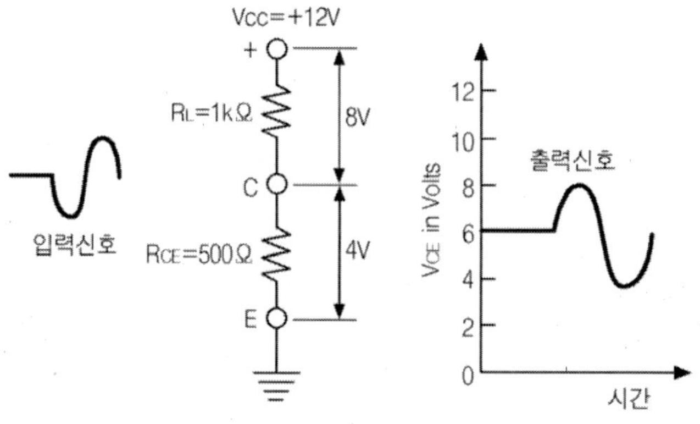

따라서 트랜지스터의 E 접지 증폭 회로는 E 저항을 삽입하고 B 바이어스 저항 값을 설정하므로 입력 측의 전압 변화에 대해 직류 바이어스 전압을 기준으로 진폭하게 되는 것이다. 이같이 트랜지스터의 B 전압의 진폭에 따라 B전류는 변화하고 B전류가 변화함에 따라 C 전류가 변화함으로 그 변화분만큼 E 저항에는 전압 강하분이 진폭하게 되는데 이 같은 작용을 **트랜지스터의 증폭 작용**이라고 한다.

249 바이어스란

그림 (a)와 같이 B(베이스) 전류는 저항 R_B에 의해 공급되므로 B 전류 I_B는 V_{cc} / R_B로 주어지며 컬렉터 전류는 βI_B로 결정된다. 따라서 트랜지스터의 동작 점은 B 저항에 의해 결정되므로 부하 저항에 대응하는 직선(부하선)을 그림 (b)와 같이 그리면 동작 점은 정해진다.

이와 같이 트랜지스터를 동작시키기 위해 걸어주는 저항을 **바이어스 저항**이라고 하며 바이어스 저항에 의해 직류 전압이 결정되는 것을 **바이어스 전압**이라고 한다.

그림(a) 트랜지스터 회로의 전류　　　　　▼ **그림(b)**

$$I_B = \frac{V_{cc}}{R_B} = \frac{12\,V}{100 \times 10^3\,\Omega} = 120 \times 10^{-6}\,A$$

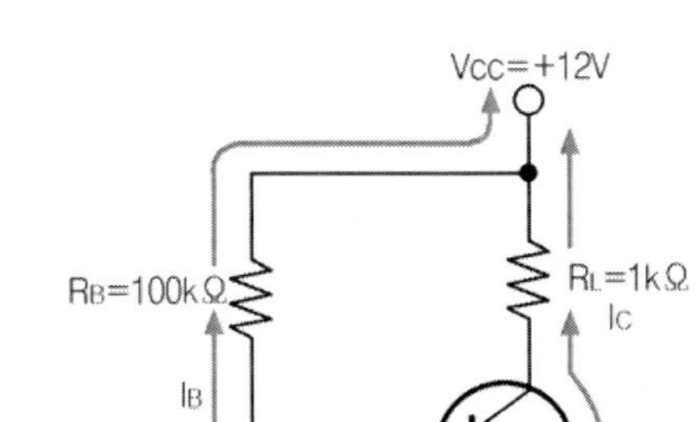

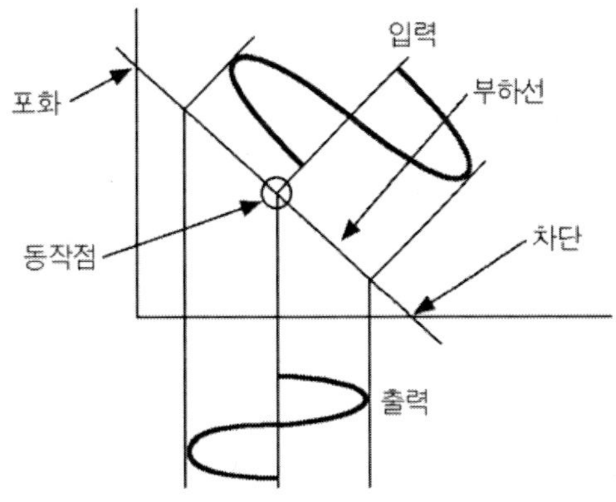

250 베이스 접지 증폭 회로

그림 (a) 회로는 B(베이스) 접지 증폭 회로를 나타낸 것으로 E(이미터) 접지 증폭기와 같이 C(컬렉터)에는 역방향 바이어스. B(베이스)에는 순방향 바이어스 전압이 걸려 있어서 입력 측 임피던스는 상당히 높고 출력 임피던스도 높은 특성을 갖고 있다.

따라서 전류 이득이 거의 1과 같아서 출력 측에 나타나는 전압 이득은 거의 부하 저항에 의존하게 되는 회로다. 여기서 사용되는 C_1. C_2는 결합 콘덴서로서 직류 성분을 제거하고 교류 성분만 통과시키는 역할을 하며 B의 C_B는 바이어스의 고주파 성분을 우회하는 회로이다.

이 같은 베이스 접지 증폭 회로는 입력단의 전압 변동에 의한 출력단의 전압 변동을 제어하는 회로로 혹은 특수 목적의 증폭 회로로 이용된다.

▼ 그림(a)   트랜지스터의 베이스 접지 증폭회로

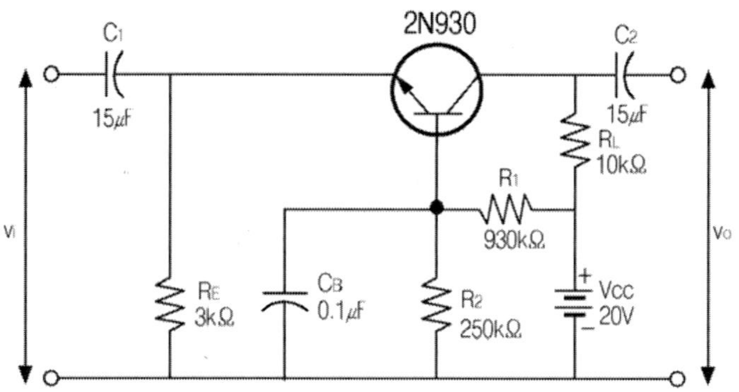

251 컬렉터 접지 증폭 회로

그림 (a)와 같은 회로는 컬렉터를 접지하고 출력은 E(이미터) 저항을 통해야 하므로 일명 이미터 플로어라고 부르기도 한다. E(이미터)에는 순방향 바이어스가 돼 있어 출력 임피던스가 아주 낮고. 입력 측에는 역방향 바이어스가 되어 입력 임피던스가 상당히 높아 전압 이득이 거의 1에 가까우나 전류 증폭률은 거의 트랜지스터의

hfe 값에 의존하여 입력 신호에 영향을 받지 않는 안정적인 증폭을 요하는 회로에 많이 사용된다.

▼ **그림(a)   트랜지스터의 컬렉터 접지 증폭회로(이미터 플로어)**

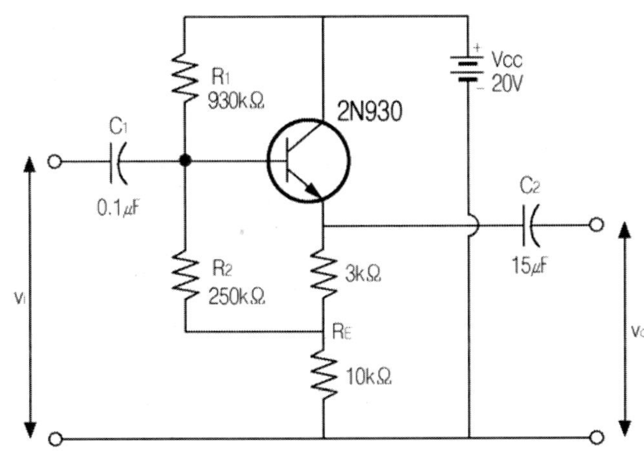

연산 증폭기

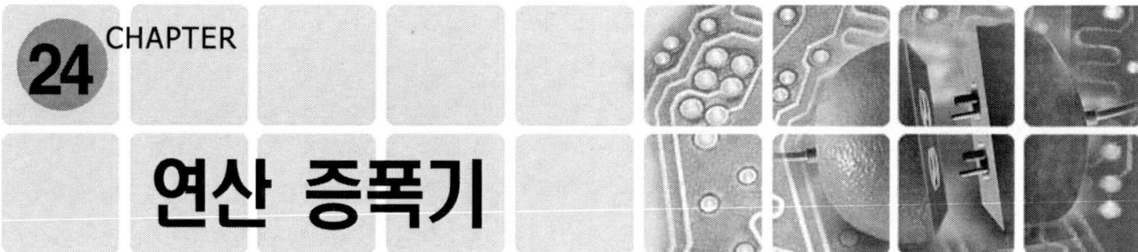

252 직류 증폭 회로

직류 증폭 회로는 주파수가 아주 낮은 신호나 직류 분을 포함한 신호를 증폭하는 회로로 각종 물리량이나 측정된 양을 전기 신호로 바꾸는 곳에 많이 사용되기 때문에 신호의 증폭을 위해 높은 안정도를 요한다. 그러나 이런 직류 증폭 회로는 일반 증폭기처럼 임피던스 결합 형식이어서 다음 단에서 증폭을 할 수 없어 DC를 AC로 변환하여 증폭해야 한다. 또 외부 온도나 전압 변동의 영향으로 트랜지스터의 정수 및 회로 소자 정수 값이 변하는데 이 때문에 회로의 평형 상태가 무너져 입력 신호가 가해지지 않았는데도 불구하고 출력이 일어나거나 변하게 된다. 이 같은 현상을 드리프트(drift) 현상이라 한다.

드리프트 현상이 적은 증폭을 위해서는 온도 보상 회로를 삽입하거나 회로 소자의 특성이 좋은 것을 사용하는 것이 일반적인데 트랜지스터 2개를 대칭으로 결합하며 드리프트 현상을 상쇄시키도록 한 회로가 바로 차동 증폭 회로(differencial amplifier)이다.

253 차동 증폭기

그림 (a)와 같이 특성이 같은 2개의 트랜지스터를 공통의 E(이미터) 저항을 통해 대칭으로 접속한 차동 증폭 회로로 입력은 양쪽 트랜지스터의 B(베이스)를 통해 인가하고, 출력은 양쪽 트랜지스터의 C(컬렉터)를 통해 한다.

이때 차동 이득은 입력 신호 전압 차이에 대한 출력 전압의 차이로 나타내는데 만일 입력 측에 같은 위상의 같은 신호 전압이 입력된다고 하면 2개의 트랜지스터는 똑같이 작동하게 되므로 출력 전압의 차 V_{O1}과 V_{O2}는 0(제로)이 된다. V_{O1}과 V_{O2} 간의 전위차가 0이 된다는 것은 같은 위상과 같은 전압을 가진 신호 전압을 입력 측에 인가하면 출력이 나타나지 않는다는 것으로 이는 드리프트 현상을 최소화할 수 있는 것이어서 직류 증폭 회로에 차동 증폭기를 많이 사용하게 됐다.

▼ 그림(a)　차동 증폭기

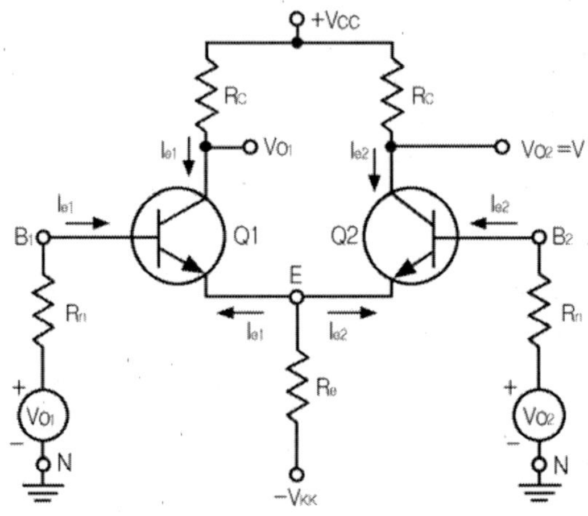

그러나 이 같은 차동 증폭기도 실제로는 트랜지스터의 특성이 정확히 맞지 않아 온도 상승에 의한 다소의 동 위상 이득이 생긴다. 따라서 차동 증폭기에는 차동 이득과 함께 동 위상 이득이 차동 회로를 결정하는 중요한 요소로 작용하기 때문에 이 2가지 비를 나타내 차동 증폭기의 성능 지표로 사용하고 있다. 이 비를 동 위상 제거 비(CMRR)라 하며 차동 입력 이득/ 동 위상 입력 이득으로 나타내고 있다.

254　OP AMP란

OP(Operational Amplifier) AMP는 차동 증폭기를 기본으로 하고 있어 직류 증폭기로 널리 사용되고 있다. OP AMP는 이론적으로는 입력 임피던스가 무한히 크며 출력 임피던스는 매우 낮아 증폭기로서 우수한 성능을 갖고 있다.

드리프트에 대한 안전성이 뛰어나 대수 연산이나 미. 적분 연상 등 연산 회로에도 많이 사용돼 연산 증폭기라고도 한다.

그림 (a)의 (1)은 OP AMP(연산 증폭기)의 심벌을 나타낸 것이며 (2)는 2 전원을 가진 OP AMP의 심벌을 나타낸 것이다. 이 증폭기는 근래까지 2 전원 방식이 주류를 이뤘지만 최근 들어 각 반도체 메이커들이 단일 전원 방식으로 I C(집적)화해서 다양한 용도로 개발해 쓰는 추세이다.

▼ 그림(a)　OP AMP(연산 증폭기)

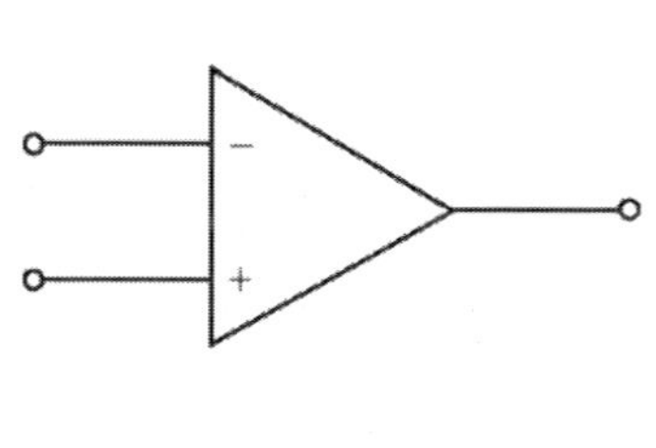

(1) OP AMP의 심볼

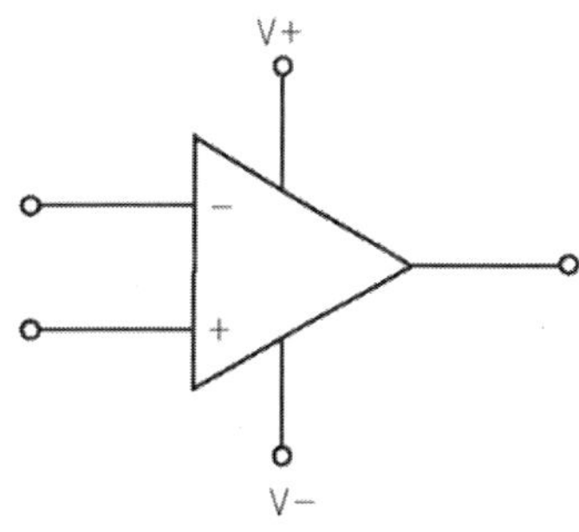

(2) 전원 공급용 단자를 나타낸
OP AMP의 심볼

255　OP AMP의 단자

OP AMP는 그림 (a)와 같이 2전원 방식이 주로 사용되고 있는데 4번과 7번 단자는 전원 공급 단자로 사용되며 2번은 입력 신호가 (+)이면 출력신호는 (−)로. 입력 신호가 (−)이면 출력 신호는 (+)로 반전시키는 반전 입력 단자이다.

3번 단자는 입력 신호를 출력 신호로 비 반전시키는 비 반전 입력 단자며 6번은 출력 단자이며 1번과 5번은 출력 전압을 0으로 조절하기 위한 단자로 밸런스 터미널 또는 오프셋-눌 터미널이라고 부르기도 한다. (2)에서 8번 단자는 고주파수에서 회로의 안정을 위해 사용하는 주파수 보상용 외부 단자이다.

▼ 그림(a)

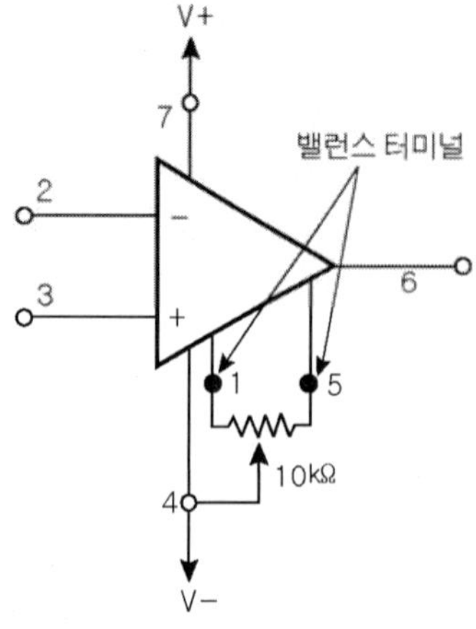

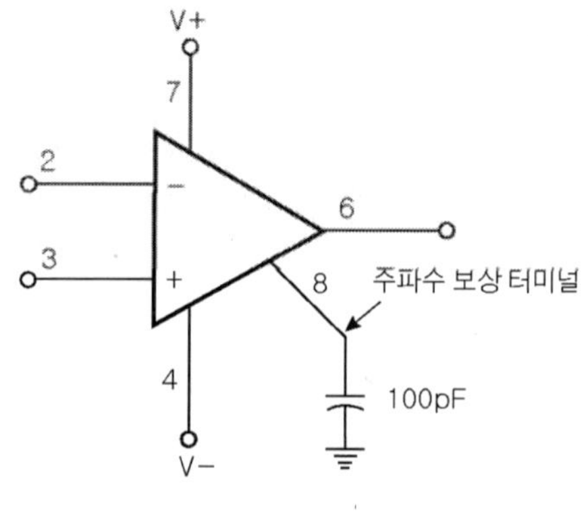

(1) μA714 OP AMP의 옵셋-늘 단자(밸런스 터미널)의 사용 예

(2) LM 308 OP AMP의 주파수 보상 단자를 사용한 예

256 OP AMP의 기본 동작

OP AMP는 입력 단자를 2개 갖고 있는데 하나는 그림 (a)의 (1)과 같이 입력에 +전압을 인가하면 출력에는 (+)전압이 OP AMP의 증폭도 만큼 출력되는 비 반전 입력 단자와 (2)에서 처럼 반전 입력 단자에 (+)전압을 인가하면 출력에는 (-)전압이 OP AMP 증폭도 만큼 출력되는 반전 입력단자가 그것이다.

▼ 그림(a)　반전과 비반전의 의미

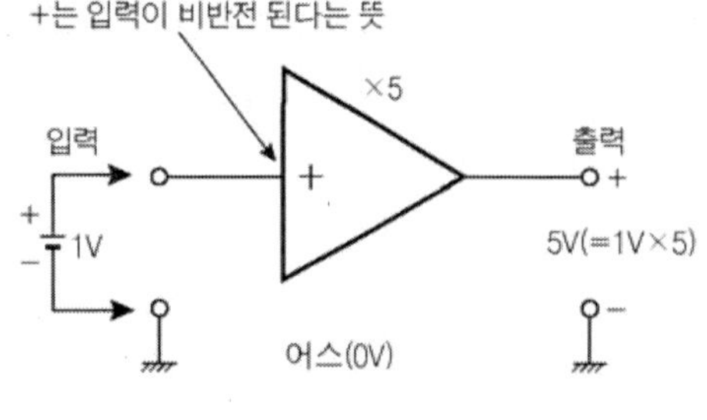

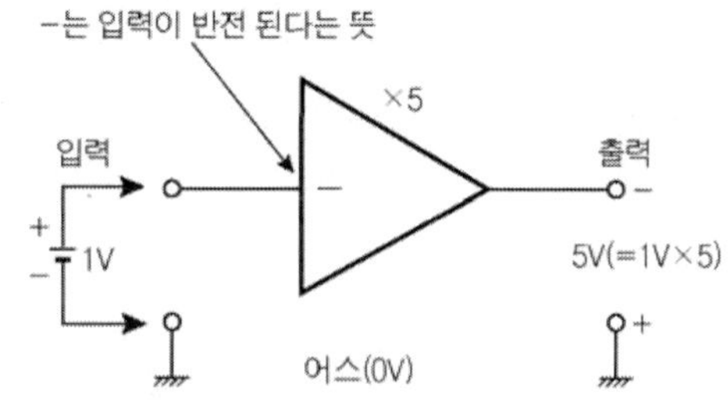

(1) 비반전 증폭 회로

(2) 반전 증폭 회로

OP AMP의 기본 동작은 2개 입력 신호 전압의 전위차를 증폭도 만큼 출력하는 소자로 회로의 기본 동작을 그림 (b)의 (1) 회로를 통해 보면 반전 입력 단자에는 +1V가 인가되고 비 반전 입력 단자에 +2V가 인가되면 키르히호프 전압 법칙에 의해 2개의 입력 단자 양단에는 1V의 전위차를 얻게 되므로 이 값이 OP AMP의 증폭도(이득)만큼 출력 전압으로 나타난다. (2)의 회로도 마찬가지여서 반전 입력 단자에 −1V의 전압이 인가되고 비 반전 입력 단자에는 +1V의 전압이 인가되므로 입력 단자의 양단간에는 2V의 전위차를 얻게 되어 OP AMP의 출력 측에는 OP AMP의 증폭도 만큼 증폭되어 출력 측에 나타난다.

그림(b)   OP AMP의 기본 동작

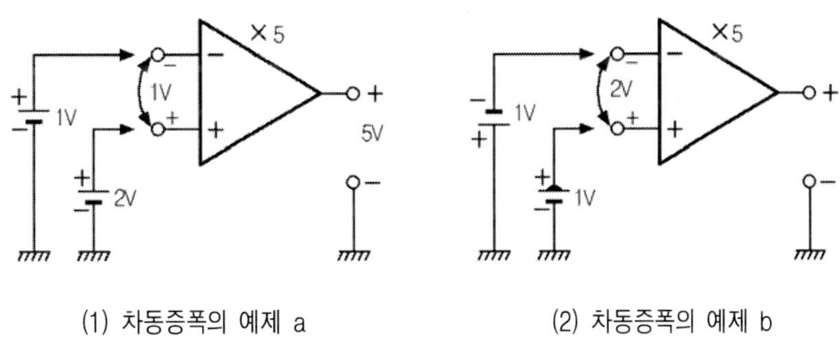

(1) 차동증폭의 예제 a   (2) 차동증폭의 예제 b

여기서 OP AMP의 입력 단자 2개 중 하나를 어스하면 어떻게 될까. 그림 (c)의 (1)과 같이 비 반전 입력 단자를 어스하고 반전 입력 단자에 (−)전압을 인가하면 반전 입력 단자의 (−)전압이 그대로 두 단자 사이에 걸려 반전 단자와 비 반전 단자 사이의 전압 차가 그대로 OP AMP 증폭도 만큼 출력된다.

그림(c)   OP AMP의 기본 동작

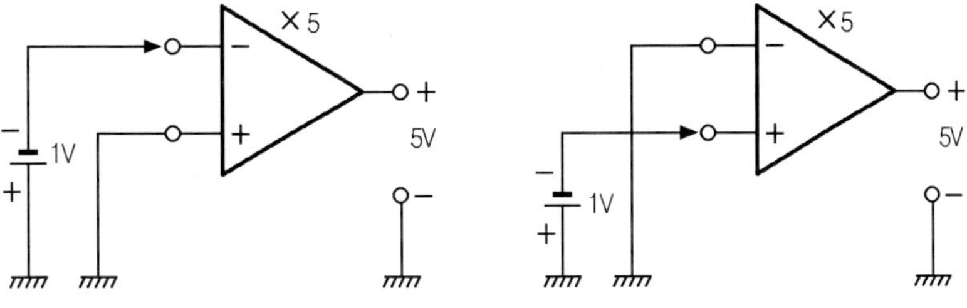

(1) OP AMP의 반전 증폭회로의 기본 개념   (2) OP AMP의 비반전 증폭회로의 기본 개념

이번에는 (2)와 같이 반전 단자를 어스하고 비 반전 단자에 (−)전압을 인가하면 반전 단자와 비반전 단자 사이의 전압은 그대로 −1V 인가되므로 OP AMP의 출력에는 전압 이득만큼 나타난다. 결국 OP AMP의 기본 동작은 2개의 입력 단자 사이의 전위차가 증폭기에서 증폭돼 출력 측에 나타나게 하는 것이다.

257 부궤환이란

반도체 소자를 사용하는 회로는 온도 및 전원 전압의 변동. 소자의 경련 변화로 인한 불안정성 때문으로 정확한 증폭도를 유지하기가 쉽지 않다. 따라서 회로의 증폭도를 낮추어서라도 회로의 안정성을 확보하기 위한 것이 부궤환(feed back) 방법이다.

▼ 그림(a)

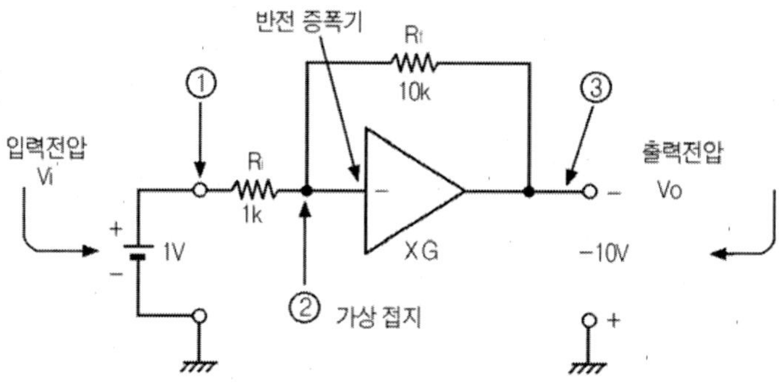

그림 (a)를 보며 부궤환에 대한 내용을 살펴보면 여기서 사용하는 OP AMP의 증폭도를 약 1000배 정도 되는 것으로 가정하고 반전 입력 단자에 +1V의 입력 전압을 인가하면 출력 전압은 −1000V 전압이 출력돼야 하는데 출력 전압 Vo는 피드백 저항(Rf 저항)을 거쳐 입력 전압을 상쇄하는 방향으로 작용. ②점의 전압을 거의 0 상태로 만든다. 이때 ②점의 전압이 완전히 0V가 되면 출력 전압 역시 0V가 되므로 피드백 저항을 거쳐 상쇄하려는 전압이 거의 0V에 근접하게 되면 상쇄하려는 전류의 흐름은 멈추게 되고 ③번 단자의 출력 전압 Vo는 출력 전압 Vi와 평형을 유지한 상태에서 낙착된다. 이 크기는 전류의 흐름에 대한 저항 값이 비율로 정해지는데 회로의 증폭도 A는 = Vo / Vi = Rf / Ri로 결정된다.

이와 같이 (−)출력 전압을 (+)입력으로 되돌리는 것을 부궤환이라 하며 전자 회로의 설계에 대한 중요한 기술 중 하나이다. 또 부궤환 전압에 의해 ②번 단자의 전압이 거의 0에 가까워지게 되므로 이것을 **가상 접지**(virtual ground)라고 한다. 결국 가상 접지점의 전류는 들어오는 전류와 나가는 전류의 값으로 전압 값이 결정되는 것이다. 이 같은 부궤환 기술은 원래 증폭기의 일그러짐을 줄일 목적으로 도입됐지만 현재는 전자 회로의 안정성을 확보하기 위한 수단으로 널리 사용되고 있다.

258 반전 증폭 회로

그림 (a)의 회로에서 비 반전 입력 단자는 어스가 되어 있고 반전 입력 단자는 −1.5V의 전압이 연결돼 출력을 반전하는 반전 증폭 회로로 피드백 저항 Rf는 10kΩ, 입력 저항 Ri는 5kΩ으로 전압 증폭도 A는 10kΩ / 5kΩ으로 2배가 되므로 입력 전압이 1.5V이면 출력 전압은 3V가 되는 셈이다.

이와 같이 반전 증폭 회로는 입력 저항과 피드백 저항 값에 따라 증폭도가 달라지지만 출력 전압의 최대 크기는 전원 전압을 초과할 수 없다.

▼ 그림(a)　반전 증폭 회로

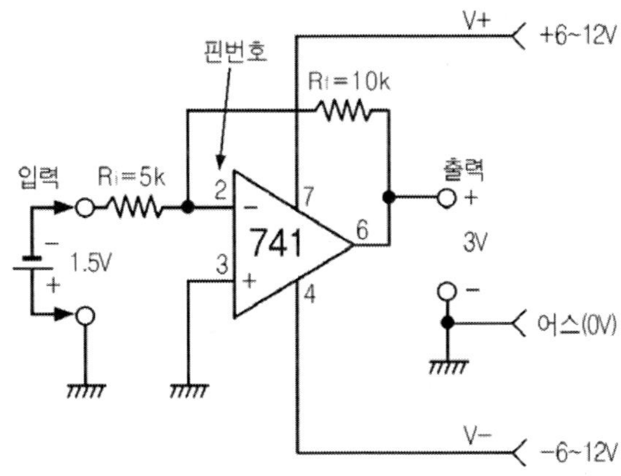

259 비 반전 증폭 회로

 OP AMP의 부궤환 회로는 반드시 반전 입력 단자를 사용해야만 가능한 것이 아니다. 그림과 같이 반전 입력 단자에 부궤환을 걸고 비 반전 입력 단자에 입력을 가하면 반전 입력 단자를 사용하지 않고도 부궤환을 걸 수 있다. 입력 전압 Vi를 비 반전 입력 단자에 가하면 출력 단자에는 OP AMP의 증폭도 만큼 증폭되어 출력 측에 나타나야 하지만 출력 측에는 피드백 저항 R_2와 입력 저항 R_1에 의한 분할 전압이 반전 입력 단자에 가해져 출력 전압 Vo는 피드백 저항 R_2를 거쳐 입력 단자 전압의 크기를 상쇄하려는 방향으로 작용하게 돼 출력 전압이 일정 전압이 되어서야 평형 상태를 유지한다.

▽ **그림(a)   비반전 증폭 회로**

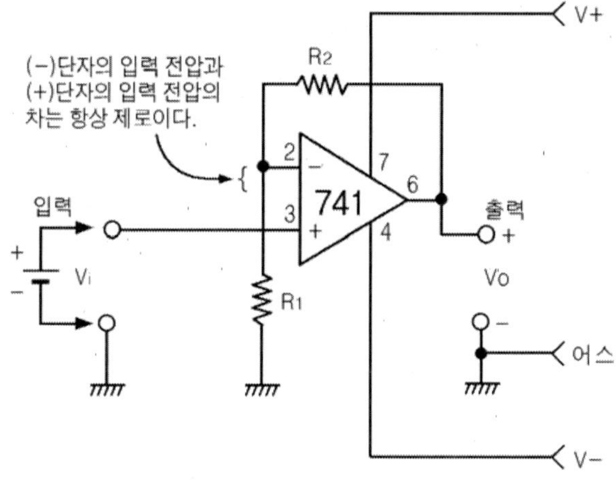

 이와 같은 회로의 전압 증폭도를 반전 입력 단자에서 키르히호프의 전류 법칙을 사용하여 구해보면 (Vi −Vo / R_2) + Vi / R_1 = 0이 되므로 식 변형을 해보면 Vo = (1+R_2 / R_1) Vi가 된다.

 따라서 전압 증폭도 A는 Vo / Vi = R_1 +R_2 / R_1 이 된다.

 이 회로는 비반전 입력 전압과 반전 입력이 거의 같은 상태에서 작동하고 있어 마치 입력 단자가 단락(쇼트)되어 있는 것처럼 작동해 이 같은 입력을 이미지너리 쇼트 또는 비추얼 쇼트라고 표현하기도 한다.

260 　콤퍼레이터란

　　OP AMP는 증폭도 및 직류 증폭 특성이 우수해 여러 가지 용도로 활용하는 연산 증폭기로서 콤퍼레이터(comparator) 기능으로도 많이 활용되고 있다. 콤퍼레이터는 우리말로 비교기라는 뜻으로 OP AMP의 2개 입력 단자 중 하나를 기준 전압으로 활용하면 기준 전압과 입력 전압과의 차가 증폭되어 출력 전압으로 나타나는 것이 기본 원리이다.

　　그림 (a)와 같이 반전 입력 단자를 어스하고 비 반전 입력 단자에 우측 그림과 같이 입력 신호 전압을 입력했다고 가정하면 반전 입력 단자의 경우 어스가 되어 있어서 비 반전 입력 단자가 0V보다 크면 출력 전압이 우측 그림의 출력 전압과 같은 것을 **콤퍼레이터**라고 한다.

▼ 그림(a)

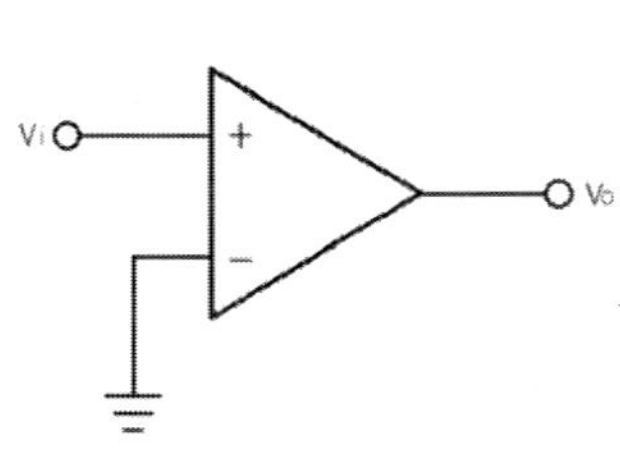

콤퍼레이터(비교기)의 기본회로

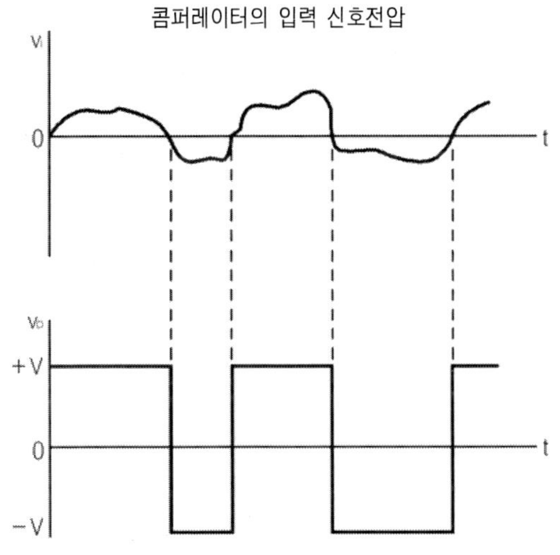

　　콤퍼레이터는 단순히 기준 전압을 비교해 출력하는 것 외에 입력 전압의 어느 범위만을 비교하는 윈도우 콤퍼레이터가 있으며 기본형 콤퍼레이터를 여러 개 조합한 멀티 레벨 콤퍼레이터도 있다.

261 크랭크 각 센서의 회로

콤퍼레이터(비교기)는 자동차 전장 회로에도 많이 사용하는데 그 중 크랭크 각 센서 유닛 내에 콤퍼레이터를 활용. 펄스 신호를 엔진 컨트롤 유닛인 ECU에 입력해 엔진 회전수 및 피스톤 상사점을 알아내기도 한다.

그림 (a)는 크랭크 각 센서 및 TDC 센서의 외관이며 그림 (b)는 크랭크 각 센서 유닛의 내부 회로도이다.

센서 유닛 내부에는 컨트롤 릴레이를 통해 전원을 공급하고 LED(발광 다이오드)와 포토다이오드가 내장되어 LED에서 발광되는 빛이 슬롯 판 구멍을 통해 포토다이오드에 닿으면 광전류가 흐르게 되고 포토다이오드는 저항과 직렬로 연결되어있어서 이 광전류에 의해 전하 강하분이 콤퍼레이터의 비 반전 입력 단자에 신호원으로 입력된다.

▼ 그림(a) TDC 센서

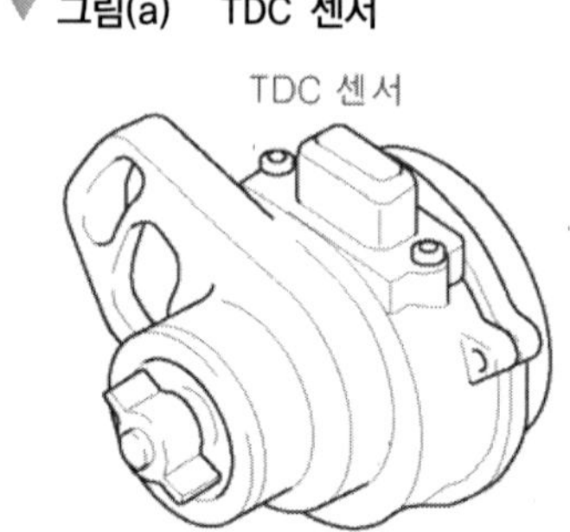

▼ 그림(b) 크랭크각 센서 및 TDC 센서

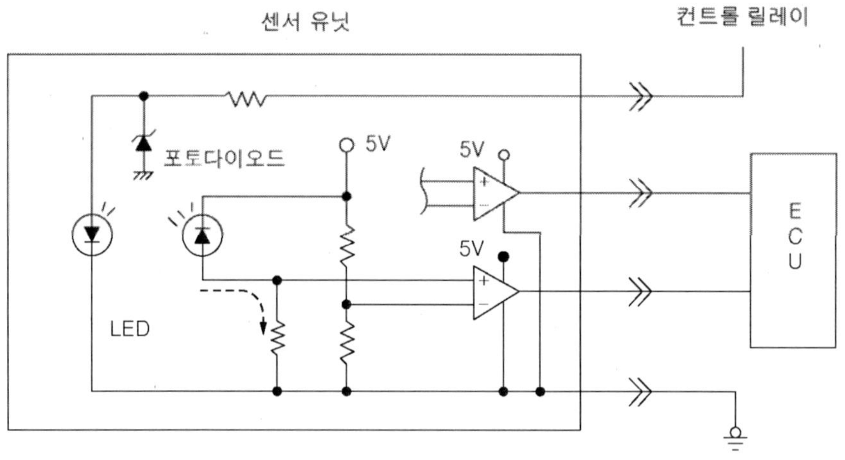

이때 반전 입력 단자에는 기준 전압이 2개의 저항에 의해 분압되어 인가되는데 분압된 기준 전압보다 입력 신호 전압이 크면 출력 측에는 +전압의 펄스가 일어나 이 펄스 신호를 ECU로 입력하게 되는 것이다.

262 가산 회로

가산 회로란 입력 측 신호 전압의 합이 출력 측 신호 전압으로 나오는 회로를 말한다. 이 회로는 비반전 단자가 어스로 되어 있어 ③번(2점 핀)점이 가상 접지된 것 같은데 입력신호 전원 e_1에 의해 흐르는 전류 i_1은 e_1 / R_1. e_2에 의해 흐르는 전류 i_2는 e_2 / R_2가 되므로 전체 전류는 $i_1 + i_2$로 전원은 각각 독립 신호 전압으로 인가되기 때문에 출력 또한 각각의 신호 전압 값으로 출력 측에 나타난다. 따라서 증폭도가 1이라 가정하면 출력 측 전압은 $-(e_1 + e_2)$로 나타낸다. 이처럼 입력 신호 전압의 합이 출력 값으로 나타나는 회로를 믹서 회로에 활용하고 있다.

▼ 그림(a)　가산 회로

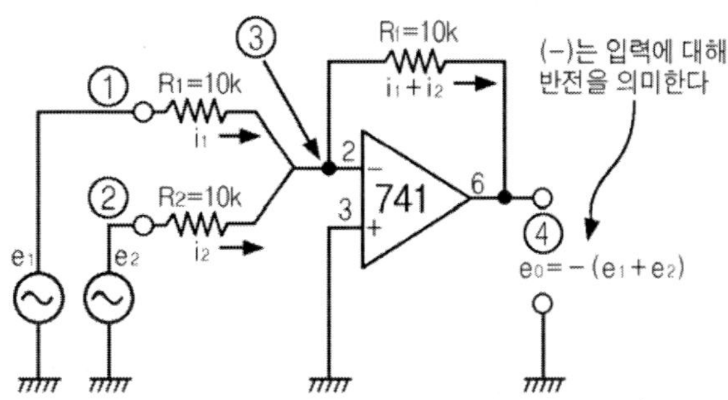

263 감산 회로

감산회로란 입력 신호의 차이를 출력 신호 전압으로 나오게 하는 회로로 그림 (a)와 같이 가산 회로에 반전 회로를 삽입하면 출력 값은 $e_1 - e_2$ 값으로 감산할 수 있다. 그러나 이때 OP AMP 2개가 필요해지는데 그림 (b)와 같이 e_1 신호 전압을 반전 입력 단자에 연결하고 e_2 신호 전압을 비 반전 입력 단자에 연결하면 문제는 해결된다. 그림 (b)의 회로에서 먼저 e_1 만 입력했을 때를 보면 비 반전 입력 단자에 R_3을 거쳐 어스에 연결되어 있지만 전류가 거의 흐르지 않아 어스라고 생각해도 좋다. 이렇게 되면 회로는 반전 증폭 회로로 동작하게 돼서 증폭도는 $-R_f / R_1$ 이므로 출력은 $-e_1$ 이 된다.

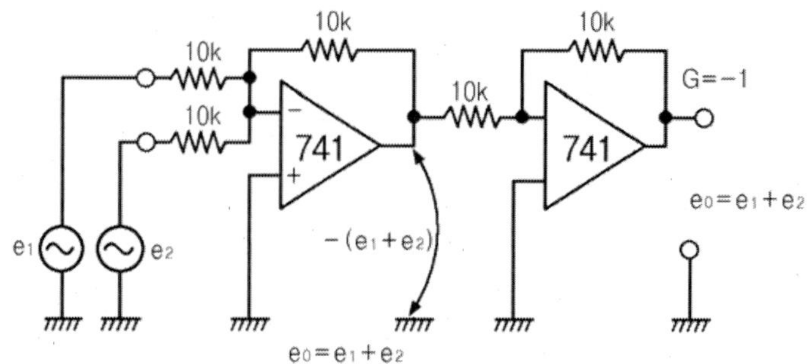

그림(a)　비반전 가산 회로

e_2 만을 입력하는 경우를 생각하면 R_3 양단에 걸리는 전압은 $e_2 / 2$ 가 되고 증폭도는 $10k\Omega / 5k\Omega$ 이 되어 출력 전압은 e_2 가 된다. 따라서 입력 신호 전압 e_1 과 e_2 를 연결하면 출력 전압 e_0은 $e_1 - e_2$ 로 결정된다. 이같이 입력 신호 전압차가 출력 전압으로 나타나는 것을 감산 회로라 한다.

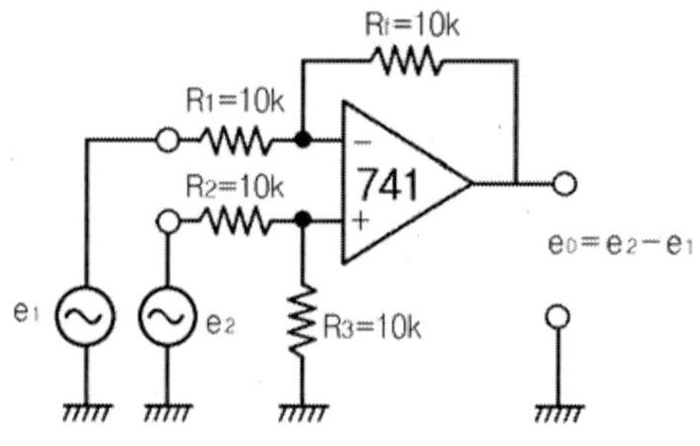

그림(b)　감산 회로

264　데시벨의 단위

전송 선로의 전압 또는 전력이 증감하거나 사람의 음성 세기가 변할 때 그 크기가 로그 함수적으로 변하기 때문에 여기서 사용하는 배율을 10의 대수로 나타낸 것을 B(벨)이라는 단위로 부른다. 즉 10배는 1B(벨)이 되고 10의 제곱은 2B(2벨)이 되며 20배 한 것을 dB(데시벨)로 표시하고 있다.

(1) dB는 전자 통신의 전송 회로나 전자 장치의 증폭기에서 전압 또는 전력의 감쇄나 이득을 나타내기 위해 사용하는 단위이다.

전압의 크기를 비교할 때는 $20 \log 10(V_1 / V_2)$로 나타내고
전력의 크기를 비교할 때는 $10 \log 10(P_1 / P_2)$로 나타낸다.

(2) dB은 어떤 기준 전압이나 전력의 값을 정해 놓고 dB 값으로 절대치를 말할 때도 사용한다. 예를 들면 1V를 기준 전압으로 정해놓고 $1V = 0dBV$로 표현하고 $10V = 20dBV$로 표현하는 것이다. 또 600Ω의 전송 선로에서 전력이 1mW일 때 기준 전압을 0.775V로 정해놓은 dBm단위($0.775V = 0 \ dBm$) 등을 쓸 때 dB를 사용한다.

(3) 소리의 세기를 나타내는 경우도 dB 단위를 쓴다. 표준음으로서 가청 한계의 최소 소리를 I_1로 취하고 발생하는 소리의 세기를 I라 한다면 소리의 세기 $\alpha = 10\log(I / I_1)$으로 표시한다.

디지털 회로

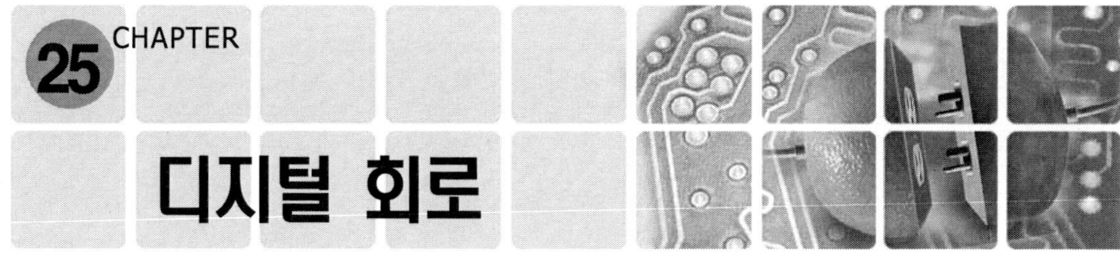

265 마이크로 일렉트로닉스

교류 신호와 같이 전류의 흐름이 시간적으로 연속성을 갖는 신호를 아날로그 신호라고 하고 그림과 같이 시간적으로 그 크기가 명확히 분별되는 신호를 디지털 신호라고 한다.

▽ 디지털 신호의 2진화

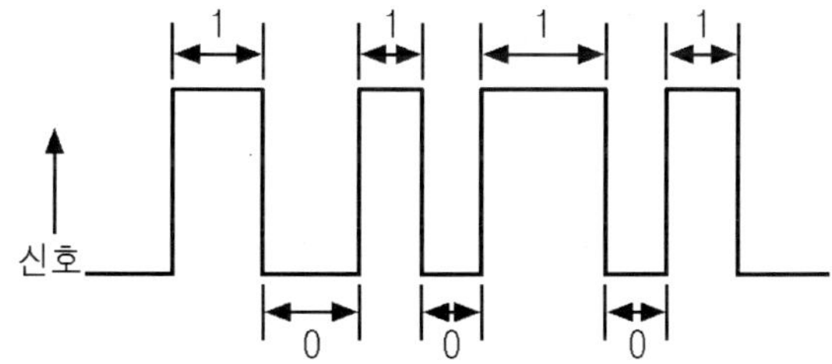

디지털 신호는 2진수 (0과 1)로 표현돼 연속적인 기계적 계산이 쉽기 때문에 전자 계산기와 같은 회로의 연산 신호 처리에 적합한 회로를 디지털 회로라 한다. 디지털 회로는 트랜지스터의 발명으로 실용화되기 시작해 반도체 소재 기술과 회로 설계 기술의 발달로 IC(집적)화가 급격히 이뤄지면서 마이크로 일렉트로닉스의 장을 열게 됐다. 마이크로 일렉트로닉스 기술은 마이크로 컴퓨터 기술은 물론이고 자동 제어 기술과 통신 방식. 신호 처리 기술 등과 밀접한 관계 기술로 발전을 이뤄왔다. 결국 마이크 로일렉트로닉스는 디지털 회로의 기술이라 요약할 수 있는 것이다.

266 코드

인간의 삶에서 수는 10진수를 근간으로 발전돼 왔으나 1847년 영국의 수학자 조지 부울이 연역적 논리를 판단하기 위해 부울의 대수라는 수학적 법칙을 제시하게 되었는데 이것이 바로 2진법의 시초이다. 그 후 1938년 미국의 벨연구소에서 전기 회로의 스위치가 ON. OFF 상태 2가지로 작동되는 것에 착안해 전화 교환기와 같은 다 접점 회로망의 해석에 부울의 대수를 도입했다. 그러나 이 같은 해석은 단지 수학의 영역에만 그칠 뿐 그 영역을 벗어나지 못하다가 전자계산기의 개발로 비로소 전자공학의 영역에 사용되기 시작했다. 이렇게 도입된 2진수는 마이크로컴퓨터 내에서 4비트(bit) 단위로 신호를 처리하는데 마이크로컴퓨터를 예로 들면 최소 4비트 단위로 데이터(data)를 처리해 이를 코드(code)화하여 사용하고 있다.

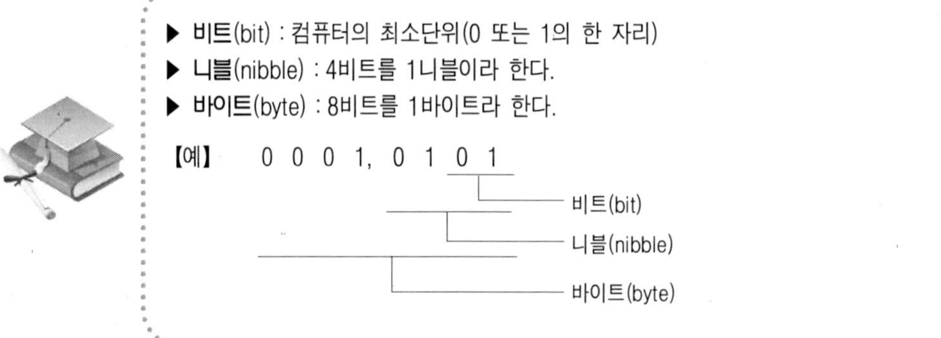

코드는 숫자 혹은 문자를 특정한 숫자나 기호로 사용해 나타낸 것으로 처음에는 보안유지에 주로 썼지만 디지털 시스템에서 2진수 연산 외에 특수 기능을 수행하기 위해 코드가 사용되었다.

예를 들면 2진수를 쉽게 10진화할 수 있는 BCD(Binary Coded Decimal)코드가 있으며 소형 컴퓨터 시스템에서 키보드(문자판) 언어를 쉽게 번역하기 위해 만든 ASCII(American Standard Code for Information Interchange) 코드 등이 있다.

267 논리 회로란

그림과 같이 스위치의 1개 또는 2개를 조합하여 스위치를 ON. OFF시키면 출력 측에 나타나는 신호 전압은 그림 우측에 나타낸 스위치가 1개 ON. OFF되는 전압의 크기와 같다. 그림 최 상단 우측 회로에 12V를 인가했다고 가정하면 출력 측에 12V가 되기 위해서는 2개의 스위치가 ON되어야 한다. 이 회로를 2진수로 비교하면 입력측이 모두 1이어야 출력 측에도 1이 나오게 된다. 이같이 2진화할 수 있는 회로나 디지털 신호를 연산 또는 처리하는 회로를 통틀어 **논리 회로**라 한다.

▼ 논리회로와 같은 등가스위치 회로

$0 \cdot 0 = 0$	
$1 + 1 = 1$	
$1 \cdot 1 = 1$	
$0 + 0 = 0$	
$1 + 0 = 1$	
$1 \cdot 0 = 0$	
$\overline{0} = 1$	
$\overline{1} = 0$	

268 논리 소자

그림과 같은 심벌은 디지털 신호를 연산하거나 2진화가 가능한 회로의 최소 단위로 이것을 **논리 게이트**(logic gate) 또는 **논리 소자**라 부르며 이 논리 게이트를 조합함으로써 디지털 신호를 변환. 계수. 연산. 기억 등을 하게 된다.

▼ 논리 AND게이트 심볼   ▼ 논리 OR게이트 심볼   ▼ 논리 NOT 또는 인버터의 심볼

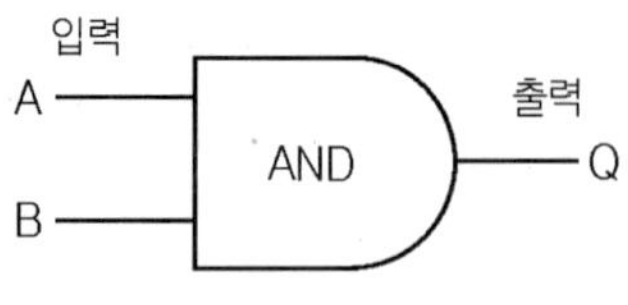

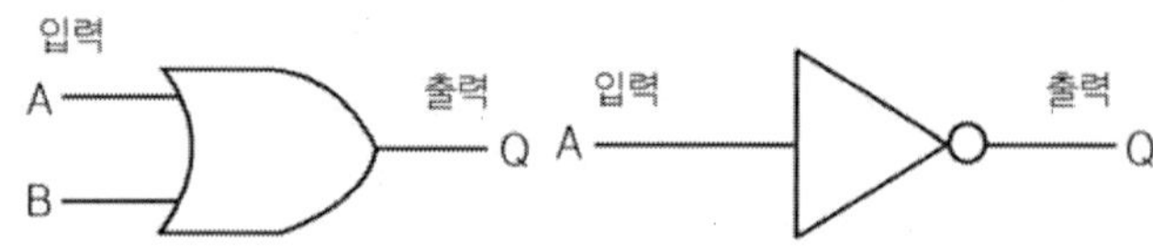

269 논리 AND 게이트

그림 (a)와 같은 회로에 전구를 점등시키려면 스위치 A와 B를 ON시켜야 한다. 그러나 둘 중 스위치 하나만이라도 OFF시키면 회로가 차단되어 전구는 소등된다. 마찬가지로 그림 (b)의 (1)은 논리 AND 게이트 심벌로 출력에 5V 전압을 출력하려면 입력 A. B에 5V를 인가해야만 가능하다.

여기서 5V를 2진수의 1로. 0V를 2진수의 0으로 대치하여 A. B에 입력한다고 가정하면 모두 4개의 조건이 되는데 이 입력 조건 하나하나에 대해 출력 값을 나타낸 것이 그림 (2)의 진리표이다.

▼ 그림(a)   논리 AND 게이트와 등가회로

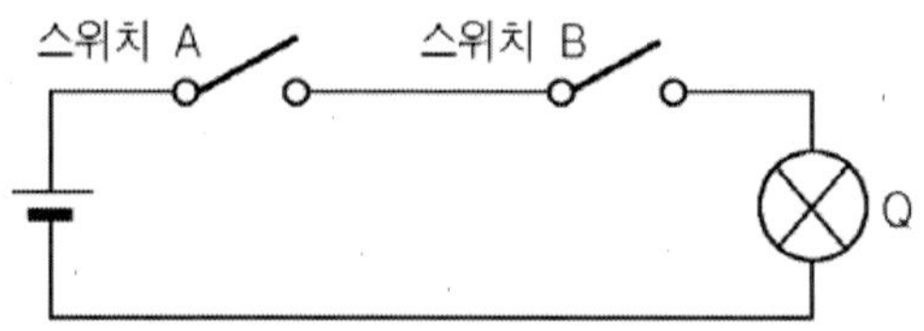

▼ 그림(b)

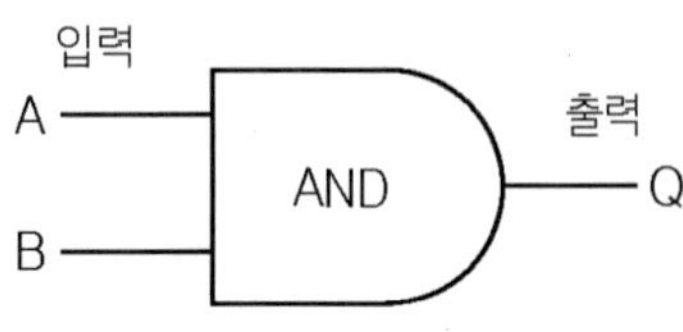

A	B	Q
0	0	0
0	1	0
1	0	0
1	1	1

(1) 논리 AND게이트 심볼   (2) AND 게이트 진리표

270 논리 OR 게이트

그림 (a)와 같은 회로에서 전구를 점등하려면 스위치 A나 B 중에 어느 하나나 혹은 2개 모두를 ON시켜야 한다. 반대로 전구를 소등하려면 스위치 A와 B를 모두 OFF시켜야만 된다. 마찬가지로 그림 (b)의 (1)은 논리 OR 게이트라는 것으로 0V의 전압을 출력하려면 입력 A. B에 0V를 인가해야만 가능하다. 여기서 5V를 2진수의 1로. 0V를 2진수의 0으로 대치하여 A . B에 입력한다고 가정하면 모두 4개의 조건이 되는데 이 입력 조건 가각에 대해 출력 값을 나타낸 것이 (2)의 진리표이다.

▽ 그림(a)　논리 OR 게이트와 등가회로

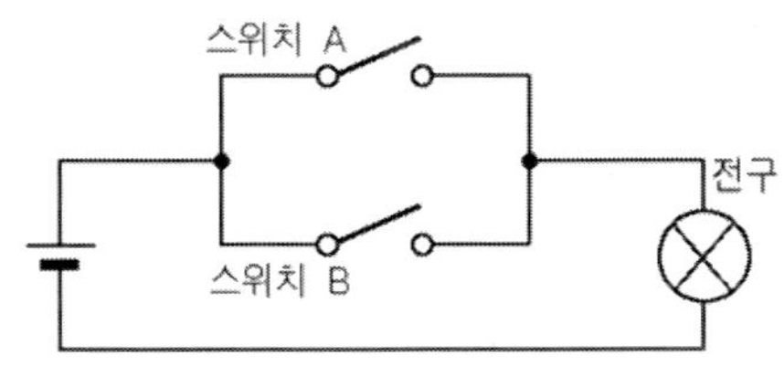

▽ 그림(b)

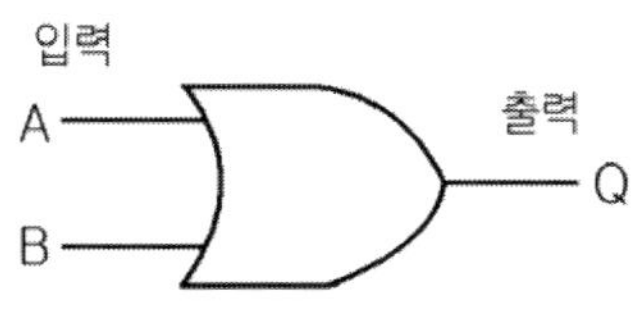

A	B	Q
0	0	0
0	1	1
1	0	1
1	1	1

　　　(1) 논리 OR 게이트 심볼　　　　　　　(2) AND 게이트 진리표

271 논리 NOT 게이트

그림 (a)는 논리 NOT 또는 인버터라 부르는 심벌로 전원 전압이 5V라 가정하고 입력측에 0V를 입력하면 출력 측에는 5V가 출력되고 5V가 입력되면 출력 측에는 0V가 출력되는 게이트이다. (2)는 이것에 대한 진리표이다.

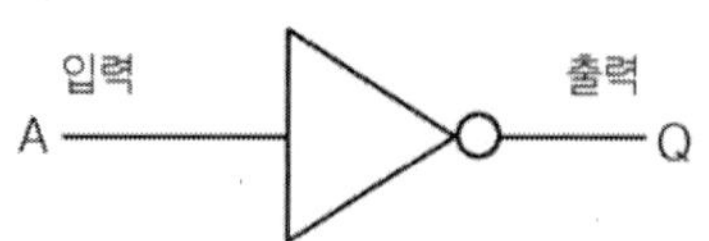

A	Q
0	1
1	0

(1) 논리 NOT 또는 인버터 심볼

(2) AND 게이트 진리표

272 논리 NAND와 NOR 게이트

그림 (a)는 AND 게이트 출력에 논리 NOT를 직렬로 연결한 것으로 AND 게이트의 진리표 값이 반전되어 출력된다 해서 **논리 NAND 게이트**라고 한다. 그림 (b)는 OR 게이트 출력에 논리 NOT(인버터)를 직렬로 연결한 것으로 출력 측에는 OR 게이트의 진리표 값이 반전되어 출력되어서 **논리 NOR 게이트**라 한다.

▼ 그림(a) 논리 NAND 게이트의 심볼

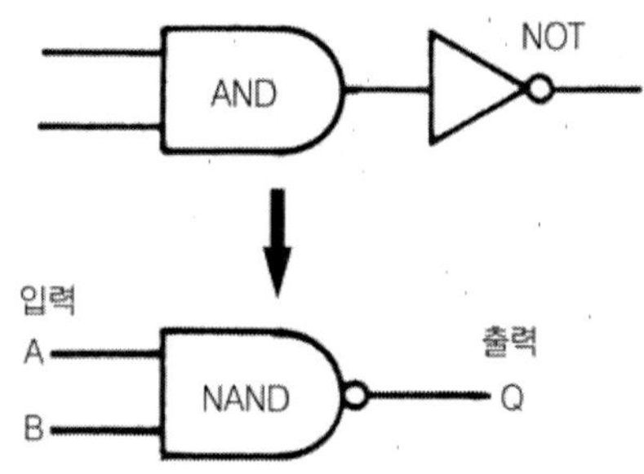

▼ 그림(b) 논리 NOR 게이트의 심볼

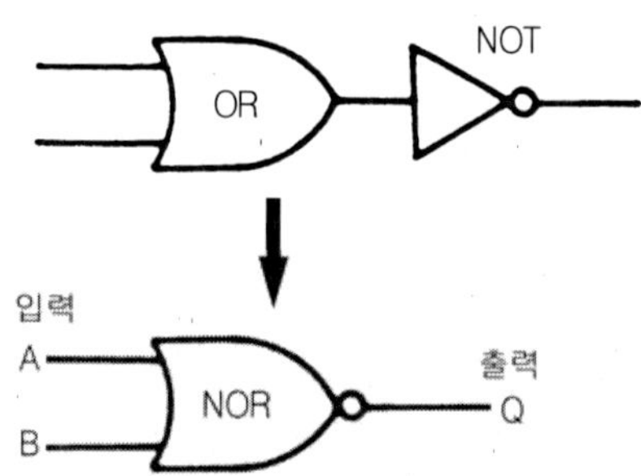

273 페리티 비트

컴퓨터의 데이터 전송 중 에러가 발생되는 것을 찾아내기 위해 사용하는 것이 패리티 비트(parity bit)이다.

홀수(odd)와 짝수(even) 패리티 비트를 쓰고 있으며 홀수 패리티 비트는 데이터에 1 또는 0을 부가했을 때 패리티 비트를 포함한 1의 총수가 홀수인 것을 말하며 짝수 패리티 비트는 데이터에 1 또는 0을 부가했을 때 패리티 비트를 포함한 1의 총수가 짝수인 것을 말한다.

예를 들어 BCD 워드에 에러가 있는지 여부를 다음과 같이 확인하면 ①번과 ③번이 패리티 비트를 포함해 홀수인지 짝수인지를 확인할 수 있어 에러가 있는 워드를 알아낼 수 있다.

【예제】

	워드	패리티 비트	
①	1001	0	홀수 패리티 비트 : 에러 발생
②	1000	0	홀수 패리티 비트 : 정상
③	0001	0	짝수 패리티 비트 : 에러 발생
④	1010	0	짝수 패리티 비트 : 정상
⑤	0110	1	홀수 패리티 비트 : 정상

274 아스키 코드

아스키(ASCII) 코드는 표와 같이 숫자나 알파벳 기호를 2진화하여 사용하는 코드로 컴퓨터의 키보드(자판)을 번역하기 위해 미국에서 규정한 코드이다.

아스키 코드 외에 문자나 숫자를 다같이 나타낼 수 있는 알파뉴매릭 코드(alphanumeric code)와 현재 널리 사용되고 있는 EBCDIC(Exchange Binary Coded-Decimal Interchange Code)는 8비트(bit)로 구성되어 있어 아스키 코드보다 문자나 기호를 더 많이 사용할 수 있다. 이와 같이 코드는 문자나 기호 및 수의 전환. 정보의 보안 등을 위한 목적으로 사용되고 있다.

ASC Ⅱ 코드표

캐릭터	ASCII		EBCDIC		캐릭터	ASCII		EBCDIC	
Space	0	0000	0100	0000	A	100	0001	1100	0001
!	010	0001	0101	1010	B	100	0010	1100	0010
"	010	0010	0111	1111	C	100	0011	1100	0011
#	010	0011	0111	1011	D	100	0100	1100	0100
$	010	0100	0101	1011	E	100	0101	1100	0101
%	010	0101	0110	1100	F	100	0110	1100	0110
&	010	0110	0101	0000	G	100	0111	1100	0111
'	010	0111	0111	1101	H	100	1000	1100	1000
(	010	1000	0100	1101	I	100	1001	1100	1001
)	010	1001	0101	1100	J	100	1010	1101	0001
*	010	1010	0101	1110	K	100	1011	1101	0010
+	010	1011	0100	1011	L	100	1100	1101	0011
,	010	1100	0110	0001	M	100	1101	1101	0100
-	010	1101	0110	0000	N	100	1110	1101	0101
.	010	1110	0100	0001	O	100	1111	1101	0110
/	010	1111	0110	0010	P	101	0000	1101	0111
0	011	0000	1111	0011	Q	101	0001	1101	1000
1	011	0001	1111	0100	R	101	0010	1111	1001
2	011	0010	1111	0101	S	101	0011	1110	0010
3	011	0011	1111	0110	T	101	0100	1110	0011
4	011	0100	1111	0100	U	101	0101	1110	0100
5	011	0101	1111	0101	V	101	0110	1110	0101
6	011	0110	1111	0110	W	101	0111	1110	0110
7	011	0111	1111	0111	X	101	1000	1110	0111
8	011	1000	1111	1000	Y	101	1001	1110	1000
9	011	1001	1111	1011	Z	101	1010	1110	1001

275 디지털 IC

디지털 IC는 여러 가지 논리 소자를 IC화 (집적화)해서 만든 것으로 가산기(adders). 복호기(decorder). 정보 선택 기억 소자 (memory devices). A/D 변환기. D/A 변환기 등에 널리 쓰이며 그 종류도 크게 포화형

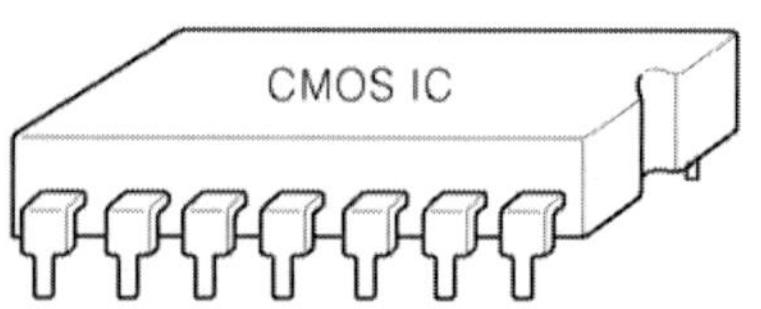

IC와 MOS형 IC로 구분된다. 포화형 IC는 TTL(Transistor & Transistor Logic) IC를 대표적인 예로 들 수 있는데 TTL IC는 소비 전력이 많고 집적도(논리 소자를 집어넣을 수 있는 비율)가 낮은 단점이 있지만 종류가 다양하고 사용하기 편리해 많이 사용되고 있다. 그러나 동작 속도가 다소 느리고 정전기에 취약한 단점에도 불구하고 집적도가 우수하여 기억소자 마이크로컴퓨터의 주종을 이루는 MOS형 IC가 나오면서 주류 자리를 넘겨주고 있다. 이 같은 디지털 I C는 자동차의 전자 제어 장치(ECU)에 내장되어 각종 정보를 처리하는 소자로 활용되고 있다.

276 MOS의 구조

MOS(Metal Oxide Semiconductor)는 우리말로 금속 산화 반도체라는 것으로 구조는 그림 (a)에서와 같이 N형 반도체 기판에 확산에 의해 P형 반도체 층을 만들어 이것을 S(소스)와 D(드레인)로 하고 SiO_2(산화 실리콘)층을 사이에 두고 G(게이트)를 올려 전극을 만든 것이다.

S와 D에 있는 P형 반도체 사이의 N형 반도체는 G 전압에 의해 채널 역할을 하게 되는 구조여서 제조가 쉽고 구조가 간단해 절연도 우수하다. 특히 집적도가 매우 높아 메모리(기억 소자)나 마이크로컴퓨터. 일반 게이트 같은 곳에서도 사용한다. 참고로 MOS의 종류는 NMOS. VMOS. DMOS. CMOS 등이 있다.

▽ 그림(a) MOS의 구조

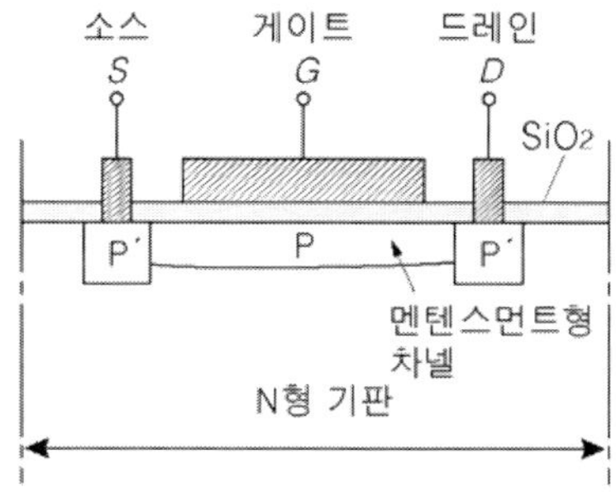

277 CMOS 회로

CMOS(Complementory MOS)는 그림 (a)와 같이 P채널 FET와 N채널 FET를 서로 대칭으로 결합한 것인데 이렇게 하면 논리 소자의 소비 전력이 매우 낮아지는 이점이 있다. G(게이트 전압) Vi가 0V에서 공급 전압 $-V_{DD}$로 변하는데 입력 전압 Vi가 $-V_{DD}$(1 레벨)로 될 때 P 채널 Q_1은 ON되고 N채널 Q_2는 OFF되어 출력 V0는 0V(0 레벨)가 된다. 또 입력 전압 0V(0 레벨)가 가해지면 N채널 Q_2는 ON, Q_1이 OFF되므로 출력은 $-V_{DD}$(1 레벨)로 얻어진다. 이와 같이 CMOS 논리 NOT 회로는 Q_1 혹은 Q_2 중 어느 하나가 항상 OFF 상태가 되어 있으므로 동작 소비 전력은 OFF시 누설 전류와 $-V_{DD}$로 나타내져 소비 전력이 대단히 적다는 장점을 가지고 있다.

▽ 그림(a) CMOS 인버터

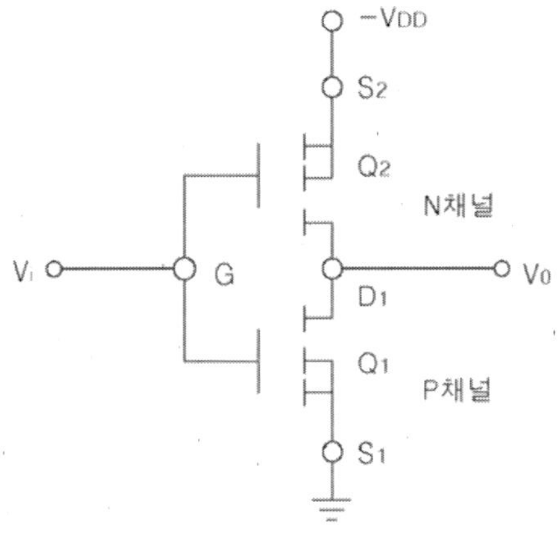

278 5V 전원을 사용하는 이유

마이크로컴퓨터의 전원을 5V로 사용하는 이유는 마이크로컴퓨터를 주변 회로와 구성할 때 TTL IC나 MOS IC 혹은 NMOS IC 중 한가지만으로 회로를 구성하는 경우는 없다. TTL IC의 작동 전압은 약 5V인데 반해 CMOS IC의 동작 전압은 3~18V이므로 이들 2가지 IC는 물론이고 여러 가지 IC를 모두 사용할 수 있는 전압이 바로 5V이다. 따라서 컴퓨터 전원으로 5V를 사용하고 있는 것이다.

최근에는 반도체 메이커에서 논리 소자의 소비 전력을 줄일 목적으로 3V용 컴퓨터를 만들어 공급할 예정이다.

▼ 여러 가지 IC들

279 문지방 전압이란

논리 소자(논리 게이트)는 제조 방법에 따라 전원 공급은 물론 2진수(0과 1)로 인식할 수 있는 입력 전압 레벨이 각기 다르기 때문에 이것을 나타내 주는 것이 **문지방 전압**(threshold voltage)이라고 한다. 즉 논리 소자가 0인지, 1인지를 알 수 있는 전압 레벨이 문지방 전압이다. 여러 가지 IC에서 기본적으로 알아야할 2가지 IC 중 TTL IC의 경우 0을 인식하는 전압 레벨이 0.8V 이하여야 하고 1로 인식하는 전압 레벨은 2V 이상이어야 한다. 또 CMOS는 0을 인식하는 전압 레벨이 1/3Vcc 이하(5V 전원인 경우 약 1.7V 이하)며 1을 인식하는 전압 레벨은 2/3Vcc 이상(5V 전원인 경우 약 3.4V 이상)이 되어야 한다.

▼ 그림(a) TTL게이트의 문지방 전압

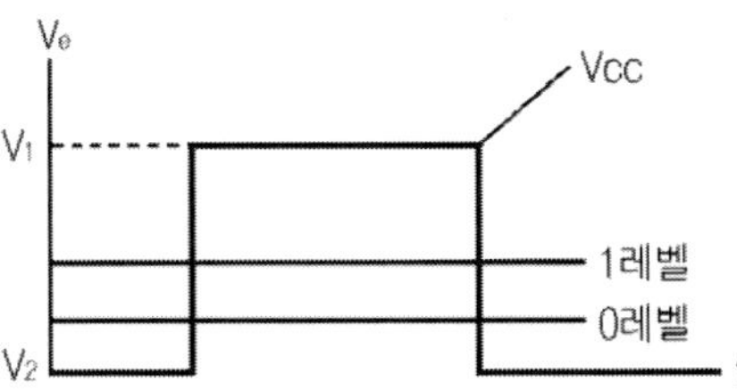

▼ 그림(b) MOS형 게이트 문지방 전압

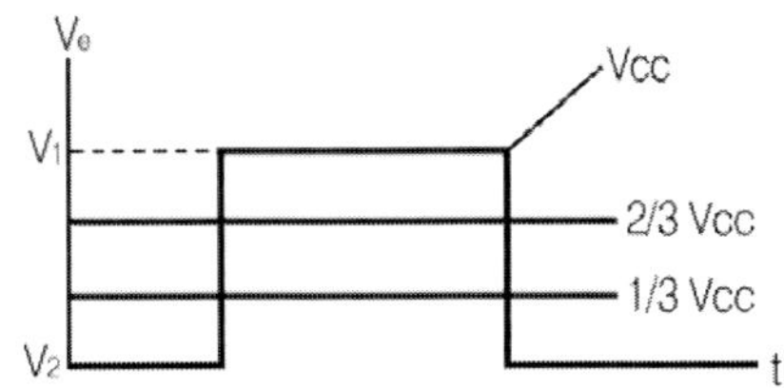

280 스위칭 타임

　구형파(펄스파)는 실제로 그림 (a)의 (2) 상단에 나타낸 것처럼 파형이 직각을 갖는 것을 없다. 실제 구형파는 그림 (2)의 하단에 있는 사다리꼴 파형으로 트랜지스터가 포화 영역에 있을 때 B(베이스) 영역에 소수 캐리어(정공 혹은 전자)가 넘치다가 포화 상태에서 회복할 때는 소수 캐리어가 제거되기까지 시간이 걸리기 때문이다. 이 시간을 축적 지연 시간(storage delay time)이라한다.

그림(a)　트랜지스터의 스위칭 타임

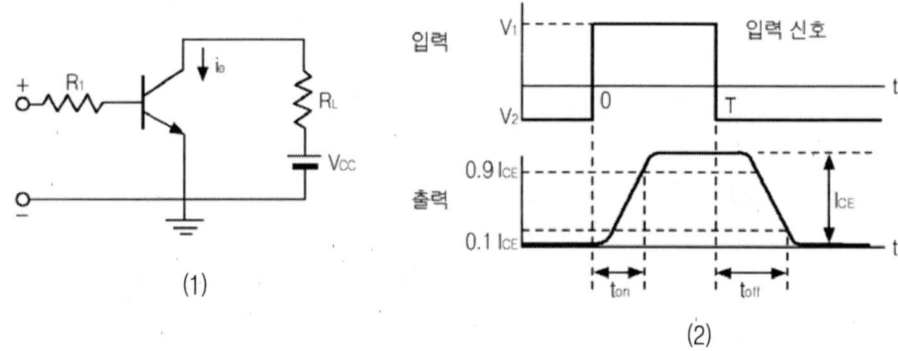

　이처럼 트랜지스터 구형파는 엄밀히 말하면 사다리꼴 파형으로 구형파가 1(90%)에서부터 0(10%)까지 하강하는 시간을 **하강 시간**이라고 한다. 상승시간과 하강시간은 결국 트랜지스터의 ON. OFF 시간이 되므로 트랜지스터의 스위칭 시간이 되는 것이다. 또 트랜지스터는 입력 신호가 출력 측에 나타날 때까지 시간이 지연되는데 이를 전달 지연 시간으로 정의하고 입력 신호 레벨이 0(10%)에서부터 출력 신호 레벨이 1(90%)로 나타날 때까지 시간으로 정의하고 있기도 하다.

281 플립 플롭이란

　논리 회로에는 현재의 입력 상태에 따라 출력되는 조합 논리 회로와 과거의 어떤 입력 상태까지 출력되는 순차 논리 회로가 있는데 순차 논리 회로 중 대표적인 것이 플립-플롭(flip-flop)회로이다.

플립-플롭은 쌍 안정 멀티 바이브레이터 회로로 2개의 안정 상태를 가지고 있다가 입력에 따라 그 중 한 상태를 취하는 회로이다. 즉 새로 입력되기 전까지 1비트를 기억하고 있는 셈이므로 기억 소자의 기본이 된다.

▼ 그림(a) RS 플립플롭의 심볼

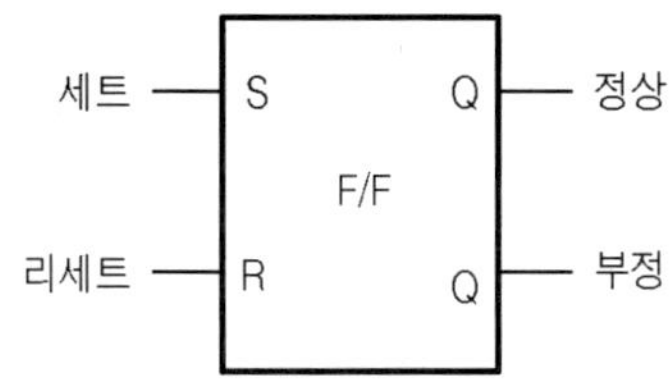

282　RS 플립-플롭

플립-플롭 회로의 가장 대표적인 것이 RS 플립-플롭이다. 이것에는 입력 측에 S(세트) 단자와 R(리셋) 단자가 있으며 출력 측에는 서로 반전되어서 출력되는 Q 단자와 $\overline{Q}$ 단자가 있다. 플립-플롭의 동작 모드와 그 내용에 대해 자세히 살펴보자.

▼ 그림(a) RS 플립 플롭의 논리회로

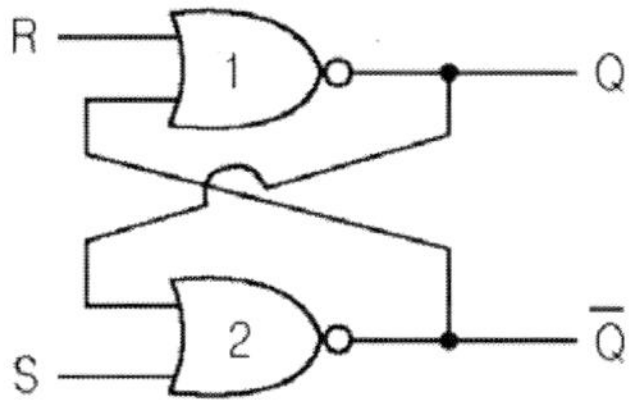

▼ 표 RS 플립플롭의 진리표

동작 모드	S	R	Q	$\overline{Q}$
홀 드	0	0	전상태	
리세트	0	1	0	1
세 트	1	0	1	0
금 지	1	1	정의되지 않음	

① **홀드 모드** : Q가 0인 상태에서 S = 0. R = 0이 입력되는 경우 Q의 출력은 언제나 0이 된다. 즉 S = 0. R = 0이 입력되면 출력은 전 상태를 그대로 유지한다고 해서 **홀드** 상태 또는 **래치** 상태라고 한다.

② **리셋 모드** : Q가 0인 상태에서 S = 0. R = 1이 입력되는 경우 Q의 출력은 0. Q가 1인 상태에서 S = 0. R = 1이 입력되는 경우 Q의 출력은 0이 된다. 즉 과거의 출력 상태에 관계없이 Q의 출력이 0이 된다고 해서 리셋 모드라고 한다.

③ **세트 모드** : Q가 0인 상태에서 S = 1. R = 0이 입력되는 경우 Q의 출력은 1. Q가 1인 상태에서 S = 1. R = 0이 입력되는 경우 Q의 출력은 1이 된다. 즉 과거의 출력에 관계없이 Q의 출력이 1이 된다고 해서 세트 모드라고 한다.

④ **금지 모드** : Q가 0인 상태에서 S = 1. R = 1이 입력되는 경우 Q와 $\overline{Q}$ 의 출력은 항상 0이 된다. Q가 1인 상태에서 S = 1, R = 1이 입력되는 경우 Q와 $\overline{Q}$ 의 출력은 항상 0이 되어 플립-플롭의 대칭적 출력이 이뤄지지 않아 금지되는 동작이다.

이밖에 플립-플롭의 종류도 다양하며 기능에 따라 JK 플립-플롭, T 플립-플롭, D 플립-플롭 등이 있으나 그 동작이나 개념은 같다.

283 동기식 제어

플립-플롭에 입력을 했을 때 곧바로 출력이 변화하는 회로 방식을 비동기식 (asynchronous) 플립-플롭이라고 한다.

반면에 그림 (a)와 같이 클럭 펄스의 제어로 출력을 변화시키는 방식을 동기식 synchronous) 플립-플롭이라 한다. 이 방식은 데이터를 클럭 펄스의 라이징 에지 (rising edge triggered)에 맞추어 입력에서 출력으로 전송하는 방식과 펄링 에지 (falling edge triggered)에 맞추어 입력에서 출력으로 전송하는 방식이 있다.

그림(a) 동기식 RS 플립 플롭

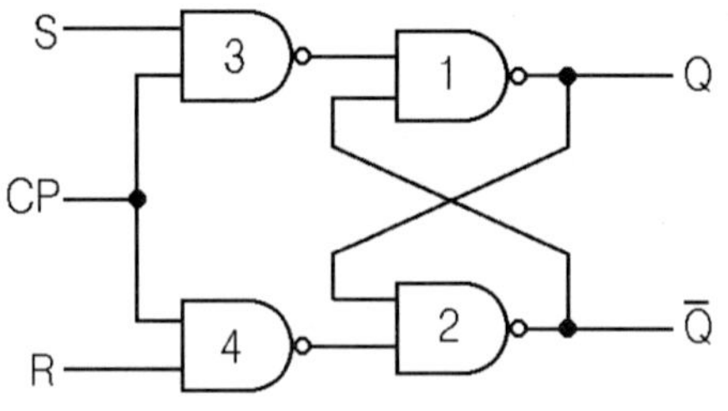

284 JK 플립-플롭

RS 플립-플롭은 R = 1. S = 1인 경우는 금지되어 있어서 실제 이용하는데 불편함이 따르는데 이에 따라 R = 1. S = 1인 경우에서도 동작이 가능하도록 만든 것이 JK 플립-플롭이다. RS 플립-플롭의 개선형인 셈이다. 그림 (a)를 통해 기본적인 동작을 보면

① **리셋 모드** : 출력 Q가 1인 경우 J = 0. K = 1에서 CP(클럭 펄스)가 1이 되면 출력 Q는 클리어(clear)된다. 즉 0이 된다.

② **세트 모드** : 출력 Q가 1이면 J = 1. K = 0에서 CP가 1이 되면 출력 Q는 세트(set)된다. 즉 1이 된다.

③ **토글 모드** : 그림 (b)의 진리표와 같이 J = 1. K = 1인 경우를 제외하고는 RS 플립-플롭과 동작이 동일하다.

▼ 그림(a) JK 플립플롭의 논리회로

▼ 그림(b) JK 플립플롭 심볼과 진리표

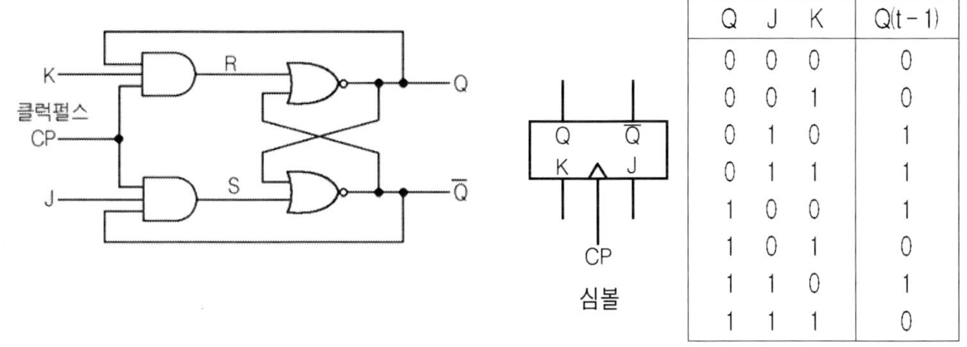

Q	J	K	Q(t - 1)
0	0	0	0
0	0	1	0
0	1	0	1
0	1	1	1
1	0	0	1
1	0	1	0
1	1	0	1
1	1	1	0

285 카운터 회로

카운터는 플립-플롭을 사용해 계수 능력을 가진 회로를 만드는 것으로 계수 사용은 물론 디지털 수압계. 수치 제어. 각종 전자 제어 시스템에도 사용되고 있다. 카운터 중 리플 카운터(ripple counter)는 가장 간단하고 이해하기 쉬운 카운터로 동작이 단순할 뿐 아니라 구조도 간단해서 적은 하드웨어로도 구성이 가능하다.

그림 (a)는 4비트 리플 카운터를 나타낸 것으로 $J = 1$, $K = 1$을 입력한 것은 JK 플립-플롭을 토글 모드(toggle mode)로 작동시키기 위한 것으로 CP(클럭 펄스)입력에 따라 A. B. C. D 출력 단자에는 그림 (2)와 같이 펄스 파형이 되어 출력에는 2진 계수가 가능하게 되는 것이다.

▽ 그림(a)

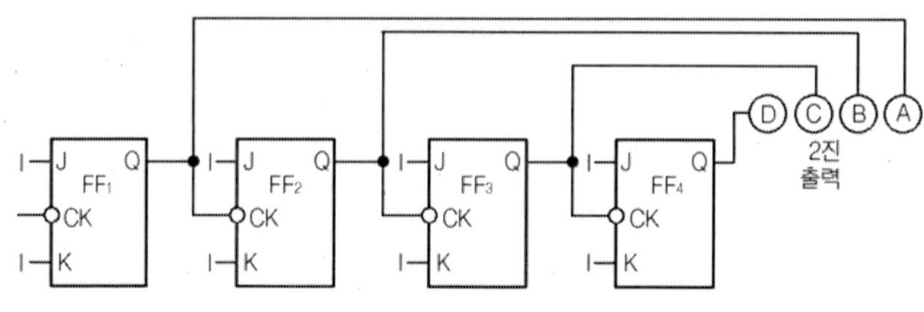

(1) 4비트 리플 카운터

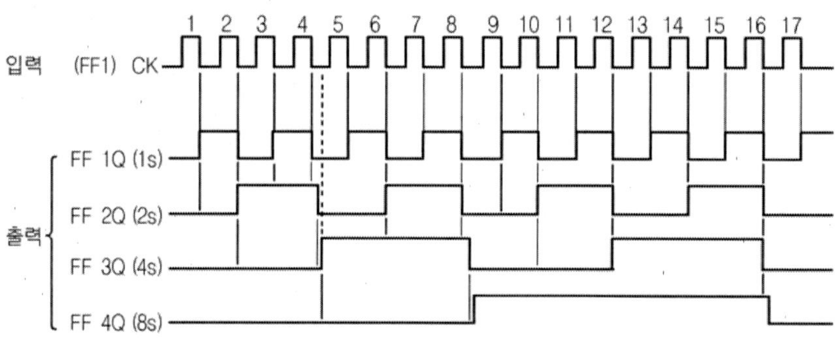

(2) 리플 카운터의 타이밍 다이어그램

지금까지 디지털 회로의 가장 기본이 되는 것들에 대해 알아봤는데 이 같은 개념적 이해가 뒷받침되면 다음 장의 마이크로컴퓨터를 공부하는데 도움이 될 것으로 본다.

마이크로컴퓨터

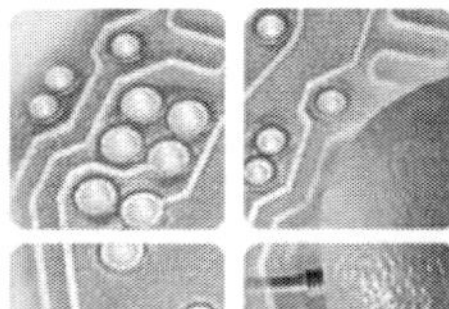
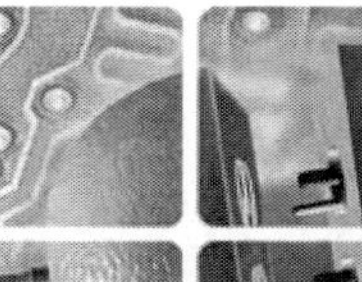

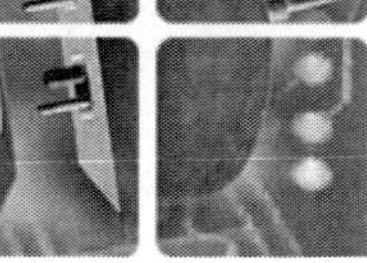

286 마이크로컴퓨터

마이크로컴퓨터는 1971년 미국의 인텔사가 4비트(bit)짜리 마이크로컴퓨터 4004를 발표한데 이어 1972년 8비트 마이크로컴퓨터 8008을 발표함으로써 본격적인 시대를 열었다. 이에 따라 기존의 산업 구조에 큰 변화가 일게 되었는데 그중 하나가 자동차 분야이다.

세계적 관심사인 환경 문제를 해소할 수 있도록 배출 가스 감소를 가능하게 하는 엔진 ECU(컴퓨터)와 함께 조향 안정성을 확보하는 ABS(전자 제어 브레이크 장치). 주행 안정성을 위한 ESC(전자 제어 현가장치). 운전 편의를 위한 TACS(전자 제어 경보 및 시간 제어 장치). 디지털 계기판 등 각종 편의 장치에 다양하게 활용하게 되었다. 또 컴퓨터 기술의 발달로 인해 그 사용 용도와 범위도 날로 증가하는 추세이다. 따라서 이번 장에서는 마이크로컴퓨터의 기본적인 개념을 알아본다.

▽ 그림(a) 원 칩 마이크로 컴퓨터

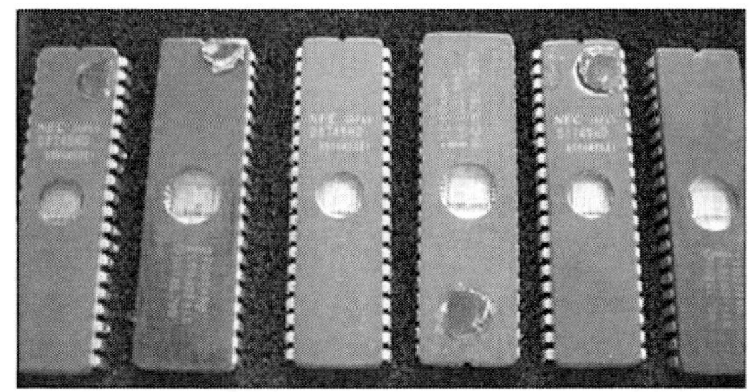

287 마이크로컴퓨터의 구조

마이크로컴퓨터는 사람의 신체 중 두뇌에 해당하는 장치로 기본 구조는 그림 (a)와 같이 CPU(중앙 처리 장치)와 ROM(영구 기억 장치). RAM(일시 기억 장치). PPI(입출력을 받아들이는 장치)로 구성되어 있으며 이들 장치는 모두 한 칩(one chip)에 내장되어 있어 **원 칩 마이크로컴퓨터**라고 한다. 마이크로컴퓨터는 마이컴이라 부르기도 하는데 이는 일본식 표현이다.

▼ **그림(a) 마이크로컴퓨터의 구조**

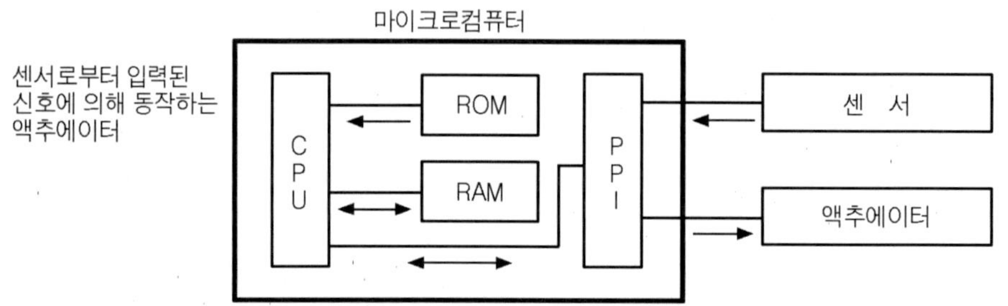

원 칩 마이크로컴퓨터는 용도에 따라 사용이 쉽고 가격이 저렴해서 자동차 제어 장치에 많이 사용되는데 그 내부 구조를 살펴보면 그림 (b)와 같이 ROM(Read Only Memory)이 있는데 ROM에 내장된 ROM 기억 소자는 용도에 맞는 프로그램을 짜서 저장하는 장치이다. 또 ALU(Arithmetic Logic Unit)는 기억 장치에 있는 데이터(data)를 불러들여 연산하는 장치이며 컴퓨터를 전기적으로 작동시키기 위해 명령 및 연산. 계수 등 전기적 신호를 만드는 TACL(Time And Control Logic)는 클럭 신호가 발생되면 이를 카운터나 레지스터의 명령에 따라 저장한다.

원 칩 마이크로컴퓨터 내에는 각종 데이터나 정보를 일시 기억하는 여러 가지 종류의 레지스터(register)들이 있어서 ALU(연산 장치)에서 처리한 결과나 정보를 인덱스 레지스터(index register)와 스택 포인트(stack point). 플레그 레지스터(flag register) 등이 일시 기억하고 있다가 다음 명령에 의해 데이터나 제어 신호로 활용하고 있다. 엔진 ECU(전자 제어 장치)는 수온 센서나 TPS 센서의 값을 입력하면 ECU 내부에 있는 인터페이스 회로를 거쳐 그림 (b)의 포트(port) 1. 2. 3의 각 단자에 입력돼 레치(홀드)되어 있다가 ALU에 의해 RAM(임시 기억 장치)에 저장된 뒤 필요한 경우 사용하거나. ALU가 다른 데이터와 연산하여 출력 포트로 보낸다. 프로그램 카운터(program counter)는 ROM에 있는 데이터나 명령 정보의 처리 번지를 순차적으로 카운트하는 일시 레지스터이다.

그림(B) 원칩 마이크로 컴퓨터의 내부 구조

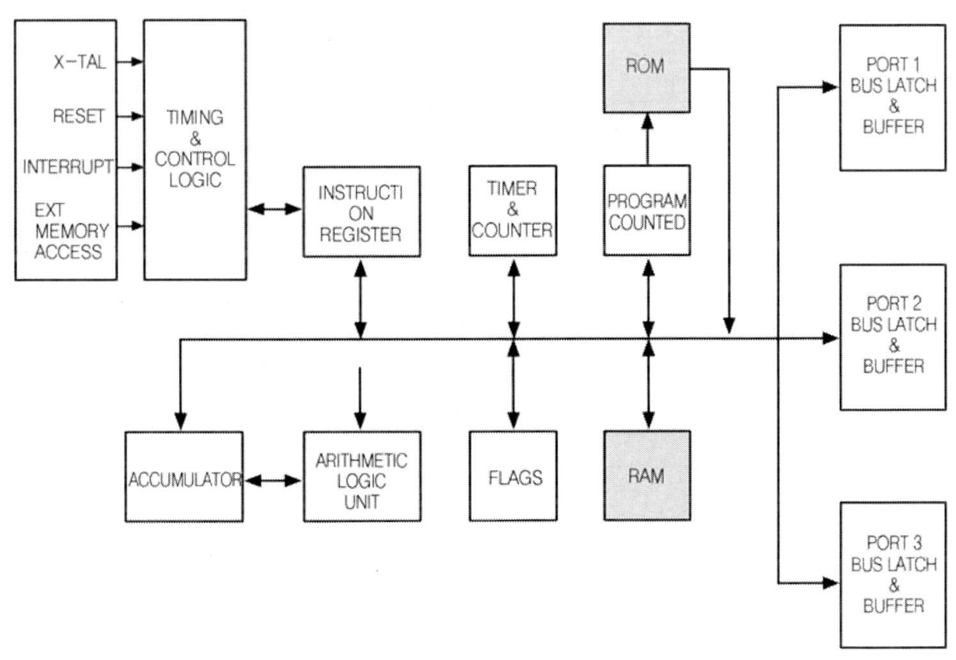

엔진 ECU

결국 원 칩 마이크로컴퓨터는 ROM(영구 기억 장치)로부터 명령을 인출하여 번역하고 그 명령에 따라 연산을 하거나 다른 데이터와 비교하여 ROM이나 RAM에 저장 혹은 입출력 포트로 보내는 일을 수행하는 컴퓨터인 것이다.

288   기억 소자

데이터를 저장하는 기억 소자는 크게 나누어 ROM(Read Only Memory)와 RAM(Random Access Memory)이 있다. ROM은 OS 프로그램이나 사용자 프로그램을 미리 저장해 둔 판독 전용 기억 소자이며 RAM은 OS 프로그램이나 사용자 프로그램의 데이터와 입·출력 데이터를 처리하기 위해 임시 저장하는 기억 소자로 전원을 끄면 저장되어 있는 데이터는 소멸된다.

▼ EPROM

한편 ROM과 RAM은 데이터를 저장하면 그 데이터가 어디 있는지 그림 (a)와 같이 어드레스(번지)를 저장하여 사용하고 있다. 보통 ROM이나 RAM에 저장된 데이터는 바이트(byte) 단위로 기억하고 1 바이트 이상으로 처리해서 미국의 IBM사는 1바이트를 8비트로 규정하고 있기도 하다.

▽ 그림(a)   기억소자의 번지 영역

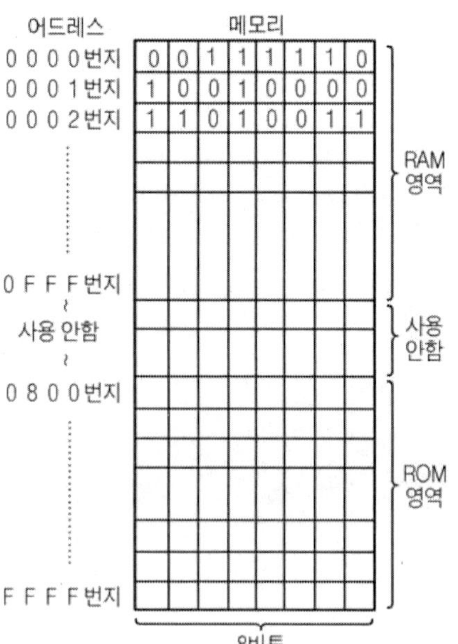

289 마이크로컴퓨터의 입출력 신호

그림 (a)는 Z-80 마이크로컴퓨터의 단자를 나타낸 것으로 먼저 컴퓨터를 동작시키기 위한 +5V의 전원 단자(11번 핀)와 각종 데이터 신호 처리에 사용되는 Φ 클럭 펄스 단자(6번 핀)가 있다. 또 어드레스(address)는 모두 16비트로 되어 있어서 ROM이나 RAM 혹은 주변 장치의 번지를 저장하고 하위 8비트를 사용해서 주변에 있는 I/O(입출력) 장치의 번지를 지정하기도 한다.

데이터 버스는(data bus)는 8비트로 되어 있는데 주변의 ROM이나 RAM 같은 기억 장치나 I/O 장치에서 마이크로컴퓨터 내부에 있는 레지스터(일시 기억 장치)로 데이터를 불러와 읽도록 할 수도 있고 반대로 마이크로컴퓨터 내부에 있는 레지스터에서 주변의 ROM이나 RAM. 또는 I/O 장치로 데이터를 보낼 수 있도록 한다. 따라서 데이터 버스는 양방향으로 데이터를 전송할 수 있는 포트(port)이다.

▼ 그림(a) Z-80 마이크로 컴퓨터의 단자

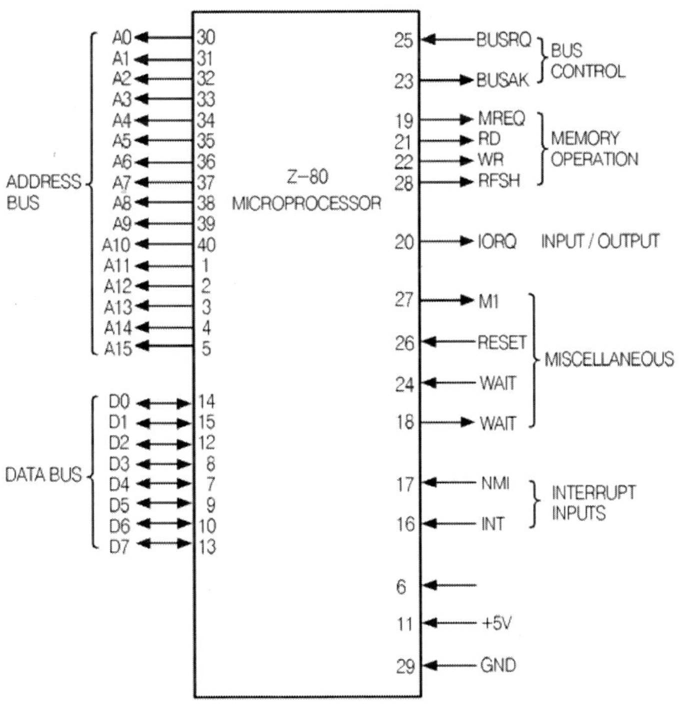

외부에 있는 장치와 ROM. RAM에 있는 데이터를 주고받도록 할 목적으로 CPU가 동시에 외부 장치와 기억장치(ROM. RAM)에 있는 장소를 요구하는 것을 피하기 위해 CPU의 동작을 잠시 중지시킬 필요가 생기게 된다. 따라서 외부 장치가 BUSRQ(BUS ReQest) 신호를 보내면 CPU는 그것에 응답하여 BUSAK(BUS AcKnowledge) 신호를 내며 CPU의 어드레스 버스 및 데이터 버스는 하이 임피던스 상태가 되어 외부 장치는 이들 버스의 하이 임피던스 상태가 된 버스를 직접 데이터를 전송할 수 있게 하는 버스 컨트롤(bus control) 역할을 한다.

그밖에 MREQ(MemoRy ReQuest) 신호는 어드레스 버스에 살아있는 ROM 번지나 RAM 번지가 실려 있다는 것을 나타내며 MREQ 신호가 로(low) 레벨(0 상태)이 되면 기억 장치로부터 저장되어 있는 데이터를 출력(읽기)하거나 데이터를 기억 장치에 저장(쓰기)하기 위해 ROM. RAM IC 칩의 이네이블(enable)용으로 사용된다. 즉 MREQ 신호와 RD(읽기)가 로 레벨(0 상태)이 되면 ROM. RAM이 읽기 상태에 있는 것을. MREQ 신호와 WR(쓰기)가 로 레벨(0 상태)가 되면 ROM. RAM은 쓰기 상태에 있다는 것을 외부 장치에 알려주는 신호인 것이다.

RFSH(refresh) 단자는 다이내믹 RAM을 쓸 때 사용하는 단자로 다이내믹 RAM은 절연층과 반도체 사이에 접합 용량이 존재하는 것을 이용해 데이터를 축적하는 RAM으로 데이터를 계속 보존. 유지하기 위해서는 리프레쉬(refresh) 신호를 계속 입력해줘야만 한다. 이때 어드레스 라인의 하위 바이트(byte)를 이용하여 리프레쉬 사이클 신호를 만들어 준다. IORQ(Input & Output ReQest) 단자는 로 레벨(0 상태)이 되면 어드레스 버스의 하위 8비트 상에 I/O (입출력) 장치의 번지가 출력된다. 이 번지가 RD(읽기) 상태인지 WR(쓰기) 상태인지 알기 위해 IROQ 단자와 RD단자 혹은 WD 단자가 같이 사용된다.

리셋(reset) 단자는 마이크로컴퓨터를 초기화하기 위해 사용하는 것으로 로 상태(0 상태)가 되면 시스템이 리셋 된다. 또 WAIT 신호를 쓰면 버퍼(buffer)없이 외부 기억 장치 또는 I/O장치와 직접 접속할 수 있게 되는데 이 신호가 로 레벨(0 상태)이 되면 CPU는 대기 상태에 들어가며 그 기간동안 외부 기억 장치. I/O 장치에 WAIT 신호가 들어갔음을 알려주는 역할을 한다. 인터럽트(interrupt) 단자는 외부 장치에 의해 인터럽트(가로채기) 신호가 들어오면 컴퓨터가 현재 수행하고 있는 프로그램을 멈추고 중간에 들어온 명령을 우선 처리하는 단자로 컴퓨터의 수행에 있어 하드웨어적으로 중요한 부분이다.

NMI(NonMaskable Interrupt) 신호는 네거티브 에지 트리거 신호로 인터럽트를 요구하면 현재 수행 중인 명령을 끝내는 부분에서 인터럽트가 들어왔다는 것을 확인하고 현재 PC(프로그램 카운터)의 내용을 스택 포인트 레지스터에 저장하고 CPU는 ROM 번지에 할당된 인터럽트 처리 공간에 처리 프로그램을 작성해둠으로써 인터럽트 수행을 가능하게 한다. 이 인터럽트는 외부장치에 의해 INT (interrupt)신호를 받게 되며 CPU가 이 신호를 확인하게 되면 다음 명령을 수행하는 M1(fatch time) 사이클 동안 IORQ 신호를 내보내 CPU가 인터럽트를 수락했다는 것을 외부 장치에 알린다.

이상으로 8비트 마이크로컴퓨터의 신호 처리에 대해 간단히 알아보았는데 최근에는 반도체 기술의 급격한 발달로 16비트. 32비트. 64비트가 주류를 이루고 있으며 자동차 전장품에는 16비트를 주로 쓰고 있으나 그 추세 역시 상위 비트로 옮겨가고 있다. 그러나 마이크로컴퓨터의 기본 작동 원리는 8비트나 32비트 컴퓨터 모두 거의 동일하다.

> ▶ M1 사이클 : 일명 머신 사이클(machine cycle)이라고도 부르며 CPU(중앙 처리 장치)는 ROM에 저장되어 있는 명령어 코드를 읽고 그것을 해독(decode)해서 실행에 옮기기 까지 걸리는 시간을 말한다. 즉 다음 명령을 가지고 오기(fatch) 전까지 걸리는 시간을 뜻한다.

290 마이크로컴퓨터의 회로 구성

마이크로컴퓨터를 사용하기 위해서는 기본적인 회로를 구성해야 하는데 먼저 전원을 공급하는 정전압 회로. 그림 (a)와 같이 신호 처리에 근원이 되는 클럭 펄스 회로. 그리고 시스템을 초기화할 수 있는 리셋 회로가 필요하다. 또 주변 장치를 컨트롤하기 위한 회로와 데이터를 주고받기 위한 장치가 필요하며 입출력 장치에는 외부 기기와 접속할 수 있는 인터페이스 회로가 있어야 한다.

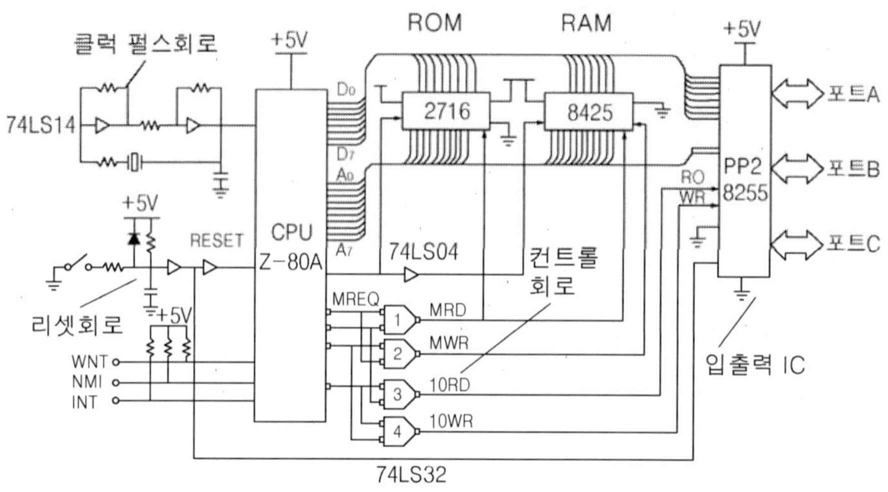

291 인터페이스 회로

마이크로컴퓨터에는 데이터를 주고받는 포트(port)라는 일종의 창구가 있는데 이 포트가 받아들일 수 있는 전압(문지방 전압 이상 혹은 이하)은 확실히 보증해줘야 한다. 마이크로컴퓨터가 NMOS를 사용했을 경우 그에 맞는 전압 레벨을 보증해줘야 하며 이를 위해서 마이크로컴퓨터의 주변 회로를 NMOS 마이크로컴퓨터에 맞게 설계해야 할 필요가 있는 것이다. 자동차도 많은 센서 및 액추에이터를 사용하고 있어 ECU가 알아들을 수 있는 회로가 필요하다.

예를 들어 TPS(Throttle Position Sensor)의 전압이 2V로 입력됐다고 가정할 때 2V 신호 전압을 디지털 신호로 바꾸는 회로를 A/D 컨버터(아날로그에서 디지털로 바꾸는)라 하며 이 A/D 컨버터에서 출력되는 신호가 컴퓨터가 알아들을 수 없는 신호 전압 레벨이라면 문제가 되므로 이 A/D 컨버터와 컴퓨터 중간에 컴퓨터가 알아들을 수 있는 신호 전압 레벨로 맞춰주는 어떤 것이 필요하다. 이것이 바로 인터페이스 회로인데 컴퓨터가 알아들을 수 있도록 전압 레벨을 맞춰주는 역할을 하는 것이다.

292 마이크로컴퓨터의 언어

　컴퓨터 언어에는 마이크로컴퓨터와 같이 기계가 알아들을 수 있는 기계어(machine language)와 사람이 알 수 있는 하이 레벨 언어가 있다. 프로그램을 짤 때 기계어로 내용을 짜는 것은 그 양이 너무 방대할 뿐 아니라 데이터와 명령어 분별이 쉽지 않으므로 쉽지 않다. 따라서 기계어를 대용할 언어가 필요한데 이것이 바로 하이 레벨 언어이다. 마이크로컴퓨터용 언어로서 하이 레벨 언어로는 표와 같은 어셈블리 언어가 있는데 이는 반도체 제조사가 제공하는 언어로 니모닉(명령어) 란과 오퍼랜드(연산 대상이나 메모리 장소를 지정하는 것)란으로 구별하여 쓰고 있다. 어셈블리 언어는 반도체 제조사마다 명령어가 각기 다르기 때문에 마이크로컴퓨터를 변경할 때마다 해당 언어로 다시 프로그래밍 하는 불편함이 따른다. 이에 따라 현재는 C 언어가 보편적으로 많이 쓰이고 있는데 이 언어는 어떤 마이크로컴퓨터를 사용하더라도 컴파일(하이레벨 언어를 기계어로 변경하는 것)이 쉽기 때문이다.

▼ 표　Z-80의 어셈블리 언어의 형태

LABEL	OP CODE	ARGUMRNTS	COMMENTS
번지수를 기입하기 위한 란 ＼ NAME 12 NAME 13	명령어 ／연산대상 LD EI JP	메모리 장소를 지정 ／ CHLI　R NZ, STOP	주석을 기압하기 위한 란 ／ THIS IS A SAMPLE SOURCE LINE ENABLE INTERRLIPTS GO TO HALT-WAIT FOR INTERRUPT

293 OBD-II

　환경 문제는 세계적인 관심사로 자동차에서 배출되는 인체 유해 가스 역시 예외가 아니어서 최근 세계 각국 마다 배출가스 규제를 엄격히 하고 있다. 미국의 연방 정부 산하 환경보호청과 캘리포니아 대기자원국이 배기가스 규제 법률을 엄격히 규제해 이에 적합한 자동차만 판매를 할 수 있도록 한 것이 대표적인 사례이다.

이처럼 자동차 배출가스 문제가 대두되면서 이를 해결하기 위한 다양한 방법이 시도되고 있는데 배기가스 배출 장치와 관련이 있는 부품의 고장이 있을 경우 운전자가 알기 쉽게 경고등을 점등시키고 고장 부품과 내용을 ECU에 DTC(Diagnostic Trouble Code) 코드로 기록하게 한 OBD(On-Board Diagnostic)코드의 등장도 같은 맥락이다. 사실 배출가스량을 조사하기 위해서는 일정량의 샘플을 채취해 계측하게 되어 있는데 수많은 차량의 샘플을 채취해 계측하기란 현실적으로 불가능하다. 따라서 이를 현실적으로 접근한 것이 자동차 배출 가스 관련 장치들을 모니터해 ECU가 그 내용을 기억토록 하고 경고등으로 표시하는 것이다.

OBD-Ⅱ 코드는 자동차 배출가스 관련 장치의 이상 유무를 모니터하도록 의무화시켜 놓은 것으로 OBD는 미국의 SAE(미국자동차기술자협회)가 오랜 기간에 걸쳐 연구한 끝에 컴퓨터 프로토콜(통신 방식)과 여기에 사용하는 하드웨어를 통일시킨 것이다. 따라서 진단 커넥터표준안은 16핀 커넥터를 사용하고 프리즈 프레임(freeze frame. 고장코드 발생 시 데이터를 ECU에 기록)기능을 삽입하며 통신 방법도 동일하게 쓰도록 되어 있다.

294 컴퓨터의 통신 방식

컴퓨터와 컴퓨터. 컴퓨터와 주변 장치가 서로 정보를 주고받는 방식으로는 크게 병렬 통신과 직렬 통신 방식이 있다. 이 중 병렬 통신(parallel communication) 방식은 빠른 정보 처리가 요구되고 인접 거리에 주변 장치들이 있는 곳에서 적합하지만 통신선이 많이 필요한 단점이 있다. 반면 직렬 통신(serial communication) 방식은 정보처리 속도가 병렬 방식에 비해서는 떨어지지만 주변 장치들과의 원거리 통신에 좋다.

▼ 그림(a) 데이터의 전송

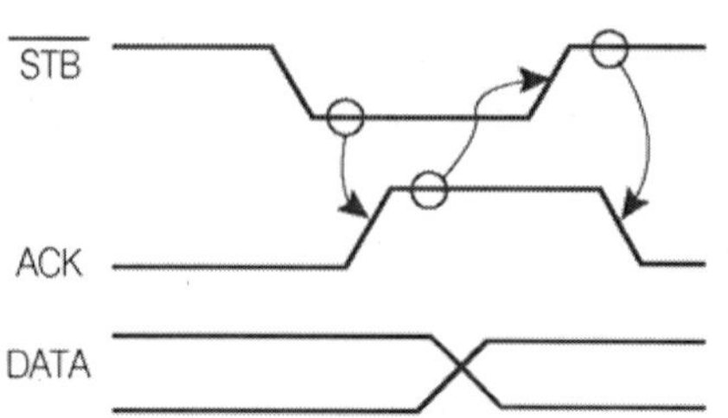

이 같은 통신 방식은 최근 신호처리 기술의 발달로 단일 통신 방식에서 다중 통신 방식(multiplex communication)으로 발달되어 정보 처리 능력이 대폭 개선되었다. 다중 통신 방식이란 하나의 전송 선로에 여러 채널(통신 상대의 통신로)의 정보를 동시에 주고받는 것으로 주파수에 따라 채널을 여러 개로 나눠 사용하는 주파수 분할 방식과 시간에 따라 채널을 나눠 사용하는 시 분할 통신 방식이 있다. 채널을 주고받는 방법에 있어서는 동기 펄스를 주어 채널의 데이터를 송·수신하는 동기(synchronous) 방식과 채널의 데이터를 일정 비율로 송·수신하는 비동기(asynchronous) 방식이 있다.

자동차에서도 자동차 ECU 사이의 신속한 정보를 주고받고 주변 입출력 장치(스위치. 센서 류)에서 들어오는 신호선(배선)을 최대한 줄이기 위해 다중통신방식 중 CAN(Controller Area Network) 통신 방식과 LAN(Local Area Network) 통신 방식을 도입해서 쓰고 있다. 그러나 이 같은 통신 방식은 각 자동차 제조사마다 다르고 상호 호환성이 결여되어서 문제가 있는데 독일의 보쉬사가 자동차 전용 프로토콜을 개발하여 CAN 통신 방식이라는 대화 상자로 국제 특허를 내면서 요즘은 자동차 컴퓨터 통신 방식이라고 하면 CAN 통신을 표준 방식처럼 사용되게 되었다.

그림(b) 비동기 방식의 직렬 통신 기본 형태

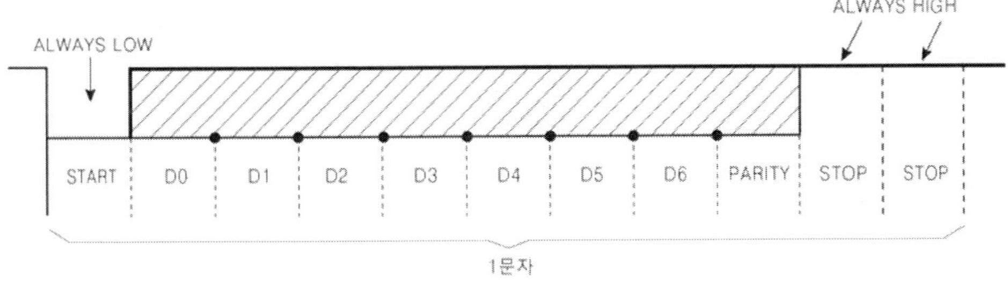